EXISTENZ-GRÜNDUNG

Thomas Hammer
▪ Fachliche Beratung: Robert Chromow, Peter Eller und Johann L. Walter

INHALTSVERZEICHNIS

RECHTSFORMEN

AM MARKT ETABLIEREN

FINANZEN IM GESCHÄFTLICHEN ALLTAG

RECHT IM GESCHÄFTLICHEN ALLTAG

VORSICHT: SCHWARZE SCHAFE

SERVICE

ERSTE ÜBERLEGUNGEN

DIE GRÜNDERSZENE IN DEUTSCHLAND

Zu den Stärken der deutschen Wirtschaft zählt ihre Vielfalt: Neben den großen und weithin bekannten Konzernen sind in Deutschland unzählige kleine und mittelständische Unternehmen aktiv, die nicht selten in besonderen Marktnischen eine herausragende Position erobern konnten. 99 Prozent der hierzulande ansässigen Betriebe lassen sich den kleineren oder mittelständischen Unternehmen zuordnen, knapp 40 Prozent der gesamten Unternehmensumsätze werden dort erwirtschaftet. Rund zwei Drittel der Arbeitnehmer arbeiten in einem kleineren oder mittelständischen Unternehmen. Noch größer ist die Bedeutung des Mittelstands bei der Ausbildung: Vier von fünf Azubis absolvieren ihre Lehre bei einem Mittelständler. Kein Wunder also, dass der Mittelstand in Deutschland oft und gerne als das „Rückgrat der Wirtschaft" bezeichnet wird.

Ein weiterer maßgeblicher Bestandteil der Wirtschaft in Deutschland sind Solo-Selbstständige, die keine Arbeitnehmer beschäftigen und auf selbstständiger Basis ihre eigene Arbeitskraft beispielsweise als Handwerker, Kreative, Berater, freie Mitarbeiter in Projekten oder als Dienstleister anbieten. Fast 2,5 Millionen Menschen wandeln auf unternehmerischen Solo-Pfaden.

In diesen Segmenten hat auch die Gründerszene ihren großen Auftritt. Dabei zeigt sich auch hier ein buntes Bild, das die unterschiedlichen Qualifikationen und Ideen widerspiegelt. Die Bandbreite reicht von der Eröffnung kleiner Ladengeschäfte bis hin zum Biotech-Start-up, vom traditionsbewussten Handwerker bis zum Informatikspezialisten, der als Existenzgründer eine neue Software am Markt etablieren will.

In seiner Ausgabe vom Juni 2019 fasst der Gründungsmonitor der KfW-Förderbank das Gründungsgeschehen in Zahlen und Fakten zusammen.

Die aktuellen Trends:

▶ Mehr als eine halbe Million Menschen machen sich jährlich selbstständig. Im Jahr 2018 lag die Zahl der Existenzgründungen bei 547 000.

▶ Viele Gründer sind weiblich: Hinter 40 Prozent der Unternehmensgründungen stehen Frauen – das sind vier Prozentpunkte mehr als im Vorjahr.

▶ Viele Solo-Selbstständige: Fast zwei Drittel aller Gründer gehen ohne Teampartner und ohne Arbeitnehmer an den Start, was den hohen Anteil an Freelancern, freien Mitarbeitern und Freiberuflern widerspiegelt.

▶ Großes Innovationspotenzial: Der Anteil der Gründer mit überregionalen Marktneuheiten beträgt 11 Prozent, weitere 22 Prozent machen sich mit einer digitalen Geschäftsidee selbstständig.

▶ Der Branchenmix ist bei Gründern breit gefächert, wobei der Dienstleistungssektor dominiert: Fast zwei Drittel der Selbstständigen starten mit persönlichen oder unternehmensbezogenen Dienstleistungen.

Sie sehen also: Wenn Sie den Traum von der beruflichen Selbstständigkeit verwirklichen wollen, sind Sie in bester Gesellschaft. Mit Kreativität, Tatkraft und der richtigen Mischung aus Risikobereitschaft und Weitblick kann es gelingen, mit dem eigenen Unternehmen die schwierige Startphase zu überstehen und nachhaltigen Erfolg zu erzielen.

In welchen Branchen Gründer am häufigsten starten

Persönliche Dienstleistungen	31 %
Wirtschaftliche Dienstleistungen	27 %
Handel	19 %
Produzierendes Gewerbe	14 %
Sonstige Dienstleistungen	9 %

Quelle: KfW-Gründungsmonitor 2019

Wichtig: Risiken minimieren

Allerdings zeigt die Statistik auch, dass viele Unternehmen kurze Zeit nach ihrer Gründung scheitern. Auch hier können die Ursachen vielschichtig sein. Der Zahlungsausfall eines großen Kunden oder die unerwartete Verschlechterung des Marktumfelds können ebenso zum Scheitern führen wie das Überschätzen der eigenen Fähigkeiten, mangelndes finanzielles Wissen, Krankheit oder Berufsunfähigkeit.

So zeigt eine Studie des Instituts für Mittelstandsforschung in Bonn (IfM), dass im Schnitt jedes zweite Unternehmen innerhalb eines Zeitraums von fünf Jahren wieder vom Markt verschwindet. Längst nicht immer erfolgt der Abschied in Form einer Insolvenz. Manche Gründer erhalten ein lukratives Angebot für eine feste Stelle, viele andere, die aus wirtschaftlichen Gründen aufgeben müssen, wickeln ihr Unternehmen geordnet ab und versuchen im Anschluss daran, wieder als Angestellte im Arbeitsmarkt Fuß zu fassen. Die IfM-Studie zeigt ein Gefälle zwischen einzelnen Sektoren der Wirtschaft: Während bei Handels- und Transportunternehmen die Überlebensrate auf Sicht von fünf Jahren nur 40 Prozent beträgt, können von den wissensintensiven produzierenden Betrieben gut zwei Drittel die kritischen ersten fünf Jahre überstehen.

Dies soll Sie nicht abschrecken, wenn Sie den Schritt in die Selbstständigkeit wagen wollen. Aber der erhebliche Anteil an gescheiterten Gründungsvorhaben zeigt, wie wichtig sorgfältige Planung ist. Gute Vorbereitung ist auch deshalb wichtig, weil der in Deutschland weit verbreitete Perfektionismus für Gründer, die Schiffbruch erlitten haben, zum Bumerang werden kann. Die Gesellschaft blickt allzu oft ausschließlich auf die Insolvenz oder Schließung des Geschäfts und sucht die Gründe im persönlichen Versagen des Inhabers. Dass Gründer bereit sind, für die Realisierung ihrer Ideen ein hohes finanzielles und persönliches Risiko einzugehen, wird hierzulande immer noch nicht genügend öffentlich honoriert.

Ein Blick in angelsächsische Länder, insbesondere in die USA, zeigt einen ganz anderen gesellschaftlichen Umgang mit Existenzgrün-

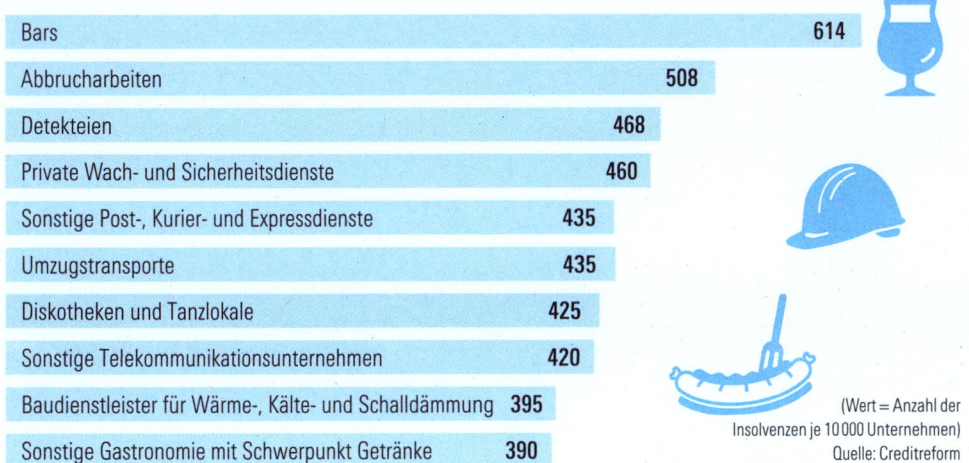

Risikobranchen Die Top Ten in Deutschland im Jahr 2018

Bars	614
Abbrucharbeiten	508
Detekteien	468
Private Wach- und Sicherheitsdienste	460
Sonstige Post-, Kurier- und Expressdienste	435
Umzugstransporte	435
Diskotheken und Tanzlokale	425
Sonstige Telekommunikationsunternehmen	420
Baudienstleister für Wärme-, Kälte- und Schalldämmung	395
Sonstige Gastronomie mit Schwerpunkt Getränke	390

(Wert = Anzahl der Insolvenzen je 10 000 Unternehmen)
Quelle: Creditreform

dungen. Der Mut des Gründers, sein wirtschaftliches Schicksal selbst in die Hand zu nehmen, findet dort oftmals viel mehr Anerkennung als in Deutschland. Dass die Unternehmensgründung auch mal schieflaufen kann, wird allgemein akzeptiert – und der Exunternehmer erhält eine zweite Chance mit der Maßgabe, aus den gemachten Fehlern zu lernen und es bei seinem nächsten Versuch besser zu machen.

Nun könnte man beklagen, dass Unternehmensgründer in Deutschland nach einem Fehlschlag noch immer viel zu lange benachteiligt werden. Man könnte eine neue Kultur des Scheiterns fordern, wie es schon zahlreiche

prominente Unternehmer, Forscher und auch Politiker wie beispielsweise Angela Merkel getan haben. Allein: Solange sich die öffentliche Meinung nicht auf breiter Front ändert, werden es Gründer auch künftig nach einem misslungenen Unternehmensprojekt häufig schwer haben.

Bei aller Begeisterung für Ihre Ideen sollten Sie es daher nicht an der sorgfältigen Selbstüberprüfung fehlen lassen und kritische Anmerkungen von Beratern, Verwandten oder Freunden gezielt dazu nutzen, um Ihr Vorhaben zu optimieren, indem Sie Anregungen von außen als Korrekturfaktoren mit in Ihr Konzept aufnehmen.

VON ERFOLGREICHEN GRÜNDERN LERNEN

Fast jede Geschäftsidee ist so einzigartig wie der Existenzgründer, der dahinter steht. Klar können und dürfen Sie die nachfolgenden Erfolgsgeschichten nicht einfach kopieren. Aber unsere kleine, nicht repräsentative Auswahl gibt Ihnen Einblicke in die breit gefächerte Palette an Geschäftsideen. Sie soll Sie dazu motivieren, sich Gedanken darüber zu machen, wie Sie Ihr Produkt oder Ihre Dienstleistung auf einzigartige Weise am Markt positionieren können.

Die Nuss als Genuss

Taugen geröstete Nüsse für eine erfolgreiche Geschäftsidee? Ja, sagt Denis Burghardt, der mit seinem in Hamburg ansässigen Unterneh-

men KERNenergie Liebhaber von Nüssen mit Leckereien versorgt. Das schon vorhandene breite Sortiment an Nussprodukten in Supermärkten und Feinkostläden hat ihn nicht davon abgehalten, den Markt auf seine eigene Weise nochmals zu beackern. Der Kerngedanke des Konzepts: Während andere Anbieter die Nüsse rösten und die Ware dann über einen längeren Zeitraum in den Regalen liegt, werden hier die Nüsse erst nach der Bestellung durch den Kunden geröstet und frisch geliefert. Außerdem können Kunden ihre individuellen Mischungen zusammenstellen.

Kunden sind sowohl Gastronomiebetriebe und Feinkosthändler als auch Privatleute, die direkt übers Internet bestellen können. Die

Andere Gestaltung, frische Röstung: Mit diesem Konzept hat die Firma KERNenergie im umkämpften Markt eine Nische gefunden.

Nussmischungen werden in schön gestalteten Dosen verkauft, die auf Wunsch mit dem Logo des Bestellers bedruckt werden können. Seit dem Start 2010 ging es kontinuierlich bergauf, wobei der Gründer vorrangig auf Eigenfinanzierung setzt. Zuletzt wurde die Rösterei vergrößert, um für das künftige Wachstum gewappnet zu sein.

Was können Sie daraus als Anregung mitnehmen? Dem Gründer ist es gelungen, in einem scheinbar schon vollständig besetzten Markt eine Lücke zu finden. Das frische Rösten auf Bestellung ist das Argument, mit dem sich KERNenergie von anderen Wettbewerbern absetzt. Um diesen Qualitätsanspruch herum gruppieren sich die weiteren Merkmale der Marke wie beispielsweise der Einkauf von hochwertiger und größtenteils fair gehandelter Ware oder die stilsichere Gestaltung der hochwertigen Aluminiumdosen, in denen die Nüsse verpackt werden. Beim Vertrieb zeigt sich das Unternehmen pragmatisch und flexibel: Für private Kunden gibt es einen Online-Shop, während Großabnehmer persönlich betreut werden. Weil sich das Unternehmen nicht auf einen einzigen Vertriebskanal festgelegt hat, kann es unterschiedliche Zielgruppen erreichen und seine Vertriebsbasis auf ein breites Fundament stellen.

INFO

EINZIGARTIG SOLLTE ES SEIN
Ihre Erfolgschancen sind umso größer, je besser es Ihnen gelingt, gegenüber der Konkurrenz ein einzigartiges Merkmal Ihres Produktes oder Ihrer Dienstleistung vorweisen zu können. Optimal ist es, wenn der Kunde daraus einen messbaren Nutzen ziehen kann – dann nämlich steigt die Bereitschaft, dafür etwas mehr Geld auszugeben. In der Marketing-Fachsprache werden solche Alleinstellungsmerkmale als „Unique Selling Proposition" oder kurz als „USP" bezeichnet. Diesen ganz besonderen Vorzug müssen Sie dann natürlich offensiv in die Öffentlichkeit tragen, damit Ihre potenziellen Kunden erfahren, was das Besondere an Ihrem Angebot ist.

Kleine Privatpraxis im Nebenerwerb

Eine Physiotherapie-Praxis braucht einiges an Startkapital, wenn die klassischen Behandlungsformen angeboten werden sollen. Sprossenwand, Schlingentisch, Behandlungsbänke und Geräte kosten eine ganze Menge Geld – doch so viel wollte Michaela Nagel nicht ausgeben, als sie sich mit einer eigenen Praxis selbstständig machen wollte. Sie hatte nach der Geburt ihrer Kinder beruflich pausiert und wollte die Praxis zunächst in Teilzeit führen, sodass sich die teuren Investitionen für eine klassische Physiotherapie-Praxis nicht amortisiert hätten. Aus diesem Grund beschloss sie, sich auf manuelle Behandlungsmethoden aus dem Bereich der Alternativmedizin zu spezialisieren, für die keine teuren Geräte angeschafft werden mussten.

Um maximalen Freiraum für ihre Behandlungskonzepte zu schaffen, verzichtete sie auf die Kassenzulassung und absolvierte eine Ausbildung zur Heilpraktikerin, sodass sie ihre Leistungen nach der Heilpraktiker-Gebührenordnung in Rechnung stellen und ihre Patienten auch ohne Vorlage einer ärztlichen Verordnung behandeln kann. Sie richtete im Einliegergeschoss des eigenen Wohnhauses ein Zimmer als Behandlungsraum ein und konnte so ohne Mietkosten starten. Dank zufriedener Patienten verzeichnet sie Jahr für Jahr mehr Zulauf und ist fünf Jahre nach dem Start im Vollerwerb selbstständig.

Das Erfolgsrezept: Wenn der Start nach traditionellem Muster zu kostspielig ist, bietet es sich an, aus der Not eine Tugend zu machen und zu überlegen, welche ähnlichen Geschäfts-

modelle sich vielleicht mit geringerem Kapitaleinsatz realisieren lassen.

Mobiler Service für Lokomotiven

Wo werden eigentlich Lokomotiven gewartet und repariert? Das ist eine der Fragen, die sich Normalbürger so gut wie nie stellen. Doch für die Gründer von Ajax Loktechnik war die Antwort darauf der Schlüssel zum Erfolg. Über Jahrzehnte hinweg war es üblich, dass Lokomotiven zu Service- und Reparaturarbeiten ins Depot gefahren oder geschleppt wurden. Eine Angelegenheit, die viel Zeit und Geld kostet, was die Gründer als ausgewiesene Bahntechnikexperten wussten. Weil mit der Verschärfung des Wettbewerbs auf der Schiene an allen Kostenschrauben gedreht wird, entstand daraus die Überlegung, ob sich Wartungsarbeiten an Lokomotiven oder Güterwaggons bei gleicher Qualität nicht kostengünstiger durchführen lassen.

Die Lösung war ein mobiler Wartungsservice, sodass die Reparaturarbeiten praktisch auf jedem Abstellgleis durchgeführt werden können. Hierfür brauchten die Gründer jedoch

Manchmal hilft es, bescheidener zu planen: So braucht zum Beispiel ein Physiotherapeut für den Start nicht unbedingt teure Geräte.

ein hohes Startkapital, denn es galt, hochwertige Spezialwerkzeuge und etliche Werkstatt-Schienenfahrzeuge anzuschaffen. Die BürgschaftsGemeinschaft Hamburg, eine von der regionalen Wirtschaft getragene Förderbank, ließ sich von den Zukunftsaussichten überzeugen und sicherte die Finanzierung mit einer Bankbürgschaft ab. Damit konnte das Unternehmen solide durchfinanziert werden und schon bald die ersten Erfolge einheimsen: Im Jahr 2012 erhielt Ajax Loktechnik den Deutschen Gründerpreis.

Was hier in knappen Worten beschrieben wird, ist eine klassische Spezialisten-Gründung. In einem hochgradig spezialisierten und nur von wenigen Akteuren bearbeiteten Markt haben zwei erfahrene Experten Potenzial für eine Dienstleistung erkannt, die es in dieser Form bislang nicht gab. Der hohe Kapitalbedarf hat sie nicht entmutigt, denn dank ihrer Fach- und Marktkenntnis konnten sie das Umsatz- und Gewinnpotenzial ziemlich exakt einschätzen. Genau dieser Fakt hat letztendlich auch die Banken überzeugt, das ambitionierte Vorhaben zu finanzieren.

 WICHTIGE QUALIFIKATION
Je spezialisierter Ihr Produkt und Ihre Zielgruppe sind, umso mehr müssen Sie gegenüber Geldgebern Ihre Qualifikation und Branchenerfahrung in die Waagschale werfen. Wenn dann die Zahlen einer kritischen Prüfung standhalten, kann auch ein Gründungsvorhaben in der Schwergewichtsklasse erfolgreich finanziert werden.

Treff für Marketing-Gurus

Der Name ist Programm: Die Online-Plattform OMR – ein Kürzel für „Online Marketing Rockstars" – legte im Jahr 2011 nicht nur einen Raketenstart hin, sondern zündete später noch weitere Stufen für den nachhaltigen Erfolg.

Begonnen hatte das Unternehmen mit einer Idee, die Mitgründer Philipp Westermeyer zunächst einmal nebenberuflich umsetzte. Immer wieder wurde der Online-Marketingexperte von Branchenkollegen nach seinen Erfahrungen gefragt und wurde gebeten, Seminare und Workshops abzuhalten. Innerhalb kürzester Zeit nahm seine Bekanntheit in der Online-Marketingbranche zu, und er entschloss sich, einen Branchentreff zu organisieren.

Die Resonanz ermutigte ihn, den Faden weiter zu spinnen. Zunächst stellte er eine Veranstaltungswebsite zum OMR-Event ins Internet, später erweiterte er den Auftritt zu einem umfassenden Informationsportal, das Branchenspezialisten News und Hintergrundinformationen rund um das digitale Marketing lieferte. Gelegentliche Pannen hinderten ihn nicht daran, seinen Weg weiterzugehen. So streikte einmal das Zahlungssystem auf der Konferenz – ein Problem, für das der Gründer eine originelle Lösung fand: Er verschenkte das Essen einfach an die Teilnehmer.

Für ein onlinebasiertes Unternehmen wies OMR eine relativ flache Wachstumskurve vor, was jedoch der wirtschaftlichen Solidität zugutekam. In den Anfangsjahren betrieb Westermeyer das Unternehmen im Nebenerwerb, seine beiden Mitgründer Tobias Schlottke und Christian Müller hielten ihm den Rücken frei. Diese Strategie funktionierte, weil die drei bereits gemeinsam als Unternehmer aktiv waren und zwei Technologieunternehmen führten. So konnten sie nach und nach Aufgaben in ihren bestehenden Firmen delegieren, um sich stärker um das wachsende Plattformgeschäft zu kümmern. Nach und nach kamen zum OMR-Festival als Hauptevent weitere Konferenzen, Fachmessen, Seminare und eine branchenspezifische Online-Jobbörse hinzu.

Mittlerweile sind die beiden ursprünglichen Unternehmen verkauft, und die drei Gründer konzentrieren sich auf die OMR-Plattform, die mit rund 80 Mitarbeitern jährlich einen Umsatz im zweistelligen Millionenbereich erwirtschaftet. Die Einnahmequellen sind breit diversifiziert und setzen sich aus den Einkünften des Ticketverkaufs für die jährlich stattfindenden OMR-Festivals, Gebühren für Seminare und Workshops sowie Erlösen aus Werbepartnerschaften zusammen.

Dank der konservativen Wachstumsstrategie benötigt das Unternehmen kaum Fremdkapital, sondern kann Investitionen in neue Projekte überwiegend aus dem eigenen Cashflow finanzieren. So kann das Management ohne finanziellen Druck von Banken Ideen testen und im Erfolgsfall schnell Geld in den Ausbau innovativer Konzepte stecken.

INFO **BEREIT FÜR DEN AUGENBLICK**
Häufig ist es nicht von Beginn an klar, wie schnell das Unternehmen nach der Gründung wächst und ob es in fünf Jahren einen, zehn oder hundert Mitarbeiter hat. Wenn Sie schon früh betriebswirtschaftlich unterschiedliche Wachstumsszenarien durchrechnen, sind Sie darauf vorbereitet, das Wachstumstempo in die richtigen Bahnen zu lenken. So vermeiden Sie, dass bei allzu schneller Erweiterung des Betriebs das Wachstum aus dem Ruder läuft und finanzielle Engpässe drohen.

Besser einparken mit dem Roboter

Für viele Autofahrer sind Parkhäuser ein Albtraum. Unübersichtliche Streckenführung und enge Parklücken halten dort das Fahrvergnügen häufig in äußerst engen Grenzen. Auf der anderen Seite sind die Betreiber der Anlagen daran interessiert, so viele Autos wie möglich unterzubringen. Denn jeder Stellplatz bringt bares Geld und erhöht damit für den Betreiber Umsatz und Rendite. Die gegensätzlichen Interessen von Nutzern und Betreibern brachten zwei Maschinenbauingenieure aus Bernau am Chiemsee zu der Überlegung, ob sich nicht eine technische Lösung entwickeln lässt, von der beide Seiten profitieren.

Nach langer Tüftelarbeit entstand daraus ein Robotersystem, das auf bereits vorhandenen automatischen Transportlösungen aus der Paletten- und Lagerlogistik basiert. An der Einfahrt zum Parkhaus lädt ein mobiler Roboter das Auto auf und verfrachtet es automatisch in eine passende Parklücke. Die Kunden können dann von unterwegs per Smartphone-App die Abholung aktivieren, sodass bei der Ankunft am Parkhaus der Wagen schon abfahrbereit am Ausgang steht.

Mit dieser Lösung wird den Parkhausnutzern die lästige Parkplatzsuche erspart. Den Parkhausbetreibern wird bei gleicher Fläche eine Erhöhung der Parkkapazität um bis zu 60 Prozent in Aussicht gestellt, weil das Steue-

Einpark-Roboter: Eine Kombination aus Erfindung und Existenzgründung. Bei Serva Systems taten sich drei Gründer zusammen, um ein ehrgeiziges Projekt zu stemmen.

rungssystem die vorhandenen Parkflächen optimal ausnutzt. Für stark frequentierte Parkhäuser in City-Lagen oder an Flughäfen kann sich damit die Investition bereits nach wenigen Jahren amortisieren.

Die eigens für dieses Projekt gegründete Firma Serva Transport Systems ließ sich die Entwicklung patentieren und fand in der Startphase einen Investor, der das nötige Kapital für die umfangreichen und kostenintensiven Praxistests zur Verfügung stellte. Der Testlauf am Düsseldorfer Flughafen fand ebenso Beachtung in den Medien wie die Bewerbung für den Deutschen Gründerpreis, wo sie es im Jahr 2013 bis ins Finale schafften.

Dieses Beispiel zeigt eine typische Kombination aus Erfindung und Existenzgründung. Für Gründer ist dies eine besonders anspruchsvolle Disziplin. Es gilt gleichzeitig das Produkt zu entwickeln, den aufwendigen Prozess der Patentanmeldung zu managen, Investoren für die häufig mit hohen Ausgaben verbundene Anlaufphase zu finden und das Unternehmen am Markt zu positionieren. Die Lösung für dieses Problem: Bei Serva Transport Systems taten sich drei Gründer zusammen, um so die Herausforderungen auf mehrere Schultern zu verteilen.

Profitieren Sie von den Erfahrungen anderer Gründer

Gerade dann, wenn Sie noch mit den ersten Überlegungen zu einer Existenzgründung beschäftigt sind oder Ihre Geschäftsidee noch nicht ausgereift ist, kann Ihnen die Inspiration von außen wertvolle Impulse bringen. In dieser „Aufwärmphase" können Sie aus den Erfahrungsberichten anderer Gründer nützliche Anregungen ziehen. Später dann, in der konkreten Planungsphase, sollten Sie verstärkt die Expertise von Fachleuten für Steuern und Finanzierung oder von anderen kompetenten Ratgebern nutzen.

Klar: Nicht jeder Unternehmer wird einem Neuling schon am ersten Abend sensible Details aus seiner Gründungsgeschichte erzählen. Auch diejenigen, die vielleicht in Zukunft zu Ihren direkten Wettbewerbern zählen könnten, dürften sich in den Gesprächen eher zurück-

Vorbereitung auf Gespräche mit Gründern

Wenn Sie sich im Vorfeld Gedanken machen, was Sie von anderen Gründern erfahren wollen, können Sie die bestmöglichen Informationen aus den Gesprächen erhalten. Stellen Sie sich einen Fragenkatalog zusammen, den Sie im Lauf der Unterhaltungen gezielt abarbeiten. Hier einige Anregungen:

1

Finanzierung
- ✓ Mit welchen Banken wurden Finanzierungsgespräche geführt, und welche Geldinstitute zeigten sich besonders kooperativ?
- ✓ Welche Unterlagen forderten die Banken für die Finanzierungsanträge ein, und auf welche Informationen wurde besonders großer Wert gelegt?
- ✓ Wiesen die Banken auf konkrete Fördermittel hin, oder mussten sich die Gründer selbst um die Recherche kümmern?
- ✓ Welche Fördermittel kamen in Form von Zuschüssen oder zinsverbilligten Krediten bei der Finanzierung zum Einsatz?
- ✓ Gab es bei der Finanzierungsplanung Problempunkte? Wenn ja: Wie konnten sie gelöst werden?

2

Selbstmanagement
- ✓ Auf welche Weise und mit welchen Hilfsmitteln – beispielsweise Zeitmanagement-Software – strukturieren Unternehmer ihren Arbeitsalltag?
- ✓ Wie gelingt es Unternehmern, sich in schwierigen Zeiten oder nach Rückschlägen zu motivieren?
- ✓ Welche Anteile an der Arbeitszeit entfallen auf organisatorische Tätigkeiten wie Finanzierungsverhandlungen, Behördentermine, Vorbereiten von Steuererklärungen etc.?

3

Behörden
- ✓ Bei welchen Behörden mussten sie vor der Unternehmensgründung Genehmigungen einholen?
- ✓ Welche Anforderungen haben die Behörden dabei gestellt?

4

Marketing
- ✓ Mit welchen Marketingmaßnahmen – beispielsweise Online-Werbung, Anzeigen, Pressearbeit – werden die Produkte bei der Zielgruppe bekannt gemacht?
- ✓ Liegen dabei Schwerpunkte auf bestimmten Maßnahmen oder Medien?
- ✓ Arbeitet das Unternehmen eher mit Agenturen oder mit Freiberuflern wie Grafikern oder Textern zusammen, wenn es um Marketing- und Werbedienstleistungen geht?

halten. Aber es bleiben wahrscheinlich trotzdem genügend auskunftswillige Gesprächspartner übrig, die aus dem Nähkästchen plaudern und Ihnen Tipps für das weitere Vorgehen geben.

Unterhalten Sie sich dabei ruhig auch mit Unternehmern, die in einer anderen Branche aktiv sind – schließlich geht es nicht allein darum, das Potenzial der eigenen Geschäftsidee von Insidern beurteilen zu lassen. Es gibt zahlreiche Themen vom Umgang mit Banken und Behörden bis hin zur Selbstorganisation und -motivation, die unabhängig vom Betätigungsfeld für alle Selbstständigen gleichermaßen relevant sind. Lassen Sie die Eindrücke auf sich wirken, machen Sie Notizen und überlegen Sie danach, wie Ihnen diese Erfahrungen weiterhelfen können.

Allerdings sollten Sie auch bedenken: Nicht jede Schilderung entspricht voll und ganz der Realität, und so mancher Gründerkollege erzählt Ihnen vielleicht auch mal nicht die volle Wahrheit – sei es, weil er erfolgreiche Ideen nicht preisgeben will oder es ihm unangenehm ist, von den durchaus vorhandenen Misserfolgen zu berichten. Daher sollten Sie vor allem bei euphorischen Schilderungen ein gesundes Maß an Skepsis walten lassen, wenn die Erfolgsgeschichte nicht mit nachprüfbaren Zahlen und Fakten belegt werden kann. Doch auch wenn zuweilen Seemannsgarn gesponnen wird, bieten Gründertreffs eine gute Gelegenheit für den Erfahrungsaustausch und das Sammeln neuer Eindrücke.

Im Netz und im direkten Gespräch

Die Informationsquelle „Gründerkollegen" können Sie auf zweierlei Weise anzapfen:

Im Internet finden Sie eine Vielzahl an Berichten über erfolgreiche Unternehmensgründungen jeglicher Couleur, beispielsweise auf Weblogs oder auf Portalen und Foren, die sich speziell an Gründer richten. Darüber hinaus betreiben die Veranstalter von Gründerwettbewerben eine aktive Öffentlichkeitsarbeit, indem sie besonders gut gelungene Ideen vorstellen. Die Internetadressen von entsprechenden Webseiten finden Sie im Adressverzeichnis im Serviceteil auf S. 327.

Suchen Sie nach Möglichkeit auch das direkte Gespräch mit anderen Existenzgründern. In vielen Regionen Deutschlands organisieren Wirtschaftsverbände regelmäßig stattfindende Gründerstammtische, bei denen sich Existenzgründer in einem zwanglosen Umfeld treffen und einander ihre Erfahrungen weitergeben können.

GESCHÄFTSIDEEN FINDEN UND PRÜFEN

Die passende und erfolgversprechende Geschäftsidee ist der Dreh- und Angelpunkt jeder Existenzgründung. Ob Sie dabei etwas vollkommen Neues entwickeln, ein vorhandenes Angebot verbessern oder einfach ein bereits bestehendes Konzept umsetzen, hat zunächst einmal auf den späteren Erfolg wenig Einfluss. So kann Sie etwa eine bahnbrechende Erfindung zum Multimillionär machen, aber Sie können sich damit auch finanziell ruinieren – je nachdem, ob sich für Ihre Innovation genügend Käufer finden oder nicht. Umgekehrt können Sie sich mit der zwanzigsten Physiotherapie-Praxis in Ihrer Großstadt erfolgreich am Markt etablieren, wenn es noch keinen ruinösen Verdrängungswettbewerb gibt und Sie sich dank Ihrer Kompetenz und Persönlichkeit einen treuen Kundenstamm aufbauen können.

Ob sich eine Geschäftsidee am Markt durchsetzt oder nicht, hängt folglich nicht davon ab, ob es sich um eine echte Innovation handelt. Manchmal sind es sogar gerade nicht die Pioniere, die sich auf Dauer im Markt durchsetzen. Vor allem in den Technologie- oder Online-Märkten, die sich von heute auf morgen wandeln können, ist dieses Phänomen häufig zu finden. Wenn Sie sich beispielsweise anschauen, welche Marktposition die Smartphone-Hersteller der ersten Stunde heute belegen, werden Sie feststellen, dass etliche zwischenzeitlich überrundet wurden von Anbietern, die erst um einiges später in den Markt eingetreten sind.

Ausschlaggebend ist letztendlich, dass sich für Ihr Produkt oder Ihre Dienstleistung auf Dauer genügend Kunden finden, die so viel Geld dafür bezahlen, dass Sie davon leben können. Mehr noch, auch die Absicherung Ihrer eigenen Person und die Ihrer Familie mit Blick auf Krankheit und Alter sollten Sie dabei nicht vernachlässigen. Ob dies der Fall sein wird, entscheiden Angebot und Nachfrage am Markt. In gewissem Umfang können Sie darauf mit geschickten Marketingmaßnahmen Einfluss nehmen, doch diese Option sollten Sie nicht überschätzen: Nur wenn hinter den Werbeversprechen ein Produkt oder eine Dienstleistung mit fairem Preis-Leistungs-Verhältnis steht und dafür eine echte Nachfrage vorhanden ist, kann der nachhaltige Verkaufserfolg gelingen.

Fakt ist: Die solide Ausarbeitung Ihrer Geschäftsidee spielt eine Schlüsselrolle in der Vorbereitung des Schritts in die berufliche Selbstständigkeit. Eher selten ist es dabei der Fall, dass jemand die zündende Idee praktisch in den Schoß fällt und er hinterher nur noch an den Feinheiten feilen muss. Meistens gestaltet sich die Entwicklung der Idee als ein längerer Prozess, der etliche Korrektur- und Änderungsschritte enthält.

Ob Sie dabei in erster Linie auf Ihre berufliche Qualifikation aufbauen, Ihr Hobby als Basis zum Geldverdienen einsetzen wollen oder als Quereinsteiger etwas ganz Neues beginnen möchten, bringt unterschiedliche Chancen und Risiken mit sich.

Neugründung im Umfeld des erlernten Berufs

Für viele Gründer liegt es nahe, sich in dem Feld selbstständig zu machen, wo sie ihre berufliche Qualifikation und Erfahrung als Pluspunkt einbringen können. Vor allem bei Freiberuflern ist dies der Regelfall – zumal in vielen freien Berufen ausschließlich Fachleute mit entsprechendem Qualifikationsnachweis auf eigene Rechnung arbeiten dürfen. Solche Einschränkungen gelten unter anderem in den folgenden Berufen:

► Steuerberater und Wirtschaftsprüfer,
► Rechtsanwälte und Notare,
► Architekten, beratende Ingenieure und Sachverständige,
► Tierärzte,
► Heilberufe wie Ärzte, Zahnärzte, Apotheker, Physiotherapeuten, Heilpraktiker, Masseure, Logopäden oder Ergotherapeuten,
► sogenannte zulassungspflichtige Handwerksberufe wie Schornsteinfeger, Installateur, Augenoptiker oder Zahntechniker.

INFO

ZULASSUNGSPFLICHTIGE BERUFE

Als zulassungspflichtig werden Handwerksberufe bezeichnet, in denen die Gründung und Führung eines Betriebs den Meisterbrief voraussetzt. Dazu zählen in erster Linie Handwerker, die mit Lebensmitteln arbeiten, am Bau für sicherheitsrelevante Tätigkeiten verantwortlich sind oder sonstige sicherheitsrelevante Arbeiten durchführen. Die vollständige Liste der derzeit 41 zulassungspflichtigen Handwerksberufe finden Sie in der Anlage A der Handwerksordnung. Die Liste können Sie auch im Internet abrufen.

Ohne entsprechende Ausbildung und in manchen Fällen auch eine gewisse Berufserfahrung können Sie sich in den oben genannten Berufen nicht selbstständig machen. Aber auch dort, wo der Gesetzgeber keine Vorschriften zur Vorbildung macht, bildet die entsprechende Qualifikation oft das tragfähigste Fundament für die Gründung des eigenen Unternehmens. Wenn Sie den Markt kennen, vielleicht schon Kontakte zu potenziellen späteren Kunden geknüpft haben und Ihre Berufserfahrung als Verkaufsargument einsetzen können, fällt der Start häufig leichter als bei einem Seiteneinstieg.

Sinnvoll ist der möglichst nahtlose fachliche Anschluss an Ihre bisherige Karriere auch dann, wenn Sie als Freelancer vom Angestelltendasein in die Selbstständigkeit wechseln.

Als Freelancer werden Selbstständige bezeichnet, die ohne Angestellte arbeiten und sich ihren Kunden als freiberufliche Mitarbeiter für befristete Projekte zur Verfügung stellen. Immer mehr Unternehmen sind in den vergangenen Jahren dazu übergegangen, ihre Stammbelegschaft auf das notwendige Minimum zu beschränken und bei größeren Projekten die Unterstützung von selbstständigen Fachleuten in Anspruch zu nehmen. Diese werden meist auf Basis eines Werkvertrags für einige Wochen oder Monate fest gebucht und suchen sich hinterher wieder neue Projekte.

Vor allem in innovativen Branchen wie Technologie, Informatik oder Internetwirtschaft eröffnen sich oft gute Chancen für das Solo-Unternehmertum. So schätzt das Fachmagazin „Computerwoche" die Zahl der selbstständigen IT-Fachleute auf 90 000 bis 100 000 – das sind gut 50 Prozent mehr als noch im Jahr 2003. Häufig handelt es sich dabei um Spezialisten, die sich auf ein bestimmtes Fachgebiet konzentrieren und den Unternehmen, die keinen Experten dauerhaft einstellen wollen oder können, ihre Expertise für einen gewissen Zeitraum „vermieten". Die Unternehmen profitieren davon, dass sie die Kosten für den Einsatz von Freelancern von vornherein gut kalkulieren können – und bei entsprechender Qualifikation und mit dem dazugehörigen Verhandlungsgeschick können die freiberuflichen Einsatzkräfte nicht nur mehr Geld verdienen als ihre angestellten Kollegen, sondern sich zudem ihre Projekte eigenverantwortlich aussuchen.

Wenn Sie den Kreis ein wenig weiter ziehen, können Sie auch die eine oder andere Geschäftsidee in einem Gebiet finden, das einen konkreten Bezug zu Ihrem bisherigen Beruf hat. Ein Beispiel: Wer zuvor als Techniker in einem Maschinenbauunternehmen gearbeitet hat und ein Handelsunternehmen gründen will, das produzierende Unternehmen mit Maschinenersatzteilen und Zubehör beliefert, kann sicherlich viele Kenntnisse und Erfahrungen aus seiner bisherigen Tätigkeit nutzen.

Mit Talent und Durchhaltevermögen kann es gelingen, das Hobby zum Beruf zu machen.

Das Hobby zum Beruf machen

Gehören Sie auch zu den Menschen, die davon träumen, aus ihrem Hobby eine Geschäftsidee zu machen und davon leben zu können? Das ist zwar häufig mit höheren Risiken verbunden als eine Existenzgründung im erlernten Beruf. Doch viele erfolgreiche Beispiele zeigen: Unmöglich ist es nicht, sein Steckenpferd zur Basis für die Unternehmensgründung zu machen.

Die Erfolgsaussichten hängen natürlich maßgeblich davon ab, was für ein Hobby Sie betreiben. So ist es sicherlich einfacher, sein kunsthandwerkliches Talent in klingende Münze zu verwandeln als das Faible für Modelleisenbahnen – wobei es Letzteres durchaus schon gegeben hat: Im Jahr 2000 kamen zwei Hamburger Zwillingsbrüder auf die Idee, ihren Kindheitstraum zu verwirklichen und die größte Modelleisenbahnanlage der Welt zu bauen.

Finanzieren sollte sich die Anlage mit Eintrittsgeldern von Besuchern und den Erlösen aus einem Modelleisenbahnshop. Es fand sich tatsächlich eine Bank, die bereit war, für das ambitionierte Vorhaben Geld bereitzustellen, und so konnten sie eine ausreichend große Fläche in der Hamburger Speicherstadt anmie-

ten und mit ihrem Lebenswerk beginnen. Aktuell sind auf einer Modellfläche von 1 500 Quadratmetern 15 Kilometer Gleise verlegt, auf denen fast 1 000 Züge fahren. Bislang ging die Rechnung auf: Seit dem Start des Projekts im Sommer 2001 haben mehr als 15 Millionen Menschen das „Miniatur-Wunderland" in Hamburg besucht.

Neben der Überlegung, ob sich mit dem Produkt oder der Dienstleistung nachhaltig Geld verdienen lässt, gibt es zwei Kernfragen, wenn Sie Ihr Hobby als Unternehmer hauptberuflich ausüben wollen:

► Bin ich in meinem Metier so gut, dass ich mit den Konkurrenten mithalten kann, die einen entsprechenden Beruf von der Pike auf gelernt haben?
► Empfinde ich an der Tätigkeit noch dieselbe Freude wie bislang, wenn ich damit meinen Lebensunterhalt finanzieren und dem damit einhergehenden Leistungsdruck standhalten muss?

Gerade die zweite Frage kann auf Dauer durchaus Ihre Motivation auf eine harte Probe stellen. Wenn die bisherigen Einnahmen aus einem Hauptberuf wegfallen und das Geschäft laufen muss, dann kann die einstige Begeisterung angesichts der gestiegenen Erwartungen auch mal in ein Gefühl der Belastung oder gar Überlastung umschlagen.

Eine selbstkritische Analyse Ihres Talents und Durchhaltevermögens ist deshalb genauso unabdingbar wie die sorgfältige Prüfung des Marktpotenzials.

Beispiel: Isabelle ist gelernte Groß- und Außenhandelskauffrau, doch ihren Beruf betrachtet sie eher als Job und weniger als Berufung. In ihrer Freizeit beschäftigt sie sich seit einigen Jahren mit der Herstellung von handgefertigten Kerzen, die sie schon mit gutem Erfolg auf einigen Kunsthandwerkermärkten verkaufen konnte. Nach diesen ermutigenden Erfahrungen möchte sie nun den Schritt in die hauptberufliche Selbstständigkeit wagen. Sie investiert einen Teil ihrer Ersparnisse in die technische Ausrüstung, um die Kerzen in größerer Zahl produzieren zu können. Die Miete für Produktionsräume kann sie sich glücklicherweise sparen, denn nach dem Auszug der Kinder steht genügend Platz für die Einrichtung der Produktionsstätte und eines Lagers zur Verfügung. Sie bereist nun mehr Märkte als früher und lässt sich von einem Internetspezialisten einen Onlineshop einrichten, über den die Kunden sowohl einzelne Kerzen als auch komplette Deko-Sets bestellen können. Nach einigen Monaten beginnen die Umsätze spürbar zu steigen, sodass Isabelle davon ausgehen kann, mit ihren handgefertigten Kerzen schon bald dasselbe Einkommen wie in ihrem früheren Beruf erzielen zu können.

Quereinstieg: Neuland betreten

Manche träumen davon, einfach mal etwas ganz anderes als bisher zu machen – selbstbestimmt, mit aller unternehmerischen Freiheit und losgelöst von den Zwängen und Vorgaben, die die berufliche Karriere mit sich bringt. Weniger in Form eines Ausstiegs aus dem bürgerlichen Leben, sondern als Umstieg in ein Metier, das mehr Erfüllung, mehr Glück und mehr Sinnhaftigkeit bringen soll.

Andere wiederum befassen sich gezwungenermaßen mit der Existenzgründung in einem fachfremden Gebiet, weil sie vielleicht ihren angestammten Beruf aus gesundheitlichen Gründen nicht mehr ausüben können oder nach dem Jobverlust feststellen müssen, dass ihre Qualifikation am Arbeitsmarkt nicht mehr gefragt ist.

Zuweilen reduziert sich auch der Grund für den Neustart in einem anderen Berufsfeld auf die finanzielle Frage. Wenn Anbieter damit werben, dass sich ohne berufliche Qualifikation mit dem Vertrieb ihrer Produkte und Dienstleistungen schnelles Geld verdienen lässt, kann die Verlockung groß sein. Warum sollte man mühevoll seinen Lebensunterhalt mit einem anstrengenden Beruf verdienen müssen, wenn sich scheinbar die einmalige Gelegenheit bietet, innerhalb kurzer Zeit als selbstständiger Verkäufer reich zu werden?

Genau hier sollten bei Ihnen die Alarmglocken schrillen. Oft stecken hinter solchen Offerten Vertriebsorganisationen, die überteuerte und nicht selten hochgradig unseriöse Produkte an den Mann bringen wollen. Nahrungsergänzungsmittel, fragwürdige Kapitalanlagen, wirkungslose Wundermittelchen – das sind die Klassiker, die auf solchen Wegen Verbrauchern aufgeschwatzt werden sollen.

 GESUNDES MISSTRAUEN
Lassen Sie die Finger von Angeboten, die schnelle Gewinne versprechen!
Wie Sie solche unseriösen Angebote erkennen und sich vor ihnen schützen können, erfahren Sie im Detail im Abschnitt „Vorsicht: Schwarze Schafe" ab Seite 313.

Generell ist die Existenzgründung in einem gänzlich neuen Berufsfeld im Vergleich zu den zuvor beschriebenen Varianten am riskantesten. Ein Problem ist vor allem der Erwerb des notwendigen Fachwissens: Entweder Sie lernen durch Erfahrungen im „Training on the Job", was gerade in der kritischen Anfangsphase dazu führt, dass Sie eine Vielzahl an Fehlern machen. Das kann Ihre Geschäftspartner verärgern und Sie wertvolles Umsatzpotenzial kosten. Oder Sie müssen vor der Gründung entsprechende Weiterbildungsmaßnahmen absolvieren, die viel Geld verschlingen, Ihr Eigenkapital schmälern und die Aufnahme der umsatzbringenden Tätigkeit verzögern.

Ideen finden und weiterentwickeln

„Genie ist ein Prozent Inspiration und 99 Prozent Transpiration", sagte einst der berühmte amerikanische Erfinder Thomas Alva Edison. Will heißen: Wer nur untätig wartet, bis ihm eine bahnbrechende Idee kommt, hat weniger Erfolgsaussichten als derjenige, der den oft mühevollen Kreativitätsprozess aktiv in Gang setzt und viel Zeit und Energie in die Ideenentwicklung steckt. Doch wie kann ein fruchtbringender Ideenfindungsprozess aussehen?

Der erste und wichtigste Schritt besteht darin, mit offenen Augen und Ohren durch den Alltag zu gehen. Viele erfolgreiche Geschäftsideen haben ihren Ursprung darin, dass Nutzer mit bestehenden Produkten unzufrieden waren und das neue Produkt eine Lösung für dieses Problem anbieten konnte. Achten Sie in Ihrem beruflichen Alltag darauf, welche Unzulänglichkeiten an Produkten oder Dienstleistungen Ihre Kollegen und Geschäftspartner kritisieren. Spitzen Sie die Ohren, wenn im Freundes- oder Bekanntenkreis Ähnliches zur Sprache kommt. Beobachten Sie sich selbst und überlegen Sie, ob Sie aus der Unzufriedenheit mit bestehenden Lösungen heraus nicht in der Lage sein könnten, verbesserte oder alternative Angebote zu entwickeln.

Inspirierend kann ein Blick ins Ausland sein. Was heute in den USA oder anderswo im Trend liegt, kann vielleicht schon bald auch in Deutschland als Geschäftsidee funktionieren. Zwar ist dabei immer als Einschränkung zu berücksichtigen, dass aufgrund kultureller Unterschiede nicht jedes Geschäftsmodell auf ein anderes Land übertragen werden kann. Doch lohnenswert ist der Blick über den nationalen Tellerrand allemal – allein schon um den eigenen Horizont zu erweitern.

Längst nicht jede erfolgreiche Existenzgründung basiert auf einer bahnbrechenden Neuentwicklung. Bei genauerer Betrachtung ist es sogar nur eine kleine Minderheit der Gründer, die eine echte Innovation vorweisen können. Oftmals sind es augenscheinlich geringe Abwandlungen bestehender Produkte, die am Ende dem neuen Angebot eine besondere Attraktivität verleihen.

Beispiel: Die Gründer der Ergobag GmbH haben weder den Schulranzen noch den Trekkingrucksack erfunden. Doch sie haben beides miteinander kombiniert und konnten sich mit dieser Idee am Markt etablieren. Ausgangspunkt war die Diskussion über die Ergonomie von Schulranzen. Während Trekkingrucksäcke so konstruiert sind, dass das Gewicht rückenschonend auf der Hüfte ruht, gab es dieses Konzept bei Schulranzen vorher noch nicht. Nach dem Start im Jahr 2008 fand das Unternehmen mit seiner Verbesserung des Schulranzenkonzepts schnell großen Anklang und erhielt in den Folgejahren für die Idee mehrere Auszeichnungen. Kern des Erfolgs: Den Gründern gelang es, die Vorteile zweier bestehender Produkte so miteinander zu verknüpfen, dass die Nutzer daraus einen messbaren Vorteil ziehen konnten. Außerdem konnten die neuen Schulranzen für das öffentlichkeitswirksame Thema „Rückenbelastung von Schulkindern" eine griffige Lösung bieten, die sich überdies mit einfachen Argumenten verkaufen lässt.

Wenn Sie überlegen, ob bestehende Produkte und Dienstleistungen in einer modifizierten Form angeboten werden können, sollten Sie sich mit den folgenden Fragen befassen.

- ▶ Fehlen bei einem bestehenden Produkt Eigenschaften, die dem Nutzer einen Vorteil bieten könnten?
- ▶ Lassen sich Produkte oder Dienstleistungen durch zusätzliche Merkmale verbessern?
- ▶ Können sich komplexe Produkte oder Dienstleistungen so vereinfachen lassen, dass sie die Nutzer besser ansprechen oder vielleicht sogar einer neuen Zielgruppe angeboten werden können?
- ▶ Können neue Werkstoffe zum Einsatz kommen, mit deren Hilfe sich die Produkteigenschaften verbessern lassen?
- ▶ Lassen sich durch die Kombination unterschiedlicher Produkte und Dienstleistungen neue Angebote entwickeln?

Beispiel für eine Mindmap

Eigene Software entwickeln

Großer Entwicklungsaufwand
Brauche ich einen Investor?
Wer kommt als Vertriebspartner infrage?

Selbstständig als Informatiker

Will ich in Projekte eingebunden sein?
Wenig Investitionsaufwand
Nicht viel Freiraum für Eigeninitiative
Relativ sichere Projekteinnahmen

Freelancer

Support und Schulungen

Umgang mit Menschen macht Spaß
Habe schon öfter Schulungen gehalten
Gibt es Unternehmen, die mich regelmäßig buchen können?

Wie Sie den Prozess der Ideenfindung gestalten, hängt sowohl von Ihren Vorlieben wie auch von Ihrer Persönlichkeit ab. Während die einen ihre Gedanken in Notizbüchern festhalten oder mit Zettelkästen arbeiten, bevorzugen andere Kreativitäts-Software am Computer. Ob Sie lieber in Brainstorming-Manier Ihren Gedanken freien Lauf lassen und die daraus resultierenden Ideen hinterher sortieren und bewerten oder ob Sie sich eher mit einer strukturierten Kreativitätstechnik wohlfühlen, hängt ganz von Ihnen ab.

Eine häufig genutzte und einfach zu verstehende Kreativitätstechnik ist das Mindmapping. Um einen zentralen Begriff herum werden weitere Ideen und Begriffe angeordnet, die jeweils thematisch zusammenhängen. So lassen sich Ideen und Überlegungen sortieren, indem sozusagen eine vernetzte „Gedanken-Landkarte" entsteht. Mindmapping eignet sich sowohl für die Weiterentwicklung von Ideen wie auch für das Zusammentragen von Vor- und Nachteilen einzelner Varianten einer Geschäftsidee oder einfach für das thematische Sortieren Ihrer Überlegungen.

Die Mindmap können Sie entweder von Hand auf einem Blatt Papier oder mit einer speziellen Software am Computer erstellen. Für einfache Mindmapping-Projekte genügt zumeist kostenlos erhältliche Software wie Freemind (freemind.sourceforge.net) oder View Your Mind (sourceforge.net/projects/vym).

Beide Programme stehen unter der Open-Source-Lizenz und laufen sowohl auf Windows wie auch auf MacOS und Linux.

So prüfen Sie Ihre Geschäftsidee

Wenn Ihre Geschäftsidee konkrete Formen annimmt, stehen Sie vor der entscheidenden Frage: Ist die Idee wirtschaftlich tragfähig, sodass ich meine Existenzgründung darauf aufbauen kann? Nehmen Sie sich genügend Zeit, um Ihr Vorhaben aus unterschiedlichen Blickwinkeln zu beleuchten und selbstkritisch zu hinterfragen. Natürlich ist es nicht nur von Vorteil, sondern geradezu unabdingbar, dass Sie ein hohes Maß an Begeisterung in Ihr Gründungsprojekt mit einbringen. Doch positives Denken allein kann gefährlich sein – nämlich dann, wenn Sie mögliche Stolpersteine einfach ausblenden und blindlings darauf setzen, dass alles schon irgendwie gut gehen wird.

Zuallererst sollten Sie prüfen, ob Sie die ins Auge gefasste Tätigkeit überhaupt ausüben dürfen. Strenge Regeln gelten hierbei vor allem für freie Berufe, in denen es um medizinische Leistungen, Rechts- oder Steuerberatung geht. Auch beim Erbringen von handwerklichen Leistungen können Sie mit dem Gesetz in Konflikt kommen, wenn Ihnen die dazugehörige Ausbildung oder in manchen Fällen sogar nur der Meisterbrief fehlt.

Im Zweifelsfall sollten Sie sich frühzeitig beim jeweiligen Berufsverband, bei der Industrie- und Handelskammer oder der Handwerkskammer erkundigen, ob Ihre berufliche Qualifikation den Anforderungen des Gesetzgebers entspricht.

INFO

DIE ZUSTÄNDIGE KAMMER FINDEN

Die für Sie zuständige Industrie- und Handelskammer können Sie mit dem IHK-Finder ermitteln. Die Website finden Sie unter dihk.de/ihk-finder/ihk-finder-dihk.html. Einen ähnlichen Service bieten die Handwerkskammern an, wo Sie auf der Internetseite des Zentralverbands unter zdh.de/handwerksorganisationen/hand werkskammern/deutschlandkarte.html auf einer Deutschlandkarte die regionalen Handwerkskammern finden.

Dreh- und Angelpunkt Ihres Erfolgs als Gründer ist, dass Sie mit Ihrem Produkt oder Ihrer Dienstleistung so gute Verkaufserlöse erzielen, dass nach Abzug Ihrer betrieblichen Kosten genug Geld übrig ist, um davon leben zu können. Daher sollten Sie sich von Beginn an überlegen, welche Zielgruppe für Sie in Betracht kommt.

Ideal ist es, wenn es nicht bei der grauen Theorie bleibt, sondern sich in Ihrem Bekannten- oder Verwandtenkreis Menschen finden, die als potenzielle Kunden in Betracht kommen könnten – sei es, weil sie das Produkt selbst nutzen können oder weil sie in einem Unternehmen für einen Bereich zuständig sind, in dem Ihre Lösungen zum Einsatz kommen können. In solchen Gesprächen kann sich Verbesserungspotenzial herauskristallisieren, weil sie Ihnen die Möglichkeit geben, Interessenten zu fragen, welche konkreten Erwartungen sie an das Produkt haben. Das bietet Ihnen die Chance, schon vor dem eigentlichen Start Ihre Geschäftsidee möglichst optimal an die Erwartungen des Marktes anzupassen.

Wichtig ist nicht nur, ob sich Ihr Produkt verkauft, sondern auch, zu welchem Preis es sich verkaufen lässt. So kann sich eine Geschäftsidee als Flop erweisen, wenn Ihre Herstellungskosten pro Stück bei 50 Euro liegen, aber Ihre Zielgruppe nicht bereit ist, mehr als

30 Euro dafür auszugeben. Sie müssen an dieser Stelle noch keine fein herausgearbeitete Kalkulation erstellen. Doch zumindest in Form einer ersten Schätzung sollte klar sein, dass mit Ihrer Idee ein realistisches Gewinnpotenzial verbunden ist.

Durchaus interessant ist in diesem Zusammenhang auch eine Betrachtung der infrage kommenden Vertriebswege. Wer beispielsweise als IT-Freelancer nur eine überschaubare Anzahl an möglichen Auftraggebern direkt ansprechen möchte, bringt andere Voraussetzungen mit als jemand, der seine Produkte an eine breite Masse an privaten Kunden verkaufen möchte.

Je nach Art Ihres Angebots stehen Ihnen verschiedene Vertriebswege zur Verfügung wie beispielsweise

▶ der direkte Verkauf an eine überschaubare Anzahl großer Kunden mit persönlicher Kundenansprache,

▶ der direkte Verkauf an eine große Anzahl kleinerer Kunden ohne persönliche Ansprache, beispielsweise über einen Online-Shop oder eine Internet-Auktionsplattform,

▶ das Führen eines eigenen Ladengeschäfts,

▶ der direkte Verkauf auf Messen, Märkten oder Ausstellungen,

▶ die Belieferung von Einzelhändlern oder Großhändlern sowie

▶ der Vertrieb über Handelsvertreter oder Vertriebsorganisationen.

Dabei sollten Sie beachten, dass die Wahl der Vertriebswege auch die Produktkalkulation maßgeblich beeinflussen kann. So ist beim Verkauf auf Messen und Märkten zu bedenken, dass vor allem an attraktiven Standorten die Standkosten extrem hoch sein können und daher im Rahmen der Vertriebskosten in die Kalkulation einfließen müssen. Beim Vertrieb über den Einzelhandel wiederum fordern die Händler eine ausreichende Spanne zwischen Einkaufs- und Ladenverkaufspreis, damit sie das Produkt überhaupt in ihr Sortiment aufnehmen. Je nach Branche kann es durchaus vorkommen, dass ein Händler 40 oder gar 50 Prozent des Ladenverkaufspreises als Handelsspanne benötigt.

Was dann als Lieferantenpreis übrig bleibt, zeigt die folgende kleine Beispielrechnung.

Beispiel: Der Lieferantenpreis Gehen wir davon aus, dass der private Endkunde 75 Euro inklusive Mehrwertsteuer für das Produkt bezahlen soll. Zuerst einmal muss nun die Mehrwertsteuer herausgerechnet werden, sodass als Endverkaufspreis netto 63,03 Euro übrig bleiben.

Soll der Händler an diesem Preis 45 Prozent für die Deckung seiner Kosten und seinen Gewinn einbehalten, resultiert daraus für ihn ein Einkaufspreis von 34,67 Euro zuzüglich Mehrwertsteuer.

In keiner Analyse sollte der Blick auf die Konkurrenz fehlen. Nehmen Sie die bereits am Markt befindlichen Angebote unter die Lupe und überlegen Sie, was Sie besser, preisgünstiger oder kundenfreundlicher machen können. Als Neuling im Markt können Sie nur die nötige Aufmerksamkeit gewinnen, wenn Sie sich von den bereits etablierten Anbietern abheben können – ansonsten kann es sehr schwer werden, nicht in der Masse unterzugehen.

Wenn Sie sich mit Ihren künftigen Wettbewerbern befassen, sollten Sie auch versuchen, sich in deren Lage hineinzuversetzen. Wie würden Sie selbst reagieren, wenn Sie der Platzhirsch im Markt sind und Ihnen ein neuer Akteur Ihre Position streitig machen will? Würden Sie Ihre Produkte verbessern oder vielleicht eine Kampfpreisrunde einläuten in der Hoffnung, dass dem Neuen schon bald das Geld ausgeht? Das direkte Herausfordern eines Konkurrenten kann durchaus ungemütliche Reaktionen hervorrufen. Gut, wenn Sie dies schon von vornherein mit einkalkulieren und sich überlegen, wie Sie sich dafür wappnen können.

Im Blick auf die von Wettbewerbern angebotenen Produkte und Leistungen sollten Sie überdies rechtzeitig sicherstellen, dass kein patent- oder markenrechtlicher Ärger auf Sie zukommt. Bereits patentierte Produkte dürfen Sie nicht einfach nachbauen, und ebenso wenig dürfen Sie Marken so imitieren, dass eine Verwechslungsgefahr besteht. Wie das nachfolgende Beispiel zeigt, kann es unter Umstän-

den sogar dann juristische Angriffe geben, wenn nach dem gesunden Menschenverstand niemand Ihr Produkt mit einer bereits vorhandenen Marke verwechseln dürfte.

Beispiel: Ärger um Äpfel Der US-amerikanische Computerkonzern Apple ist nicht nur für hochwertige Smartphones, Tablets und Computer bekannt, sondern auch für sein aggressives Vorgehen beim Beschützen seiner Markenrechte. Schon entfernte Ähnlichkeiten mit dem weithin bekannten Apple-Logo nahm der Konzern zum Anlass, um gegen andere Firmen juristisch vorzugehen:

Die Inhaberin eines Cafés mit dem Namen „Apfelkind" staunte nicht schlecht, als sie unversehens Post von den Apple-Anwälten erhielt. Ihr Logo – ein Apfel mit stilisiertem Kinderkopf – verletze die Markenrechte des Konzerns und müsse sofort geändert werden. Doch die Inhaberin des Cafés bot Apple Paroli. Mit Erfolg: Gut zwei Jahre später zog Apple seinen Einspruch gegen den Markeneintrag von Apfelkind zurück.

Apple sah durch das Apfelkind-Logo seine Markenrechte verletzt.

Dem Tourismusverband Rhein-Voreifel drohte Apple 2019 eine Klage wegen Verletzung der Markenrechte durch das Radwegnetz „Apfelroute" an. Das Apfel-Routen-Logo hat zwar kaum Ähnlichkeit mit dem angebissenen Apfel, enthält aber auch ein Blatt. Der Verband konnte sich aus der Affäre ziehen, indem er zusicherte, das Logo nicht für technische Geräte zu verwenden.

Eine Markenschlacht der Lifestyle-Giganten lieferten sich Swatch und Apple, weil die Schweizer mit dem Slogan „Tick different" für ihre Uhren warben. Daran stießen sich die Juristen von Apple, obwohl der Computerhersteller seinen in den Neunzigerjahren entwickelten Slogan „Think different" mittlerweile nur noch in kleiner Schrift auf die Verpackung einiger Produkte drucken ließ. Dem eidgenössischen Bundesverwaltungsgericht war dies zu kleinlich. Es wies die Klage ab mit der Begründung, dass der Apple-Slogan schon seit mehr als einem Jahrzehnt kein maßgeblicher Teil einer Werbekampagne gewesen sei.

Bereits in der Anfangsphase sollten Sie versuchen, den finanziellen Rahmen für die notwendigen Investitionen und Anlaufkosten zu schätzen. Das muss im Zuge der ersten Überlegungen noch kein ausgefeilter Finanzierungsplan sein, der alle Details in möglichst genauen Beträgen enthält. Aber zumindest einen groben Überblick sollten Sie sich über die Aufwendungen verschaffen, die bei der Verwirklichung Ihrer Geschäftsidee auf Sie zukommen könnten.

Sofern Sie Produkte selbst produzieren wollen, benötigen Sie natürlich die entsprechende Ausrüstung. Erkundigen Sie sich, wie teuer die erforderlichen Maschinen und Werkzeuge sind und ob es vielleicht die Möglichkeit gibt, günstig an gebrauchte Ausrüstungskomponenten zu kommen. Für Produktion, Lagerhaltung und Büro brauchen Sie eine angemessene Nutzfläche. Steht Ihnen diese nicht in den eigenen vier Wänden zur Verfügung, sollten Sie den Immobilienmarkt sondieren, um die üblichen Mietpreise herauszufinden.

Nicht zu unterschätzen sind die Kosten für das Marketing, denn schließlich soll Ihr Unternehmen so schnell wie möglich bekannt werden. Drucksachen, Anzeigen, Website – das kostet alles zusammen eine ordentliche Stange Geld. Auch die Ausgaben für die Erstausrüstung an Rohmaterialien oder Handelswaren schlagen je nach Geschäftsmodell mit sehr unterschiedlichen Summen zu Buche.

Der zweite Blick sollte in diesem Zusammenhang Ihren Ersparnissen gelten. Je mehr eigenes Geld Sie in Ihr Gründungsvorhaben in-

Die Walt-Disney-Methode

Der legendäre Filmproduzent Walt Disney hat schon vor Jahrzehnten eine ebenso einfache wie wirkungsvolle Methode entwickelt, um neue Ideen auf ihre Erfolgsaussichten hin zu prüfen. Für die Walt-Disney-Methode benötigen Sie insgesamt drei Personen, von denen jeweils eine die Rolle des Enthusiasten, des Realisten und des Pessimisten einnimmt. Jeder Gesprächsteilnehmer verwendet in der Diskussion über die Idee nur Argumente, die seiner Rolle entsprechen – so kann das Vorhaben sowohl aus positiven wie auch aus negativen Blickwinkeln betrachtet und analysiert werden.

Dabei gilt: Die Argumente sollen immer begründet werden und konstruktiv sein. Um die Diskussion abwechslungsreich zu gestalten, bietet es sich an, dass in zuvor festgelegten zeitlichen Abständen die Rollen neu verteilt werden.

vestieren können, umso weniger sind Sie auf Bankkredite angewiesen und umso besser können Sie auch mal einen finanziellen Engpass überbrücken, falls sich die Anlaufphase länger als ursprünglich vorgesehen hinzieht. Dabei sollten Sie jedoch für ungeplante private Ausgaben eine ausreichende Reserve unangetastet lassen.

FRANCHISING: STARTEN MIT IDEEN ANDERER LEUTE

Die Idee, Waren oder Dienstleistungen über Lizenzpartner zu vertreiben, stammt aus den USA. Die Wurzeln des modernen Franchising liegen in einem inzwischen legendären Imbiss: Im Jahr 1954 saß der Getränkevertreter Ray Kroc in einem Schnellrestaurant und beobachtete, wie sich die Kunden buchstäblich die Klinke in die Hand gaben. Er witterte die Goldader und erwarb vom Besitzer die Lizenz, nach demselben Strickmuster weitere Restaurants zu eröffnen und auf diese Weise die Geschäftsidee zu vermarkten. Kroc eröffnete ein Jahr später das erste Restaurant und warb danach weitere Investoren, die unter gleichem Namen, mit gleicher Einrichtung und gleicher Speisekarte ein Schnellrestaurant nach dem anderen aufmachten. Im Gegenzug bezahlten sie dem Gründer einen Umsatzanteil als Gebühr für die Nutzung der Geschäftsidee – das Franchising war geboren. Krocs Franchise-Idee wurde unter der Marke „McDonald's" ein weltweiter Renner und zählt heute noch zu den Vorzeigeobjekten sämtlicher Franchise-Verfechter.

So funktioniert Franchising

Ein Franchise-System verkörpert eine enge Bindung zwischen dem Franchisegeber, der Produkte und Know-how zur Verfügung stellt, und dem Franchisenehmer, der unter dem Firmenauftritt seines Systempartners dessen Produkte auf eigene Rechnung vertreibt.

Hintergedanke dieser Vertriebsidee ist die schnelle Expansion ohne aufwendige Investitionen. Der Franchisegeber muss nicht zuerst in teure Filialen oder Niederlassungen investie-

ren, denn dies übernimmt der Franchisenehmer. Aufgabe des Franchisegebers ist es, mit Verkaufsförderung, Werbung und Weiterbildungsmaßnahmen den Erfolg der Franchisenehmer zu beschleunigen. Der Franchisenehmer wiederum profitiert vom Know-how seines Partners – vor allem in Technik und Marketing – und vom Bekanntheitsgrad der Marke, der mit der Anzahl der Franchisepartner wächst.

Viele Franchisesysteme bieten ihren Partnern nicht nur eine Geschäftsidee, sondern auch ein umfangreiches Servicepaket für den erfolgreichen Start in die Selbstständigkeit: Kaufmännische Seminare vermitteln das notwendige Fachwissen, und Verkaufsschulungen helfen dem Existenzgründer, den erfolgreichen Umgang mit Kunden zu lernen. Auch bei der Erstellung des Finanzkonzeptes und dem Beantragen von öffentlichen Fördermitteln greifen viele Anbieter dem Neuling unter die Arme – manche steigen sogar selbst bei Bedarf als stiller Teilhaber mit ein.

Grundlage der Franchise-Partnerschaft ist der Vertrag, in dem alle wichtigen Punkte in Bezug auf Standort, Schulungen, Gebühren, Lizenzvereinbarungen und Werbeunterstützung geregelt sind. Der Franchisevertrag ist ein kompliziertes rechtliches Gebilde, da er Vertriebsrechte, Weisungs- und Kontrollrechte, Dienstbarkeiten und Schutzrechte enthält. Er ist damit eine Mischung aus Handelsvertretervertrag, Pacht- und Mietvertrag, Darlehensvertrag und Gesellschaftsvertrag.

In der Regel werden darin die folgenden Vereinbarungen aufgeführt:

▶ Franchisegeber und -nehmer schließen eine vertragliche Vereinbarung über den Vertrieb von Waren beziehungsweise von Dienstleistungen.

▶ Der Franchisegeber überträgt dem Franchisenehmer Nutzungsrechte an Schutzmarken, Warenzeichen, Patenten oder Marketing-Know-how und steht bei Bedarf beratend zur Verfügung.

▶ Der Franchisenehmer bezahlt für die Nutzung der Rechte und die Beratungsleistungen ein einmaliges oder laufendes Entgelt.

▶ Der Franchisenehmer beachtet beim Auftritt am Markt die Richtlinien des Systems, handelt aber auf eigene Rechnung.

Von einem seriösen Franchisegeber bekommen Sie schon bei den ersten Verhandlungen umfangreiches Informationsmaterial ausgehändigt. Wichtigster Bestandteil ist das Handbuch für die praktische Betriebsführung, das die grundlegenden Modalitäten für das Verhalten der Franchisepartner regelt.

Auch Zahlenmaterial über das System beeinflusst die Entscheidungsfindung. Wer schon mehrere erfolgreiche Partner benennen kann, bietet Ihnen eine bessere Startposition als ein Neuling am Franchisemarkt, der erst mit der Vermarktung seiner Produktidee beginnt.

Ebenso werden Sie von seriösen Anbietern vorab über den Umfang der zur Verfügung gestellten Leistungen informiert – von der kaufmännischen Schulung bis zur eventuellen Starthilfe bei der Finanzierung.

INFO **VORSICHT: ERSTLAUFZEIT**
Da die Laufzeit der Verträge sehr langfristig angelegt ist – meist beträgt die Erstlaufzeit fünf Jahre, manchmal auch länger –, sollten Sie Ihre Entscheidung wohlüberlegt und in Ruhe treffen. Die Unterschrift für den Einstieg ist schnell geleistet, doch der Ausstieg während der Vertragslaufzeit gestaltet sich schwierig: Kündigen dürfen Sie in der Regel nur aus wichtigen Gründen, und dann ist strittig, ob Sie Ansprüche auf die Rückzahlung von Vorleistungen wie etwa die Eintrittsgebühr haben.

Sind Sie ein Franchise-Typ?

Franchising ist keine Existenzgründung mit einer eigenen Geschäftsidee. Wenn Sie sich als Franchisenehmer selbstständig machen, treten Sie in ein bestehendes System ein und müssen das dazugehörige Regelwerk befolgen. Und damit ist weniger Ihre Kreativität als Ihr Verkaufstalent gefordert. Folglich verlangt das Franchise-System einen andern Typ des Existenzgründers als ein Sprung in die Selbstständigkeit mit einer eigenen Idee.

Als Franchisenehmer sind Sie zwar in rechtlicher und finanzieller Hinsicht selbstständig: Sie sind nur weisungsgebunden, soweit es die vertraglichen Regelungen betrifft, und mit Ihrem Verkaufserfolg können Sie Ihr Einkommen im Wesentlichen selbst bestimmen. Allerdings haben Sie nicht unbegrenzt freie Hand. Ihr Entscheidungsspielraum hört dort auf, wo die Vereinbarungen über den einheitlichen Marktauftritt beginnen. Sie können also nicht einfach neue Produkte oder Dienstleistungen ins Sortiment aufnehmen, Ihre Geschäftsräume nach Ihrem eigenen Geschmack ausstatten oder ein neues Firmendesign entwerfen lassen.

Doch die Einbindung in das System hat nicht nur Nachteile, sondern auch Vorzüge. Als Franchisenehmer sind Sie kein Einzelkämpfer, der sich ohne jegliche Unterstützung im Wettbewerb behaupten muss, sondern im Idealfall Teil einer starken Gemeinschaft, in der Sie in kritischen Situationen auch praktische Hilfe bekommen.

Werbe- und Verkaufs-Know-how bekommen Sie fix und fertig geliefert, ebenso den Firmenauftritt vom Werbeschild bis zur Visitenkarte. Schulungen und Seminare helfen Ihnen, Ihr Wissen stets auf dem neuesten Stand zu halten. Und nicht zuletzt bieten bei vielen Franchisegebern Ausschüsse und Arbeitsgruppen den gerade in der Startphase wichtigen Erfahrungsaustausch mit „Kollegen", die oft wertvolle Tipps geben können. Ob der Start mit einer eigenen Geschäftsidee oder der Einstieg in ein Franchise-System die bessere Alternative darstellt, lässt sich daher nicht pauschal sagen. Was für Sie am besten ist, kommt auf Ihre persönliche Einstellung, Ihre Risikobereitschaft und Ihre Zukunftsvorstellungen an. Orientierung bietet Ihnen der Fragenkatalog in der Checkliste „Passt Franchising zu mir?", den Sie vor Ihrer Entscheidung in aller Ruhe durchgehen sollten. Je mehr dieser Fragen Sie mit „Ja" beantworten können, desto besser sind Sie für eine erfolgreiche Franchise-Karriere geeignet. Wenn aber solche Aussichten auf Sie abschreckend wirken, sollten Sie wohl doch eher versuchen, sich mit einer eigenen Geschäftsidee zu etablieren.

Vor allem für Menschen, denen Unabhängigkeit und Selbstverwirklichung sehr viel bedeuten, kommt die Einbindung in ein Franchise-System dem Verlust der beruflichen Selbstständigkeit gleich. Und dann hilft auch ein satter Gewinn am Jahresende nicht über das Grübeln hinweg, ob nicht das eigene Unternehmen oder die freiberufliche Tätigkeit – auch bei weniger Ertrag – mehr Befriedigung gebracht hätte.

So finden Sie den richtigen Partner

Der Franchisemarkt boomt, und neue Systeme werden ständig erprobt. Allein im Deutschen Franchise-Verband sind nach eigenen Angaben rund 280 Franchisegeber organisiert, und Jahr für Jahr machen sich bundesweit einige Tausend Jungunternehmer auf diese Weise selbstständig. Da wird es schwierig, den Überblick zu behalten. Neben den etablierten Franchise-Riesen wie McDonald's oder der Baumarktkette OBI gibt es eine Vielzahl von Anbietern fast jeder Größenordnung, die vor allem in Handels- und Dienstleistungsbranchen beheimatet sind.

Ganz grob lassen sich Franchise-Anbieter in drei Kategorien einordnen:

1 **die Etablierten,** die schon mehrere Jahre am Markt sind und bereits mindestens 50 Partner haben,

2 **die Aufsteiger,** die mindestens zwei Jahre am Markt sind und 10 bis 50 Partner haben, und

3 **die Newcomer,** die gerade aus der Erprobungsphase herauskommen und nach ersten Partnern Ausschau halten.

Zwar ist bei den etablierten Anbietern das Risiko des Scheiterns durch den hohen Bekannt-

Passt Franchising zu mir?

1	✓ Ist Ihnen der finanzielle Erfolg wichtiger als die Aussicht, eigene Ideen und Vorstellungen zu verwirklichen?
2	✓ Können Sie akzeptieren, dass am Eingang zu Ihren Geschäftsräumen nicht Ihr eigener Name, sondern die Firmierung des Franchisegebers steht?
3	✓ Fällt es Ihnen leicht, vorgegebene Gestaltungsrichtlinien, Produktstandards oder Serviceleistungen zu akzeptieren?
4	✓ Können Sie die Fachkompetenz eines Geschäftspartners anerkennen und auch dessen Anweisungen befolgen?
5	✓ Können Sie auch Entscheidungen respektieren und umsetzen, die Ihnen nicht passen?
6	✓ Können Sie damit leben, dass Ihre Arbeit kontrolliert, bewertet und manchmal kritisiert wird?
7	✓ Sind Sie bereit, nicht als Einzelkämpfer, sondern im Team mit weiteren Franchisenehmern zusammenzuarbeiten – manchmal auch in der Freizeit?

heitsgrad begrenzt, doch hier müssen Sie als künftiger Partner mit enormen Einstiegsinvestitionen rechnen. So muss ein Franchisenehmer bei McDonald's mindestens 500 000 Euro an Eigenkapital für Investitionen mitbringen. Außerdem ist eine Einstiegsgebühr von knapp 50 000 Euro fällig. Da wird die Luft schon einigermaßen dünn, und viele Existenzgründer müssen sich dann doch eher den kleineren oder im Aufstieg begriffenen Systemen zuwenden, die den Einstieg mit geringeren Summen ermöglichen.

Aber gerade bei neuen Anbietern ist Vorsicht geboten, denn mangels Erfahrung lassen sich die Erfolgsaussichten der Geschäftsidee schwer einschätzen. Dauerhafter Erfolg wird nur gewährleistet, wenn die Geschäftsidee nicht von kurzfristigen Modetrends abhängig ist, sondern sich an einem zukunftsträchtigen Markt ausrichtet.

Manche Anbieter, die den deutschen Markt erobern wollen, präsentieren ihren künftigen Franchisepartnern stolz die Erfolgszahlen ihres Engagements im Ausland. Solche Aussagen sollten Sie kritisch prüfen, denn was im Ausland gut läuft, muss in Deutschland noch lange nicht zum neuen Trend werden. Die Mentalitäten sind einfach zu verschieden, um die Märkte in den USA, dem europäischen Ausland und Deutschland miteinander vergleichen zu können.

INFO **MITGLIED IM FRANCHISE-VERBAND**
Viele Franchise-Anbieter sind Mitglied im Deutschen Franchise-Verband. Dieser seit 1978 bestehende Verband hat es sich zur Aufgabe gemacht, Franchising in Deutschland zu fördern und gleichzeitig dafür zu sorgen, dass Mindeststandards im Umgang zwischen Franchisenehmer und Franchisegeber gewahrt werden. Wer dort Vollmitglied ist, muss mindestens zwei Jahre als Franchisegeber tätig gewesen sein, mindestens zwei Franchisenehmer vorweisen und sein System einer Prüfung des Verbands unterzogen haben. Gleichzeitig ist der Franchiseverband auch Anlaufstelle für Interessenten, die über bestimmte Systeme Erkundigungen einziehen wollen.
Auf der Website franchiseverband.com finden Sie allgemeine Informationen zum Franchising, Praxistipps für den Einstieg und einen Franchise-System-Finder, in dem Sie gezielt nach Franchise-Anbietern und deren Konditionen suchen können.

Bei der Auswahl des richtigen Franchise-Partners entscheidet nicht allein die Frage, ob das System Ihren Vorstellungen entspricht. Auch Sie als Bewerber müssen je nach Anbieter die unterschiedlichsten Voraussetzungen erfüllen, um als neuer Partner einsteigen zu können.

Die fachlichen Anforderungen richten sich nach der angebotenen Produkt- oder Leistungspalette. So müssen beispielsweise die Franchisenehmer des Industriegas-Dienstleisters Linde technische und kaufmännische Grundkenntnisse mitbringen, während die Optikerkette Apollo ausschließlich ausgebildete Augenoptiker mit Meisterbrief als Partner wählt. Ebenso unterschiedlich sind die Persönlichkeiten, die sich die einzelnen Anbieter als künftige Franchisenehmer wünschen. Hier gilt als Faustregel: Je geringer die spezifischen Fachkenntnisse sein müssen, desto mehr ist Kommunikations- und Verkaufstalent gefragt.

Wie seriös ist der Anbieter?

Wo Märkte boomen, tummeln sich auch schwarze Schafe – die Franchiseszene stellt hier keine Ausnahme dar. Wer einem windigen Franchisegeber auf den Leim geht, läuft Gefahr, hohe Investitionen in den Sand zu setzen und als Existenzgründer zu scheitern. Selbst große Namen bieten keine Gewähr gegen Ärger: In den vergangenen Jahren berichteten

Einige der rund 280 Franchise-Anbieter, die im Deutschen Franchise-Verband organisiert sind.

7 Tipps, wie Sie Ihr Risiko beim Franchising minimieren

1 Achten Sie auf die Mitgliedschaft im Deutschen Franchise-Verband. Nur ein geringer Teil der in Deutschland aktiven Anbieter sind Vollmitglieder im Franchise-Verband. Die Mitgliedschaft ist zwar keine Erfolgsgarantie – doch zumindest können Sie davon ausgehen, dass Experten das System und die Vertragskonditionen unter die Lupe genommen haben.

2 Sind die Unterlagen vollständig? Lassen Sie sich vor Vertragsschluss alle Unterlagen aushändigen. Dazu zählen Vertragsentwurf, Handbuch für die Betriebsführung, Referenzadressen und verlässliche Daten aus der Marktforschung.

3 Funktioniert das System auch an Ihrem Standort? Nicht überall sind die Märkte gleich: Was in Großstädten reißenden Absatz findet, kann in ländlichen Gebieten ein Ladenhüter sein. Vor allem Nischenprodukte haben häufig nur in Ballungsräumen realistische Marktchancen.

4 Welchen Service bietet der Franchisegeber? Bestehen Sie auch beim Service auf klare Aussagen. Lassen Sie sich detailliert erläutern, welche überregionalen Werbemaßnahmen ergriffen werden, welche Fortbildungsangebote zur Verfügung stehen und wie die Betreuung in der Praxis verläuft.

5 Mitbestimmung der Franchisenehmer. Gute Anbieter hören auf ihre Partner und binden sie in die Entscheidungswege mit ein. Das kann in Form von Arbeitsgruppen, Ausschüssen oder „runden Tischen" geschehen. Je umfangreicher die Mitbestimmungsmöglichkeiten, desto eher reagiert auch die Zentrale auf die Anforderungen des Marktes.

6 Kontrollieren Sie die Markenschutzrechte. Beim Franchising erwerben Sie in der Regel Nutzungsrechte an Marken oder Patenten. Vergewissern Sie sich, dass diese Schutzrechte beim Deutschen oder Europäischen Patentamt registriert sind. Ansonsten würden Sie hohe Nutzungsgebühren für eine Idee bezahlen, die jederzeit kopiert werden kann!

7 Lassen Sie den Vertrag prüfen. Wenn Sie einen Franchisevertrag unterzeichnen, treffen Sie eine langfristige Entscheidung über Ihre wirtschaftliche Existenz. Deshalb sollten Sie den Vertrag vor dem Abschluss von einem auf Franchising spezialisierten Rechtsanwalt auf Herz und Nieren prüfen lassen.

---

die Medien unter anderem bei Burger King und Subway über massive Streitigkeiten zwischen Franchisenehmern und -anbietern.

Deshalb gilt es, Verträge, Informationsschriften und Handbücher kritisch zu prüfen und die Marktchancen des Franchisekonzepts sorgfältig abzuwägen. Nur wer von Beginn an mit offenen Karten spielt und Ihnen keine leeren Werbesprüche, sondern fundierte Fakten liefert, kann auch langfristig für Sie ein Erfolgspartner sein.

Aufschlussreich ist häufig ein Gespräch mit Franchisenehmern, die die Startphase im System bereits hinter sich haben. Erkundigen Sie sich nach der Entwicklung ihres Betriebs und ihrer Erfahrung mit den Serviceleistungen des Franchisegebers.

Und: Fragen Sie auch gezielt nach, wie sich der Franchisegeber verhalten hat, wenn es einmal Probleme oder Unstimmigkeiten gegeben hat. Wer Ihnen den Einstieg in ein wirklich lukratives Franchisesystem bietet, braucht solche Nachforschungen nicht zu scheuen und stellt Ihnen eine Referenzliste seiner Franchisenehmer zur Verfügung.

ÜBERNEHMEN STATT NEU GRÜNDEN

Nach einer Schätzung des Instituts für Mittelstandsforschung (IfM) in Bonn stehen derzeit weit mehr als 100 000 kleinere und mittelständische familiengeführte Unternehmen vor dem Generationswechsel. Viele Unternehmer, die in den siebziger oder achtziger Jahren eine eigene Firma gegründet haben, erreichen nun die Altersgrenze und wollen ihr Unternehmen in jüngere Hände legen. Familieninterne Nachfolgeregelungen sind dabei zwar nach einer aktuellen IfW-Studie in der Mehrheit, doch fast die Hälfte der Firmen wird an einen neuen Inhaber außerhalb der Familie verkauft.

Für Sie als Existenzgründer stellt sich damit die Frage, ob der Kauf eines bereits seit vielen Jahren am Markt eingeführten Unternehmens eine sinnvolle Alternative zur Gründung sein könnte. Dabei ist es wie so oft: Manches spricht dafür, anderes dagegen.

Vom Mitarbeiter zum Inhaber

In manchen Fällen bietet es sich an, das Unternehmen an einen leitenden Mitarbeiter zu verkaufen – eine Lösung, die in der Praxis durchaus öfter vorkommt. Vorteilhaft bei dieser Konstellation ist, dass der Käufer sowohl bei den Mitarbeitern wie auch bei den Geschäftspartnern bereits bekannt und mit den innerbetrieblichen Abläufen vertraut ist. Wenn sich für Sie solch eine Gelegenheit bietet, können Sie im vertrauten Umfeld weiterarbeiten und darüber hinaus nun die Zukunft Ihres eigenen Unternehmens gestalten. Ein Kundenstamm, der regelmäßige Umsätze einbringt, ist bereits vorhanden, sodass Sie im Idealfall schon eine solide Ertragsbasis vorfinden.

Zuweilen sind Übernahmen möglich, wenn ein größeres Unternehmen einen Teilbereich abspaltet. Dies kann beispielsweise der Fall sein, wenn ein Teil der Produkte oder Dienstleistungen nicht mehr zur Gesamtstrategie des Unternehmens passt. Wird die Übernahme des Geschäftsbereichs leitenden Mitarbeitern angeboten, spricht man im Fachjargon von einem „Management-Buy-Out".

Auf der Suche nach dem passenden Unternehmen

Während Sie bei der Neugründung eines Unternehmens den zeitlichen Ablauf selbst gestalten können, muss bei der Übernahme Ihr eigener Zeitplan mit demjenigen des Verkäufers übereinstimmen – ein Unterfangen, das nicht immer einfach ist und oft Kompromisse auf beiden Seiten erfordert. Auch bei der Suche nach dem geeigneten Unternehmen muss einiges zusammenpassen: Der Kaufpreis muss finanzierbar sein, Ihre Qualifikation muss den Erfordernissen des Unternehmens entsprechen, und nicht zuletzt wollen Sie sich als Chef in der neuen Firma wohlfühlen.

Zunächst einmal gilt es wie bei der Existenzgründung mit eigener Geschäftsidee zu prüfen, ob Ihre Qualifikation den gesetzlichen Erfordernissen entspricht, was vor allem bei der Übernahme im Handwerk und in den freien Berufen relevant ist.

Im zweiten Schritt sollten Sie in Form eines Vorgesprächs mit der Bank klären, welchen Kaufpreis Sie finanzieren können, und Ihr Limit entsprechend konsequent setzen. Selbst die Übernahme eines wirtschaftlich kerngesunden Unternehmens kann scheitern, wenn Sie sich beim Erwerb zu hoch verschulden und die Erträge nicht ausreichen, um Zins und Tilgung zu finanzieren. Das begrenzt in aller Regel auch die Größe des Unternehmens, das Sie übernehmen wollen und können. Die Unternehmensgröße sollten Sie allerdings nicht allein von Ihren finanziellen Möglichkeiten abhängig machen. Sie sollten sich auch selbstkritisch überlegen, ob sie zu Ihren Führungsqualitäten passt. Denn es ist ein bedeutender Unterschied, ob Sie zukünftig einen Handwerksbetrieb mit fünf Mitarbeitern oder einen Mittelstandsbetrieb mit 50 oder 100 Mitarbeitern zu führen haben.

Die Sondierung des Marktes gestaltet sich nicht ganz einfach, denn die Alteigentümer versuchen oft, möglichst diskret einen Käufer für ihre Firma zu suchen. Mit der Suche nach einem Käufer werden dann häufig spezialisierte Firmenmakler beauftragt, die ähnlich wie Immobilienmakler als Vermittler zwischen Verkäufer und Käufer auftreten. Weitere Informationsquellen sind Fachzeitschriften und IHK-Magazine, Handwerkskammern und Innungen sowie Unternehmensbörsen im Internet.

INFO | **DIE UNTERNEHMENSBÖRSE NEXXT-CHANGE**

Um verkaufswillige Unternehmer und potenzielle Käufer effizient zusammenzuführen, hat das Bundeswirtschaftsministerium zusammen mit Unternehmensverbänden und Bankenorganisationen die Online-Unternehmensbörse nexxt-change ins Leben gerufen. Auf der Website können Sie gezielt nach Region und Branche geordnet nach Unternehmen suchen, die zum Verkauf stehen. Weil die Namen der Unternehmen dort nicht veröffentlicht werden, erfolgt die Kontaktaufnahme über die regionalen Partner der Plattform. Die Börse finden Sie unter der Adresse nexxt-change.org.

Was Sie bei der Übernahme bedenken sollten

Die Übernahme eines Unternehmens bietet einige handfeste Vorteile gegenüber einer Gründung eines eigenen Unternehmens. So finden Sie im Idealfall bereits eine gut funktionierende Organisationsstruktur vor, die Produkte und Dienstleistungen sind bereits am Markt eingeführt, und in Sachen Umsatz und Ertrag müs-

sen Sie nicht bei null beginnen. Doch bei all diesen Vorzügen sollten Sie die möglichen Nachteile nicht ausblenden.

So sind insbesondere bei gut eingeführten und ertragsstarken Unternehmen die Kaufpreise oft hoch, sodass Sie auf einen Schlag eine ordentliche Summe mitbringen müssen. Je größer der Anteil, den Sie mit Bankkrediten fremdfinanzieren müssen, umso höher wird Ihr Risiko. Befassen Sie sich deshalb sorgfältig mit der Frage, wie die Finanzierung in Phasen gestemmt werden kann, in denen das Unternehmen mal niedrigere Gewinne oder sogar rote Zahlen schreibt. Für solche Eventualitäten sollten Sie auf jeden Fall ein ausreichendes Sicherheitspolster bei der Finanzierung einplanen.

Differenzen zwischen Verkäufer und Käufer gibt es oft, wenn es um die Höhe des Kaufpreises geht. Das ist durchaus verständlich, sieht doch fast jeder bisherige Inhaber sein Unternehmen als sein Lebenswerk an, in das er seine ganze Energie und Schaffenskraft investiert hat. Da möchte er nicht nur einen angemessenen Preis für die Immobilien und die Einrichtung sehen, sondern erwartet auch eine großzügige Honorierung dafür, dass er in früheren Jahren für den Aufbau des Betriebs so manche Entbehrung in Kauf nehmen musste.

Auf der anderen Seite stehen Sie als potenzieller Investor, der – ebenfalls verständlicherweise – den Betrieb zu einem möglichst günstigen Preis erwerben möchte. Weil Sie die Sache von außen bewerten, können Sie naturgemäß die „emotionalen Preisbestandteile" des Verkäufers nur schlecht nachvollziehen. Dann gilt es, den fairen Wert des Unternehmens zu ermitteln und einen Kompromiss zu finden, mit dem beide Seiten gut leben können. Dabei ist es ratsam, einen Steuer- oder Unternehmensberater einzubinden, der langjährige Erfahrung in der Bewertung von Unternehmen vorweisen kann. Bei der für Sie zuständigen Industrie- und Handelskammer (IHK) können Sie erfragen, welche Experten eine Zertifizierung als öffentlich bestellter und vereidigter Gutachter für die Unternehmensbewertung vorweisen können.

Dies hat für beide Seiten zwei Vorteile: Zum einen führen externe Fachleute die Bewertung anhand objektiver Kriterien und mit anerkannten Berechnungsverfahren durch, und zum anderen können diese bei unterschiedlichen Preisvorstellungen als Mediator zwischen beiden Parteien vermitteln und eine konstruktive Lösung herbeiführen.

Im Zuge der Bewertung sollten Sie sorgfältig prüfen, ob sich im Unternehmen ein Investitionsstau gebildet hat. Steht ein Betrieb schon seit längerer Zeit zum Verkauf, kann es durchaus sein, dass der Inhaber die Neuinvestitionen zurückgefahren hat – nach dem Motto: „Über diese Investitionen kann ja mein Nachfolger entscheiden." Dann kann es schon mal vorkommen, dass Sie nach dem Einstieg nochmals kräftig Geld nachlegen müssen, um beispielsweise den Maschinenpark oder die IT-Ausstattung im Büro auf den aktuellen Stand der Technik zu bringen. Bei solchen Konstellationen müssen Sie den Kaufpreis anders kalkulieren als bei einem Unternehmen, das trotz des fortgeschrittenen Alters seines Inhabers in jeglicher Hinsicht auf dem neuesten Stand ist.

Auch Haftungsrisiken aus der Vergangenheit sollten akribisch ermittelt und bewertet werden. Die Bandbreite reicht dabei von Garantieverpflichtungen über Umweltaltlasten bis hin zu Prozessrisiken, Steuerschulden oder langfristigen finanziellen Zusagen an Mitarbeiter. Bedenken Sie stets: Als neuer Eigentümer treten Sie in die bestehenden Verträge ein und müssen diese erfüllen – und zwar unabhängig davon, ob die andere Vertragspartei Kunden, Lieferanten, Mitarbeiter oder Behörden sind. Zwar können Sie sich im Zuge der Übernahme vom Verkäufer zusichern lassen, dass dieser für bestimmte Altlasten haftet. Doch dies gilt nur im Innenverhältnis und nicht nach außen. Sprich: Der Anspruchsberechtigte darf sein Recht bei Ihnen einfordern, und Sie müssen dann versuchen, Ihr Geld vom Vorbesitzer erstattet zu bekommen.

Die letzte Überlegung zur Übernahme lässt sich nicht in Euro und Cent bewerten, denn hier geht es um den Faktor Mensch. Am besten gelingt die Übernahme eines Unternehmens, wenn die Chemie zwischen allen Beteiligten stimmt. Dazu zählt nicht allein das Verhältnis zwischen Verkäufer und Käufer, son-

Die gängigsten Bewertungsverfahren im Kurzüberblick

Je nach Unternehmen und Branche können unterschiedliche Verfahren für die Ermittlung des Marktwertes zum Einsatz kommen. Hier die Varianten, die in den meisten Fällen infrage kommen:

▶ **Substanzwertverfahren.** Bei diesem Verfahren werden die Vermögenswerte des Unternehmens – beispielsweise Immobilien, Produktionseinrichtung, Warenlager, Forderungen, Bankguthaben etc. – addiert, anschließend werden die Schulden abgezogen. In der Regel bleiben jedoch immaterielle Werte wie die Stärke der Marke, der Wert von Patenten oder besonderes Know-how im Mitarbeiterkreis außen vor. Damit ist diese Methode zwar einfach, kann jedoch unter Umständen den eigentlichen Wert des Unternehmens nur unzureichend abbilden.

▶ **Ertragswertverfahren.** Bei diesem Verfahren steht der Gewinn des Unternehmens im Mittelpunkt. Üblicherweise werden der Gewinn vor Steuern in den vergangenen drei Jahren sowie der für die nächsten zwei Jahre geplante Vorsteuergewinn als Basis herangezogen. Bezieht der Inhaber seinen Lohn aus dem Gewinn, wird der Unternehmerlohn entsprechend abgezogen. Im zweiten Schritt werden die verbleibenden Erträge den Kapitalmarktzinsen gegenübergestellt. Ausschlaggebend ist dabei die Frage, welche Verzinsung einem Käufer geboten werden soll, damit er sein Geld in das Unternehmen investiert und sein Kapital nicht anderweitig anlegt. So würde sich beispielsweise aus einem jährlichen Gewinn von 72 000 Euro und einer zugrunde gelegten Verzinsung von 9 Prozent ein Unternehmenswert von 800 000 Euro ergeben. Der kalkulatorische Zins ist in aller Regel weitaus höher als der aktuelle Zins für Bundeswertpapiere oder andere sichere Geldanlagen, weil der Investor ein großes Risiko eingeht.

▶ **Discounted-Cashflow-Methode.** Basis dieser Bewertungsmethode ist nicht der Gewinn vor Steuern, sondern der Cashflow des Unternehmens. Bestimmte Aufwendungen wie Abschreibungen oder Rückstellungen bleiben hierbei ebenso unberücksichtigt wie Forderungen, die von den Kunden noch nicht beglichen worden sind. Der Durchschnittswert mehrerer Jahre wird dann ebenfalls mit einem Zinsfaktor multipliziert und ergibt den Unternehmenswert. Diese Methode findet eher bei größeren Unternehmen Anwendung, da bei kleinen Betrieben der jährliche Cashflow oftmals größeren Schwankungen unterworfen ist.

Bei einer Betriebsübernahme gibt es häufig unterschiedliche Vorstellungen vom Kaufpreis.

dern auch die Beziehung des neuen Inhabers zu den Mitarbeitern und Geschäftspartnern. Manchmal ist zu beobachten, dass Mitarbeiter oder Kunden sehr stark auf die Person des Eigentümers fixiert sind und bei einem Wechsel zuerst einmal Vorbehalte haben oder gar Misstrauen an den Tag legen. In Einzelfällen kann es sogar vorkommen, dass der Vorbesitzer nach dem Verkauf nochmals einen Neustart hinlegt und versucht, aus seinem vorigen Unternehmen Kunden abzuwerben. Eine entsprechende Kundenschutz- oder Wettbewerbsklausel sollte daher ein fester Bestandteil des Übernahmevertrags sein.

Beispiel: Rainer B. macht sich als Unternehmer selbstständig und übernimmt eine Firma, die für ihre Kunden individuelle Werbeartikel in Fernost fertigen lässt. Schon bald nach der Übernahme stellt er fest, dass wichtige Großkunden damit beginnen, ihr Auftragsvolumen deutlich zu reduzieren. Sein Nachhaken bringt zunächst keine konkreten Antworten. Dies macht ihn misstrauisch, denn schließlich liefert er wie der Vorbesitzer qualitativ hochwertige Waren und hat beim Preis sogar noch das eine oder andere Zugeständnis gemacht. Nach weiteren Recherchen berichtet

ihm schließlich ein Kunde, dass der Vorbesitzer seine Kunden- und Lieferantenkontakte weiterhin nutzt und ihm kräftig Konkurrenz macht. Weil jedoch in den Kaufvertrag keine Wettbewerbsklausel aufgenommen worden ist, bleibt Rainer B. auf den Umsatz- und Gewinneinbußen sitzen und zahlt damit ein teures Lehrgeld.

Um einen möglichst reibungslosen Ablauf der Betriebsübergabe zu erzielen, sollte der bisherige Eigentümer noch für eine gewisse Zeit präsent sein. In diesem Zusammenhang bietet es sich insbesondere an, gemeinsam die wichtigsten Geschäftspartner zu besuchen, sodass der „Senior" den neuen Eigentümer dort vorstellen kann. Auch wenn sich Fragen zu innerbetrieblichen Abläufen ergeben, ist es von Vorteil, wenn der Verkäufer nicht über Nacht seine Zelte abgebrochen hat und unerreichbar in Florida weilt, sondern bei Bedarf noch in den Betrieb kommen und seinen Nachfolger unterstützen kann.

Ob der Vorbesitzer für diese Übergangszeit Geld bekommt oder ob die Leistungen im Übernahmevertrag mit enthalten sind, hängt von den individuellen Vereinbarungen ab. In aller Regel ist es transparenter, solche Extras gesondert zu vergüten – vor allem dann, wenn sich der Umfang der noch nötigen Unterstützung nicht von vornherein exakt einschätzen lässt. Ein probates Mittel hierzu ist der Abschluss eines Beratervertrags, sodass der Alteigentümer seinem früheren Betrieb auf Honorarbasis zur Verfügung steht.

BIN ICH EIN GRÜNDERTYP?

Gibt es den „geborenen Unternehmer", der schon allein aufgrund seiner Persönlichkeitsstruktur bei der Existenzgründung bessere Erfolgsaussichten hat als andere? Oft werden Unternehmern bestimmte Eigenschaften zugeschrieben – sowohl im positiven wie auch im negativen Sinn. Ideenreichtum, Schaffenskraft, Durchsetzungsvermögen, Risikobereitschaft, verkäuferisches Talent und hohe Kommunikationsfähigkeit sind ebenso häufig genannte Stichworte wie Geldgier, Selbstüberschätzung oder die Neigung zur Arbeitssucht, wenn es um die Charakterisierung des typischen Unternehmers geht. Der Wahrheitsgehalt solcher Stereotypen beschäftigt nicht nur viele Existenzgründer, sondern auch Psychologen, Soziologen und Ökonomen, die sich mit wissenschaftlichen Methoden mit diesem Thema auseinandersetzen.

In der Tat scheint es Merkmale zu geben, die bei Unternehmern besonders häufig zu finden sind. So hat im Jahr 2011 das Wirtschaftsforschungsinstitut DIW gemeinsam mit dem Institut zur Zukunft der Arbeit (IZA) eine Studie zu den Persönlichkeitsbildern von Unternehmern und Selbstständigen durchgeführt. Dabei haben sich einige Eigenschaften herauskristallisiert, die bei Unternehmern öfter anzutreffen sind als bei Angestellten:

▶ **Offenheit für Erfahrungen.** Unter diesen Hauptbegriff fallen Eigenschaften wie Kreativität, die Bereitschaft zum Beschreiten neuer Wege oder die grundsätzlich positive Einstellung gegenüber neuen Ideen.

▶ **Extraversion.** Tendenziell sind Unternehmer extrovertierter als Angestellte. Das bedeutet: Sie kommunizieren gerne mit anderen Menschen und haben vergleichsweise wenig Scheu, auch mal vor größeren Gruppen aufzutreten.

▶ **Risikotoleranz.** Dies dürfte eine Kerneigenschaft sein, die Existenzgründer auszeichnet – immerhin gehört allein schon zum Tausch des sicheren Arbeitsplatzes gegen die schwer kalkulierbare Zukunft als Unternehmer eine gehörige Portion an Risikobereitschaft.

▶ **Internale Kontrollüberzeugung.** Der sperrige Fachbegriff lässt sich am besten mit einem altbekannten Sprichwort übersetzen: Jeder ist seines Glückes Schmied. In Unternehmerkreisen sind überdurchschnittlich viele Menschen zu finden, die der Überzeugung sind, dass es am besten ist, sein Schicksal tatkräftig selbst in die Hand zu nehmen und damit die Zukunft so weit wie möglich nach seinen eigenen Vorstellungen zu gestalten.

▶ **Emotionale Stabilität.** Wer eine gute Strategie zum Umgang mit Stress gefunden hat und in brenzligen Situationen nicht so schnell nervös wird, erleidet als Unternehmer im rauen Wind des Wettbewerbs nicht so schnell Schiffbruch. Kein Wunder also, dass auch diese Eigenschaft eher häufig bei Selbstständigen vorzufinden ist.

▶ **Vertrauen.** Im Unternehmerdasein ist es oft erforderlich, neuen Mitarbeitern oder Geschäftspartnern einen Vertrauensvorschuss zu geben. Der Anteil der Menschen, die dazu in der Lage sind, ist bei Unternehmern höher als bei Nichtselbstständigen.

Nun werden Sie kaum alle hier genannten Eigenschaften als herausragende Charaktermerkmale vorzuweisen haben – und stellen sich vielleicht die Frage, ob Sie der richtige Typ für die Existenzgründung sind. Entscheidend ist weniger die Summe der zum Unternehmertyp passenden Eigenschaften, als dass Sie das mitbringen, was für Ihre Branche und die Art Ihres Unternehmens wichtig ist. So sollten Sie auf jeden Fall verkäuferisches Talent mitbringen, wenn Sie ein Ladengeschäft oder eine Handelsvertretung eröffnen wollen. Sind Sie hingegen als IT-Experte auf einen bestimmten Fachbereich spezialisiert und können allein mit Ihrer Expertise die Kunden überzeugen, brauchen Sie nicht zwangsläufig auch noch ein guter Verkäufer zu sein. Oder wenn Sie nach dem erfolgreichen Abschluss der Startphase einen Betrieb mit 20 oder 30 Mitarbeitern führen wollen, sind andere Führungsqualitäten gefragt als bei einem Solo-Unternehmer, der projektweise die Fachteams seiner Kunden verstärkt.

Manchmal liegt die Lösung darin, dass sich zwei oder mehrere Gründer mit ihren unterschiedlichen Persönlichkeiten ideal ergänzen. Ein klassisches Beispiel dafür ist der Internetkonzern Google mit seinen beiden Gründern Sergey Brin und Larry Page. Während Brin schon in den Anfangszeiten keine Probleme mit Auftritten auf großen Bühnen hatte, war Page der in sich gekehrte Tüftler, der lieber an neuen Suchmaschinenalgorithmen feilte, als auf Pressekonferenzen seine Zukunftsvisionen zu erklären. Doch die beiden teilten sich ihre Zuständigkeitsbereiche so auf, dass jeder seine Talente am besten einsetzen konnte.

Weil die Gründerszene so vielfältig ist, bietet sie genügend Freiraum für die Entfaltung unterschiedlichster Persönlichkeiten vom kreativen Künstler über den hoch qualifizierten Fachspezialisten bis hin zum führungsstarken Managementstrategen. Dennoch gibt es einige Voraussetzungen, die durch alle Bereiche hindurch am Gelingen des Gründungsvorhabens maßgeblichen Anteil haben.

Leistungsbereitschaft, Durchhaltevermögen und Selbstmotivation

Als Ihr eigener Chef können Sie in der Theorie Ihre Arbeitszeit nach eigenem Gutdünken festlegen – doch in der Praxis sieht es meistens anders aus. Bei vielen Selbstständigen ist zu Anfang die 60-Stunden-Woche eher die Regel als die Ausnahme. Gerade in der Gründungsphase kommt sich so mancher frischgebackene Unternehmer vor wie ein Jongleur, der eine Vielzahl an Bällen gleichzeitig in der Luft halten muss. Produktentwicklung, Einstellung von neuen Mitarbeitern, Kundengewinnung, Ausarbeiten von Marketingstrategien, Verhandlungen mit Banken und Behörden: Das alles und noch einiges mehr soll am besten gleichzeitig passieren. Weniger hektisch geht es meist zu, wenn Sie sich als Solo-Unternehmer ohne Angestellte selbstständig machen. Doch auch dann müssen Sie neben dem Tagesgeschäft noch eine Vielzahl an Verwaltungsarbeiten wie Buchhaltung, Vorbereitung der Umsatzsteuervoranmeldung oder den Einkauf von Büromaterialien erledigen.

Damit Ihnen nicht schon kurz nach dem Start die Luft ausgeht, benötigen Sie die richtige Mischung aus Leistungsbereitschaft und Ausdauer. Freunden Sie sich lieber nicht mit der Vorstellung an, dass Sie in der beruflichen Selbstständigkeit Ihre Arbeit frei einteilen können und mehr Zeit für Ihre Familie haben – denn dies erweist sich häufig als Illusion. Entscheiden Sie sich nur für die Selbstständigkeit, wenn Sie sicher sind, dass Sie die nötige Energie mitbringen, um gerade in der Anfangsphase die hohe Arbeitsbelastung mit ihren vielfältigen Anforderungen durchzuhalten.

Bei der Motivation dürfte zumindest in der Anfangszeit die Kurve steil nach oben zeigen. Endlich müssen Sie sich nicht mehr in Hierarchien einfügen, können Ihren Gestaltungsspielraum nutzen und sich ganz Ihren eigenen Projekten widmen. Doch der Schwung kann schon bald nachlassen, wenn erste Rückschläge kommen und sich die Dinge vielleicht doch nicht ganz so positiv wie erhofft entwickeln. Hier zeigt sich dann die Kehrseite der Medaille: Möglicherweise hatten Sie zuvor als Angestellter einen Vorgesetzten, der in solchen Phasen seine Mitarbeiter ermutigen und motivieren konnte – und das fehlt Ihnen in der beruflichen Selbstständigkeit. Sie brauchen im übertragenen Sinne das Talent des berühmten Barons Münchhausen, der sich am eigenen Schopf aus dem Sumpf ziehen konnte. Sprich: Es muss Ihnen gelingen, sich weitgehend ohne Hilfe von außen zu motivieren und sich selbst den nötigen Mut zum Weitermachen zuzusprechen.

Risikobereitschaft – aber mit Grenzen

Wer nur an die Sicherheit seines Einkommens denkt und jegliches Risiko scheut, wird sich in aller Regel nicht selbstständig machen. Auch wenn die Gründung noch so sorgfältig vorbereitet ist, birgt sie eine Vielzahl an Risiken, die Sie niemals vollständig ausschalten können: Ein wichtiger Kunde wird von heute auf morgen zahlungsunfähig, ein eigentlich als zuverlässig bekannter Lieferant liefert unpünktlich oder in unzureichender Qualität, der Trend am Markt ändert sich plötzlich oder die Konkurrenz macht dem Neuling mit Kampfpreisen das Leben schwer. Auf möglichen Gegenwind und Rückschläge müssen Sie einfach gefasst sein.

Auch wenn Sie in kleinem Stil starten und keine größeren Investitionen finanzieren müssen, bleibt insbesondere das Einkommensrisiko hoch. Läuft es gut, können Sie vielleicht doppelt so viel verdienen wie in Ihrer Angestelltenzeit. Doch wenn bereits zugesagte Projekte plötzlich wieder abgesagt oder zusammengeschrumpft werden, sich nach dem erfolgreich absolvierten Einsatz keine Folgeaufträge finden oder der Verkauf der selbst hergestellten Produkte schlechter läuft als erwartet, können die Einnahmen zumindest vorübergehend nur allzu schnell in den Keller rauschen. In solchen Situationen sollten Sie keine kalten Füße bekommen, sondern in der Lage sein, mit Kreativität und neuen Plänen einen Weg aus der Krise zu finden.

Auf der anderen Seite darf die Risikobereitschaft nicht so hoch sein, dass sie in die Nähe zur Zockermentalität rückt und die Existenzgründung zum Vabanquespiel mutieren lässt. Das Erfolgsrezept liegt darin, die auf Sie zukommenden Risiken realistisch einzuschätzen und mit kühlem Kopf die möglichen finanziellen Folgen zu kalkulieren. Dazu gehört letztlich auch, eine scheinbar verlockende Gelegenheit nicht wahrzunehmen, wenn Ertragspotenzial und Verlustrisiko in keinem vernünftigen Verhältnis zueinander stehen.

Kompromissfähigkeit und Kommunikationsstärke

Zuweilen geht mit der Existenzgründung die Vorstellung einher, dass nun die Zeiten endgültig vorbei sind, in denen man sich in betriebliche Hierarchien einfügen, Anweisungen befolgen und aufgrund unterschiedlicher Vorstellungen mit Vorgesetzten und Kollegen in zähen Verhandlungen Kompromisse finden musste. Wer selbstständig ist, braucht keine Rücksicht mehr zu nehmen und muss sich bei der Verwirklichung seiner Ideen von niemandem mehr dreinreden lassen – vor diesem Trugschluss sollten Sie sich hüten.

Zwar stehen Sie als Chef Ihres eigenen Unternehmens an der Spitze der innerbetrieblichen Hierarchie. Doch auch hier gilt es, Konflikte konstruktiv zu lösen und einvernehmliche Lösungen zu finden. So können Sie etwa in der Konditionenverhandlung mit einem wichtigen Kunden meistens nicht einfach auf Ihren Forderungen beharren, sondern müssen versuchen, mit taktischem Geschick einen für beide Seiten annehmbaren Kompromiss zu finden. Gleiches gilt, wenn es Differenzen mit Mitarbeitern gibt, auf deren Know-how Sie nicht verzichten können. In solchen Situationen machen Sie möglicherweise die Erfahrung, dass der Chef nicht zwangsläufig am längeren Hebel sitzt, sondern auch einmal Zugeständnisse machen muss, wenn es darum geht, wertvolles Fachwissen im Betrieb zu halten.

Die Fähigkeit, mit anderen Menschen zu kommunizieren und mit Geduld tragfähige Kompromisse zu finden, ist somit eine Eigenschaft, von der Existenzgründer in hohem Maße profitieren können. Wenn Sie in direktem persönlichen Kontakt mit Ihren Geschäftspartnern stehen und planen, nach der Startphase Mitarbeiter einzustellen, sind Kommunikations- und Kompromissfähigkeit geradezu unabdingbare Voraussetzungen für das Gelingen erfolgreicher Geschäfts- und Mitarbeiterbeziehungen. Auch wenn Sie als Freelancer in Projektteams Ihrer Kunden eingebunden sind, hängt der Erfolg Ihrer Arbeit mit davon ab, dass die Zusammenarbeit mit Ihren „Kollegen" sowohl auf der fachlichen als auch auf der menschlichen Ebene möglichst reibungslos funktioniert.

Rückhalt in Partnerschaft und Familie

Die Entscheidung für den Sprung in die berufliche Selbstständigkeit hat weitreichende Folgen – nicht nur für Sie selbst, sondern auch für Ihre Angehörigen. Wenn Ihr Lebenspartner und gegebenenfalls auch die Kinder Ihr Vorhaben wohlwollend begleiten, haben Sie es leichter als diejenigen, die gerade in schwierigen Zeiten noch mit Konflikten zu kämpfen haben, weil die Familie die persönlichen Ansprüche nicht zurückstecken möchte.

Solche Streitigkeiten resultieren häufig daraus, dass der Existenzgründer seinem Lebenspartner ein zu optimistisches Bild der Selbstständigkeit gezeichnet und – vielleicht auch in der guten Absicht, dem Partner nicht allzu viele Sorgen aufzuhalsen – so manches Risiko schöngefärbt hat. Doch in aller Regel ist nur maximale Offenheit in der Partnerschaft eine solide Basis für das Bestehen in den stürmischen Zeiten der Unternehmensgründung.

Gemeinsam überlegen: Wer seinen Partner offen in seine Pläne einbezieht, kann sich in aller Regel auf mehr Verständnis und Rückhalt verlassen.

 INFO

OFFENHEIT IST GEFRAGT
Besprechen Sie vor der Existenzgründung Ihre Pläne unbedingt offen und transparent mit Ihrem Partner oder Ihrer Partnerin. Klammern Sie dabei auch problematische Szenarien nicht aus. Nehmen Sie dabei eventuelle Vorbehalte ernst und versuchen Sie nicht, solche Einwände nach dem Motto „Ich schaffe das schon" möglichst schnell vom Tisch zu bekommen. Gerade die Diskussionen in der Partnerschaft können wertvolle Anhaltspunkte dafür liefern, an welchen Punkten Sie Ihr Konzept vielleicht doch nochmals überdenken oder gar korrigieren sollten.

Die klassischen Problempunkte sind oftmals die Faktoren Zeit und Geld. Als Existenzgründer haben Sie nicht immer klar definierte Arbeitszeiten, weil Sie flexibel auf die jeweils aktuellen Anforderungen reagieren müssen. Da kann es durchaus vorkommen, dass ein geplanter Kurzurlaub ins Wasser fällt oder Sie ein Wochenende durcharbeiten, weil Sie noch ein wichtiges Projekt abschließen müssen. Umgekehrt kann es auch mal Zeiten geben, in denen Sie weniger beansprucht sind. Damit die Partnerschaft in stressigen Phasen belastbar bleibt, sollten Sie bewusst genügend Freiräume einplanen, um solche Defizite wieder ausgleichen zu können. Das geschieht nicht zuletzt in Ihrem eigenen Interesse: Wer sich von seiner eigenen Firma dauerhaft über Gebühr in Anspruch nehmen lässt und sich keine Pause gönnt, riskiert im schlimmsten Fall ein Burnout-Syndrom.

Ähnlich verhält es sich mit dem Geld: Ist die Gründung des eigenen Unternehmens auf lange Sicht nur mit finanziellen Entbehrungen verbunden, werden weder Sie selbst noch Ihre Familie damit glücklich. Auf der anderen Seite sollten Ihre Angehörigen akzeptieren, dass in der Startphase oder bei einem finanziellen Engpass für einen gewissen Zeitraum auch private Ausgaben reduziert werden müssen. Je mehr sich Ihr Lebenspartner mit Ihrem Gründungsprojekt identifiziert, umso größer ist in aller Regel die Bereitschaft, in schwierigen Zeiten das Ganze mitzutragen und finanzielle Ansprüche vorübergehend herunterzuschrauben.

Kurz-Check: Bin ich ein Gründertyp?

Die nachfolgenden Fragen helfen Ihnen dabei, Ihre eigene Persönlichkeit und die Unterstützung Ihres Umfelds einzuschätzen. Je mehr Fragen Sie mit „Ja" beantworten können, umso mehr entspricht Ihr Naturell dem des Existenzgründers. Wenn Sie die eine oder andere Frage mit „Nein" beantworten, heißt das nicht, dass Sie Ihr Projekt begraben müssen. Vieles kann man erlernen. So gibt es beispielsweise Seminare zum Umgang mit Stress, zur Organisation des Arbeitsalltags oder zur Verbesserung der Kommunikationsfähigkeit, in denen Sie sich entsprechende Techniken aneignen können.

1

Fachkompetenz

✓ Habe ich mir in dem Fachgebiet, in dem ich mich selbstständig machen möchte, umfangreiches Fachwissen und Erfahrung angeeignet?
✓ Bietet mir der Markt die Möglichkeit, mein Fachwissen nicht nur als Angestellter, sondern auch als Unternehmer in klingende Münze umzuwandeln?
✓ Bin ich bereit, auch als Unternehmer mein Wissen ständig zu erweitern und zu vertiefen?

2

Belastbarkeit

✓ Verfüge ich über eine wirksame Strategie, um mit Stresssituationen umzugehen?
✓ Kann ich in brenzligen Situationen einen klaren Kopf behalten und überlegte Entscheidungen treffen?
✓ Kann ich finanziellen oder zeitlichen Druck aushalten, ohne dass daraus schlaflose Nächte resultieren?
✓ Bin ich in der Lage, im Bedarfsfall ein weit überdurchschnittliches Arbeitspensum zu leisten?
✓ Habe ich Spaß daran, mich neuen Herausforderungen zu stellen?
✓ Verfüge ich bei Rückschlägen über ausreichend Energie, um wieder auf die Beine zu kommen und eine neue Lösung zu finden?

3

Risikobereitschaft

✓ Bin ich bereit, für die Verwirklichung meiner Ideen Risiken einzugehen?
✓ Kann ich Risiken zuverlässig einschätzen und bewerten?
✓ Kann ich gut mit Einkommensschwankungen umgehen?

4

Kreativität

✓ Entwickle ich gerne eigene Ideen?
✓ Kann mir ich bei der Entstehung einer Idee schon eine konkrete Vorstellung davon machen, wie das fertige Resultat aussehen könnte?
✓ Gehe ich gerne auch mal neue Wege, indem ich versuche, unkonventionelle Lösungsansätze zu finden?

5

Kommunikationsfähigkeit

✓ Gehe ich aktiv auf andere zu und bin generell gerne mit Menschen zusammen?
✓ Gelingt es mir eher leicht, mit fremden Menschen ins Gespräch zu kommen?
✓ Kann ich bei Meinungsverschiedenheiten sachlich und überzeugend argumentieren?
✓ Bin ich bei Differenzen mit anderen Menschen bestrebt, ein konstruktives Ergebnis zu erzielen?
✓ Kann ich mich bei Gesprächen gut in die Lage meines Gegenübers hineinversetzen?

6

Führungsstärke und Eigeninitiative

✓ Treffe ich gerne selbst wichtige Entscheidungen und bin dann bereit, dafür geradezustehen?
✓ Kann ich meine Ansichten und Werte überzeugend vertreten?
✓ Habe ich das Talent, andere Menschen zu motivieren?
✓ Betrachte ich mich als einen pflichtbewussten Menschen?
✓ Können andere Menschen auf meine Zusagen vertrauen?
✓ Habe ich eine strukturierte Arbeitsweise und kann meinen Arbeitsalltag gut organisieren?

ALLEINE GRÜNDEN ODER IM TEAM?

Ob die Solo-Gründung oder der Start im Team die bessere Alternative ist, lässt sich nicht pauschal beantworten: Für beide Varianten gibt es zuhauf sowohl Erfolgsgeschichten wie auch Beispiele von gescheiterten Existenzgründungen. Manchmal entscheidet der Zufall über die Frage, weil mehrere Gleichgesinnte plötzlich entdecken, dass sie dasselbe Ziel verfolgen. Oder das Vorhaben ist von Beginn an so umfangreich, dass mehrere gleichberechtigte Partner sich einzelne Arbeitsbereiche wie technische Entwicklung, Marketing und Finanzen untereinander aufteilen. Besonders beliebt sind Teamgründungen nach einer Studie des Mannheimer Zentrums für Europäische Wirtschaftsforschung (ZEW) im Bereich der Telekommunikations- und IT-Branche. Bei Unternehmen, die sich auf Hardware- oder Softwareentwicklung spezialisiert haben, liegt der Anteil an Teamgründungen bei mehr als 40 Prozent, während er im Querschnitt durch alle Branchen lediglich 24 Prozent beträgt.

INFO

DIE OPTIMALE TEAMGRÖSSE
Gleich vorweg noch ein Wort zur optimalen Teamgröße. Verschiedene Untersuchungen haben ergeben, dass die Erfolgsaussichten am größten sind, wenn das Gründerteam aus zwei oder drei Mitgliedern besteht. Auch wenn es durchaus größere Teams gibt, die noch nach Jahren bestens zusammenarbeiten, steigt mit zunehmender Mitgliederzahl das Risiko, dass aufgrund persönlicher Differenzen die Gruppe auseinanderbricht oder wegen des hohen Abstimmungsaufwands das Unternehmen nicht effizient funktioniert.

Last auf mehrere Schultern verteilen

Ein Unternehmen im Team zu starten bringt einige handfeste Vorteile mit sich. So ist im Allgemeinen das Eigenkapital höher, wenn mehrere Miteigentümer ihre Ersparnisse zusammenlegen. Das ermöglicht ein schnelleres Wachstum und senkt die Risiken bei der Gründungsfinanzierung. Auch bei den laufenden Personalkosten bringt die Partnerschaft in der Startphase Vorteile. Wenn Sie von Beginn an mit angestellten Mitarbeitern arbeiten, müssen Sie deren Gehalt bei den Betriebsausgaben mit einkalkulieren – und diese Ausgaben müssen bis zum Erreichen der Gewinnschwelle mit teuren Krediten zwischenfinanziert werden. Verfügen alle Partner über ein ausreichendes privates Geldpolster, können die Gehälter der Inhaber in den ersten Monaten auf ein Minimum reduziert werden, sodass die Überbrückungsfinanzierung weitaus niedriger ausfallen kann.

Je nach fachlicher Qualifikation der einzelnen Teampartner können die Arbeitsbereiche aufgeteilt werden, sodass sich jeder auf das konzentrieren kann, was er oder sie am besten kann. Eine klassische Variante ist die Kombination aus Technik- und Betriebswirtschaftsexperte, bei der sich die Verteilung der Aufgaben fast schon automatisch aus den Berufsbildern ergibt. Wer für welchen Unternehmensbereich verantwortlich zeichnet, kann jedoch auch aus den Charaktereigenschaften resultieren. So liegt es auf der Hand, dass die extrovertierteren Gründungspartner vorwiegend im Kundenkontakt aktiv sind und die Öffentlichkeitsarbeit übernehmen, während die stillen Gemüter ihre Qualitäten oft in der Produktentwicklung oder der strategischen Planung zur Entfaltung bringen können.

Ein weiteres Plus, das die Gründung im Team mit sich bringen kann, ist die gegenseitige Motivation der Mitstreiter. Bei fast jedem Existenzgründer kommt früher oder später ein gewisser Durchhänger – und dann fällt es oft schwer, sich selbst zu motivieren und wieder in Schwung zu kommen. In solchen Situationen kann sich die Gruppendynamik im Team positiv auswirken, indem diejenigen, die gerade in einer hoch motivierten Phase sind, ihre mit Motivationsproblemen kämpfenden Kollegen wieder neu anspornen. Das ist ähnlich wie beim Sport: Wenn Sie alleine ins Fitnessstudio gehen, lassen Sie wahrscheinlich häufiger einen bereits geplanten Sporttermin ausfallen als wenn Sie sich dort mit Bekannten verabredet haben und sich in gewisser Weise zum Mitmachen verpflichtet fühlen.

Sich zusammenfinden und Aufgabenbereiche verteilen

Häufig finden sich die Gründungsteams dort zusammen, wo bereits eine persönliche Beziehung existiert – sei es im Freundeskreis oder unter Studien- und Arbeitskollegen. Das hat den Vorteil, dass man sich schon kennt und einander einschätzen kann. Dennoch sollte Ihnen bewusst sein, dass unter den stressigen Anforderungen der Unternehmensgründung und -führung andere Charaktermerkmale zutage treten können als im lockeren privaten Alltag. Dann gilt es, gemeinsam die individuellen Eigenschaften so in produktive Bahnen zu lenken, dass Konflikte konstruktiv gelöst werden und keine persönlichen Antipathien entstehen. Der Reifeprozess, den das Team beim Bewältigen der gemeinsamen Aufgaben durchlaufen muss, wird in der Fachsprache als „Teambuilding" bezeichnet.

Zahlreiche Psychologen und Unternehmensberater haben sich mit der spannenden Frage beschäftigt, wie ein Team möglichst optimal zusammenwachsen kann. Ein einprägsames Modell zu den typischen Phasen der Teamentwicklung hat schon in den sechziger Jahren der amerikanische Psychologe Bruce Tuckman aufgestellt. Danach gibt es beim Teambuilding vier aufeinander folgende Entwicklungsschritte:

1 **Forming.** In der ersten Phase finden sich die Teilnehmer zusammen, lernen einander kennen und definieren die Talente und Qualifikationen, die sie in das gemeinsame Projekt einbringen können. Hier ist noch manche Frage unbeantwortet: zum Beispiel, wer die Führung übernimmt, wie die Zuständigkeitsbereiche abgegrenzt werden und welche Regeln bei Unstimmigkeiten gelten sollen.

2 **Storming.** Aufgrund der unterschiedlichen Vorstellungen der einzelnen Teammitglieder kommt es zwangsläufig zu Konflikten, die es zu lösen gilt. Plötzlich liegen vielleicht Forderungen auf dem Tisch, die so konkret am Beginn noch nicht geäußert worden sind, oder eines der Mitglieder beginnt so dominant aufzutreten, dass sich die anderen dadurch bevormundet fühlen. Der einzig gangbare Weg liegt darin, die Konflikte offen anzusprechen und einen fairen Konsens zu finden. Auf keinen Fall sollten Sie in der Hoffnung, dass sich im Lauf der Zeit schon irgendwie eine Lösung ergeben wird, versuchen, Unstimmigkeiten einfach auszusitzen.

3 **Norming.** Die dritte Phase kann beginnen, wenn die Meinungsverschiedenheiten erfolgreich gelöst wurden. Nun einigen sich die Teammitglieder auf ein Regelwerk, dessen Inhalte von allen Beteiligten respektiert werden. Die Zuständigkeiten werden geklärt, jeder findet in seine Rolle hinein. Meinungsverschiedenheiten verlagern sich jetzt wieder vom Grundsätzlichen und Emotionalen auf die sachbezogenen Auseinandersetzungen.

4 **Performing.** Dank einer Atmosphäre, die von gegenseitiger Achtung und Wertschätzung geprägt ist, können die einzelnen Beteiligten ihre individuellen Stärken entfalten und damit das Team voranbringen. Erfolgserlebnisse stellen sich ein, die Motivation wird größer – und im Idealfall tritt das ein, was man im Sport „einen Lauf haben" nennt: Die erlebten Erfolge werden zum Rückkopplungsfaktor für zusätzliche Motivation, die wiederum neue Erfolge hervorbringt.

Der wichtigste Schritt im ganzen Teambuilding-Prozess ist der erfolgreiche Übergang von der Storming-Phase in die Norming-Phase. Um es drastisch auszudrücken: Ein Team, das hier die Kurve nicht bekommt, wird über kurz oder lang auseinanderbrechen.

Unter Umständen kann es auch vorkommen, dass harmonische Teams in die Storming-Phase zurückfallen – beispielsweise dann, wenn ein neues Mitglied hinzukommt, Zuständigkeiten geändert werden sollen oder wenn die äußeren Rahmenbedingungen für neue Schwierigkeiten und Herausforderungen sorgen.

INFO

FRÜHZEITIG GEGENSTEUERN
Suchen Sie rechtzeitig nach kompetenter Hilfe, wenn sich im Gründerteam Konflikte abzeichnen, die Sie nicht aus eigener Kraft lösen können. In vielen Fällen kann ein neutraler Ratgeber und Moderator mit dem Blick von außen Wege aufzeigen, die alle Beteiligten wieder zu einem produktiven Miteinander hinführen. Erfahrene Unternehmensberater mit psychologischer Aus- oder Weiterbildung bieten solche Leistungen an.

Mitentscheidend für eine gute Zusammenarbeit sind neben den gruppendynamischen Faktoren die ganz praktischen Rahmenbedingungen. Das Risiko von Missverständnissen und Streit lässt sich allein schon dadurch deutlich senken, dass klare Zuständigkeiten und Handlungsvollmachten vereinbart werden. Je weniger Grauzonen bleiben, umso geringer sind die Reibungsverluste, die durch unnötiges Kompetenzgerangel entstehen.

Manche Gründer haben übrigens die Sorge, dass ein klares Regelwerk das Team in seiner Kreativität und Freiheit einschränken könnte. Doch meistens ist genau das Gegenteil der Fall: Wenn die Zuständigkeiten abgesteckt sind, kann sich der Einzelne besser entfalten – denn die Ideenentwicklung wird nicht gehemmt durch die Frage, ob sich dadurch die Kollegen möglicherweise auf ihrem eigenen Terrain angegriffen fühlen.

Die Risiken der Teamgründung

Trotz klarer Aufgabenverteilung und harmonisch verlaufender Startphase kann es vorkommen, dass irgendwann einmal die Harmonie nachhaltig gestört und eine vernünftige Zusammenarbeit nicht mehr möglich ist. Das kann verschiedene Ursachen haben. Manchmal gewinnt im Lauf der Zeit ein Charakterzug die Oberhand, der zum Zeitpunkt der Unternehmensgründung nur in abgemilderter Form erkennbar war. Das wäre etwa dann der Fall, wenn ein dynamischer, aber leicht reizbarer Macher sich immer mehr zu einem Choleriker entwickelt, der mit seinen Wutausbrüchen den ganzen Betrieb in Angst und Schrecken versetzt. Oder der sorgfältig arbeitende Finanzexperte wird nach einigen Jahren zu einem Pedanten, der sich irgendwann den Kauf jeder einzelnen Büroklammer schriftlich zur Genehmigung vorlegen lassen will.

Zuweilen ist es auch der dauerhafte Stress, der das Verhalten von Menschen verändert. Besonders anfällig dafür sind Unternehmerteams, die noch als Studenten ihre eigene Firma gegründet haben und im betrieblichen Alltag auf einmal ganz unterschiedliche Vorstellungen entwickeln. Da fühlt sich vielleicht der eine dem Druck der schnellen Expansion nicht gewachsen und will lieber als Kleinunternehmer weitermachen, während sein Gründungspartner nach den ersten Erfolgen vom Ehrgeiz gepackt wird und das Wachstum so schnell wie möglich vorantreiben will.

Beispiel: Michael und Julius sind zwei junge Anwälte, die nach dem Studium einige gemeinsame Jahre in einer großen Kanzlei verbracht haben. Weil dort die Zusammenarbeit gut klappt und beide von einer eigenen Kanzlei träumen, beschließen sie, sich gemeinsam selbstständig zu machen. Sie haben schon Eigenkapital angespart, ihre Fachgebiete ergänzen sich gut – da steht der erfolgreichen Kanzleigründung schon bald nichts mehr im Weg.

Erst im Lauf der Zeit wird ihnen klar, dass sie unterschiedliche Vorstellungen von ihrer beruflichen Zukunft haben. Während Michael gerne auch mal einen freien Tag genießt und mit den Erträgen der kleinen Zwei-Mann-Kanzlei vollauf zufrieden ist, hat Julius große Pläne. Er möchte weitere Mitarbeiter einstellen, Niederlassungen in anderen Städten eröffnen und langfristig zu einer der hundert größten Anwaltskanzleien aufsteigen. Dafür ist er bereit, Tag und Nacht zu arbeiten und die Ellbogen auszufahren, wenn es darum geht, einem Wettbewerber ein lukratives Mandat wegzuschnappen.

Julius wirft Michael vor, keine richtige Gründerpersönlichkeit zu sein und zu wenig Energie in das unternehmerische Lebenswerk zu stecken. Michael hingegen fühlt sich unter Druck gesetzt und zudem ausgebootet, nachdem Julius einige wichtige Entscheidungen im Alleingang und gegen Michaels Willen getroffen hat. Es kommt immer häufiger zum Streit.

Selbst die Mandanten bekommen mit, dass das Klima zwischen den beiden Partnern mittlerweile vergiftet ist. Nach fünf Jahren kommt es zur Trennung, die alles andere als einvernehmlich abläuft. Weil einiges in den Verträgen nicht eindeutig genug formuliert ist, streiten Michael und Julius am Ende vor Gericht um ihre finanziellen Anteile. Bei allen Differenzen sind sich beide in einem Punkt einig: „Das war ein Rosenkrieg wie bei einer schlechten Scheidung."

Wenn Sie zusammen mit anderen ein Unternehmen gründen wollen, gehen Sie eine enge und langfristig ausgelegte Partnerschaft ein. Unterschiedliche Charaktere müssen dabei nicht zwangsläufig zum Scheitern führen, doch sollte von Beginn an unmissverständlich klar sein, wie sich jeder Einzelne sowohl die Zukunft des Unternehmens wie auch seine eigene Zukunft vorstellt.

Schon vor dem Start sollten Sie daher auch die unangenehmen Dinge ansprechen und offen diskutieren. Welche Vorstellungen von Wachstum und Ertragsentwicklung haben die einzelnen Partner? Wie viel Zeit und Energie kann und will jeder in das gemeinsame Projekt investieren? Was geschieht, wenn sich einer für eine gewisse Zeit verstärkt um seine Familie kümmern möchte? Solche Fragen sollten nicht erst dann auf den Tisch kommen, wenn das Unternehmen bereits gegründet ist

Das sollten Sie vor dem Aufsetzen des Gründungsvertrags klären

Wenn mehrere Personen zusammen ein Unternehmen gründen, müssen sowohl die Verhältnisse untereinander wie auch das Verhältnis der einzelnen Partner zum Unternehmen vertraglich geklärt werden. Um folgenschwere Rechtsfehler zu vermeiden, sollten Sie hierzu unbedingt (!) einen Anwalt hinzuziehen, der sich auf Unternehmens- und Gesellschaftsrecht spezialisiert hat. Vorab sind jedoch wichtige Fragen zu klären:

1	✓ Welchen Geschäftszweck soll das Unternehmen verfolgen? Legen Sie schriftlich nieder, in welchen Geschäftsfeldern das Unternehmen aktiv sein soll. Umsatz- und Wachstumsziele sind in aller Regel kein Vertragsgegenstand. Dennoch sollten Sie sich auch hierüber mit Ihren Partnern vor dem Vertragsabschluss einig sein.
2	✓ Wie viel Geld bringt jeder in das Unternehmen mit ein? Zunächst geht es hierbei um das Startkapital. Allerdings sollten Sie auch überlegen, wie hoch eventuelle Nachschusseinlagen sein können, falls sich die Startphase länger als geplant hinzieht.
3	✓ Welche Rechtsform wollen Sie wählen? Um private und geschäftliche Finanzen sauber zu trennen, empfiehlt sich bei der Teamgründung von Beginn an die Rechtsform einer GmbH. Ist nicht genügend Geld für das Startkapital vorhanden, kann als Alternative auch die UG (haftungsbeschränkt) infrage kommen.
4	✓ Wie soll das unternehmerische Risiko zwischen den einzelnen Partnern verteilt werden? Dieser Aspekt wird beispielsweise dann relevant, wenn für Bankfinanzierungen zusätzliche private Sicherheiten in Form von Bürgschaften gestellt werden sollen.
5	✓ Wer zeichnet für welchen Geschäftsbereich verantwortlich? Legen Sie gemeinsam fest, wer in welchem Umfang eigenverantwortlich handeln kann und ab welcher Tragweite Sie die Entscheidungen gemeinschaftlich treffen müssen. Wichtig: Die Kompetenzfelder sollten so klar wie möglich voneinander abgegrenzt sein.
6	✓ Wie sollen die Gehälter der Gründer strukturiert werden? Bei den unternehmerisch aktiven Teilhabern setzen sich die Gehälter meist aus einem Festgehalt zuzüglich einer Beteiligung am Jahresgewinn zusammen.

und vielleicht schon die ersten Unstimmigkeiten erkennbar sind.

Ganz ausschalten können Sie das Risiko nie, dass sich die Vorstellungen im Lauf der Zeit auseinanderentwickeln und es dadurch irgendwann zum Bruch kommt. Doch je ausführlicher Sie von Beginn an miteinander reden, umso besser können Sie sich gegenseitig einschätzen. Und: Wenn die Rechte und Pflichten der Partner eindeutig geregelt und auch schriftlich festgehalten sind, können Sie bei Streitigkeiten die Wogen glätten, indem Sie sich auf Vereinbarungen berufen, die Sie im Einvernehmen getroffen haben.

BERATUNG UND FÖRDERUNG FÜR KÜNFTIGE GRÜNDER

Wenn Sie Ihre Geschäftsidee skizziert und die ersten Pläne geschmiedet haben, sind noch längst nicht alle Fragen beantwortet. Im Gegenteil: Jetzt kristallisiert sich heraus, wo Sie noch Informationsbedarf haben – und den sollten Sie keinesfalls ignorieren. Viele gescheiterte Gründer könnten heute noch ihr eigenes Unternehmen führen, wenn sie sich umfassender über die wirtschaftlichen und rechtlichen Rahmenbedingungen informiert oder wenn sie frühzeitig Kompetenzlücken beispielsweise im kaufmännischen Bereich ausgemerzt hätten.

Prüfen Sie daher kritisch, in welchen Bereichen Sie sich noch unsicher fühlen. Dabei geht es weniger um die fachliche Kompetenz in Ihrem Beruf, in dem Sie ja möglicherweise als Experte glänzen. Doch wenn Sie Ihr eigenes Unternehmen gründen, müssen Sie sich mit Dingen befassen, die Ihnen bislang von Ihren Vorgesetzten oder von anderen Abteilungen im Betrieb abgenommen worden sind: Es gilt nun unter anderem den Aufbau und die Finanzierung des Unternehmens zu planen, Maßnahmen für Marketing und Kundengewinnung zu entwickeln sowie rechtliche und steuerliche Spielregeln einzuhalten. Auch die Frage der Mitarbeiter stellt sich früher oder später, wenn Sie nicht dauerhaft als Solo-Selbstständiger unterwegs sein möchten. Vor allem dann, wenn Sie nicht über Führungserfahrung verfügen, sollten Sie sich unbedingt entsprechend weiterbilden – die dafür investierten Stunden und Kosten sind angesichts der aus mangelhafter Führungskompetenz resultierenden Produktivitäts- und Motivationseinbußen gut angelegt.

Je besser es Ihnen gelingt, aus den Erfahrungen von Fachleuten oder anderen Gründern zu lernen, umso weniger Fehler müssen Sie selbst machen. Daher tun Sie gut daran, die sich bietenden Chancen zum Informationsgewinn zu nutzen. Um die dabei verbrachte Zeit so effektiv wie möglich einzusetzen, suchen Sie am besten in dieser Reihenfolge die Antworten auf drei Fragen:

1. In welchen Wissensgebieten habe ich noch Defizite?
2. Kann ich meinen Informationsbedarf im Rahmen eines Seminars beziehungsweise Workshops decken, oder sind meine Fragen so individuell, dass ich eine persönliche Beratung benötige?
3. Wo finde ich hierzu eine möglichst kostengünstige und kompetente Beratung?

Erstberatung in den Beratungszentren der Wirtschaftsverbände

Ob IHK, Handwerkskammer oder Verbände der freien Berufe: Bei vielen Organisationen der Wirtschaft finden Sie Beratungsstellen, die sich speziell um die Belange von Existenzgründern kümmern. Vorteilhaft ist bei diesen Anbietern, dass Sie sich häufig kostenlos oder gegen eine geringe Gebühr beraten lassen können. Angesichts des bei vielen Existenzgründern eng geschnürten Budgets ist dies ein durchaus gewichtiges Argument.

Natürlich können Sie nicht erwarten, dass in einem vielleicht ein- oder zweistündigen Beratungsgespräch Ihr Konzept so gründlich durchleuchtet wird, wie wenn Sie einen per-

Über 40 Prozent der Unternehmen werden von Frauen gegründet.

sönlichen Berater beauftragen, der sich exklusiv zwei oder drei Arbeitstage Zeit für Sie nimmt. Doch ein erfahrener Berater kann auch in einem vergleichsweise kurzen Beratungsgespräch herausfinden, ob Ihr Konzept grundsätzlich tragfähig ist oder ob darin womöglich gravierende Denk- und Planungsfehler enthalten sind.

Bevor Sie sich für eine bestimmte Anlaufstelle entscheiden, sollten Sie überlegen, ob deren Profil zu dem Geschäftsmodell passt, das Sie ins Auge gefasst haben. So sind die Berater der Handwerkskammern mit dem regionalen Handwerkermarkt vertraut und können bei Existenzgründungen in diesem Bereich wertvolle Tipps geben, tun sich jedoch mit unkonventionellen Geschäftsmodellen häufig eher schwer. Bei den Industrie- und Handelskammern stehen in aller Regel gewerbliche Produktionsbetriebe, Dienstleister und Handelsunternehmen im Mittelpunkt des Interesses. Wenn Sie hingegen in der Internetwirtschaft oder Softwareentwicklung starten möchten, sind die Beratungsstellen der Technologie-Gründerzentren häufig geeignetere Ansprechpartner.

 INFO

ALS EINSTIEG NUTZEN

Weil solche Erstberatungen überwiegend gratis sind oder nur ein geringes Honorar kosten, sollten Sie die Erstberatungen der Wirtschaftsverbände nutzen. Allerdings dürfen Sie keine umfassenden Problemlösungen erwarten. Lassen Sie die Hinweise in Ihr Konzept mit einfließen und nehmen Sie bei Bedarf lieber im Nachgang noch eine individuelle und umfassende Beratung in Anspruch.

Spezielle Beratungsangebote für Gründerinnen

In den allermeisten Bereichen der Existenzgründung gelten für Frauen und Männer dieselben Spielregeln und Rahmenbedingungen. Dennoch treffen Frauen häufig auf besondere Herausforderungen, wenn sie sich selbstständig machen wollen. So nutzen Frauen oftmals die berufliche Erziehungspause, um zunächst nebenberuflich ein eigenes Unternehmen an den Start zu bringen – mit der Option, dass daraus einmal ein Vollzeitjob wird, wenn sich der erhoffte Erfolg einstellt.

Auch beim Branchenmix zeigt sich, dass sich in einigen Berufsfeldern überdurchschnittlich viele Frauen selbstständig machen. Dazu zählen unter anderem die freien Berufe wie Ärzte und Rechtsanwälte, künstlerische Berufe, Dienstleistungen und Handel.

Auf der anderen Seite haben Existenzgründerinnen immer noch mit Vorurteilen zu kämpfen, die ihnen den Start erschweren. So berichten Gründerinnen immer wieder davon, beim Finanzierungsgespräch mit Banken kritischer beurteilt zu werden als Männer. Auch wenn sich Frauen in traditionellen Männerdomänen wie Handwerk oder Softwareentwicklung selbstständig machen, müssen sie bei ihren Geschäftspartnern oft erst einmal Überzeugungsarbeit leisten und mit der althergebrachten Vorstellung aufräumen, dass Frauen generell für solche Berufe weniger qualifiziert seien als Männer.

Wenn Sie sich als Existenzgründerin selbstständig machen wollen, sollten Sie daher die Leistungen einer auf Frauen spezialisierten Beratungsstelle nutzen, sofern sich eine solche in Ihrer Nähe befindet. Gut zu wissen: In einer Untersuchung der Stiftung Warentest schnitten die Beratungsangebote für Gründerinnen im Vergleich zu den allgemeinen Beratungsstellen überdurchschnittlich gut ab.

> **INFO** **PORTAL FÜR GRÜNDERINNEN**
> Das Bundesministerium für Wirtschaft und Energie hat ein Online-Informationsportal eingerichtet, das sich speziell an weibliche Existenzgründer wendet. Hier finden Sie aktuelle Informationen sowie eine bundesweite Liste von Beratungsangeboten und Netzwerken. Die Adresse lautet: existenzgruenderinnen.de

Weiterbildung zu Betriebswirtschaft, Buchhaltung & Co.

Viele Existenzgründer betrachten die kaufmännischen Aspekte als notwendiges Übel oder gar als zweitrangig. Begriffe wie Anlage- und Umlaufvermögen, Cashflow oder Einnahmen-Überschuss-Rechnung sind nicht unbedingt das, was den Gründer fasziniert. Doch zumindest ein betriebswirtschaftliches Grundwissen ist ein absolutes Muss, wenn Sie Ihre Gründung nicht im Blindflug absolvieren wollen. Um sich dieses Wissen anzueignen, stehen Ihnen verschiedene Wege offen:

▶ **Kammern.** Sowohl die Industrie- und Handelskammern wie auch die Handwerkskammern bieten Weiterbildungskurse zu betriebswirtschaftlichen Themen an, die teilweise speziell für die Belange von Exis-

Die WeiberWirtschaft in Berlin ist das größte Gründerinnenzentrum Europas. Die Fortbildungen dort sind speziell auf die Bedürfnisse von Frauen zugeschnitten.

tenzgründern und Kleinunternehmern maß-
geschneidert sind.

▶ **Volkshochschulen.** Auch die Volkshochschulen vermitteln Praxiswissen in Sachen
Buchhaltung, Kalkulation und Steuern. Vorteil: Die Kurse sind im Vergleich zu anderen
Anbietern oft sehr kostengünstig.

▶ **Präsenzkurse bei privaten Weiterbildungs-
anbietern.** Darüber hinaus gibt es eine Vielzahl an privaten Weiterbildungsinstituten,
die kaufmännische Fortbildungen anbieten.
Dauer, Qualität und Kosten der Kurse können je nach Anbieter sehr unterschiedlich
ausfallen.

▶ **Fernkurse.** Wenn Sie eine Weiterbildung
per Internet-Seminar oder mit Lernbriefen
absolvieren, haben Sie den Vorteil, dass Sie
sich die Zeit selbst einteilen können und
keine festen Kurstermine in Ihrem Kalender
berücksichtigen müssen. Allerdings funktioniert das nur, wenn Sie genügend Selbstdisziplin mitbringen, um die Aufgaben auch
ohne den Druck eines Präsenztermins konsequent durchzuarbeiten.

Um den passenden Kurs zu finden, sollten Sie
sich zuerst einmal darüber im Klaren sein, was
Sie konkret lernen möchten. Wollen Sie in einem Buchhaltungsprogramm wie Lexware
oder Datev so fit werden, dass Sie Ihre Buchführung in Eigenregie durchführen können?
Oder benötigen Sie kaufmännisches Grundwissen, um Ihre betrieblichen Kalkulationen auf
ein solides Fundament zu stellen? Oder brauchen Sie zusätzliche Kenntnisse im Wirt-
schafts- und Steuerrecht? Diese Fragen müssen Sie erst für sich selbst beantworten, bevor
Sie sich auf die Suche nach einem Weiterbil-
dungsanbieter machen.

Im Jahr 2012 hat die Stiftung Warentest 36
Anbieter von Existenzgründungsseminaren mit
einer Kursdauer zwischen zwei und fünf Tagen
unter die Lupe genommen. Mit dabei waren
ganz unterschiedliche Anbieter von privaten
Weiterbildungseinrichtungen über Gründerzen-
tren, IHK und Handwerkskammern bis hin zu
Volkshochschulen. Am Ende offenbarte sich
ein gemischtes Bild: Nur 13 Anbietern konnte
eine hohe oder sehr hohe Kursqualität beschei-

nigt werden, der Rest der Veranstalter bot
überwiegend Mittelmaß und teilweise sogar
didaktische und inhaltliche Magerkost. Oft
hängt die Kursqualität weniger vom Veranstalter selbst als vielmehr von der Qualifikation der
durchführenden Dozenten ab – daher bieten
Empfehlungen von Selbstständigen, die bereits
einen Kurs absolviert haben, häufig die beste
Orientierung.

BAFA-Förderung für Unternehmens-
beratung

Oftmals ist es sinnvoll, in der Gründungsphase
nicht nur punktuell Rat einzuholen, sondern
sich mit einer individuellen Beratung begleiten
zu lassen. Das ist natürlich um einiges teurer
als eine einzelne Beratung, denn der Bera-
tungspartner steht Ihnen über einen Zeitraum
von einigen Wochen zur Seite.

Unter bestimmten Voraussetzungen können Sie die dafür anfallenden Kosten zu einem
großen Teil vom Bundesamt für Wirtschaft und
Ausfuhrkontrolle (BAFA) erstattet bekommen.
Das Förderprogramm ersetzt die früheren KfW-
Förderungen, die für Gründercoaching und Kri-
senberatungen gewährt wurden. Voraussetzung für den Erhalt der BAFA-Förderung ist,
dass das Unternehmen bereits gegründet worden ist. Je nach Alter und Standort des Unternehmens übernimmt das BAFA 50 bis 80 Prozent der Beratungshonorare, bei der Krisenbe-
ratung sogar 90 Prozent. Der maximale Zuschuss liegt zwischen 1 500 und 3 200 Euro.

Um die Förderung zu erhalten, müssen Sie
einen Berater beauftragen, der die Qualitätskri-
terien des BAFA erfüllt. Hierzu muss er beim
BAFA einen Lebenslauf, eine Beratererklärung
sowie Qualifizierungsnachweise und eine eine
Beschreibung seiner Abläufe bei der Organisation und Qualitätssicherung vorlegen.

Allerdings sind mit der Beratungsförde-
rung einige Einschränkungen verbunden. So
sind Unternehmen aus den Bereichen Landwirtschaft, Fischerei und Aquakultur, Unternehmensberatung, Steuerberatung und Wirt-
schaftsprüfung generell von der Förderung
ausgeschlossen. Weitere Ausschlusskriterien
gibt es beim Inhalt der Beratung. Förderfähig
sind unter anderem die Beratung beim Erstel-

len eines Businessplans, die Vorbereitung auf Finanzierungsgespräche sowie betriebswirtschaftliche und organisatorische Beratungen. Bei Bestandsunternehmen darf die Beratung maximal fünf Arbeitstage in Anspruch nehmen. Für Unternehmen in Krisensituationen sowie Jungunternehmen, die nicht länger als zwei Jahr am Markt sind, gilt dieses Limit nicht.

Nicht gefördert werden hingegen

▶ Beratungen zu Steuer-, Rechts- und Versicherungsfragen,

▶ Buchführungsarbeiten,

▶ die Erstellung von Jahresabschlüssen und Verträgen,

▶ Beratungen, deren Ziel die Vermittlung von weiteren vom Berater vertriebenen Dienstleistungen wie beispielsweise Versicherungsverträgen ist,

▶ gutachterliche Stellungnahmen sowie

▶ Beratungen, die bereits mit anderen öffentlichen Fördermitteln finanziert werden.

 INFO **WEITERE FÖRDERMÖGLICHKEITEN**
Einen guten und regelmäßig aktualisierten Überblick über laufende Förderprogramme für die Beratung vor und nach der Gründung erhalten Sie unter anderem auf den Internetseiten des Bundeswirtschaftsministeriums unter foerderdatenbank.de sowie auf der Internetseite der Initiative „Deutschland startet" unter deutschland-startet.de/foerdermittel.

Wenn Sie aus der Arbeitslosigkeit gründen

Wenn Sie aus der Arbeitslosigkeit heraus den Schritt in die berufliches Selbstständigkeit wagen, können Sie unter bestimmten Voraussetzungen staatliche Unterstützung erhalten. Allerdings halten sich die Fördersummen dabei in überschaubaren Grenzen. Welcher Förderweg infrage kommt, hängt davon ab, ob die Antragsteller Arbeitslosengeld I oder Arbeitslosengeld II beziehen. Generell werden nur Gründungen finanziell unterstützt, die auf einen Vollerwerb ausgelegt sind.

Bei Arbeitslosengeld I

Empfänger von Arbeitslosengeld I können bei der Agentur für Arbeit einen Gründungszuschuss beantragen, wenn sie sich selbstständig machen. Die Agentur gewährt den Zuschuss maximal für 15 Monate. In den ersten sechs Monaten beläuft sich die Höhe des Zuschusses auf das Arbeitslosengeld plus einer Pauschale von 300 Euro für die soziale Absicherung. In den verbleibenden neun Monaten erhalten die Gründer nur noch die 300-Euro-Pauschale weiter.

Voraussetzung für die Bewilligung ist, dass Sie die Agentur für Arbeit von der Tragfähigkeit Ihrer Geschäftsidee überzeugen können, wozu in der Regel ein Gutachten einer fachkundigen Stelle wie IHK, Handwerkskammer oder Gründungszentrum erforderlich ist. Außerdem müssen Sie bei Aufnahme der selbstständigen Tätigkeit noch ein Anspruch auf mindestens 150 Tage Arbeitslosengeld haben. Wenn fachliche oder persönliche Qualifikationen fehlen, verlangt die Agentur für Arbeit meist die Teilnahme an einem entsprechenden Existenzgründerkurs. Der Gründungszuschuss ist eine sogenannte Ermessensleistung, zu deren Zahlung die Agentur für Arbeit nicht verpflichtet ist.

Bei Arbeitlosengeld II

Wer Arbeitslosengeld II erhält, kann Einstiegsgeld und je nach Bedarf weitere Gründungshilfen beantragen. Der Fallmanager prüft die Erfolgsaussichten und die Bedarfslage und fordert gegebenenfalls bei einer externen Begutachtungsstelle eine Tragfähigkeitsprüfung an. Die Zuschüsse werden individuell festgelegt und betragen maximal 5 000 Euro. Auch bei dieser Leistung gibt es keinen Rechtsanspruch auf Förderung.

WIE SIE DIE 10 WICHTIGSTEN FEHLER VERMEIDEN

„Ich ziehe es vor, aus den Erfahrungen anderer zu lernen, um von vornherein eigene Fehler zu vermeiden", sagte schon vor mehr als 100 Jahren der berühmte Staatsmann Otto von Bismarck. Wenn Sie sich als Existenzgründer diesen Rat zu eigen machen, können Sie sich so manches Lehrgeld sparen. Zwar werden Sie die eine oder andere Fehlentscheidung dennoch nicht vermeiden können – doch wenn Sie wissen, an welchen grundlegenden Defiziten Gründer häufig scheitern, können Sie rechtzeitig Gegenmaßnahmen ergreifen.

Fehler 1: Mängel in der Qualifikation

In die Qualifikationsfalle tappen häufig Gründer, die sich als Quereinsteiger selbstständig machen und im neuen Fachgebiet nur über unzureichende Kenntnisse und Erfahrungen verfügen. Dazu ein Beispiel: So genügt es nicht, wenn Sie sich hervorragend mit spanischen Weinspezialitäten auskennen, um erfolgreich mit einem Versandhandel für spanische Weine starten zu können – denn für ein solches Vorhaben benötigen Sie neben den reinen Produktkenntnissen fundiertes Wissen über Einkaufswege, Handelsstrukturen und Vertriebsstrategien.

Aber auch Gründer, die in ihrem Fachgebiet als Experten gelten, sind gegen diesen Fehler nicht gefeit. Zur Führung eines Unternehmens braucht es neben der fachlichen Qualifikation kaufmännische Kenntnisse. Wer sich nicht mit den Grundzügen von Kalkulation, Unternehmensführung sowie Steuern und

Recht befasst, riskiert im schlimmsten Fall das Scheitern seines Gründungsvorhabens.

Prüfen Sie daher kritisch, ob Sie sowohl im fachlichen wie auch im kaufmännischen Bereich noch Wissenslücken füllen müssen. Im Bedarfsfall sollten Sie die eigene Weiterbildung nicht auf die lange Bank schieben, sondern die nötigen Maßnahmen schon vor dem Start abgeschlossen haben. Denn die Erfahrung zeigt: Im Stress der Gründungsphase bleibt in aller Regel keine Zeit übrig, die Sie mit dem Nachholen von versäumten Weiterbildungsmaßnahmen verbringen können.

Fehler 2: Zu optimistische Finanzierungsplanung

Mängel in der Finanzierungsplanung können fatale Auswirkungen haben, wenn sich die Erträge nicht wie erhofft entwickeln oder wenn Kosten hinzukommen, die in der Planung nicht berücksichtigt worden sind. Besonders kritisch können sein:

▶ ein zu hoher Ansatz bei der Vorschau der Ertragsentwicklung,
▶ zu frühe Gewinnerwartung: mehr Anlaufprobleme und längere Startphase als erwartet,
▶ zu hohe Investitionen in der Startphase, die auch noch zu einem späteren Zeitpunkt realisierbar gewesen wären,
▶ Unterschätzung der Kosten bei Einkauf und laufendem Betrieb,
▶ Unterschätzung der Aufwendungen für Personal,

▶ zu hohe langfristige finanzielle Verpflichtungen durch Leasing-, Pacht- oder Arbeitsverträge,

▶ fehlender „Plan B" für die Weiterentwicklung des Geschäftskonzepts, wenn das Unternehmen hinter den Gewinnerwartungen zurückbleibt.

Bei aller Begeisterung für Ihre Geschäftsidee sollten Sie immer damit rechnen, dass nicht alles so glatt läuft wie erhofft. Daher ist es wichtig, die Finanzierungsplanung immer in zwei Varianten auszuarbeiten: die erste für den Fall, dass sich alles wie vorgesehen entwickelt, und die zweite für den Fall, dass Sie mit höheren Kosten oder geringeren Umsatzerlösen konfrontiert werden.

Fehler 3: Keine familiäre Unterstützung

Der Rückhalt, den Sie von Ihrem Lebenspartner und Ihrer Familie benötigen, wird oftmals unterschätzt. Gerade in der Startphase gilt es, zusammenzustehen und gemeinsam die eine oder andere Durststrecke zu überwinden, um den Bestand des Unternehmens langfristig zu sichern. Wenn länger als geplant viel Geld und Zeit investiert werden muss und kein schneller Erfolg sichtbar ist, kann durchaus auch einmal eine Partnerschaft gefährdet sein oder gar in die Brüche gehen.

In solchen Situationen kann die Existenzgründung gleich in mehrfacher Hinsicht gefährdet sein. So zieht eine Trennung oder Scheidung meistens einen hohen finanziellen Aufwand nach sich, der unter ungünstigen Umständen dem jungen Unternehmen das Genick brechen kann. Dazu kommt die emotionale Belastung, die zu verminderter Leistungsfähigkeit oder massiven Motivationsproblemen führen kann.

Um dieser Gefahr vorzubeugen, sollten Sie von Beginn an gegenüber Ihrer Familie die Karten offen auf den Tisch legen. Der falsche Weg wäre, Ihren Angehörigen das Gründungsvorhaben „verkaufen" zu wollen, indem Sie die Hoffnung schüren, dass Sie schon bald nach dem Start jede Menge Geld verdienen oder als Selbstständiger viel mehr Zeit für die Familie haben werden. Zeigen Sie nicht nur die Vorteile, sondern auch die Nachteile und Risiken auf. Nehmen Sie auch Einwände Ihres Lebenspartners ernst – nicht selten hat sich daraus schon am Ende eine entscheidende Verbesserung des Geschäftskonzeptes ergeben.

Fehler 4: Fehlendes Controlling

Büroarbeit und das Prüfen von Zahlenwerken zählen nicht unbedingt zu den Tätigkeiten, die auf der Prioritätenliste der Existenzgründer ganz weit oben stehen. Doch wenn Sie Ihre betrieblichen Kennzahlen vernachlässigen, kann daraus eine ganz erhebliche Gefahr entstehen – nämlich dass Sie eine ungünstige Entwicklung nicht rechtzeitig erkennen und dann im Ernstfall keine Möglichkeit zum Gegensteuern mehr haben.

Zu spät ausgestellte Rechnungen, laxes Nachfassen bei offenen Forderungen, keine konsequente Kontrolle der betrieblichen Ausgaben, Ignorieren von betriebswirtschaftlichen Auswertungen: Das ist der Stoff, aus dem die klassischen Geschichten des Scheiterns gestrickt sind.

Auch wenn es Ihnen wenig Vergnügen bereitet, sollten Sie regelmäßig genügend Zeit einplanen, um sich um Ihre Unternehmenszahlen zu kümmern. Prüfen Sie, ob die tatsächlich angefallenen Einnahmen und Ausgaben mit Ihren Planungen übereinstimmen, sorgen Sie stets für eine zügige Rechnungsstellung und schieben Sie Ihre Buchhaltung nicht auf die lange Bank.

Fehler 5: Falsche Markteinschätzung

Wenn Sie von Ihrer Idee begeistert sind, heißt das nicht zwangsläufig, dass dies beim Rest der Menschheit ebenfalls der Fall ist. Viele Gründer haben schon darauf gehofft, mit ihrem Produkt eine Revolution auszulösen – und sind dann gescheitert, weil die Nachfrage viel geringer war als erwartet. Oder sie haben übersehen, dass es schon ähnliche Produkte gibt, die womöglich von der Konkurrenz deutlich billiger angeboten werden.

Fakt ist: Jede Markteinschätzung ist nur so gut wie die Analyse, auf der sie beruht. Überlassen Sie also möglichst wenig dem Zufall und kümmern Sie sich frühzeitig um eine um-

Nicht jedermanns Sache, aber unabdingbar für den Erfolg: die Unternehmenszahlen im Griff behalten.

fassende Marktanalyse. Ermitteln Sie, zu welchen Preisen und über welche Vertriebskanäle die Konkurrenzprodukte angeboten werden und welche handfesten Vorteile Sie Ihren potenziellen Kunden bieten können. Und: Planen Sie auf jeden Fall eine großzügig ausgelegte Anlaufphase ein – denn bis die ersten Werbemaßnahmen reale Umsätze bringen und Ihr Angebot einen gewissen Bekanntheitsgrad erlangt, kann einige Zeit vergehen.

Fehler 6: Falsche Marketingstrategie

„Wer nicht wirbt, der stirbt", sagt ein altbekanntes Unternehmersprichwort. Allerdings: Wer viel Geld in die falschen Werbekanäle steckt und die Erfolgskontrolle vernachlässigt, kann den Erfolg und im schlimmsten Fall sogar die Existenz seines Unternehmens aufs Spiel setzen. Eine noch so gute Produktidee kann sich nur schwer am Markt durchsetzen, wenn ihre Vorzüge nicht mit einem schlüssigen Marketingkonzept kommuniziert werden oder wenn die Werbebotschaften die falschen Adressaten erreichen. Erfolgreiches Marketing ist letztlich eine Frage der Effizienz: Entschei-

dend ist nicht, wie viel Geld insgesamt in die Marketingmaßnahmen gepumpt wird, sondern wie viel Geld Sie die Gewinnung eines neuen Kunden kostet.

Befassen Sie sich intensiv mit den Wünschen und Vorlieben Ihrer Zielgruppe und überlegen Sie, wie Sie Ihre potenziellen Kunden auf möglichst kostengünstige Weise erreichen können. Versuchen Sie herauszufinden, mit welchem Ihrer Vorzüge Sie sich aus Sicht der potenziellen Kunden am ehesten von der Konkurrenz abheben, und machen Sie diesen zum Mittelpunkt Ihrer Werbestrategie.

Fehler 7: Unpassende Rechtsform

Wenn die Rechtsform Ihres Unternehmens nicht zu Ihrem Geschäftsfeld oder zur Betriebsgröße passt, kann dies teure Folgen nach sich ziehen. So machen viele Existenzgründer den Fehler, dass sie sofort eine GmbH gründen, obwohl der Start als Einzelunternehmer genauso problemlos möglich gewesen wäre. Dann müssen sie in der Startphase hohe Gründungskosten zahlen, müssen eine Bilanz statt einer zeitsparenden Einnahmen-Überschuss-Rechnung erstellen und für das Geschäftsführergehalt Lohnsteuer abführen, obwohl der Betrieb noch in den roten Zahlen steckt.

Für Ein-Personen-Gründungen gilt: Entscheiden Sie sich nicht allein aufgrund steuerlicher oder haftungsrechtlicher Kriterien für eine bestimmte Rechtsform, sondern beziehen Sie auch die Gründungs- und Folgekosten in Ihre Überlegungen mit ein.

Fehler 8: Fehlende Genehmigungen

So mancher Gründer musste schon kurz nach dem Start nicht nur seine Aktivitäten wieder einstellen, sondern auch teures Lehrgeld in Form von Bußgeldern zahlen, weil er seine Geschäfte ohne die erforderlichen Genehmigungen betrieb. Da hilft alles Jammern über den wiehernden Amtsschimmel nichts: Wenn Sie sich nicht schon frühzeitig um notwendige Genehmigungen kümmern und sicherstellen, dass Sie die formalen Ansprüche für die Ausübung Ihrer Tätigkeit erfüllen, kann die Gründung im teuren Desaster enden.

Erkundigen Sie sich daher schon vor dem Start bei den zuständigen Aufsichtsbehörden, ob Sie Ihre geplanten Aktivitäten ausüben dürfen. Achten Sie beim Einrichten Ihrer Betriebsstätte darauf, dass Sie nicht mit dem Bau- oder dem Umweltrecht in Konflikt kommen. Und melden Sie Ihr neues Unternehmen innerhalb der jeweiligen Fristen bei den zuständigen Behörden an.

Fehler 9: Leichtfertiger Umgang mit steuerlichen Verpflichtungen

Ein Ehepaar entdeckte vor einigen Jahren eine lukrative Einnahmequelle, indem es Sammlerstücke auf Flohmärkten billig erwarb und diese anschließend auf der Online-Auktionsplattform Ebay versteigerte. Mehr als 80 000 Euro Umsatz kamen so innerhalb von drei Jahren zusammen. Doch schon kurz darauf folgte das böse Erwachen: Das Finanzamt erlangte Kenntnis von den Geschäften und stufte aufgrund des Umsatzvolumens das Händler-Ehepaar als umsatzsteuerpflichtig ein. Damit mussten die beiden mehr als 15 000 Euro an Umsatzsteuer nachzahlen.

Kalkulieren Sie von Beginn an Ihre gesetzlichen Verpflichtungen in Ihre Finanzplanung mit ein, wenn es um Einkommen-, Umsatz- oder Gewerbesteuer geht. Bilden Sie rechtzeitig Rücklagen für Steuernachzahlungen, wenn Ihre Umsätze und Gewinne steigen, und denken Sie daran, dass Sie beim Erreichen der Gewinnschwelle Vorauszahlungen auf Ihre zu erwartende Einkommensteuerschuld leisten müssen.

Fehler 10: Vertragliche Fallen

Fehlerhafte Formulierungen in Verträgen können teuer werden. Denn: Sie können zu Einnahmeausfällen, Haftungsansprüchen oder anderen finanziellen Verpflichtungen führen. Nicht selten versuchen unseriöse Vertragspartner, die Unerfahrenheit von Existenzgründern auszunutzen und ihnen Verträge mit nachteiligen Klauseln unterzujubeln.

Auch wenn damit ein gewisser finanzieller Aufwand verbunden ist, sollten Sie wichtige Verträge zusammen mit einem Rechtsanwalt ausarbeiten, der im jeweiligen Fachgebiet versiert ist. Für solche Beratungsleistungen sollten Sie in Ihrer Finanzierungsplanung ein ausreichendes Budget vorsehen.

BUSINESSPLAN & FINANZIERUNG

DER BUSINESSPLAN

Wenn Sie als Existenzgründer eine Bank davon überzeugen wollen, Ihnen Geld für die Finanzierung Ihrer Geschäftsidee zu leihen, braucht der Kreditbearbeiter eine fundierte Zahlen- und Faktenbasis für seine Entscheidung. Die Bank will wissen, ob Sie fachlich geeignet sind, Ihr Vorhaben solide durchkalkuliert und den Markt sorgfältig sondiert haben – schließlich kann sie nur anhand dieser Informationen halbwegs verlässlich einschätzen, ob Sie in der Lage sein werden, den Kredit wieder pünktlich zurückzuzahlen.

Im Lauf der Zeit hat es sich eingebürgert, dass die Vorstellung des Gründungsvorhabens in eine einheitliche Struktur gefasst wird, den Businessplan. Der Businessplan besteht aus mehreren Abschnitten, in denen die Geschäftsidee in Text und Zahlen präsentiert wird. Damit erhalten potenzielle Geldgeber in komprimierter Form einen Überblick über Ihr Unternehmen und können erkennen, wie intensiv Sie sich mit den Planungen für die Zeit nach der ersten Gründungsphase befasst haben.

INFO

NEHMEN SIE SICH GENÜGEND ZEIT!
Ein wichtiger Hinweis gleich vorweg: Auch wenn Ihnen das Verfassen einer detaillierten Unternehmensbeschreibung und das Erstellen von Planungsszenarien lästig erscheinen mögen, sollten Sie der Ausarbeitung Ihres Businessplans in jedem Fall genügend Zeit widmen. Bei so manchem aussichtsreichen Vorhaben ist die Finanzierung daran gescheitert, dass sich die Bank wegen eines wenig aussagekräftigen Businessplans keine konkrete Vorstellung von den Erfolgsaussichten machen konnte und deshalb den Kreditantrag abgelehnt hat.

Sie benötigen einen Businessplan meist auch dann, wenn Sie Zuschüsse von der Agentur für Arbeit, der KfW oder andere öffentliche Fördermittel in Anspruch nehmen wollen und Ihr Vorhaben zuvor von einer fachkundigen Stelle überprüfen lassen müssen. Auch wenn Sie für den Start zunächst auf Bankkredite oder Fördermittel verzichten können, lohnt es sich dennoch, zumindest in vereinfachter Form einen Businessplan aufzusetzen – allein schon um das Vorhaben selbst nochmals kritisch unter die Lupe zu nehmen oder es im Rahmen einer Beratung von einem externen Spezialisten einschätzen zu lassen. Und: Wenn Sie später doch einmal eine Finanzierung benötigen, haben Sie das Grundgerüst des Businessplans schon in der Schublade.

Üblicherweise besteht der Businessplan aus drei Teilen:

1 **Textteil.** Im ersten Teil beschreiben Sie Ihr Vorhaben und stellen dar, wie Sie sich mit Ihrer Geschäftsidee erfolgreich am Markt etablieren wollen. Dabei gliedern Sie den Textteil am besten in thematische Einzelabschnitte, um das Ganze so übersichtlich wie möglich zu halten.

2 **Zahlenteil.** Dieser Teil enthält die betriebswirtschaftlichen Planzahlen, aus denen hervorgeht, zu welchem Zeitpunkt Sie Kredite benötigen und wie viel freie Geldmittel Ihnen voraussichtlich für die Rückzahlung zur Verfügung stehen.

3 **Anhang.** Im Anhang fügen Sie Kopien von Dokumenten bei, die für Ihr Gründungsvorhaben wichtig sind. Dazu zählen insbesondere Qualifikationsnachweise jeglicher Art, bei Bedarf auch Patenterteilungen und Zusammenfassungen von Studien, die Sie bei der Darstellung der Markt- und Wettbewerbsanalyse zitieren.

Der Textteil des Businessplans

Die Kunst beim Verfassen des Textteils besteht darin, sich so kurz zu fassen, dass der Leser Ihr Geschäftsmodell möglichst schnell versteht und nicht von einer allzu großen Textfülle erschlagen wird. Gleichzeitig dürfen keine wichtigen Informationen unter den Tisch fallen. Verzichten Sie dabei auf reißerische Formulierungen und lassen Sie lieber überzeugende Fakten für sich sprechen. Gliedern Sie den Text in Absätze von maximal 1 000 Zeichen Länge, damit keine Buchstabenwüste entsteht.

Und: Bemühen Sie sich um eine korrekte Rechtschreibung – das mag zwar inhaltlich nichts mit Ihrer Geschäftsidee zu tun haben, wirkt sich jedoch positiv auf den Gesamteindruck aus. Viele freiberufliche Lektoren bieten ihre Dienste nicht nur Buchverlagen, sondern auch Unternehmern und Existenzgründern an. Das Geld für die Rechtschreib- und Stilkorrektur ist gut angelegt, wenn Sie auf diesem Gebiet nicht Ihre Stärken haben.

Ein potenzieller Geldgeber interessiert sich vor allem dafür, welche Überlebens- und Wachstumschancen Ihr Unternehmen im Wettbewerb mit den bereits am Markt befindlichen Anbietern hat. Daher sollten Sie der Markt- und Wettbewerbsanalyse große Aufmerksamkeit widmen und Ihre Aussagen mit nachprüfbaren Zahlen untermauern. Wenn Sie sich dabei auf Recherchematerial wie Studien oder Ähnliches stützen, sollten Sie die jeweilige Quelle als Internet-Link angeben oder eine Kopie der Studien-Zusammenfassung als Anhang beifügen.

Bei der äußeren Aufmachung sollten gute Lesbarkeit und übersichtliche Strukturierung oberste Priorität genießen. Widerstehen Sie der Versuchung, aus Ihrem Businessplan eine Werbebroschüre machen zu wollen – die Kreditvergabe ist ein nüchternes Geschäft, das sich an hieb- und stichfesten Fakten orientiert. Eine Ringbindung oder zumindest das Einheften in eine Klarsichtmappe gehört ebenso zum Pflichtprogramm wie eine digitale Version im PDF-Format, die das Betrachten des Dokuments am Bildschirm ermöglicht.

Wie der Textteil des Businessplans im Detail aufgebaut ist, kann je nach Größe und Branche variieren. Wer sich als IT-Freelancer selbstständig macht und von der Bank 10 000 Euro Startkapital für Hard- und Software benötigt, kann sich kürzer fassen als ein Gründer eines Fachgeschäfts, der das Zehn- oder Zwanzigfache an Fremdkapital braucht und im Gegensatz zum Freelancer fundierte Wettbewerbs- und Standortanalysen vorlegen muss.

Je nach Komplexität Ihres Gründungsvorhabens sollte der Textteil Ihres Businessplans zwischen 10 und maximal 30 Seiten umfassen. Wenn es Ihnen gelingt, alle wichtigen Angaben kürzer, aber ebenso überzeugend darzulegen, ist das aber auch kein Problem. Bei einem umfangreichen Businessplan empfiehlt es sich, am Ende eines jeden Kapitels eine kurze Zusammenfassung anzuhängen, die in stichwortartiger Form die wichtigsten Kernpunkte nochmals auflistet.

Beim strukturellen Aufbau können Sie sich an der nachfolgenden Aufteilung orientieren, die in vielen Businessplänen vorzufinden ist:

▶ **Einleitende Beschreibung** des Unternehmens und seiner Produkte

▶ **Angaben zur Person** des Gründers / der Gründer und zur persönlichen sowie fachlichen Eignung

▶ **Angaben zur Zielgruppe**, an die die Produkte oder Dienstleistungen verkauft werden sollen

▶ **Marktanalyse** mit Fakten zur Entwicklung des Marktes – je nach Zielrichtung des geplanten Unternehmens regional, bundesweit oder global

▶ **Detaillierte Wettbewerbsanalyse:** Welche Anbieter und Produkte sind schon auf dem Markt, wie sind die Kunden mit deren Produkten zufrieden, wie viel Marktpotenzial besteht für den neuen Anbieter? Nützliche Informationsquellen können hier beispielsweise der Bekanntenkreis (Zufriedenheit mit lokalen Handwerkern oder Geschäften), persönliche Kontakte in Expertennetzwerken oder öffentlich zugängliche Marktstudien bei Banken, Statistikämtern oder Kammern sein.

▶ **Die Positionierung des Angebotes:** Welchen neuen Nutzen bietet das Produkt der Zielgruppe? Soll sich das Angebot durch den

Preis, die Qualität, besondere Ausstattungsmerkmale oder außergewöhnliches Design vom Wettbewerb abheben?

▶ **Die Vertriebs- und Marketingstrategie** (siehe Kapitel „Am Markt etablieren", S. 132)

▶ **Angaben zum organisatorischen Aufbau** des Unternehmens inklusive eines Ausblicks auf die geplante Entwicklung

▶ **Der Zahlenteil** des Businessplans

Während der Textteil des Businessplans dem Kreditgeber dabei hilft, Ihr Vorhaben zu verstehen, bildet der Zahlenteil die Basis für die Abschätzung des Finanzierungsrisikos – denn auch eine vielversprechende Geschäftsidee kann nur dann erfolgreich umgesetzt werden, wenn die Finanzplanung auf solidem Fundament steht.

Dabei sind zwei wichtige Faktoren zu berücksichtigen:

1 Zum einen gilt es zu entscheiden, wie viel Geld aus eigenen und fremden Quellen beim Start investiert werden soll. Und:

2 Für die Anschaffung der Betriebsausstattung, die ersten Marketingmaßnahmen und die Überbrückung der Anfangsphase, bis die ersten Einnahmen fließen, muss genügend Startkapital zur Verfügung stehen, damit Ihnen nicht bereits nach wenigen Wochen oder Monaten buchstäblich die Luft ausgeht.

Darüber hinaus stellt sich für Sie die Frage, wie sich die Einnahmen und Ausgaben im Lauf der Zeit entwickeln. Meist ist es so, dass mit den Einnahmen auch die Ausgaben steigen – beispielsweise dann, wenn Sie für die Ausweitung der Produktion weitere Mitarbeiter einstellen und zusätzliche Rohmaterialien oder Maschinen erwerben müssen. Oder wenn Sie als Händler bei steigenden Umsätzen Ihr vorfinanziertes Warenlager erweitern, um jederzeit lieferfähig zu sein. Solange die Ausgaben höher sind als die Einnahmen, wird das Startkapital nach und nach aufgezehrt. Das bedeutet: Je schneller Sie in die Gewinnzone kommen, in der Ihre Einnahmen die Ausgaben übersteigen, umso mehr bleibt Ihnen vom Startkapital erhalten. Und in absehbarer Zeit soll natürlich der

Gewinn so hoch sein, dass Sie beginnen können, die aufgenommenen Kredite wieder zurückzuzahlen.

Damit wird klar: Eigenkapital, Kreditaufnahme, Investitionen, Einnahmen und Ausgaben sind wie Puzzleteile, die in einer guten Finanzplanung perfekt ineinander greifen. Im Zahlenteil Ihres Businessplans zeigt sich dies in

▶ der Finanzierungsplanung, die eine Übersicht über das Eigenkapital und die benötigten Kredite enthält,

▶ der Umsatzplanung, aus der die voraussichtliche Entwicklung Ihrer Umsatzerlöse ersichtlich wird,

▶ der Investitionsplanung, in der Sie die erforderlichen Anschaffungen auflisten,

▶ der Kosten- und Gewinnplanung, in der die erwarteten Umsätze den laufenden Kosten gegenübergestellt werden, sowie in

▶ der Liquiditätsplanung, die zeigt, wie sich Ihr Bestand an Eigen- und Fremdkapital unter Berücksichtigung von Umsatzerlösen, Investitionen und laufenden Kosten entwickelt.

Wie Sie die Investitionsplanung, die Vorschau von Kosten und Gewinnen sowie die Liquiditätsplanung professionell erstellen, lesen Sie im Detail auf den nachfolgenden Seiten.

Anleitungen zum Verfassen des Businessplans

Bevor Sie mit dem Ausarbeiten Ihres Businessplans beginnen, sollten Sie sich mit der Materie vertraut machen. Dabei helfen Ihnen Beispiele und Anleitungen, die Sie kostenlos im Internet finden. Neben privaten und kommerziellen Anbietern kommen als Informationsquellen vor allem die Internetseiten von Handwerkskammern, Industrie- und Handelskammern sowie öffentlichen Stellen infrage.

Sowohl die Handwerkskammern wie auch die Industrie- und Handelskammern sind regional organisiert und stellen Existenzgründern Informationen in unterschiedlichem Umfang zur Verfügung. Wenn die für Ihre Region zuständige Kammer ein eher schmales Informationsangebot vorzuweisen hat, lohnt es sich allemal, auf den Internetseiten von anderen Kammern –

Weitere Tools für den Businessplan

Zahlreiche Unternehmen und Verbände bieten Software für die Businessplanerstellung an. Hier einige Beispiele:

▶ **Gründungswerkstatt Deutschland.** Die Initiative von der IHK, dem Zentralverband des deutschen Handwerks und der KfW hält ein kostenloses Online-Tool für die Erstelleung des Businessplans bereit. Gründer können darüber hinaus eine Online-Beratung in Anspruch nehmen. gruendungswerkstatt-deutschland.de

▶ **Smart Businessplan.** Hier handelt es sich um einen kommerziellen Anbieter. Die Preise hängen davon ab, wie lange der Zugang zur Online-Oberfläche freigeschaltet werden soll. Ein Monat kostet 29 Euro, sechs Monate schlagen mit 119 Euro zu Buche. smartbusinessplan.de

▶ **Gruendungszuschuss.de.** Wer seinen Businessplan lieber mit Word und Excel erstellen möchte, kann für 29 Euro vom Beratungsunternehmen gruendungszuschuss.de ein Excel-Tool erhalten. Nach Angaben des Anbieters funktionieren die Kalkulationsvorlagen auch mit dem freien Office-Programm OpenOffice. gruendungszuschuss.de/businessplan/businessplan-template.html

▶ **Unternehmerheld.de.** Das Unternehmen, an dem die FAZ-Zeitungsgruppe beteiligt ist, hat sich auf digitale Hilfen für Selbstständige spezialisiert. Dazu zählt ein kostenloses Tool für die Erstellung des Businessplans. Wer darüber hinaus noch einen Finanzplan für die Bank aufstellen will, kann die Zusatzleistung mit einem ein- bis dreimonatigen Abo zum Preis von 49 bis 99 Euro buchen. unternehmerheld.de/

▶ **Lexware-Businessplan.** Die für kaufmännische Software bekannte Firma Lexware bietet ein kostenloses Online-Tool an. businessplan.lexware.de/

insbesondere von denjenigen der großen Metropolen – zu stöbern. Die Angebote können Sie im Regelfall auch dann nutzen, wenn Sie kein Mitglied der jeweiligen Kammer sind.

Dabei sollte klar sein: Die Vorlagen bieten Ihnen einen gut strukturierten Rahmen – aber wenn es um die Inhalte geht, kommen Sie an der individuellen Ausarbeitung Ihrer Ideen und Pläne nicht vorbei. Zwar gibt es auch Anbieter, bei denen Sie weitgehend vorgefertigte Businesspläne kaufen können. Doch solche Angebote sollten Sie ebenso mit Vorsicht genießen wie die Offerten von Dienstleistern, die Ihren Businessplan sozusagen als „Ghostwriter" verfassen wollen. Auch wenn Ihnen das Schreiben nicht leichtfallen mag, so bietet Ihnen das Aufsetzen des Businessplans die Chance, Ihre Gedanken zu sortieren und Ihre Ideen während der Ausarbeitung auf Plausibilität zu prüfen.

DIE FINANZIERUNG PLANEN

Man kann es nicht oft genug betonen: Auch der besten Geschäftsidee ist nur dann nachhaltiger Erfolg beschieden, wenn sie solide finanziert ist. Das gilt ganz besonders für die Startphase. Denn: Während im Lauf der Zeit stetige Umsatzerlöse für einen regelmäßigen Geldzufluss sorgen, müssen Sie in den ersten Wochen und Monaten mit geringen Erlösen oder vielleicht sogar ganz ohne Erlöse auskommen. Und just in dieser Phase fallen häufig zusätzliche Ausgaben an, beispielsweise für die Investitionen in Ihre Betriebsausstattung oder für die Werbekampagne zum Unternehmensstart.

Dass die ersten drei Jahre nach der Gründung für ein Unternehmen die schwierigste Zeit sind, belegen immer wieder aufs Neue die Ergebnisse einschlägiger Studien. So gibt nach einer Untersuchung der staatlichen Förderbank KfW jeder dritte Gründer innerhalb von 36 Monaten nach dem Start wieder auf. Grund für das Scheitern ist oft eine mangelhafte Finanzierungsplanung: Wer keine ausreichenden Geldreserven bis zum Erreichen der Gewinnschwelle aufgebaut hat, muss die Segel streichen, wenn die Investitionen und Anlaufverluste das Kapital aufgezehrt haben.

In diesem Abschnitt liegt der Schwerpunkt auf den Kalkulationen und Planungen, die Sie bei der Gründung Ihres Unternehmens für den Businessplan und die Finanzierungsverhandlungen mit der Bank benötigen. Weitere Informationen und Tipps zu den betriebswirtschaftlichen Tätigkeiten im laufenden Geschäft wie der Preiskalkulation oder der Auswertung von Kennzahlen finden Sie im Kapitel „Finanzen im geschäftlichen Alltag" ab S. 263.

Die Investitionsplanung

Von Beginn an sollten Sie die finanziellen Aufwendungen für Investitionen klar von den Aufwendungen trennen, die für die Deckung der laufenden Kosten oder für den Erwerb von Waren und Rohstoffen anfallen. Bei Investitionen handelt es sich um den Erwerb von langlebigen Wirtschaftsgütern, die nicht als Handelsware veräußert und auch nicht im Zuge der Produktion verbraucht werden. Typische Beispiele für Investitionsgüter sind

▶ Grundstücke und Gebäude,
▶ Maschinen und Produktionsanlagen,
▶ Firmenfahrzeuge sowie
▶ die Einrichtung von Büro, Lager, Ladengeschäft oder Praxis – von Möbeln bis hin zu Computern und Telefonanlagen.

In vielen Fällen machen die Investitionen einen großen Teil des Geldbedarfs in der Startphase aus. Um den Verbrauch an Eigenkapital und die Kosten für die Finanzierung der Investitionsgüter möglichst gering zu halten, sollten Sie Ihren Bedarf kritisch prüfen und gegebenenfalls auch kostengünstigere Alternativen in Betracht ziehen. Dies gilt vor allem dort, wo sich Kosteneinsparungen nicht auf Ihren geschäftlichen Erfolg auswirken.

So muss die Erstausstattung des Büros nicht unbedingt aus teuren Designermöbeln bestehen – für den Anfang tut es ein gebrauchter Schreibtisch, ein Regalsystem aus dem Baumarkt oder die Einrichtung aus dem privaten Fundus. Andere Kriterien gelten natürlich bei der Einrichtung, wenn es sich um die Räume handelt, die Ihre Kunden frequentieren: Ladengeschäfte oder Gastronomieräume sollten auf die Kundschaft ansprechend und einladend wirken – hier gilt es das richtige Gleichgewicht zwischen wertiger Ausstrahlung und preiswerter Anschaffung zu finden. Auch beim Firmenwagen muss nicht gleich zum Start ein fabrikneues Modell der gehobenen Klasse geordert werden – oft ist es sinnvoller, auf den Firmenwagen ganz zu verzichten und die betriebliche Mitnutzung des Privatwagens gegenüber dem Finanzamt geltend zu machen (siehe Abschnitt „Firmenfahrzeug – sinnvoll oder nicht?", S. 195). Dass die Verkäufer in den Autohäusern dies anders darstellen, liegt in der Natur der Sache und sollte Sie nicht weiter kümmern.

INFO

BRINGEN SIE IHRE WÜNSCHE IN EINE RANGFOLGE

Am besten ist es, wenn Sie die Liste Ihrer geplanten Investitionen mit Prioritätsbewertungen versehen. Das hilft zu entscheiden, welche Anschaffungen Vorrang genießen, wenn Sie bei der Bank doch weniger Kredit erhalten als erhofft. Die Investitionen mit nachrangiger Priorität können Sie in solchen Fällen wahlweise reduzieren, aufschieben oder fürs Erste ganz ausfallen lassen.

In den meisten Fällen ist es sinnvoll, bei der Finanzierung die Kredite für Investitionen von denen für das Überbrücken der Anlaufkosten und -verluste zu trennen. Der Grund: Während bei langlebigen Investitionsgütern eine kalkulierbare und mit festem Zins versehene Finanzierung wünschenswert ist, liegt bei der Finanzierung der Anlaufkosten das Hauptaugenmerk auf einer flexiblen und möglichst schnellen Tilgung.

Um Ihre Investitionen möglichst passgenau finanzieren zu können, benötigen Sie Klarheit über deren Lebensdauer. Denn in dieser Hinsicht gilt eine ganz einfache Grundregel: Die Laufzeit des Kredits soll immer deutlich kürzer sein als die Lebensdauer des finanzierten Wirtschaftsgutes – damit vermeiden Sie, dass Restschulden bestehen, wenn bereits die Folgeinvestition fällig wird. Wenn Sie beispielsweise davon ausgehen, dass Sie auf der neu erworbenen Maschine zehn Jahre lang produzieren können, liegt die optimale Finanzierungsdauer zwischen fünf und sieben Jahren.

Zusätzlich zu den Kreditzinsen ist eine angemessene monatliche oder jährliche Tilgung einzukalkulieren, um die Rückführung des Kredites innerhalb dieses Zeitraums zu gewährleisten. Je nach finanzieller Situation kann für den Anfang ein tilgungsfreier Zeitraum eingeplant werden, in dem Sie nur Zinsen zahlen und damit Ihre Kreditrate niedrig halten. Doch allzu lange sollten Sie diese Phase nicht ausdehnen,

Die Wünsche in eine Rangfolge bringen: Für einen Tischler beispielsweise sind Maschinen zur Holzbearbeitung erst einmal wichtiger als ein Showroom für seine Produkte.

weil im Anschluss daran der Tilgungsanteil und damit die Ratenhöhe entsprechend heraufgesetzt werden muss.

Das Beispiel unten für den Investitionsplan einer Tischlerei zeigt nicht nur den Finanzierungsbedarf. Auf Basis der Prioritäten-Einstufung lässt sich darüber hinaus auch erkennen, welche Anschaffungen auf jeden Fall notwendig sind und welche reduziert oder auf einen späteren Zeitpunkt verschoben werden können, wenn sich die finanzielle Belastung als zu hoch herausstellen sollte.

Damit ergibt sich am Ende anstatt einer starren Summe ein Investitionsrahmen, der bei der Finanzierungsplanung ein gewisses Maß an Flexibilität bietet.

Die Kosten- und Gewinnplanung

Die Kosten- und Gewinnplanung ist eine Vorschau auf die Entwicklung der Gewinnsituation Ihres Unternehmens. Damit bleibt wie bei jeder Prognose ein Unsicherheitsfaktor: Werden die erwarteten Ergebnisse eintreffen, wird das Zahlenwerk am Ende besser oder schlechter als erhofft ausfallen? Auch bei sorgfältiger Ausarbeitung bleiben Unwägbarkeiten, die Sie nicht außer Acht lassen sollten. Sinnvoll ist es

daher, bei der Vorschau sowohl gute wie auch schlechte Szenarien zu berücksichtigen – auf diese Weise sind Sie gerüstet, wenn die Umsätze niedriger oder die Aufwendungen höher als geplant ausfallen.

Der rechnerisch einfachere Teil der Planung liegt auf der Umsatzseite. Hier gilt es abzuschätzen, wie sich Ihre Erlöse in den kommenden Monaten und Jahren entwickeln. Dabei sollten Sie die jährlichen Umsatzzahlen in 5 000-Euro-Schritten runden, um gegenüber den Finanzierungsgebern klarzustellen, dass es sich hierbei um grobe Schätzwerte handelt. Nur wenn Sie beispielsweise durch langfristige Projektaufträge bereits fest planbare Umsatzzahlen vorweisen können, sollten detailliertere Zahlen einfließen.

Sofern Sie Waren über Zwischenhändler verkaufen, sollten Sie bei der Umsatzprognose berücksichtigen, dass Sie diesen einen Rabatt auf den regulären Endverkaufspreis gewähren. Das bedeutet in der unternehmerischen Praxis: Je nach Vertriebsweg können aus 1 000 verkauften Produkten ganz unterschiedliche Umsätze resultieren – je nachdem, ob sie direkt an den Endkunden oder an einen Händler verkauft werden.

Beispiel: Investitionsplan für eine Tischlerei

Bernd K. möchte sich nach einigen Jahren Berufserfahrung und dem Erwerb des Meisterbriefs mit einer eigenen Tischlerei selbstständig machen. Zielgruppe sind gehobene Privatkunden und Unternehmen, für die maßgefertigte Möbel hergestellt werden sollen. Er plant dabei die folgenden Investitionen:

	Lebensdauer	Investitions-volumen (Euro)	Priorität
Maschinen und Werkzeuge für die Holzbearbeitung	10 Jahre	40 000	hoch
Lagereinrichtung und Montagevorrichtungen	15 Jahre	10 000	hoch
Lieferwagen	8 Jahre	30 000	hoch
Computer und Software	4 Jahre	2 500	hoch
Zwischensumme		**82 500**	
Büroausstattung	10 Jahre	5 000	mittel
Zwischensumme		**87 500**	
Einrichtung für Showroom, kann auf später verschoben werden	10 Jahre	20 000	niedrig
Gesamtsumme		**107 500**	

DENKEN SIE AN DIE UMSATZSTEUER!

Vergessen Sie bei Ihren Umsatzprognosen nicht, die Umsatzsteuer aus dem Brutto-Verkaufspreis herauszurechnen. Denn die Steuer müssen Sie umgehend an das Finanzamt abführen, sodass Ihnen als Umsatzerlös nur der Netto-Verkaufspreis bleibt. Mehr dazu siehe „Die Umsatzsteuer", S. 179.

Auf der Kostenseite sollten Sie zunächst einmal zwischen den fixen und den variablen Kosten unterscheiden. Während die Summe der Fixkosten unabhängig von den erzielten Umsätzen immer gleich bleibt, fallen die variablen Kosten in Abhängigkeit von den hergestellten oder verkauften Produkten an.

Zu den Fixkosten zählen unter anderem
► Miete und Mietnebenkosten,
► Abschreibungen auf Investitionsgüter,
► Kreditzinsen und Versicherungsbeiträge,
► Personalkosten,
► Marketingaufwendungen,
► allgemeine Verwaltungsaufwendungen und
► die eigenen Lebenshaltungskosten.

Klassische Vertreter der variablen Kosten sind dagegen
► Material- und Rohstoffkosten,
► umsatzabhängige Provisionsaufwendungen,
► Aufwendungen für Fremdleistungen und
► Aufwendungen für den Einkauf von Handelswaren.

Nicht immer lassen sich beide Kostenblöcke exakt trennen. So können beispielsweise die fixen Personalkosten einen variablen Anteil enthalten, wenn Sie bei einer Ausweitung Ihrer Produktion zusätzliche Mitarbeiter einstellen. Oder Sie sind beim Einkauf von Handelswaren an Mindestabnahmemengen gebunden, sodass ein Teil der variablen Kosten zu Fixkosten wird, wenn Sie auf einem Restbestand der Ware sitzenbleiben.

Ein hoher Anteil an Fixkosten entfaltet seine Vorteile in der Massenproduktion, wenn hohe Stückzahlen produziert und verkauft werden. Betragen Ihre jährlichen Fixkosten beispielsweise eine Million Euro pro Jahr, enthält bei 100 000 verkauften Produkten jedes Exemplar 10 Euro an Fixkosten. Gelingt Ihnen eine Absatzsteigerung auf 200 000 Produkte, sinkt der Fixkostenanteil pro Exemplar auf 5 Euro – und das erhöht bei gleichbleibendem Verkaufspreis Ihren Gewinn pro Stück. Umgekehrt rutschen Sie jedoch mit hohen Fixkosten viel schneller in die Verlustzone, wenn Ihre Umsätze nicht den Erwartungen entsprechen.

Angesichts der Tatsache, dass die Geschäftsentwicklung in den ersten Monaten und Jahren nach der Existenzgründung nur schwer kalkulierbar ist, sollten Sie beim Start den Fixkostenblock so niedrig wie möglich halten. So mag es etwa bei voller Auslastung günstiger sein, als metallverarbeitender Betrieb gleich eine neue Maschine zu kaufen. Doch bevor Sie einen treuen Kundenstamm für den dazugehörigen Leistungsbereich aufgebaut haben, ist es oft sicherer, die Bearbeitung extern von einem Lohnbetrieb durchführen zu lassen. Damit machen Sie bei hoher Nachfrage zwar weniger Gewinn als mit der eigenen Maschine – doch fällt die Nachfrage geringer aus als erhofft, werden Sie nicht durch die Finanzierungskosten für die eigene Maschine in die Verlustzone gezogen.

Gerade in der Startphase kann jeder eingesparte Euro die Überlebenschancen Ihres Unternehmens erhöhen. Oftmals scheitern Existenzgründer nicht an schlechten Geschäftsideen, sondern daran, dass sie gleich nach der Gründung des Betriebs zu hohe finanzielle Verpflichtungen eingegangen sind. Das können Sie vermeiden, indem Sie von Beginn an ein straffes Kostenmanagement pflegen. Vor allem bei den Aufwendungen, die nicht direkt Ihrer Produktivität oder der Verbesserung der Produktqualität zugutekommen, sollten Sie den Rotstift großzügig einsetzen.

Weil sich nicht alle zukünftigen Ausgaben auf Euro und Cent vorausplanen lassen, empfiehlt es sich, in der Ergebnisvorschau auch unvorhergesehene Kosten aufzunehmen. Unter dem Begriff „Kostenreserve" sollten Sie einen Puffer anlegen, damit Sie bei zusätzlichen Kos-

Erst einmal von zu Hause zu arbeiten kann ein Mittel sein, um die Kosten zu Anfang im Griff zu behalten.

ten nicht schon nach kurzer Zeit Ihre Finanzierungsplanung ändern müssen. Es hat sich bewährt, rund 5 bis 10 Prozent der geplanten Kosten als Reserve einzusetzen.

In der Anlaufphase die Kosten im Griff behalten

Beim Start in die Selbstständigkeit gilt die Prämisse, die Ausgaben niedrig zu halten und sich genügend Handlungsspielraum offen zu lassen, um im Fall einer negativen Geschäftsentwicklung die laufenden Kosten schnell reduzieren zu können. Dabei helfen Ihnen die folgenden fünf Maßnahmen:

1   **Privatentnahme und Lebenshaltung.**
    Reduzieren Sie die Entnahmen für Ihre persönliche Lebenshaltung in der ersten Zeit nach der Existenzgründung auf das Nötigste. Das sollte natürlich kein Dauerzustand bleiben, doch diese Maßnahme sorgt für eine schnelle finanzielle Stabilität Ihres Betriebs.

2   **Versicherungen und Altersvorsorge.** Schließen Sie am Beginn nur die Versicherungen ab, die Sie wirklich brauchen. Dazu zählt in erster Linie die betriebliche Haftpflichtversi-

cherung. Wenn Sie als Unternehmer kein Pflichtmitglied der gesetzlichen Rentenversicherung sind, sollten Sie mit dem Abschluss größerer Sparverträge für die Altersvorsorge warten, bis sich Ihre Einnahmen und Gewinne stabilisiert haben. Bei der Krankenversicherung bietet Ihnen die freiwillige Mitgliedschaft in der gesetzlichen Krankenkasse die Option, Ihre monatlichen Kosten an die Höhe des Einkommens zu koppeln, sodass bei niedrigem Gewinn automatisch die Versicherungskosten sinken.

3   **Firmenwagen.** Sofern Sie nicht ständig mit dem Auto zu betrieblichen Zwecken unterwegs sind, sollten Sie zu Beginn kein Firmenfahrzeug erwerben. Die Nutzung des Privatwagens, Carsharing oder die gelegentliche Verwendung eines Mietwagens stellen oft weitaus kostengünstigere Alternativen dar.

4   **Mietkosten.** Bei Tätigkeiten, die nicht an einen repräsentativen Standort gebunden sind, sollten Sie die Mietkosten zumindest in der Anlaufphase auf ein Minimum beschränken. Gegebenenfalls kann es auch sinnvoll sein, zunächst einmal in der eige-

nen Wohnung ein Arbeitszimmer einzurichten und ohne die monatliche Belastung durch Mietzahlungen an den Start zu gehen. Wie sich das auswirkt, sehen Sie am Beispiel der Kosten- und Gewinnplanung für ein technisches Redaktionsbüro unten.

5 **Nicht alles muss neu sein.** Beim Kauf von Maschinen oder Möbeln sollten Sie nicht nur Neuwertiges, sondern auch Gebrauchtware in Betracht ziehen. Vor allem bei der Lager- oder Büroeinrichtung können Sie auf diese Weise erkleckliche Beträge einsparen.

Flüssig bleiben: Die Liquiditätsplanung

Sie müssen jederzeit Ihren Zahlungsverpflichtungen nachkommen können. Dafür brauchen Sie flüssige Geldmittel. Im Finanzjargon spricht man von „Liquidität". Beim Planen der Liquidität – also: des Bestands an flüssigen finanziellen Mitteln in Ihrem Unternehmen – spielen Umsätze und Kosten eine wichtige Rolle. Dennoch bestehen einige grundlegende Unterschiede zur Kosten- und Gewinnplanung. Denn es gibt Kosten, die sich nicht auf die Liquidität auswirken, und umgekehrt sind einige Zu- und Abflüsse auf dem Konto weder den Umsätzen noch den Kosten zuzurechnen.

So sind die Abschreibungen, die den jährlichen Wertverlust von Anlagegütern darstellen, ein wichtiger Posten auf der Kostenseite Ihrer Gewinn- und Verlustrechnung. Doch auf den Stand Ihres Bankkontos wirken sie sich nicht aus. Umgekehrt verhält es sich, wenn Sie ein Investitionsgut wie etwa eine Maschine erwerben. Auf den Gewinn wirkt sich die Anschaffung zunächst nicht aus, weil in Ihrer Bilanz die Maschine nun als Vermögenswert geführt wird – Sie wandeln nur Bankguthaben in ein Anlagegut um. Doch auf Ihre flüssigen Mittel hat der Erwerb gravierende Auswirkungen, weil Sie dem Lieferanten den Kaufpreis von Ihrem Bankkonto überweisen müssen.

Einen weiteren kostenneutralen Posten, der in der Liquiditätsrechnung zu finden ist, bil-

Beispiel: Kosten- und Gewinnplanung für ein technisches Redaktionsbüro

Karin G. wagt nach einigen Jahren als angestellte technische Redakteurin den Schritt in die Selbstständigkeit. Als Freiberuflerin wird sie künftig Unternehmen beim Erstellen von technischen Dokumentationen und Bedienungsanleitungen unterstützen. Um Mietkosten zu sparen, will sie das erste Jahr einen Arbeitsbereich in der eigenen Wohnung einrichten und erst danach einen Raum in einer Bürogemeinschaft anmieten. Weil sie umsatzsteuerpflichtig sein wird, enthält die Planung ausschließlich Nettobeträge, sodass die späteren Umsatzsteuerabgaben die Rechnung nicht beeinflussen.

	1. Jahr	2. Jahr	3. Jahr
Einnahmen (Euro)			
Umsatz	30 000	45 000	60 000
Ausgaben (Euro)			
Büromiete inklusive Nebenkosten	0	4 800	4 800
Abschreibung für Computer und Software	750	750	750
Bürobedarf und Telekommunikation	1 500	1 500	1 500
Reisekosten	1 000	1 000	1 000
Marketing	2 500	2 000	1 500
Betriebs-Haftpflichtversicherung	500	500	500
Kreditzinsen	750	600	400
Kostenreserve	750	750	750
Summe der Ausgaben	**7 750**	**11 900**	**11 200**
Gewinn vor Steuern	**22 250**	**33 100**	**48 800**

Beispiel: Liquiditätsplanung für einen kleinen Produktionsbetrieb
Am Beispiel eines kleinen produzierenden Unternehmens sehen Sie hier exemplarisch, wie eine einfache Liquiditätsplanung aufgebaut sein kann.

	1. Jahr	2. Jahr	3. Jahr
Einzahlungen (Euro)			
Einlage Eigenkapital	50 000	0	0
Kreditauszahlungen	75 000	0	0
Umsatzerlöse inklusive Umsatzsteuer	100 000	150 000	200 000
Summe der Einzahlungen	**225 000**	**150 000**	**200 000**
Abflüsse (Euro)			
Betriebliche Aufwendungen	30 000	40 000	60 000
Investitionen	100 000	0	0
Kredittilgungen	0	10 000	15 000
Privatentnahmen	40 000	40 000	45 000
Umsatzsteuerzahlungen nach Vorsteuerabzug	11 000	18 000	26 000
Einkommensteuer	10 000	10 000	30 000
Vorauszahlung Einkommensteuer	10 000	10 000	30 000
Summe der Abflüsse	**201 000**	**128 000**	**206 000**
Liquiditätsbestand	**24 000**	**46 000**	**40 000**

den die Tilgungen von Krediten. Hier ist die Liquiditätsplanung ein wichtiges Hilfsmittel, um herauszufinden, ob Sie in der Lage sind, Ihre Kredite innerhalb eines angemessenen Zeitraums wieder zurückzuzahlen.

Auch Steuerzahlungen wie Umsatzsteuer, Einkommensteuer und Gewerbesteuer wirken sich auf die Liquidität aus. In Bezug auf die Einkommensteuer stellt das dritte Jahr einen kritischen Zeitpunkt dar: Weil im ersten Jahr oft nur geringe Gewinne anfallen, halten sich Steuervorauszahlungen und die abgeführte Steuer bis einschließlich des zweiten Jahres meist in engen Grenzen. Erzielen Sie hingegen im zweiten Jahr einen höheren Gewinn, müssen Sie im

Folgejahr – also im dritten Jahr – nicht nur die dafür anfallende Einkommensteuer entrichten, sondern auch Vorauszahlungen leisten. Diese Doppelbelastung sollten Sie in Ihrer Planung berücksichtigen, um unangenehme Überraschungen zu vermeiden.

Das Beispiel der Liquiditätsplanung für einen kleinen Produktionsbetrieb oben zeigt, wie sich die Einkommensteuer auf den Kontostand auswirkt: Obwohl im dritten Jahr ein Zuwachs an Umsatz und Gewinn zu verzeichnen ist, nimmt die Liquidität ab, weil die Steuerzahlung für das zweite Jahr anfällt und gleichzeitig höhere Vorauszahlungen für die Steuer zu entrichten sind.

KREDITE FÜR JEDEN ZWECK

Wer sein Gründungsvorhaben nicht komplett aus Eigenmitteln finanzieren kann, muss Kredite aufnehmen. Als Geldgeber kommen vor allem Banken und öffentliche Stellen wie die staatliche Förderbank Kreditanstalt für Wiederaufbau (KfW) infrage. Bei Beträgen bis 10 000 Euro mauern die Banken aber häufig. Dann kann ein Mikrokredit eine Alternative sein (siehe „Mikro- und Privatkredite", S. 93). Wir geben Ihnen in den folgenden Abschnitten einen kleinen Überblick über die unterschiedlichen Kreditformen und öffentlichen Finanzierungsmöglichkeiten, bevor wir Ihnen ab S. 82 Finanzierungsstrategien vorstellen. Denn Kredite werden in den unterschiedlichsten Varianten angeboten. Sowohl bei der Art der Rückzahlung wie bei der Dauer der Zinsfestschreibung gibt es bedeutende Unterschiede. Welche Variante in Ihrem Fall die beste Wahl ist, hängt nicht allein von Laufzeit und Höhe des Kredits ab. Ausschlaggebend für die Wahl der optimalen Rückzahlungsmodalitäten sind auch Ihre flüssigen Geldmittel, Ihre Risikobereitschaft und der Verwendungszweck des Kredits.

Kredite mit variabler Rückzahlung

Die variable Rückzahlung, bei der Sie frei über Zeitpunkt und Höhe der Tilgungsleistungen entscheiden können, findet man insbesondere beim alltäglichen Kontokorrentkredit – dieser entspricht dem Dispokredit auf dem privaten Girokonto. Das Konto wird in „laufender Rechnung" geführt. Das bedeutet in der Praxis: Alle Ein- und Auszahlungen werden taggenau verrechnet, und die anfallenden Kreditzinsen rechnen die Geldinstitute meist vierteljährlich ab.

Vorteil des Kontokorrentkredits ist für Sie als Kreditnehmer die hohe Flexibilität, da sich ein größerer Zahlungseingang direkt auf den Kontostand und damit auch auf die Höhe der zu bezahlenden Zinsen auswirkt. Rückzahlungen sind jederzeit in beliebiger Höhe möglich, sodass Sie ungeplante Zahlungseingänge sofort für die Kredittilgung verwenden können. Ein Kontokorrentkredit wird meist ohne zusätzliche Kosten in Verbindung mit dem Girokonto angeboten. Sicherheiten werden in der Regel nicht verlangt, sofern der Kreditrahmen die üblichen Liquiditätsschwankungen von Selbstständigen abdecken soll. Das macht den Kontokorrentkredit als Mittel für zusätzlichen finanziellen Spielraum äußerst interessant.

Die Nachteile des Kontokorrentkredits bestehen zunächst in den relativ hohen Zinsen. Sie sind oftmals mehr als doppelt so hoch wie die Sätze für grundschuldgesicherte Darlehen. Da auf dem Girokonto sämtliche Zahlungsein- und -ausgänge zusammenkommen, wird eine längerfristige Finanzierung über den Kontokorrentkredit überdies schnell unübersichtlich.

Weil die Banken für den Kontokorrentkredit keine Sicherheiten verlangen, setzen sie beim Kreditlimit enge Grenzen. Arbeitnehmer bekommen meist einen Kreditrahmen in der Höhe von drei Nettomonatseinkommen eingeräumt, bei Freiberuflern und Selbstständigen richtet sich die Höhe des Kreditlimits nach Umsatz und Gewinn. Wird der vereinbarte Kreditrahmen überschritten, verlangen die Banken eine Überziehungsprovision, die meist 3 bis 5 Prozent zusätzlich ausmacht.

Achtung: Wenn Sie das Kreditlimit zu oft oder zu lange überschreiten, kann es vorkommen, dass Auszahlungen oder Überweisungsaufträge nicht mehr ausgeführt werden – das Konto ist dann gesperrt. Um solche unangenehmen Situationen zu vermeiden, sollten Sie unbedingt den Stand Ihres Girokontos regelmäßig prüfen und gegebenenfalls durch Ausgabensenkungen oder zusätzliche Privateinzahlungen aufstocken.

SCHNELL EINRICHTEN LASSEN
Um zu vermeiden, dass Sie vom ersten Euro im Minus an Überziehungsprovision bezahlen müssen, sollten Sie sich einen Kontokorrentkredit sowohl auf Ihrem privaten als auch auf dem betrieblichen Girokonto einräumen lassen. Die meisten Banken gewähren den Kredit nicht automatisch, sondern nur auf Antrag. Ab welchem Zeitpunkt und in welcher Höhe Ihnen der Kreditrahmen gewährt wird, hängt sowohl von der Risikoeinschätzung der Bank wie auch von Ihrem Verhandlungsgeschick ab.

Annuitätendarlehen: Gleichbleibende Monatsrate mit ansteigender Tilgung

Hinter dem etwas sperrigen Begriff „Annuitätendarlehen" verbirgt sich die am häufigsten verbreitete Form der Kreditrückzahlung. Sie kommt bei Immobilienfinanzierungen ebenso zum Einsatz wie bei Raten-, Anschaffungs- und Investitionskrediten. Das Annuitätendarlehen wird in stets gleich hohen Monats- oder Jahresraten getilgt, in denen sowohl Zins- als auch Tilgungsanteile enthalten sind. Meist ist der

Zinssatz festgeschrieben. Wie schnell der Kredit abgezahlt wird, hängt von der Höhe der anfänglichen Tilgung ab. Je schneller die ersten Anteile getilgt sind, desto niedriger wird der Anteil für die Zinszahlungen und umso höher wird innerhalb der gleichbleibenden Rate der Tilgungsanteil. Damit nimmt die Höhe der Restschuld im Lauf der Zeit immer schneller ab. Wie sich dies in konkreten Zahlen auswirkt, zeigt das Beispiel eines Tilgungsplans unten.

Vor allem weil die Monatsraten gleich bleiben und die Tilgung schnell beginnt, ist das Annuitätendarlehen gut kalkulierbar.

Festdarlehen: Volle Tilgung am Schluss

Beim Festdarlehen bezahlen Sie während der Laufzeit nur Zinsen und leisten keine laufende Tilgung. Nach Ablauf der vereinbarten Frist muss der Kredit in voller Höhe zurückgezahlt werden. Dadurch mag das Festdarlehen zunächst durch die niedrige Monatsrate recht günstig scheinen. Doch nach Ablauf des Darlehens müssen Sie genügend Kapital aufgebaut haben, um die hohe Abschlusstilgung leisten zu können. Haben Sie bis dahin keine entsprechenden Rücklagen gebildet, kann es schnell zu einem finanziellen Engpass kommen.

Festdarlehen tauchen in der Praxis eher selten auf, weil es am sinnvollsten ist, Kredite so rasch wie möglich zu tilgen. Wer parallel zu einem bestehenden Kredit Guthaben aufbaut, verschenkt bares Geld – denn die Zinsen für ei-

Beispiel: Tilgungsplan eines Annuitätendarlehens

Basis der Berechnungen ist ein Kredit über 10 000 Euro mit 6 Jahren Gesamtlaufzeit, der mit 6,0 % verzinst wird. Die Tabelle zeigt, wie sich im Lauf der Zeit die Gewichtung innerhalb der jährlichen Rückzahlungsrate immer weiter in Richtung Tilgung verschiebt.

Jahr	Jahresrate (Euro)	davon Zins (Euro)	davon Tilgung (Euro)	Restschuld am Jahresende (Euro)
1	2 033,63	600,00	1 433,63	8 566,37
2	2 033,63	513,99	1 519,64	7 046,73
3	2 033,63	422,81	1 610,82	5 435,91
4	2 033,63	326,16	1 707,47	3 728,44
5	2 033,63	223,71	1 809,92	1 918,52
6	2 033,63	115,11	1 918,52	0

ne risikoarme Geldanlage sind immer deutlich niedriger als die Zinsen, die Sie für einen Kredit bezahlen müssen.

Zinsbindung: Von variabel bis langfristig

Kredite unterscheiden sich nicht nur in der Rückzahlungsweise. Sie können auch mit unterschiedlichen Merkmalen bei der Zinsbindung ausgestattet sein. Grundsätzlich differenziert man zwischen

▶ variablen Krediten,
▶ teilvariablen Krediten und
▶ Krediten mit fester Zinsbindung.

Beim variabel verzinsten Kredit ist ebenso wie bei der variablen Rückzahlung der Kontokorrentkredit das bekannteste Beispiel. Die Bank ist berechtigt, den Zins jederzeit an die Marktverhältnisse anzupassen. Das bedeutet: Wenn am Kapitalmarkt die Zinsen steigen, verteuert sich Ihre Finanzierung – und umgekehrt sparen Sie Kreditkosten, wenn die Marktzinsen rückläufig sind. Es gibt auch variabel verzinste Annuitätendarlehen. Die Rückzahlungsrate ist dann allerdings nur bedingt kalkulierbar, denn bei steigenden Zinsen kann die Bank die Rate entsprechend erhöhen. Außerhalb der regulären Rückzahlungen können Sie bei Krediten mit variabler Verzinsung in aller Regel jederzeit zusätzliche Sondertilgungen leisten.

Das Gegenstück zum variabel verzinsten Kredit ist der Kredit mit gebundenem Sollzins. Während eines festgelegten Zeitraums bleibt der Zins unverändert – diese Frist wird auch als „Zinsbindungsfrist" bezeichnet. Wie lange der Zins fest gebunden bleiben soll, können Sie frei mit der Bank vereinbaren. Die Spanne reicht von ein- oder zweijährigen Zinsbindungsfristen bis hin zu zehn Jahren. Bei Immobilienfinanzierungen können sogar noch längere Bindungsfristen infrage kommen. Bei Investitionskrediten ist die gängige Praxis, dass die Zinsbindung bis zum Ende der Rückzahlung vereinbart wird, wenn der Kredit beispielsweise innerhalb von fünf oder sechs Jahren zurückgezahlt wird.

Während der Zinsbindungsfrist können Sie zwar dank des festgeschriebenen Zinssatzes mit einer konstanten Rückzahlungsrate kalkulieren. Haben Sie aber freie Geldmittel, weil Ihr Gewinn höher als erwartet ausfällt, können Sie zusätzliche Tilgungen nur leisten, wenn Sie beim Abschluss des Kreditvertrags mit der Bank eine Sondertilgungsklausel vereinbart haben. Dabei handelt es sich meist um einen jährlich festgelegten Höchstbetrag, der außerplanmäßig zurückgezahlt werden kann. Eine Kumulierung ist dabei in aller Regel nicht vorgesehen: Nehmen Sie Ihre Sondertilgung nicht in Anspruch, kann das Kontingent nicht auf das Folgejahr übertragen werden.

Enthält der Kreditvertrag keine Sondertilgungsklausel, ist die Bank nicht verpflichtet, zusätzliche Rückzahlungen anzunehmen oder eine vorzeitige Kreditkündigung zu akzeptieren. In der Praxis verlangen Banken bei einer vorzeitigen Rückzahlung meist eine Vorfälligkeitsentschädigung, deren Höhe sowohl von der Rückzahlungssumme und Restlaufzeit wie auch von der Differenz zwischen dem Kreditzins und dem aktuellen Marktzins abhängt.

 INFO

SONDERTILGUNGEN VEREINBAREN
Versuchen Sie sich eine Sondertilgungsoption zu sichern – insbesondere wenn es um größere Kreditbeträge geht. Manche Banken wollen zwar im Gegenzug dafür einen Zinsaufschlag durchsetzen – aber darüber lässt sich erfahrungsgemäß verhandeln.

Zwischen variabel und fest verzinsten Krediten sind teilvariable Kredite angesiedelt, sogenannte Cap-Darlehen. Es handelt sich um variabel verzinste Kredite, die jedoch während eines vereinbarten Zeitraums einen bestimmten Zins nicht überschreiten dürfen. Wenn variable Kredite deutlich zinsgünstiger sind als Kredite mit längerer Zinsbindung, können Sie auf diese Weise die aktuellen Niedrigzinsen nutzen und sich für den Fall eines Zinsanstiegs absichern – denn auch wenn die Marktzinsen über die Cap-Grenze steigen sollten, verteuert sich Ihr Kredit nach deren Erreichen nicht mehr weiter.

Im Gegensatz zu Festzins-Krediten können Sie bei teilvariablen Darlehen in der Regel Sondertilgungen leisten, ohne dass die Bank dafür eine Vorfälligkeitsentschädigung verlangt.

KREDITSICHERHEITEN

Zwar leitet sich der Begriff „Kredit" aus dem lateinischen "credere" – das bedeutet so viel wie glauben oder vertrauen – ab, doch mit dem uneingeschränkten Vertrauen in die Zahlungskraft des Kunden hat die Praxis der heutigen Bankgeschäfte nicht allzu viel zu tun. Viele Banken scheuen nämlich das Risiko, sich ohne umfangreiche Sicherungsmaßnahmen bei Existenzgründern finanziell zu engagieren.

Das bedeutet: Sie müssen damit rechnen, der Bank ausreichende Pfandrechte einzuräumen, wenn Sie einen Gründungskredit erhalten wollen. Deshalb sollten Sie sich auch damit befassen, welche Kreditsicherheiten die finanzierende Bank bei der Vergabe kleinerer oder größerer Kredite von Ihnen verlangen könnte. Hier finden Sie eine Übersicht über die gängigsten Formen der Kreditabsicherung.

Bei einer Sicherungsübereignung treten Sie einen Vermögensgegenstand, den Sie nutzen, an die Bank ab – beispielsweise eine Drehmaschine.

Der Blankokredit

Verzichtet eine Bank auf Sicherheiten, die über die üblichen Zahlungs- und Verzugsvereinbarungen des Kreditvertrags hinausgehen, liegt ein Blankokredit vor. Einzige Sicherheit ist Ihr Versprechen als Kreditnehmer, Ihre Schulden gemäß dem Kreditvertrag zu tilgen. Die Bank hat wiederum die Möglichkeit, bei Zahlungsunfähigkeit des Kunden die gerichtlichen Zwangsvollstreckungsmaßnahmen einzuleiten. Blankokredite werden üblicherweise nur über verhältnismäßig niedrige Beträge vergeben. Darunter fallen in erster Linie die für das Abfedern von Einkommensschwankungen vorgesehenen Kontokorrentkredite auf dem Girokonto.

Sicherungsübereignung

Eine Sicherungsübereignung liegt dann vor, wenn der Kreditnehmer einen Vermögensgegenstand treuhänderisch an die Bank abtritt, diesen jedoch weiterhin selbst nutzt. Das klingt zunächst kompliziert, ist jedoch in der Praxis eine recht einfache Angelegenheit.

Wenn Sie etwa eine CNC-Drehmaschine für Ihr metallverarbeitendes Unternehmen erwerben und dafür einen Kredit benötigen, können Sie der finanzierenden Bank dafür eine Sicherungsübereignung gewähren. Die Maschine steht in Ihrem Betrieb und wird von Ihnen ganz regulär genutzt. Zahlen Sie hingegen Ihre Kreditraten nicht mehr, darf die Bank die Maschine aus Ihrem Betrieb holen und sie veräußern, um mit dem Verkaufserlös ihre Forderungen zu decken.

Ergänzend zum Kreditvertrag wird ein Sicherungsübereignungsvertrag geschlossen, der die Modalitäten zu Nutzung und Verwertung regelt. Hierfür besteht keine gesetzliche Formvorschrift, allerdings werden solche Verträge in aller Regel schriftlich fixiert. Diese Form der Besicherung findet sich vor allem bei der Finanzierung von Fahrzeugen, Maschinen und IT-Anlagen.

In welcher Höhe das übereignete Gut beliehen wird – also als echte Kreditsicherheit dienen kann –, hängt von dessen Lebensdauer und der Verwertbarkeit ab. Je länger die Nutzungsdauer und je einfacher der Verkauf beziehungsweise die Versteigerung im Bedarfsfall, desto höher wird der beleihungsfähige Wert angesetzt.

Wichtig zu wissen: Vereinbaren Sie eine Sicherungsübereignung, müssen Sie in der Regel den Kredit innerhalb der Abschreibungsfrist des übereigneten Gutes zurückzahlen. Diese beträgt bei Computern drei bis vier Jahre, bei Fahrzeugen fünf Jahre und bei technischen Geräten und Maschinen je nach spezifischer Nutzungsdauer etwa fünf bis zehn Jahre.

Forderungsabtretung

Die Forderungsabtretung – in der Fachsprache auch „Zession" genannt – ist eine weitere Möglichkeit, einen Kredit abzusichern. Der Kreditkunde tritt hierbei an die Bank Forderungen ab, die er gegenüber Dritten hat. Bei einem freiberuflich tätigen Arzt können diese Forderungen beispielsweise Honoraransprüche aus bereits erfolgten Behandlungen sein, die noch nicht vom Patienten beziehungsweise von dessen Krankenkasse bezahlt worden sind.

Die Abtretungserklärung ist meist eine schriftliche Anlage zum eigentlichen Kreditvertrag. Die Kunden des Kreditnehmers – in diesem Fall vor allem die Patienten und deren Krankenversicherer – bekommen von einer solchen Abtretungsvereinbarung im Regelfall nichts mit. Die Bank behält sich lediglich das Recht vor, bei drohender Rückzahlungsgefährdung die Abtretung offenzulegen.

Bei der Offenlegung der Zession werden die Kunden des Kreditnehmers über das Bestehen der Abtretungserklärung informiert und angewiesen, ihre Zahlungen auf ein treuhänderisch verwaltetes Konto zu leisten. Auf die Forderungen hat die Bank so lange Zugriff, bis mit den einbehaltenen Zahlungen der Kredit abgelöst ist. Bleibt am Ende der Abtretungsausübung Geld übrig, muss die Bank das Guthaben dem Kreditnehmer zurückerstatten.

Eine Forderungsabtretung ist dann sinnvoll, wenn Sie bereits über einen festen Kundenstamm verfügen, der bei Ihnen regelmäßig Waren oder Dienstleistungen ordert, sodass Sie einigermaßen gleichmäßig fließende Einnahmen erwarten können. Als Sicherheit bei der Finanzierung eines neu eröffneten Unternehmens ist sie nur in sehr geringem Umfang einsetzbar. Eine Alternative zur Forderungsabtretung kann unter Umständen der Forderungsverkauf (Factoring) sein, der im Abschnitt „Bonitätsauskunft, Kreditversicherung und Factoring", S. 287 erläutert wird.

Guthaben und Wertpapiere verpfänden

Zunächst einmal ist es normalerweise sinnvoller, für die Finanzierung einer Investition ein bestehendes Guthaben aufzulösen, als es in Form einer Kreditsicherheit zu verwenden. Der Grund: Der Zinssatz für Kredite liegt in der Regel höher als die Zinsen, die sich mit einer Geldanlage erzielen lassen. Doch hier gibt es Ausnahmen – beispielsweise dann, wenn Geld während einer Hochzinsphase fest angelegt wurde und der Ertrag daraus höher ist als die Zinsaufwendungen, die für einen Kredit in der Niedrigzinsphase erforderlich sind. Außerdem ist es nicht immer möglich, ein Guthaben kurzfristig aufzulösen. Beispiele hierfür sind Sparkonten mit vereinbarter Kündigungsfrist, Sparbriefe und nicht börsengehandelte Anleihen oder Genussscheine.

In solchen Fällen bietet sich die Möglichkeit, Guthaben oder Wertpapiere bei der finanzierenden Bank als Sicherheit zu hinterlegen. Ein solcherart besicherter Kredit wird als „Lombardkredit" bezeichnet. Lombardkredite sind oft mir recht günstigen Zinsen verbunden, da sich die verpfändeten Guthaben meist ohne großen Aufwand verwerten lassen. Wird der Schuldner zahlungsunfähig, werden die Wertpapiere beziehungsweise Guthaben lediglich ins bankinterne Depot umgebucht und entweder sofort über die Börse verkauft oder bis zur Fälligkeit gehalten.

Auch kapitalbildende Lebensversicherungen können bis zur Höhe des aktuellen Rückkaufswertes beliehen werden. Dies ist unter Umständen vorteilhafter als die vorzeitige Auf-

Ihr Privathaus sollten Sie nicht für den Betrieb an die Bank verpfänden.

lösung, da dadurch die langfristig rentablen Überschussanteile verloren gehen würden.

Nicht alle Geldanlageformen werden in voller Höhe oder zum aktuellen Kurswert beliehen. Wie hoch die Beleihungsgrenze ist, hängt vor allem vom Wertminderungs- und Verlustrisiko ab, das mit der jeweiligen Geldanlage verbunden ist. Dabei versteht sich von selbst, dass beispielsweise ein Sparbrief höher beliehen werden kann als ein Aktiendepot, das sich vorrangig aus risikobehafteten Papieren zusammensetzt.

Grundschulden

Falls Sie ein Grundstück, ein Haus oder sonstige Immobilien besitzen, können Sie Ihre Immobilie an die Bank verpfänden, um einen günstigen Kredit zu erhalten. Bei der Finanzierung einer Existenzgründung kommt diese Form der Kreditsicherung meist dann zum Tragen, wenn die Räumlichkeiten für Büro oder Produktion gekauft wurden und über ein Darlehen finanziert werden müssen.

Landläufig spricht man zwar meist von einem „Hypothekendarlehen", doch als Absicherung dient in aller Regel eine Grundschuld. Der

Unterschied zwischen Grundschuld und Hypothek liegt im Wesentlichen in der rechtlichen Koppelung an das damit gesicherte Darlehen.

► Die Hypothek ist stets an die Höhe der entsprechenden Darlehensforderung gebunden und entspricht somit immer dem aktuellen Stand des Darlehenskontos. Wenn die letzte Rate des Darlehens bezahlt ist, erlischt die Hypothek automatisch.

► Im Gegensatz dazu ist die Grundschuld vom eigentlichen Darlehen unabhängig. Ihr Eintrag ins Grundbuch bestätigt lediglich das Anrecht des Begünstigten, also der Bank, die Immobilie zwangsversteigern zu lassen, wenn der Schulder zahlungsunfähig wird, und aus dem Erlös maximal die Höhe des Grundschuldbetrags zur Tilgung der Schulden zu verwenden. Sie bleibt allerdings in voller Höhe bestehen – nicht nur während der Laufzeit des Darlehens, sondern auch danach. Erst wenn die Grundschuld mit Einwilligung des Begünstigten gelöscht wird, ist sie hinfällig.

Ein Nachteil dieser Finanzierungsform sind die hohen Kosten, die mit dem Eintrag der Grundschuld ins Grundbuch verbunden sind. Je nach Höhe des Betrags können dafür einige hundert bis weit über tausend Euro an Notar- und Grundbuchkosten anfallen.

 INFO

PRIVATE GRUNDSCHULDEN FÜR BETRIEBLICHE DARLEHEN MEIDEN

Mit der Grundschuld muss nicht zwangsläufig die Immobilie finanziert werden, auf die sie eingetragen ist. So kann beispielsweise bei der Finanzierung von Praxisräumen eine zusätzliche Grundschuld über das private Wohnhaus zur Verfügung gestellt werden. Dennoch sollten Sie betriebliche Investitionen nicht mit privaten Grundschulden finanzieren, da unter Umständen betriebliche Geldprobleme zur Folge haben können, dass Ihr privates Wohneigentum zwangsversteigert wird. Besonders riskant wäre eine solche Kreditbesicherung bei der Finanzierung von Geschäftsimmobilien, die im Rahmen einer GbR erworben werden – denn hier haftet jeder Teilhaber für seine Kollegen in vollem Umfang mit.

Grundschulden werden in unterschiedliche Ränge unterteilt, die die Reihenfolge festlegen, in der die berechtigten Kreditgeber im Fall der Zwangsversteigerung bedient werden. Wer über die Grundschulden verfügt, die im Grundbuch an oberster Stelle stehen, hat die besten Chancen, bei einer Zwangsversteigerung den kompletten Darlehensbetrag zurückzuerhalten. Wer hingegen abwarten muss, bis die Inhaber der erstrangigen Grundschulden bedient sind, läuft Gefahr, dass er einen Teil seiner Kredite abschreiben muss – denn bei Zwangsversteigerungen wird meist nicht der volle Verkehrswert der Immobilie erzielt.

Die Rangeinordnung einer Grundschuld bemisst sich aus dem Beleihungswert, der aber in der Regel nicht dem Kaufpreis entspricht. Meist nehmen die Banken einen Sicherheitsabschlag von 10 bis 20 Prozent des Kaufpreises vor, um den Beleihungswert zu ermitteln. Die Höhe des Abschlags richtet sich nach der Marktgängigkeit der Immobilie. So werden Eigentumswohnungen oder Reihenhäuser großzügiger bewertet als Gewerbe-

immobilien, die bei einer Zwangsversteigerung nur mit hohen Wertabschlägen vermarktet werden können. Als erstrangig gilt eine Grundschuld, die 60 Prozent des Beleihungswertes nicht überschreitet. Der zweite Rang reicht bis zu 80 Prozent des Beleihungswertes.

So werden die Grundschuldränge ermittelt

Verkehrswert/Kaufpreis der Immobilie	450 000 €
abzüglich Risikoabschlag 20 %	− 90 000 €
Beleihungswert	360 000 €
Erstrangige Grundschuld (60 %) bis	216 000 €
Zweitrangige Grundschuld (80 %) bis	288 000 €

Bürgschaft

Die bisher beschriebenen Kreditsicherheiten stellen „Realsicherheiten" dar. Unter diesem Begriff werden Sachwerte zusammengefasst, die die Bank im Falle der Zahlungsunfähigkeit des Kreditnehmers mehr oder weniger zügig zu Bargeld machen kann.

Stehen als Sicherheit keine Sachwerte in ausreichendem Umfang zur Verfügung, bestehen Banken oft auf Personalsicherheiten in Form einer Bürgschaft oder Mitverpflichtung. Im Gegensatz zur Realsicherheit handelt es sich hierbei um die Erklärung eines Dritten, dass er für die Schulden des Kreditnehmers mit haftet und im Fall der Zahlungsunfähigkeit dessen Verbindlichkeiten begleicht.

Für den Bürgen hat das weitreichende Konsequenzen, denn er leistet weitaus mehr als lediglich eine formale Gefälligkeit unter Verwandten oder Freunden. Je nach Art der Bürgschaft ist der Bürge unter Umständen verpflichtet, beim Ausfall des Schuldners nicht nur für das eigentliche Darlehen, sondern auch für die daraus entstandenen Verzugszinsen und Gerichtskosten sowie für weitere Verbindlichkeiten zu haften.

Banken sind nicht verpflichtet, den Bürgen über die Folgen seiner Verpflichtung bis ins Detail aufzuklären, wenn sie davon ausgehen können, dass dieser aufgrund der üblichen Allgemeinbildung die Folgen seines wirtschaftlichen Handelns abschätzen kann. Ausnahmen von dieser Regelung gibt es nur, wenn der Bürge geschäftlich völlig unerfahren ist oder wenn von seiner Familie oder der kreditgebenden Bank erheblicher Druck auf ihn ausgeübt worden ist.

Aufgrund der weitreichenden Folgen besteht bei der Bürgschaftserklärung der Formzwang. Das bedeutet: Bürgschaften werden nur dann rechtswirksam, wenn der Name des Hauptgläubigers, die Höhe der Hauptschuld und die ausdrückliche Willenserklärung des Bürgen schriftlich fixiert und vom Bürgen im Original unterzeichnet sind. Eine per Fax oder E-Mail gesendete Bürgschaft ist damit ebenso unwirksam wie eine mündlich erteilte. Von diesem Formzwang ausgenommen sind Bürgschaften nur, wenn es sich bei den Beteiligten um Kaufleute handelt, für die die betreffende Bürgschaft ein Handelsgeschäft darstellt.

Banken verlangen in aller Regel eine selbstschuldnerische Bürgschaft. Bei dieser Form haftet der Bürge, als wäre er selbst der Kreditnehmer. Kann oder will der eigentliche Schuldner seine Verbindlichkeiten nicht mehr bezahlen, darf sich die Bank ohne weitere Umstände direkt an den Bürgen wenden. Sie muss dabei nicht prüfen, ob beim Schuldner noch etwas zu holen ist. Der Bürge muss mit seinem kompletten Vermögen für die Schulden – zu denen auch Zinsen, Verzugs-, Anwalts- und Gerichtskosten zählen – einstehen.

 INFO

BÜRGSCHAFT KANN VORTEILE DER GMBH AUSHEBELN

Beim Finanzieren einer GmbH verlangen Banken oft eine persönliche Bürgschaft des geschäftsführenden Gesellschafters als zusätzliche Absicherung für ihren Kredit. Damit erhält die Bank den vollen Zugriff auf das Privatvermögen, wenn die GmbH zahlungsunfähig wird – und der vermeintliche Haftungsvorteil wird zur Makulatur. Daher sollten Sie sich bewusst machen: Bei der Unternehmensfinanzierung sind die Haftungsvorteile der GmbH nicht mehr existent, sobald die Bank die Kreditgenehmigung von der Unterzeichnung einer persönlichen Bürgschaft durch den Geschäftsführer abhängig macht.

Mitverpflichtung

Bei der Mitverpflichtung – die auch als Schuldmitübernahme bezeichnet wird – treten zusätzlich zum eigentlichen Schuldner eine oder mehrere Personen in den Kreditvertrag mit ein. Die Folgen der Mitverpflichtung sind mit denen der selbstschuldnerischen Bürgschaft vergleichbar: Zumindest theoretisch kann das Kreditinstitut frei wählen, ob es die Rückzahlung des Darlehens vom Kreditnehmer oder vom Mitunterzeichner verlangt. In der Praxis wird das Geld zunächst einmal vom eigentlichen Kreditnehmer eingefordert – zumindest solange er ohne Verzug bezahlt. Häufig verlangen Banken bei größeren Finanzierungen, dass der Ehepartner des Antragstellers die Schulden mit übernimmt.

Diese Vorgehensweise ist nachvollziehbar, wenn das finanzierte Gut von beiden Ehepartnern gemeinsam genutzt wird – wie beispielsweise das Familienauto oder das Eigenheim. Bei betrieblichen Finanzierungen sollte es hingegen Ihr Ziel sein, die Mitverpflichtung nach Möglichkeit zu vermeiden. Vor allem dann, wenn der Betrieb nicht beiden Ehepartnern gemeinsam gehört, ergibt sich durch die Mitverpflichtung bei Betriebskrediten eine krasse Verschiebung des Risikos innerhalb der Familie: Der Betriebsinhaber kann womöglich alleine die wirtschaftlichen Vorteile nutzen, während der mitfinanzierende Ehepartner dasselbe finanzielle Risiko trägt.

Ob die kreditgebende Bank auf eine Mitverpflichtung besteht, hängt nicht zuletzt auch von Ihrem Verhandlungsgeschick und Ihrer Position als Kunde ab. Wenn Sie als verlässlicher Kunde mit guter Bonität auch bei den Verbindlichkeiten die Trennung von Betrieb und Familie verlangen, haben Sie gute Chancen, dass die Bank zumindest bei betrieblichen Krediten nicht auf einer Schuldmitübernahme besteht. Wenn doch, kann es unter Umständen helfen, hartnäckig zu bleiben und Ihrer Argumentation Nachdruck zu verleihen.

ÖFFENTLICH GEFÖRDER-TE FINANZIERUNGEN

Um sowohl Existenzgründungen wie auch den Erhalt bestehender Unternehmen zu unterstützen, hat der Staat Förderprogramme aufgelegt, mit denen er Freiberuflern und Unternehmern bei der Finanzierung unter die Arme greift. Die Palette der Förderprogramme ist breit gefächert und reicht von der Stärkung des Eigenkapitals über die Vergabe von zinsvergünstigten Krediten bis hin zur Übernahme von Ausfallrisiken durch öffentliche Förderinstitute.

Da sich Förderprogramme kurzfristig ändern können, ist es ratsam, auf den Internetseiten der in diesem Abschnitt genannten Förderinstitute zu prüfen, welche Angebote für die Finanzierung Ihres Unternehmens infrage kommen können.

Fördermittel der KfW

Die Kreditanstalt für Wiederaufbau (KfW) befindet sich zu 80 Prozent im Eigentum des Bundes – ein Fünftel der Anteile halten die Bundesländer. Sie ist nicht nur die drittgrößte Bank Deutschlands, sondern weltweit die größte nationale Förderbank. Gegründet wurde das Institut im Jahr 1948 aus Geldmitteln des „Marshallplans" mit dem Ziel, nach den Zerstörungen des Zweiten Weltkriegs den wirtschaftlichen Wiederaufbau der Bundesrepublik Deutschland zu finanzieren. Heute ist die KfW praktisch überall dort tätig, wo staatliche Finanzierungshilfen hingeleitet werden sollen: Die Finanzierung von Entwicklungshilfeprojekten gehört ebenso zu den Aufgaben der KfW wie die Vergabe von zinsverbilligten Krediten für Energieeffizienzprojekte oder eben auch die Förderung von Existenzgründern und Unternehmen.

Einen KfW-Förderkredit können Sie nicht direkt bei der staatlichen Förderbank beantragen, sondern nur über Ihre Hausbank. Diese fungiert dann als „durchleitende Bank", reicht Ihren Kreditantrag zur Prüfung an die KfW weiter und muss je nach Art des Förderkredits das Ausfallrisiko ganz oder teilweise übernehmen. Im Gegenzug erhält die Hausbank von der KfW eine Provision für die Durchleitung des Kreditantrags.

Grundsätzlich gilt bei KfW-Förderkrediten, dass die Kauf- oder Werkverträge für die Investition erst abgeschlossen werden dürfen, wenn die Förderbank den Kreditantrag genehmigt hat. Wenn Sie die Verträge bereits unterzeichnet haben und erst im Nachhinein eine Finanzierung bei der KfW beantragen, lehnt sie den Antrag in aller Regel ab.

Je nach Art des Förderprogramms und der damit zu finanzierenden Investition können unterschiedliche Fristen bei den tilgungsfreien Anlaufjahren und der Zinsbindung infrage kommen. Außerplanmäßige Tilgungen sind möglich, allerdings müssen Sie in diesem Fall eine Vorfälligkeitsentschädigung entrichten. Wie andere Banken verlangt auch die KfW ein ausreichendes Maß an Kreditsicherheiten, die Sie beispielsweise in Form von Grundschulden, Sicherungsübereignungen, Forderungsabtretungen oder Bürgschaften zur Verfügung stellen können.

Nachfolgend finden Sie eine kompakte Übersicht über die gängigsten KfW-Förderprogramme für Existenzgründer und Unternehmer. Detaillierte Informationen zum kompletten Kreditprogramm und zu aktuellen Zinssätzen finden Sie auf kfw.de.

Steckbrief ERP-Gründerkredit (StartGeld)

Der KfW-Klassiker für Gründer, der vor allem auf Gründungsvorhaben mit überschaubarem Finanzierungsbedarf zugeschnitten ist. Finanziert werden bis zu 100 Prozent der erforderlichen Investitionen und Betriebsmittel.

- ▶ **Zielgruppe:** Existenzgründer (auch Freiberufler, bis 3 Jahre nach Aufnahme der Geschäftstätigkeit), Übernahmen im Rahmen der Unternehmensnachfolge
- ▶ **Finanzierungszweck:** Investitionen, Erwerb von Unternehmensanteilen, Betriebsmittel wie Warenlager, Personalkosten, Miete, Marketing- und Beratungskosten
- ▶ **Ausgeschlossen sind:** Nachfinanzierungen bereits begonnener Vorhaben
- ▶ **Höchstbetrag:** 100 000 Euro
- ▶ **Zinsbindungsfrist:** 5 oder 10 Jahre
- ▶ **Tilgungsfreie Anlaufjahre:** 1 oder 2 Jahre
- ▶ **Ermittlung des Zinssatzes:** einheitlicher Zinssatz für alle Bonitätsklassen
- ▶ **Übernahme Ausfallrisiko:** 80 Prozent trägt die KfW

Steckbrief ERP-Gründerkredit – Universell

Finanzierungsprogramm für Gründer mit höherem Kapitalbedarf von bis zu 25 Millionen Euro.

- ▶ **Zielgruppe:** Existenzgründer (auch Freiberufler, bis 5 Jahre nach Aufnahme der Geschäftstätigkeit), Übernahmen im Rahmen der Unternehmensnachfolge
- ▶ **Finanzierungszweck:** Investitionen, Erwerb von Unternehmensanteilen, Betriebsmittel wie Warenlager, Personalkosten, Miete, Marketing- und Beratungskosten
- ▶ **Ausgeschlossen sind:** Nachfinanzierungen bereits begonnener Vorhaben
- ▶ **Höchstbetrag:** 25 Millionen Euro
- ▶ **Zinsbindungsfrist:** 5 bis 20 Jahre
- ▶ **Tilgungsfreie Anlaufjahre:** 1 bis 3 Jahre
- ▶ **Ermittlung des Zinssatzes:** Höhe des Zinses ist abhängig von der Bonitätsklasse
- ▶ **Übernahme Ausfallrisiko:** Ausfallrisiko trägt unter bestimmten Voraussetzungen die KfW zu 50 Prozent

Steckbrief KfW-Unternehmerkredit

Kredit für Unternehmen, die schon länger am Markt aktiv sind und somit im engeren Sinne nicht mehr den Existenzgründern zuzurechnen sind.

- ▶ **Zielgruppe:** Unternehmen und Freiberufler, bei denen der Zeitpunkt der Unternehmensgründung mindestens 5 Jahre zurückliegt
- ▶ **Finanzierungszweck:** Investitionen und Betriebsmittel
- ▶ **Ausgeschlossen sind:** Nachfinanzierungen bereits begonnener Vorhaben
- ▶ **Höchstbetrag:** 25 Millionen Euro
- ▶ **Zinsbindungsfrist:** 2 bis 20 Jahre
- ▶ **Tilgungsfreie Anlaufjahre:** 1 bis 3 Jahre
- ▶ **Ermittlung des Zinssatzes:** Höhe des Zinses ist abhängig von der Bonitätsklasse
- ▶ **Übernahme Ausfallrisiko:** 50 Prozent trägt die KfW (optional)

Steckbrief ERP-Digitalisierungs- und Innovationskredit

Förderkredit für die Finanzierung von Vorhaben zu Digitalisierung und Innovation.

- ▶ **Zielgruppe:** Unternehmen und Freiberufler, die Innovations- oder Digitalprojekte planen
- ▶ **Finanzierungszweck:** Vorhaben, die den Förderkriterien entsprechen. Im Bereich der Innovation zählt hierzu unter anderem die Entwicklung von neuen Produkten oder Verfahren. Bei der Digitalisierung sind beispielsweise die Vernetzung von Produktionssystemen, die Implementierung von digitalen Sicherheitsmaßnahmen, der Aufbau von Onlineplattformen oder der Ausbau des innerbetrieblichen Breitbandnetzes förderfähig.
- ▶ **Ausgeschlossen sind:** Umschuldungen und Nachfinanzierungen
- ▶ **Höchstbetrag:** 25 Millionen Euro pro Vorhaben
- ▶ **Zinsbindungsfrist:** 2 bis 10 Jahre
- ▶ **Tilgungsfreie Anlaufjahre:** 1 bis 2 Jahre
- ▶ **Ermittlung des Zinssatzes:** Höhe des Zinses ist abhängig von der Bonitätsklasse
- ▶ **Übernahme Ausfallrisiko:** 70 Prozent trägt die KfW (optional)

ERP-Kapital für Gründung

Eine Besonderheit innerhalb der KfW-Fördermittel stellt das Programm „ERP-Kapital für Gründung" dar. Hierbei handelt es sich um ein „nachrangiges Darlehen". Das bedeutet konkret: Im Fall der Insolvenz des Unternehmens kann die KfW erst dann ihre Rückzahlungsansprüche geltend machen, wenn alle anderen Gläubiger bereits ausgezahlt worden sind. Sicherheiten brauchen Sie dabei nicht zur Verfügung zu stellen, und die KfW übernimmt das volle Ausfallrisiko.

Zwar müssen Sie auch dafür Zinsen zahlen, doch aus Sicht der Geldinstitute, die Ihnen zusätzliche Kredite geben, stärkt dieser nachrangige Kredit Ihr Eigenkapital und verbessert dadurch Ihre Kreditwürdigkeit. Zusammen mit Ihren Eigenmitteln, die mindestens 10 Prozent (neue Bundesländer) beziehungsweise 15 Prozent (alte Bundesländer) der förderfähigen Kosten betragen müssen, können auf diese Weise bis zu 45 Prozent (alte Bundesländer) beziehungsweise 50 Prozent (neue Bundesländer) der Investitionen oder Kosten finanziert werden.

Steckbrief ERP-Kapital für Gründung

Nachrangiger Kredit zur Verbesserung des Eigenkapitals.

▶ **Zielgruppe:** Existenzgründer (auch Freiberufler, bis 3 Jahre nach Aufnahme der Geschäftstätigkeit), Übernahmen im Rahmen der Unternehmensnachfolge

▶ **Finanzierungszweck:** Investitionen sowie Erwerb von Unternehmensanteilen wie zum Beispiel eine GmbH-Beteiligung

▶ **Ausgeschlossen sind:** Direktkredite an juristische Personen wie GmbHs oder AGs. In diesem Fall wird der Kredit an den geschäftsführenden Gesellschafter persönlich ausgereicht, der wiederum das Kapital in sein Unternehmen investiert. Auch die Finanzierung von Betriebsmitteln ist ausgeschlossen.

▶ **Höchstbetrag:** 500 000 Euro

▶ **Zinsbindungsfrist:** 10 Jahre

▶ **Tilgungsfreie Anlaufjahre:** 7 Jahre

▶ **Ermittlung des Zinssatzes:** einheitlicher Zinssatz für alle Bonitätsklassen

▶ **Übernahme Ausfallrisiko:** 100 Prozent trägt die KfW

Von der KfW gefördert: die Agentur Granny Aupair. Sie vermittelt Frauen über 50 als Aupair in ferne Länder.

Aktivtourismus im Harz: Die Firma Harzdrenalin ging ebenfalls mit Fördermitteln der KfW an den Start.

Regionale Förderprogramme

Neben den bundesweiten Förderprogrammen der KfW stehen Existenzgründern zinsverbilligte Kredite auf Ebene der Bundesländer zur Verfügung. Je nach Ausgestaltung der einzelnen Programme können die Kredite eine KfW-Finanzierung ergänzen oder eine Alternative dazu darstellen.

Auch bei diesen Förderwegen fungiert in der Regel die Hausbank als durchleitende Bank. Informationen zu den einzelnen Programmen, die für Ihr Bundesland gelten, finden Sie auf den Internetseiten der landeseigenen Förderinstitute:

- ▶ Baden-Württemberg: L-Bank, Stuttgart – l-bank.de
- ▶ Bayern: LfA Förderbank Bayern, München – lfa.de
- ▶ Berlin: IBB Investitionsbank Berlin – ibb.de
- ▶ Brandenburg: ILB Investitionsbank des Landes Brandenburg, Potsdam – ilb.de
- ▶ Bremen: Bremer Aufbaubank – bab-bremen.de
- ▶ Hamburg: Hamburgische Investitions- und Förderbank – ifbhh.de
- ▶ Hessen: Wirtschafts- und Infrastrukturbank Hessen, Offenbach – wibank.de
- ▶ Mecklenburg-Vorpommern: Landesförderinstitut Mecklenburg-Vorpommern, Schwerin – lfi-mv.de
- ▶ Niedersachsen: NBank, Hannover – nbank.de
- ▶ Nordrhein-Westfalen: NRW.Bank, Düsseldorf – nrwbank.de
- ▶ Rheinland-Pfalz: Investitions- und Strukturbank Rheinland-Pfalz, Mainz – isb.rlp.de
- ▶ Saarland: SIKB Saarländische Investitionskreditbank, Saarbrücken – sikb.de
- ▶ Sachsen: SAB Sächsische Aufbaubank, Dresden – sab.sachsen.de
- ▶ Sachsen-Anhalt: IB Investitionsbank Sachsen-Anhalt, Magdeburg – ib-sachsen-anhalt.de
- ▶ Schleswig-Holstein: IB.SH Investitionsbank Schleswig-Holstein, Kiel – ib-sh.de
- ▶ Thüringen: Thüringer Aufbau-Bank, Erfurt – aufbaubank.de

Eventuell können auch kommunale Fördermittel für Sie infrage kommen. Hier handelt es sich häufig um nicht rückzahlbare Zuschüsse oder um Preisvergünstigungen beim Erwerb von Gewerbegrundstücken. Anlaufstellen sind meist die für Wirtschaftsförderung zuständigen Stellen bei der Stadt- oder Kreisverwaltung.

Bürgschaftsbanken

Im Gegensatz zu herkömmlichen Kreditinstituten bieten Bürgschaftsbanken keine Kredite, sondern Bürgschaften an. Dabei handelt es sich in der Regel um Ausfallbürgschaften. Das bedeutet: Wird der Kreditnehmer zahlungsunfähig, kann die finanzierende Bank die Bürgschaft in Anspruch nehmen und vom Bürgen die Rückzahlung des Kredits einfordern. Die Bürgschaften dienen somit als Sicherheit für die Absicherung von Unternehmenskrediten.

Mit einer solchen Bürgschaft können Sie sowohl Kredite von Banken und Sparkassen wie auch Förderkredite der KfW absichern. Darüber hinaus können Garantien zugesagt werden, die der Absicherung von eigenkapitalähnlichem Fremdkapital wie stillen Beteiligungen dienen. Für jedes Bundesland ist eine eigenständige Bürgschaftsbank zuständig.

Bürgschaftsbanken sind keine staatseigenen Förderbanken, sondern Selbsthilfeeinrichtungen der Wirtschaft, deren Gesellschafterkreis sich sowohl aus Verbänden wie Industrie- und Handelskammern, Innungen und den Kammern der freien Berufe wie auch aus Kreditinstituten und Versicherungen zusammensetzt. Die staatliche Förderung erfolgt indirekt, indem die ausgegebenen Bürgschaften wiederum zu einem großen Teil vom Bund und dem jeweiligen Bundesland rückverbürgt werden. Auf diese Weise können die Institute ihr eigenes Risiko in Grenzen halten und den Kreditnehmern vergleichsweise günstige Konditionen bieten.

Eine Bürgschaft stellt für die finanzierende Bank eine zusätzliche Kreditsicherheit dar, weil sie bei einem Zahlungsausfall die Bürgschaftsbank in Anspruch nehmen kann. Mithilfe einer Bürgschaft können Finanzierungen zustande kommen, die das Kreditinstitut ansonsten wegen nicht ausreichender Sicherheiten ablehnen würde. Darüber hinaus gelangen Kreditnehmer in eine bessere Risikoklasse. Weil viele Banken die Höhe der Zinsen von der Sicherheit des Kredits abhängig machen, führt dies in der Regel zu einer Reduzierung der Zinskosten.

Als Existenzgründer oder Unternehmer können Sie die Dienste von Bürgschaftsbanken auf vielfältige Weise nutzen. Die Bandbreite reicht dabei von Gründungs- und Übernahmefinanzierungen über die Finanzierung von Aufträgen und Umlaufvermögen bis hin zur Absicherung von langfristigen Investitionskrediten. Nicht möglich sind Bürgschaften für Sanierungen und für die Umschuldung oder Nachbesicherung bereits bestehender Kredite. Die Obergrenze liegt pro Unternehmen bei 1,25 Millionen Euro. Die maximale Laufzeit der Bürgschaft hängt davon ab, welche Finanzierung damit besichert werden soll. Bei Investitionskrediten kann die Laufzeit bis zu 15 Jahre, bei der Finanzierung von Baumaßnahmen sogar bis zu 23 Jahre betragen.

Die Kosten können je nach Bundesland, Finanzierungszweck und Bonität des Kreditnehmers variieren. Mit der Zusage wird ein einmaliges Bearbeitungsentgelt in Höhe von 1 bis 2 Prozent des zu verbürgenden Kreditbetrags fällig. Dazu kommen jährliche Kosten in gleicher Höhe. Trotzdem kann es sich lohnen, eine

---

Kleine Bürgschaften können Sie direkt beantragen

Im Rahmen des Programms „Bürgschaft ohne Bank" können kleinere Bürgschaften bei den meisten Bürgschaftsbanken direkt beantragt werden, ohne dass Sie dafür den Umweg über die Hausbank beschreiten müssen.

Bewilligt die Bank die Bürgschaft direkt, können Sie bei der Kreditverhandlung gleich die Bürgschaft als Absicherung vorlegen, was die Verhandlungsführung erheblich erleichtert. Die Obergrenze für den Direktzugang liegt je nach Bundesland zwischen 100 000 und 500 000 Euro.

Bürgschaftsbank mit ins Boot zu holen: Weil mit dem Einsatz der Bürgschaft die Kreditzinsen deutlich günstiger werden, kann die Zinsersparnis diese Zusatzkosten oftmals kompensieren.

Wie bei anderen Fördermitteln gilt auch bei Bürgschaften das Prinzip, dass Sie den Antrag dafür im Rahmen des Finanzierungsabschlusses über die Hausbank stellen müssen.

Um über Ihren Finanzierungswunsch entscheiden zu können, benötigt die Bürgschaftsbank im Prinzip dieselben Unterlagen wie die finanzierende Bank. Dazu zählen Jahresabschlüsse, betriebswirtschaftliche Auswertungen, eine detaillierte Darstellung des Finanzierungsvorhabens, eine Rentabilitätsvorschau sowie bei Gründungen oder Übernahmen Angaben zur Qualifikation des Unternehmers. Liegen alle Angaben vollständig vor, wird in der Regel innerhalb von zwei bis vier Wochen über den Antrag entschieden.

Welche Bürgschaftsbank für Ihr Bundesland zuständig ist, können Sie auf der Mitgliederliste des Verbands deutscher Bürgschaftsbanken auf vdb-info.de ermitteln.

Mittelständische Beteiligungsgesellschaften (MBG)

Ebenfalls im Verband deutscher Bürgschaftsbanken organisiert sind die Mittelständischen Beteiligungsgesellschaften (MBG). Grund für die organisatorische Nähe ist, dass diese Kapitalgeber dem gleichen Gesellschafterkreis wie die Bürgschaftsbanken angehören und ebenfalls jeweils ein Anbieter für ein Bundesland zuständig ist.

Mittelständische Beteiligungsgesellschaften offerieren Unternehmern weder Kredite noch Bürgschaften, sondern helfen mit ihrem Geld beim Aufstocken des Eigenkapitals. Dies geschieht in Form einer stillen Beteiligung, die von ihrem Charakter her zwischen dem klassischen Eigenkapital und dem bei Banken aufgenommenen Fremdkapital angesiedelt ist.

Die stillen Beteiligungen der Gesellschaften zählen zu den sogenannten nachrangigen Darlehen und werden im Insolvenzfall erst bedient, wenn alle anderen Gläubiger des Unternehmens ihr Geld erhalten haben. Auch bei der

Ausgestaltung der Zinssätze gibt es Unterschiede zum traditionellen Kredit, denn ein Teil der Zinsen ist vom Gewinn des Unternehmens abhängig. In einer Verlustphase werden dadurch geringere Zinskosten fällig, sodass das Unternehmen gerade in solchen prekären Situationen finanziell entlastet wird.

Im Gegensatz zu herkömmlichen Kreditgebern verzichten Beteiligungsgesellschaften auf Kreditsicherheiten – mit einer Ausnahme: Wird die stille Beteiligung einer juristischen Person wie beispielsweise einer GmbH gewährt, muss der geschäftsführende Gesellschafter eine persönliche Bürgschaft für das Beteiligungskapital übernehmen.

Je nach Bundesland sind stille Beteiligungen häufig schon ab 10 000 bis 25 000 Euro möglich, die Obergrenze variiert je nach Anbieter und Programm zwischen 250 000 Euro und 2,5 Millionen Euro. Die typische Laufzeit beträgt zehn Jahre.

Auf der Internetseite vdb-info.de führt der Verband deutscher Bürgschaftsbanken eine Liste, auf der die für die einzelnen Bundesländer zuständigen Mittelständischen Beteiligungsgesellschaften aufgeführt sind.

Exist-Förderprogramme für wissenschaftliche Gründungen

Speziell für Gründungen an Hochschulen – sei es durch Studenten, Doktoranden oder Hochschulmitarbeiter – hält das Bundeswirtschaftsministerium ein eigenständiges Förderprogramm bereit. Im Rahmen des durch den Europäischen Sozialfonds mitfinanzierten Exist-Förderprogramms können Gründer auf drei Wegen an staatliche Unterstützung kommen: über das Exist-Gründerstipendium, den Exist-Forschungstransfer oder den High-Tech-Gründerfonds.

▶ **Das Exist-Gründerstipendium** richtet sich an Studenten, Absolventen oder Mitarbeiter von nicht kommerziellen Hochschulen, die eine Gründungsidee realisieren und in einem Businessplan umsetzen wollen. Dabei muss es sich um wissensbasierte oder technologieorientierte Projekte handeln, die ein Alleinstellungsmerkmal und gute wirtschaftliche Erfolgsaussichten vorweisen

Johanna Ludwigs Start-up Akvola hat ein Verfahren entwickelt, um Meerwasser nachhaltig zu säubern. Der Exist-Forschungstransfer hat den aufwendigen Prototyp ermöglicht.

können. Die Höhe der monatlichen Unterstützung liegt zwischen 1 000 Euro für Studierende und 3 000 Euro für promovierte Gründer. Dazu kommt noch ein Kinderzuschlag in Höhe von 100 Euro pro Monat. Darüber hinaus werden Sachausgaben bis zu 10 000 Euro – bei Teamgründungen bis zu 30 000 Euro – und Coachingkosten bis zu 5 000 Euro übernommen. Wichtig ist, dass die Gründung des Unternehmens erst nach dem Beginn der Förderung erfolgt und die Hochschule den Gründern einen Mentor zur Verfügung stellt sowie einen kostenlos nutzbaren Arbeitsplatz einrichtet.

► **Der Exist-Forschungstransfer** stellt Fördermittel für Gründer bereit, die mit aufwendigen Forschungsarbeiten und der Entwicklung eines Prototyps die technische Machbarkeit ihrer Idee unter Beweis stellen wollen. Die Förderung erfolgt in zwei Phasen. Die erste Phase läuft im Regelfall 18 Monate, in Ausnahmefällen bis zu 36 Monate. In diesem Zeitraum können Gründer ihre Ausgaben für Betriebsmittel, Investitionen, Personalaufwendungen und andere projektbezogene Kosten in sechsstelliger Höhe bezuschussen lassen. Wird im Verlauf der ersten Förderphase ein Technologieunternehmen mit mindestens 25 000 Euro Stammkapital gegründet, können in der zweiten Phase weitere Aufwendungen anteilig gefördert werden.

► **Beim High-Tech-Gründerfonds** handelt es sich um einen von Staat und von privatwirtschaftlichen Unternehmen finanzierten Risikokapitalgeber, der im Gegenzug für das zur Verfügung gestellte Kapital Anteile am Unternehmen erhält. Der Fonds unterstützt Start-ups mit bis zu 50 Mitarbeitern, bei denen die Aufnahme der operativen Geschäftstätigkeit maximal ein Jahr zurückliegt und die forschungsintensive Produkte oder Dienstleistungen auf den Markt bringen wollen. Die Startfinanzierung kann bis zu 1 Million Euro betragen, weitere 2 Millionen Euro sind in Form einer späteren Anschlussfinanzierung möglich.

Die Förderkonditionen sowie eine detaillierte Beschreibung der einzelnen Programme können Sie im Internet auf exist.de abrufen.

DIE RICHTIGE FINANZIE-RUNGSSTRATEGIE

Die Kunst der optimalen Finanzierungsplanung besteht darin, auf der einen Seite so viel Kapital einzusammeln, dass Ihr Unternehmen jederzeit genügend flüssige Geldmittel für den laufenden Betrieb vorweisen kann, und auf der anderen Seite nicht allzu viel Kredit aufzunehmen, um die Zinskosten in einem möglichst günstigen Rahmen zu halten.

Auch die Frage der Kreditsicherheiten führt Sie in einen Balanceakt. Wenn Sie der Bank umfassende Sicherheiten zur Verfügung stellen, vergünstigen sich zwar Ihre Zinskosten – doch weil dann das Finanzierungsinstitut auf den Pfandrechten sitzt wie die Henne auf dem Ei, ist womöglich Ihr künftiger Spielraum bei der Wachstumsfinanzierung stark eingeschränkt. Umgekehrt kann sich die Finanzierung drastisch verteuern oder Ihr Kreditantrag wird sogar von der Bank abgelehnt, wenn Sie mit der Herausgabe von Sicherheiten geizen.

Bevor Sie das Gespräch mit Ihrer Hausbank suchen, sollten Sie sich deshalb darüber im Klaren sein, mit welchen Finanzierungsinstrumenten Sie sich Kapital für Ihr Unternehmen beschaffen wollen. Bei Finanzierungen in einem bereits am Markt etablierten Unternehmen ist dies weitaus einfacher als bei der Gründung, weil Sie dann nur einen neuen Finanzierungsbaustein in den bestehenden Mix einbauen müssen. Als Gründer müssen Sie hingegen ähnlich wie ein Jongleur mehrere Bälle gleichzeitig in der Luft halten, ohne dass Ihnen einer davon zu Boden fällt.

Generell enthält eine Finanzierung meist die folgenden Komponenten:

▶ das Eigenkapital, das Sie als Bar- oder Sacheinlage (beispielsweise ein PKW oder die bereits vorhandene Betriebsausstattung) einbringen,
▶ mittel- bis langfristige Kredite für die Finanzierung von Investitionen sowie
▶ kurzfristige Kredite.

Aus Ihrer Investitionsplanung sowie der Vorschau auf die Kosten und Erträge der ersten Jahre ergibt sich zunächst einmal der gesamte Finanzierungsbedarf. Nun sollten Sie prüfen, welche Kreditarten und Finanzierungsinstrumente möglichst passgenau eingesetzt werden können. Dies können Sie ermitteln, indem Sie die wichtigsten Grundregeln der Unternehmensfinanzierung beachten:

▶ **Fristengerechte Finanzierung.** Langlebige Investitionsgüter sollten entweder mit Eigenkapital oder mit langfristigen Krediten finanziert werden, deren Gesamtlaufzeit auf jeden Fall kürzer ist als die Lebensdauer des damit finanzierten Gutes.

▶ **Adäquate Sicherheiten.** Idealerweise sollte als Kreditsicherheit immer das Wirtschaftsgut dienen, das Sie mit dem Kredit finanzieren. Bei der Finanzierung einer Maschine wäre damit die Sicherungsübereignung die optimale Kreditsicherheit, bei der Finanzierung eines Grundstücks kommt in erster Linie die Grundschuld infrage.

▶ **Reserven vorhalten.** Um einen existenzgefährdenden Liquiditätsengpass bei einer ungünstigen Geschäftsentwicklung zu vermeiden, benötigt die Finanzierungsplanung einen ausreichenden Kapitalpuffer.

Eigen- und Fremdkapital

Schon bei den ersten Planungen sollte Ihr kritischer Blick auf das Verhältnis von Eigen- und Fremdkapital gerichtet sein. Je höher die Kredite im Verhältnis zu Ihrem Eigenkapital sind, umso größer wird auch das Risiko des Scheiterns, weil das ohnehin schon geringe Eigenkapital in Verlustphasen von den Betriebs- und Finanzierungskosten innerhalb kurzer Zeit aufgefressen werden kann. Das bedeutet nicht, dass eine Gründung ohne Eigenkapital von vornherein zum Scheitern verurteilt ist – aber die Wahrscheinlichkeit, dass das Unternehmen die kritischen ersten Jahre nicht übersteht, ist bei Gründungen mit geringem oder fehlendem Eigenkapital überproportional hoch.

Welchen Anteil am gesamten Finanzierungsbedarf das Eigenkapital auf jeden Fall abdecken sollte, kann je nach Branche und Umfang des Gründungsvorhabens variieren. Als Faustregel gilt jedoch, dass die Eigenkapitalquote beim Start 20 Prozent nicht unterschreiten sollte.

Darüber hinaus verkörpert das Eigenkapital für die Bank in zweierlei Hinsicht eine wichtige Messlatte. Zum einen fällt die Bonitätseinstufung umso günstiger aus, je mehr eigene Geldmittel Sie vorweisen können. Und zum anderen sieht die Bank Ihre Bereitschaft, einen nennenswerten Anteil Ihres eigenen Vermögens in Ihre Existenzgründung zu investieren, als Beleg dafür, dass es Ihnen mit Ihrem Vorhaben wirklich ernst ist.

Wenn sich bei den ersten Planungen zeigt, dass die Eigenkapitalquote sehr niedrig ist, weil Ihr Investitionsbedarf so hoch ist, sollten Sie überlegen, mit welchen Maßnahmen Sie zumindest am Beginn Ihre Investitionen herunterschrauben können. So könnte eine Option darin bestehen, zunächst einmal in kleinerem Umfang zu starten und – soweit machbar – einen Teil der Investitionen aufzuschieben, bis sich die Umsatzerlöse stabilisiert und zu einer Stärkung des Eigenkapitals beigetragen haben. Oder Sie können überlegen, ob Sie durch den Erwerb gebrauchter Investitionsgüter oder die Auslagerung bestimmter Arbeiten an externe Dienstleister Ihren Investitionsbedarf reduzieren können.

Aufwand für Zins und Tilgung

Neben dem Verhältnis von Fremd- zu Eigenkapital sollten Sie von Beginn an den zu erwartenden Aufwand für Zins und Tilgung im Blick behalten. Dabei gilt die Prämisse, dass die Gesamtlaufzeit einer Kreditfinanzierung keinesfalls länger sein darf als die Lebens- oder Nutzungsdauer des damit finanzierten Wirtschaftsgutes.

Vergleichsweise einfach ist diese Betrachtung, wenn es um die Finanzierung von technischen Gütern wie beispielsweise IT-Hardware oder Maschinen geht. Realistisch ist bei Computern eine Lebensdauer von rund drei bis vier Jahren, bei Fahrzeugen von sechs bis acht Jahren und bei Maschinen von etwa zehn Jahren – ein Wert, der je nach Art der Maschine nach oben oder unten abweichen kann. Bis zum Ende der voraussichtlichen Lebensdauer sollte nicht nur der Kredit abgezahlt, sondern im Idealfall bereits neues Eigenkapital für die Folgeanschaffung angespart sein.

Doch wie verhält es sich mit der Finanzierung von eher „weichen" Kosten wie Marketingaufwand oder der Erstausstattung des Warenlagers? Hier gilt schlicht und einfach die Prämisse, dass die dafür eingesetzten Kredite so schnell wie möglich getilgt werden sollten.

Zwar trägt beispielsweise der Marketingaufwand mit dazu bei, dass Ihre Produkte einen langfristigen Bekanntheitsgrad erhalten. Doch realistisch betrachtet überwiegt bei Marketingmaßnahmen die kurzfristig wirksame

Bei Computern ist nur eine Lebensdauer von drei bis vier Jahren realistisch.

Komponente. Folgerichtig sollte die Finanzierung der meist deutlich höheren Anfangsaufwendungen auf maximal zwei bis drei Jahre ausgerichtet sein und für die Finanzierung von Folgemaßnahmen allenfalls ein wenige Monate währender Überbrückungskredit aufgenommen werden.

Das Warenlager wiederum sollte sich aus den daraus erzielten Umsatzerlösen selbst finanzieren, sodass eine Finanzierungsdauer von wenigen Monaten angemessen erscheint. Bei saisonalen Artikeln wie beispielsweise Gartenmöbeln oder Weihnachtsdekoration mit entsprechendem zeitlichem Vorlauf bei der Beschaffung kann die Finanzierung auch etwas längerfristig konzipiert werden. Allerdings sollten Sie bedenken, dass Sie immer wieder neue Ware einkaufen und finanzieren müssen, um die Umsätze am Laufen zu halten. Hierfür sollten Sie bei Bedarf einen angemessenen Kontokorrentkredit einrichten.

Die tilgungsfreien Anlaufjahre, die Ihnen nicht nur die Förderbanken wie die KfW, sondern auch unter Umständen die Hausbank bei der Finanzierung von Investitionsgütern anbieten, können Sie nutzen, um in dieser Zeit verstärkt die kurzfristigen Kredite zurückzuführen. Das bringt nicht nur eine gewisse Konstanz in Ihre Kostenrechnung, sondern hilft Ihnen auch beim Einsparen von Finanzierungskosten. Denn: Kurzlaufende Kredite wie beispielsweise ein Kontokorrentkredit sind aufgrund der geringeren Besicherung oft mit höheren Zinsen verbunden als Investitionskredite – und je schneller Sie den teuren Anteil Ihres Finanzierungspaketes tilgen, umso schneller sinken Ihre Aufwendungen für die Zinszahlungen.

Die passenden Kreditsicherheiten

Beim Erarbeiten der Finanzierungsstrategie stellt sich die Frage, welche Kreditsicherheiten Sie der Bank einräumen können oder wollen. Bei reiner Betrachtung der Kosten drängt sich zunächst der Gedanke auf, der Bank so viele Sicherheiten wie möglich zu bieten – denn je mehr Pfandrechte das finanzierende Geldinstitut in seiner Hand hält, umso günstiger werden die Kreditzinsen.

Doch nicht immer ist es sinnvoll, gleich das ganze Pulver zu verschießen, wenn es um die Sicherheiten geht. Viele Existenzgründer müssen nach den erfolgreich überstandenen Anfangsjahren eine neue Finanzierungsrunde einläuten, um Fremdkapital für das weitere Wachstum des Unternehmens einzusammeln. Wenn dann alle privaten und betrieblichen Vermögenswerte schon als Pfandrecht für die bestehenden Kredite dienen, kann in dieser Phase der Zugang zu Krediten erschwert werden, weil nicht mehr genügend freie Kreditsicherheiten zur Verfügung stehen.

Im Idealfall ist Ihr Finanzierungskonzept so gestaltet, dass jeweils das finanzierte Investitionsgut als Sicherheit für den dazugehörigen Kredit dient. Doch das gelingt nicht immer. Vor allem dann, wenn ein hoher Anteil an der Investition mit Fremdmitteln finanziert werden

Beispiel: Tilgungsabstimmung bei kurz- und langfristigen Krediten

Klaus B. nutzt seine berufliche Doppelqualifikation als Elektroniker und Zweiradmechaniker, um sich mit einem Fachgeschäft für Elektrofahrräder selbstständig zu machen und seinen Kunden nicht nur den klassischen Fahrradservice, sondern auch Wartungs- und Reparaturarbeiten an der Elektronik zu bieten. Für die Finanzierung hat er folgende Kredite aufgenommen:

• Für die Finanzierung der Werkstatt- und Geschäftseinrichtung einen KfW-Kredit aus dem „StartGeld"-Programm in Höhe von 50 000 Euro mit zehn Jahren Laufzeit, zwei tilgungsfreien Anlaufjahren und einem Sollzins von 4 Prozent.

• Für die Finanzierung der ersten Warenausstattung und die finanzielle Überbrückung der Anfangsphase einen flexibel rückzahlbaren Kredit über 20 000 Euro mit zwei Jahren Zinsbindung und einem Sollzins von 7,5 Prozent. Als Ziel hat er sich vorgenommen, den flexiblen Kredit innerhalb der ersten beiden Jahre komplett zurückzuzahlen, um danach genügend finanziellen Spielraum für die einsetzende Tilgung des KfW-Kredites zu haben. Wenn dies gelingt, sieht seine Berechnung der jährlichen Kreditaufwendungen wie folgt aus:

	1. Jahr	2. Jahr	ab dem 3. Jahr
KfW-Kredit (Euro)			
Zinszahlung	2 000	2 000	2 000
Tilgung	0	0	5 426
Summe	2 000	2 000	7 426
Flexibler Kredit (Euro)			
Zinszahlung	1 500	750	0
Tilgung	10 000	10 000	0
Summe	11 500	10 750	0
Gesamtsumme der Zins- und Tilgungsleistungen	13 500	12 750	7 426

Das Warenlager sollte sich aus den Umsatzerlösen finanzieren. Eine Finanzierungsdauer von wenigen Monaten sollte daher genügen.

soll, kann es durchaus vorkommen, dass die Bank zusätzliche Sicherheiten verlangt. Wollen Sie beispielsweise den Erwerb einer CNC-Fräsmaschine zu 90 Prozent über einen Kredit finanzieren, sagt Ihnen die Bank möglicherweise, dass sie bei einer Sicherungsübereignung nur 70 Prozent des Kaufpreises als Kreditsicherheit akzeptiert, weil sie im Fall des Zahlungsausfalls die Maschine nur mit einem Preisabschlag veräußern kann.

Bei manchen Ausgaben, die Sie zunächst über einen Kredit finanzieren wollen, können Sie von vornherein den Gegenwert nicht als Kreditsicherheit zur Verfügung stellen. So kann etwa die professionelle Programmierung eines Online-Shops oder die erste Teilnahme an einer wichtigen Fachmesse einen hohen finanziellen Aufwand verursachen – doch Sie können der Bank weder Ihre Programmierdaten noch Ihren Messestand verpfänden.

In solchen Fällen bleiben zwei Alternativen:
► Entweder ist die Bank bereit, bei einem Teil Ihrer Gründungsfinanzierung auf Sicherheiten zu verzichten, oder
► Sie müssen überlegen, welche Pfandrechte Sie der Bank ersatzweise anbieten können.

Um in der Finanzierungsverhandlung mit der Bank nicht auf dem falschen Fuß erwischt zu werden, sollten Sie die Frage nach den Sicher-

heiten frühzeitig in Ihre Planungen einbeziehen. Empfehlenswert ist es, im Kreditgespräch nicht gleich alle Sicherheitsangebote auf den Tisch zu legen – da wäre die Wahrscheinlichkeit groß, dass die Bank einen Teil der Sicherheiten schon mal „auf Vorrat" beansprucht, auch wenn es zur Absicherung des Risikos nicht unbedingt notwendig wäre. Aber wenn die Bank auf zusätzlichen Sicherheiten besteht, stärkt es Ihre Position, wenn Sie dann nicht ins Stottern geraten, sondern auf Anhieb eine passende Lösung vorschlagen können.

Eine Möglichkeit kann darin bestehen, einen bislang noch unbelasteten Vermögenswert aus dem Betrieb als zusätzliche Sicherheit mit anzubieten. Wenn Sie beispielsweise bereits eine Maschine besitzen, die Sie aus Eigenmitteln finanziert haben, und nun eine weitere Maschine mit einem Kredit finanzieren wollen, können Sie der Bank im Bedarfsfall die Sicherungsübereignung beider Maschinen anbieten.

Vor allem bei der Finanzierung von GmbHs oder UGs verlangen Banken häufig eine persönliche Bürgschaft des geschäftsführenden Gesellschafters, wenn der Fremdfinanzierungsanteil deutlich höher ist als das vom Gesellschafter eingezahlte Eigenkapital. Damit stehen Sie zwar gegenüber der Bank auch mit Ihrem privaten Vermögen in der Haftung – vermeiden lässt sich diese Konstellation aber nicht immer.

Betriebseinrichtung, Lieferwagen, Kosten für Marketing: Wer einen Catering-Service eröffnet, sollte genau planen, was er wie finanziert.

Kritisch wird es, wenn die Bank von Ihnen verlangt, dass Sie einen Bürgen für Ihre Finanzierungsverbindlichkeiten finden sollen. Immerhin würde dies in der Praxis bedeuten, dass jemand das volle Finanzierungsrisiko mit über-

Besser eine Bankbürgschaft

Besteht die Bank auf einem Bürgen, ist es weitaus sinnvoller, eine Bürgschaftsbank zu konsultieren, als eine Bürgschaftsanfrage im Verwandten- oder Freundeskreis zu starten. Diese Institute stellen mit ihren Bürgschaften zusätzliche Sicherheiten zur Verfügung.

Darüber hinaus ist die Prüfung des Gründungsvorhabens durch die Bürgschaftsbank ein guter Indikator für die Zukunftschancen der Geschäftsidee: Lehnt die Bürgschaftsbank Ihren Antrag ab, sollten Sie Ihre Gründungs- und Finanzierungsplanung grundlegend überdenken und nach Möglichkeiten suchen, wie Sie eine Nummer kleiner und mit deutlich abgespecktem Kreditbedarf an den Start gehen können.

Weitere Informationen zu diesem Thema finden Sie im Abschnitt „Bürgschaftsbanken" ab S. 79.

nimmt, ohne direkten Einfluss auf die Entwicklung des Geschäfts zu haben. Wenn es sich nicht gerade um einen Kleinkredit von 5000 Euro handelt, käme auf den Bürgen ein hohes finanzielles Risiko zu, das unter Umständen sogar dessen eigene wirtschaftliche Existenz gefährden könnte, wenn Sie Ihre Kredite nicht mehr zurückzahlen könnten. Versuchen Sie daher möglichst, eine Bankbürgschaft zu bekommen (siehe Kasten links).

Die Bedarfsliste für Ihre Finanzierung

Aus der im Businessplan enthaltenen Investitionsplanung und der Vorschau auf Ihre zu erwartenden Erträge und Kosten ergibt sich der Kreditbedarf, den Sie am besten in eine konkrete Bedarfsliste fassen. Dabei sollten Sie auch die passenden Kreditarten und -sicherheiten berücksichtigen. Die Liste muss sich nicht zwangsläufig mit den Finanzierungsprodukten decken, die Sie hinterher tatsächlich abschließen – vielleicht macht Ihnen ja der Finanzierungsberater einen Vorschlag, wie Sie mit einer Alternativlösung bei gleicher Flexibilität und Sicherheit Zinskosten einsparen können.

Dennoch bringt Ihnen die Auflistung einige Vorteile:

► Sie können nochmals überprüfen, ob die Finanzierungsstruktur realistisch und auf Ihr Gründungsvorhaben zugeschnitten ist.

▶ Beim Einholen von mehreren Finanzierungsangeboten erhalten Sie vergleichbare Konzepte, weil Sie den einzelnen Banken für die Ausarbeitung ihrer Offerten eine einheitliche Basis vorlegen können.

▶ Der Kreditberater gewinnt einen guten Eindruck von Ihnen, weil Sie ihm zeigen können, dass Sie sich bei der Vorbereitung Ihrer Existenzgründung intensiv mit den finanziellen Aspekten befasst haben.

Die Liste ordnet den Bereichen, in denen Bedarf an Fremdkapital besteht, die jeweils infrage kommenden Finanzierungsprodukte zu. Recherchieren Sie auch, welche zinsverbilligten Förderkredite für Ihr Projekt zum Einsatz kommen können, sodass Sie den Bankberater direkt auf Fördermittel ansprechen können.

Gleichzeitig sollten Sie sich überlegen, welche Zinsbindungsfrist bei den einzelnen Finanzierungsbestandteilen wünschenswert ist und welche Sondertilgungsoptionen eingebaut werden sollten. Dabei gilt der Grundsatz, dass sich für Investitionsgüter mit längerer Nutzungsdauer gut kalkulierbare Festzins-Finanzierungen am besten eignen, für die kurzfristige Finanzierung von Anlaufkosten und Umlaufvermögen hingegen variabel rückzahlbare Kredite.

Nun bleiben noch die Sicherheiten, die Sie den einzelnen Finanzierungsbausteinen zuordnen können. Beispielsweise die Sicherungsübereignung bei der Finanzierung von Fahrzeugen oder technischen Anlagen, Grundschulden bei der Immobilienfinanzierung oder eine persönliche Bürgschaft als geschäftsführender Gesellschafter bei der Finanzierung einer GmbH oder UG.

Ob Sie Ihren Bedarf in Listenform oder tabellarisch darstellen, bleibt Ihnen überlassen. Wichtig ist neben der Übersichtlichkeit die Plausibilität: Wenn die Bank die Zahlen in unterschiedlichen Businessplan-Rubriken wie dem Investitionsplan und der Kosten- und Ertragsvorschau miteinander abgleicht, sollte natürlich zum Beispiel die Investitionssumme für eine Maschine im Investitionsplan zu den dafür notwendigen Zinsaufwendungen in der Kostenvorschau passen.

Beispiel: Kreditbedarf für einen Cateringservice

Susanne K. möchte einen Cateringservice eröffnen, der vor allem mediterrane Spezialitäten anbietet. Zusätzlich zum Eigenkapital, das sie einsetzen kann, benötigt sie die in der Tabelle aufgeführten Kredite.

Kreditart	Investitionskredit	Investitionskredit	Kredit für Anlauffinanzierung	Kontokorrentkredit als Reserve
Finanzierungsobjekt	Betriebseinrichtung	Lieferwagen	Anlaufkosten, Marketing	Überbrückung von Schwankungen bei den Erlösen
Kreditbetrag	25 000 €	20 000 €	20 000 €	10 000 €
Laufzeit	8 Jahre	6 Jahre	2 – 3 Jahre	unbegrenzt
Zinsbindung	8 Jahre	6 Jahre	variabel oder teilvariabel	variabel
Sondertilgung pro Jahr	5 000 €	keine	10 000 €	flexible Rückzahlung
reguläre Rückzahlung pro Jahr ca.	4 000 €	4 000 €	8 000 €	nach Bedarf
Sicherheit	Sicherungsübereignung	Sicherungsübereignung	keine	keine
eventuelle Zusatzsicherheit	Bürgschaftsbank		–	–
Förderkredit	KfW-StartGeld, Kredit der landeseigenen Förderbank		–	–

DIE VERHANDLUNG MIT DER BANK

Das Finanzierungsgespräch mit der Bank ist die Nagelprobe für Ihre Gründungsplanung: Jetzt gilt es, einen der ersten und wichtigsten Geschäftspartner von der Nachhaltigkeit Ihres Vorhabens zu überzeugen.

Im ersten Schritt sollten Sie daher Ihre Aussagen und Berechnungen nochmals auf Herz und Nieren prüfen. Achten Sie dabei vor allem darauf, dass an den unterschiedlichen Stellen des Businessplans keine Unstimmigkeiten auftauchen. So würde es gleich zu Beginn zu Irritationen führen, wenn Sie im Textteil des Businessplans von einem Umsatz von 150 000 Euro im zweiten Jahr ausgehen würden und in der Umsatzvorschau an der dazugehörigen Stelle ein Betrag von 120 000 Euro stünde.

Dann stellen Sie eine kleine Mappe zusammen, die neben Ihrem Businessplan noch die folgenden Angaben beziehungsweise Dokumentenkopien enthält:

► Ihr bisheriges Gehalt im Anstellungsverhältnis,
► eine Aufstellung der privaten Vermögenswerte, insbesondere Nachweise zum Eigenkapital,
► eine Aufstellung der privaten Kredite wie Baufinanzierung, Ratenkredite oder in Anspruch genommene Dispokredite sowie
► Angaben zu laufenden finanziellen Verpflichtungen wie beispielsweise Unterhaltszahlungen.

Mit diesen Unterlagen gewappnet können Sie nun damit beginnen, die ersten Angebote einzuholen und Finanzierungsgespräche mit den Bankberatern zu führen.

Angebote einholen

Weil es sich bei einer Existenzgründung um eine komplexe Angelegenheit handelt, können Sie die Finanzierungsangebote nicht einfach per Online-Vergleich im Internet oder mit einer Anfrage-Mail an verschiedene Geldinstitute einholen. Üblicherweise wird der Berater zunächst einmal ein Gespräch mit Ihnen führen, um herauszufinden, ob es sich für sein Geldinstitut unter Abwägung der Risiken und Ertragschancen lohnt, ein Angebot abzugeben. Damit stehen Sie zuerst vor der Frage, an welche Banken Sie sich am besten wenden sollten.

Sinnvollerweise ist die erste Anlaufstelle oftmals die Bank, bei der Sie bereits zuvor Ihr Gehaltskonto geführt und zumindest einen Teil Ihrer Geldanlage- oder Kreditgeschäfts abgeschlossen haben. Allerdings kann es durchaus vorkommen, dass die bisherige Hausbank von vornherein abwinkt, weil sie keine Unternehmensfinanzierungen anbietet. Das ist beispielsweise bei den Sparda-Banken, der Targo Bank oder der Direktbank ING der Fall, die ihre Bankprodukte ausschließlich privaten Kunden anbieten. Freiberufler, Unternehmer oder gar GmbHs haben keine Chance, bei diesen Instituten ein Firmenkonto oder eine Unternehmensfinanzierung zu erhalten.

In ländlichen Regionen sind meist die örtlichen Sparkassen oder Genossenschaftsbanken eine gute Anlaufstelle, weil Sie dort in gut erreichbarer Nähe Berater finden, die sich schwerpunktmäßig mit der Kreditvergabe an kleinere Unternehmen und Existenzgründer befassen. Bei den Großbanken wie Commerzbank oder Deutsche Bank sind die Beraterteams für Gründer und Unternehmer oft nur in den Filialen der größeren Städte ansässig.

Um einerseits eine gute Vergleichbarkeit zu gewährleisten und sich andererseits nicht schon in der ersten Finanzierungsrunde zu verzetteln, ist es empfehlenswert, am Beginn das Gespräch mit der örtlichen Genossenschaftsbank, der Sparkasse und der nächstliegenden Hauptfiliale einer Großbank zu suchen.

Achten Sie darauf, dass die Angebote insbesondere in Bezug auf Laufzeit, Sollzinsbindung, Sondertilgungsoptionen und Kreditbetrag Ihren Anforderungen entsprechen, sodass Sie hinterher nicht Äpfel mit Birnen vergleichen müssen. Auch weitere Faktoren wie etwa die Höhe der Kontoführungsgebühren und der Kontokorrentzinssatz beim Girokonto sollten in den Angebotsvergleich mit einfließen.

Wie überzeuge ich den Kreditberater?

Bei der privaten Kapitalanlage befinden Sie sich im Beratungsgespräch in einer komfortablen Situation: Wenn die Bank Ihr hart erarbeitetes Geld will, muss sie Ihnen ein attraktives Angebot machen – denn die Konkurrenz schläft nicht, und im Internet findet sich vielleicht sogar das eine oder andere Zinsschnäppchen.

Ganz anders kann es aussehen, wenn Sie sich als Existenzgründer auf die Suche nach einem Finanzierungspartner begeben. Hier sitzt die Bank am längeren Hebel – und so manches Kreditinstitut lässt das die Gründer überdeutlich spüren. Immer wieder berichten Existenzgründer davon, dass Kreditinstitute ihre Anfragen ohne nähere Prüfung von vornherein ablehnen, weit überhöhte Forderungen bei den Kreditsicherheiten stellen oder sich schlichtweg nicht interessiert an einer Gründungsfinanzierung zeigen.

Aus Sicht der Bank sind vor allem Kleinfinanzierungen von Solo-Existenzgründungen zunächst wenig attraktiv. Zwar verbucht das Geldinstitut Erträge aus Kreditzinsen und Kontoführungsgebühren, doch auf der anderen Seite muss das Ausfallrisiko berücksichtigt werden. Vor allem in der Anfangsphase, in der der vernünftige Existenzgründer sich erst einmal nicht mit starren Sparverträgen binden will, lassen sich lukrative und provisionsträchtige Produkte wie Versicherungs- oder Fondssparverträge nur schlecht an Gründer verkaufen. Dass es in zwei oder drei Jahren schon ganz anders aussehen kann, zählt oft wenig, wenn es für den Bankberater darum geht, seine monatlichen oder jährlichen Verkaufsziele zu erfüllen. Kein Wunder also, dass nicht jeder Banker hoch motiviert ist, wenn Sie für Ihren Start in die Selbstständigkeit ein Finanzierungspaket benötigen.

Damit stehen Sie vor der Aufgabe, die Bank davon zu überzeugen, dass Ihre Gründungsfinanzierung für das Geldinstitut ein risikoarmes und gutes Geschäft ist – natürlich ohne dabei zu übertreiben oder Ihre Zahlenwerke schönzurechnen. Den Schlüssel zum Erfolg bildet dabei die Kombination aus der Qualität Ihrer Unterlagen und dem persönlichen Eindruck, den Sie im Finanzierungsgespräch hinterlassen.

Wie Sie Ihren Business- und Finanzierungsplan in eine überzeugende Form bringen, haben wir bereits dargestellt. Nun geht es darum, sich gut vorzubereiten, den kompetenten Ansprechpartner in der Bank zu finden und im Verhandlungsgespräch Selbstbewusstsein und Überzeugungskraft auszustrahlen.

Im ersten Schritt sollten Sie sicherstellen, dass Sie mit Ihrer Anfrage in der Bank an der richtigen Stelle landen. Über die Finanzierung von Existenzgründungen entscheidet in aller Regel die Firmenkundenabteilung, die in den

Im Beratungsgespräch in der Bank sollten Sie Selbstbewusstsein und Überzeugungskraft ausstrahlen. Kritischen Fragen sollten Sie nicht ausweichen.

größeren Niederlassungen oder am Hauptsitz der Bank angesiedelt ist. Es nützt meist wenig, sein Anliegen ausführlich dem Leiter einer Zweigstelle darzulegen, der bankintern nicht die Befugnis hat, eine Gründungsfinanzierung zu bewilligen. Daher sollten Sie bei der Auswahl der infrage kommenden Banken gezielt die Berater ausfindig machen, die über eine Finanzierungszusage entscheiden können.

Auch die Äußerlichkeiten sind nicht ganz unwichtig. So sollten Sie Wert darauf legen, pünktlich zum Bankgespräch zu erscheinen. Bei der Kleidung muss es natürlich nicht der Nadelstreifenanzug oder das Business-Kostüm sein, doch sollten Sie ein nachlässiges Erscheinungsbild in jeglicher Hinsicht vermeiden.

Im Beratungsgespräch versuchen Sie am besten, dem Bankberater mit einfachen Worten Ihr Vorhaben zu schildern. Vermeiden Sie Fachchinesisch und seien Sie sich darüber im Klaren, dass der Banker Ihr Geschäftsmodell erst verstehen möchte, bevor er eine fundierte Finanzierungsentscheidung treffen kann.

Natürlich stehen die positiven Aspekte und Entwicklungschancen dabei im Vordergrund. Doch wenn der Berater kritische Fragen stellt oder Risiken anspricht, sollten Sie nicht ausweichen und schon gar nicht damit beginnen, ihn als Schwarzmaler zu bezeichnen. Beantworten Sie auch provozierende Fragen sachlich und unterfüttern Sie Ihre Argumente idealerweise mit nachprüfbaren Zahlen. Am Ende ist es fast immer die richtige Mischung aus Begeisterung und Realitätssinn, die den besten Eindruck hinterlässt.

Das Rating

Ob und zu welchen Konditionen Sie eine Finanzierung für Ihre Existenzgründung erhalten, hängt maßgeblich vom sogenannten Rating ab. Darunter versteht man die Einschätzung der Bank zu Ihrer Kreditwürdigkeit. Dabei berücksichtigt sie mehrere Einflussfaktoren.

Zunächst einmal führt die Bank eine Schufa-Abfrage durch. Die Schufa wird nicht nur von Banken mit Bonitätsdaten gefüttert, sondern auch von Versandhändlern, Energieversorgern und Telekommunikationsunternehmen. Kern der Schufa-Daten ist Ihre Zuverlässigkeit:

Sind Sie für das Finanzierungsgespräch mit der Bank gewappnet?

Vor dem ersten Gang zur Bank sollten Sie prüfen, ob Sie für das Finanzierungsgespräch gewappnet sind.

1	✓ Wurde der Businessplan auf die Plausibilität und Verständlichkeit seiner Aussagen überprüft, gegebenenfalls durch Fachleute im Bekanntenkreis oder einen externen Berater?
2	✓ Ist der Zahlenteil des Businessplans frei von rechnerischen Unstimmigkeiten?
3	✓ Sind ergänzende Unterlagen wie Vermögens- und Qualifikationsnachweise komplett zusammengestellt? Sind der Kapitalbedarf sowie die Beschreibung der infrage kommenden Kreditsicherheiten übersichtlich aufgelistet? Haben Sie eine erste Recherche zu möglichen Fördermitteln durchgeführt?
4	✓ Ist sichergestellt, dass sich der Bankberater vorrangig mit Unternehmensfinanzierungen befasst und über diese auch entscheiden kann?
5	✓ Sind Sie in der Lage, Ihr Geschäftsmodell in wenigen Minuten verständlich zu beschreiben und dessen Marktchancen überzeugend darzulegen? Das können Sie vor dem Bankgespräch auch mit jemandem proben, der im Testgespräch die Rolle des kritischen Bankers einnimmt. Haben Sie die möglichen Schwachstellen Ihres Gründungsvorhabens analysiert und sind Sie darauf vorbereitet, kritischen Fragen mit sachlichen Argumenten zu begegnen?

Wenn Sie Ihren Verpflichtungen immer pünktlich nachgekommen sind und noch nie mit dem Gerichtsvollzieher zu tun hatten, ist Ihre Schufa-Auskunft gut. Darüber hinaus liefert die Schufa einen sogenannten Scoring-Wert, der bei Datenschützern äußerst umstritten ist und anhand Ihres Umfeld wie beispielsweise Wohnort und Adresse prognostizieren soll, ob das Risiko eines künftigen Kreditausfalls überdurchschnittlich hoch ist. Was die Schufa nicht weiß, sind der Stand Ihres Vermögens sowie die Höhe Ihres Einkommens.

In einem bankinternen Bewertungsprozess kommen zu den Schufa-Daten noch die Ergebnisse der Unternehmensanalyse hinzu. Dabei legen die Banken meist Wert auf die folgenden Gesichtspunkte:

▶ **Unternehmenszahlen.** Soweit vorhanden, wird die bestehende Entwicklung des Unternehmens unter die Lupe genommen. Gewinn, Cashflow, Eigenkapitalquote und weitere Faktoren fließen in die Bewertung des Zahlenwerks mit ein.

▶ **Markt und Branche.** Sowohl die Position Ihres Unternehmens im Markt wie auch die Gesamtentwicklung Ihrer Branche beeinflussen das Rating. So haben Unternehmen in einem Wachstumsmarkt oft mittelfristig bessere Überlebenschancen als Unternehmen, die in einem schrumpfenden Markt mit Preiskämpfen und Verdrängungswettbewerb konfrontiert sind.

▶ **Qualifikation und Organisation.** Darüber hinaus wird geprüft, welche Qualifikationen die Verantwortlichen im Management vorweisen können und ob das Unternehmen über eine effiziente Organisationsstruktur verfügt.

▶ **Erfolgsaussichten.** Dieser Punkt hat bei Existenzgründern große Auswirkungen auf das Rating, weil insbesondere die Zahlen zur bisherigen Unternehmensentwicklung noch keine Aussagekraft vorweisen können. Je plausibler Ihr Businessplan den Kreditentscheidern erscheint, umso bessere Bewertungen erhalten Sie.

Generell gilt: Je transparenter Sie gegenüber der Bank agieren, umso besser sind Ihre Chancen auf ein gutes Rating. Wenn der Bank zu einem bestimmten Bereich wichtige Informationen fehlen, bewertet sie dies in aller Regel so, als würde der Kreditsuchende dem Geldinstitut negative Merkmale verschweigen. Auch wenn es Ihnen vielleicht schwerfällt, sollten Sie gegenüber der Bank in finanzieller Hinsicht alle Karten auf den Tisch legen und mit problematischen Punkten offen und konstruktiv umgehen.

Häufige Probleme bei der Finanzierungsverhandlung

Jedes Gründungsvorhaben und jede Finanzierungsplanung ist eine individuelle Angelegenheit – und dennoch berichten Existenzgründer oft von ähnlichen Problemen, die in den Finanzierungsgesprächen auftauchen. Hier eine kleine Sammlung an Aussagen von Bankberatern, mit denen Gründer des Öfteren konfrontiert werden – und die passenden Hinweise, wie Sie darauf reagieren können.

▶ „Wir bieten keine KfW-Kredite und auch keine anderen Fördermittel an."

Das stimmt nicht. Praktisch alle Banken und Sparkassen in Deutschland haben sich gegenüber der KfW und den anderen staatlichen Förderbanken verpflichtet, deren zinsverbilligte Kredite zu vermitteln. Vor allem bei kleineren Kreditbeträgen scheuen manche Banken den Formularaufwand und versuchen, die kreditsuchenden Gründer erst einmal abzuwimmeln. In diesem Fall sollten Sie hartnäckig bleiben und gegebenenfalls den Bankberater darauf hinweisen, dass sein Arbeitgeber eine Vermittlungsvereinbarung mit den Förderinstituten abgeschlossen hat.

▶ „Bei der Finanzierung von Existenzgründern haben wir ein Mindest-Kreditvolumen von 50 000 Euro."

Mit diesem Totschlagargument versuchen manche Institute, Solo-Selbstständige mit kleinem Finanzierungsbedarf abzuwimmeln. Suchen Sie einfach eine Bank, die auch kleine Gründungsvorhaben finanziert. Liegt jedoch der erforderliche Kreditbetrag unter 10 000 Euro, kann es generell schwierig werden, bei Banken Kapital lockerzumachen. In diesem Fall ist es meist ratsam, sich auf die Suche nach einem sogenannten Mikrokredit zu machen. Wie das funktioniert, erfahren Sie im nächsten Kapitel.

▶ „Sie sind zu alt, um noch einen Kredit für Ihre Existenzgründung erhalten zu können."

Dieser Satz schmerzt gleich doppelt, macht Ihnen der Bankberater doch damit deutlich, dass er es Ihnen nicht zutraut, in Ihrem aktiven Selbstständigendasein von den Schulden herunterzukommen. Dennoch: Stellen Sie diese Aussage ganz nüchtern auf den Prüfstand. Ist die Rückzahlung der letzten Kredite erst weit nach dem 60. Geburtstag geplant, kann es in der Tat riskant werden. Versuchen Sie, zusam-

In der Gastronomie und im Einzelhandel besonders wichtig: ein eigenständiges Konzept.

men mit dem Bankberater eine finanzierbare Lösung zu finden, indem Sie Ihren Investitionsbedarf reduzieren.

▶ „In Ihrer Branche finanzieren wir keine Gründungen, weil es da zu viele Insolvenzen gibt."

Das bekommen häufig Gründer zu hören, die sich in der Gastronomie, im Einzelhandel mit einfachen Dienstleistungen selbstständig machen wollen. Hebt sich Ihr Konzept nicht signifikant von den „Problemkindern" der Branche ab, sollte Ihnen diese Aussage als Warnung dienen. Wenn Sie jedoch ein eigenständiges Konzept mit besonderem Kundennutzen entwickelt haben, sollten Sie an dieser Stelle dem Bankberater detailliert und verständlich erklären, warum Sie bessere Überlebenschancen haben als das Gros der Konkurrenten.

▶ „Das Konzept wäre zwar tragfähig, aber wir brauchen mehr Sicherheiten. Bringen Sie uns jemanden, der für Ihre Kredite bürgt."

Bevor Sie Freunde oder Verwandte in das Kreditrisiko Ihrer Existenzgründung hineinziehen,

sollten Sie versuchen, Ihre Finanzierung über die für Ihr Bundesland zuständige Bürgschaftsbank absichern zu lassen. Wenn Ihr Vorhaben wirtschaftlichen Erfolg verheißt und die Bank nur das Problem der nicht ausreichenden Kreditsicherheiten sieht, dürfte es nicht schwierig sein, die Bürgschaftsbank mit ins Boot zu holen.

▶ „Wir finanzieren Ihre Gründung nur, wenn Sie gleichzeitig die XY-Krankenversicherung und die ABC-Altersvorsorge bei uns abschließen."

Herzlichen Glückwunsch: Ihr Finanzierungskonzept scheint sogar dann noch tragfähig zu sein, wenn Sie viel Geld für wahrscheinlich überteuerte Finanzprodukte ausgeben, die der Produktivität Ihres Unternehmens nicht zugutekommen. In diesem Fall sollten Sie auf keinen Fall Versicherungs- oder Sparverträge unterschreiben. Mit hoher Wahrscheinlichkeit werden Sie ein Geldinstitut finden, das die Gründungsfinanzierung nicht vom Abschluss weiterer Finanzdienstleistungen abhängig macht.

MIKRO- UND PRIVATKREDITE BEI KLEINGRÜNDUNGEN

Eigentlich paradox: Wenn Sie nur wenig Geld brauchen, werden Sie von der Bank oft weitaus unfreundlicher behandelt, als wenn Sie viel Geld benötigen. Bereits auf den vorhergehenden Seiten haben wir einige Gründe dafür genannt, dass den Banken die Vergabe von Kleinkrediten für Existenzgründer keinen Spaß macht. In diese Kategorie fallen oft Existenzgründer, die weniger als 10 000 Euro als externe Starthilfe benötigen.

Die scheinbar naheliegende Alternative, einen zinsgünstigen Ratenkredit für Privatkunden abzuschließen, funktioniert in vielen Fällen nicht. Für den Kreditantrag müssen Sie nämlich Gehaltsabrechnungen einreichen – und die haben Sie als Selbstständiger nicht mehr. Manchmal kann der Umweg über den Ehe- oder Lebenspartner infrage kommen, sofern dieser als Arbeitnehmer ein festes und ausreichend hohes Gehalt vorweisen kann. Dann kann der Partner einen Ratenkredit aufnehmen und Ihnen wiederum das Geld ausleihen.

Doch häufig scheidet diese Alternative aus, und Sie stehen vor der Frage, wer Ihnen Geld für den Start in die Selbstständigkeit leihen kann und will. Mikrokredite oder private Darlehen aus dem Verwandten- oder Freundeskreis können helfen, die temporäre Finanzlücke zu schließen.

Mikrokredite

Der Begriff des Mikrokredits wurde in der Entwicklungshilfe geprägt, als in Schwellen- und Entwicklungsländern vor allem lokal ansässige gemeinnützige Organisationen und Banken damit begannen, Kleinbauern und Handwerker mit kleinen Krediten zu unterstützen. Weil die Kreditsumme umgerechnet meist weit unter 1 000 Euro liegt, spricht man in diesem Zusammenhang von Mikrokrediten. Aufgrund der höheren Lebenshaltungskosten und des größeren Investitionsbedarfs zählen in Deutschland Existenzgründer- und Unternehmerkredite, die je nach Definition weniger als 10 000 bis 25 000 Euro betragen, zu den Mikrokrediten.

Weil es sich bei den Kreditsuchenden häufig um Existenzgründer mit geringem Kapitalvermögen handelt und meistens keine größeren Investitionen, sondern Anlaufkosten und Warenlager zu finanzieren sind, spielen Kreditsicherheiten wie beispielsweise Sicherungsübereignung oder Grundschulden in diesem Finanzierungssegment praktisch keine Rolle. Wenn Sicherheiten verlangt werden, geschieht dies in aller Regel in Form von Bürgschaften aus dem Verwandten- oder Freundeskreis. Da sich die Bürgschaften auf kleine Finanzierungssummen beziehen, bleibt bei solchen Krediten das wirtschaftliche Risiko für den Bürgen überschaubar.

Die Anbieter von Mikrokrediten sind in Deutschland eher dünn gesät. Ein großer Teil der Kleinkredite wird von der genossenschaftlichen GLS Bank ausgereicht, die in Kooperation mit der Bundesregierung den „Mikrokreditfonds Deutschland" betreibt. Dazu kommen weitere Angebote von regionalen Förderbanken wie beispielsweise der Sächsischen Aufbaubank und vereinzelter privatwirtschaftlicher Kreditinstitute. Die Beratung erfolgt durch akkreditierte Gründungsberater, die sich auf die Finanzierungen von Kleingründungen spezialisiert haben.

 DAS DEUTSCHE MIKROFINANZ INSTITUT

Die Anbieter von Mikrokrediten sowie die dazugehörigen Beratungsorganisationen haben sich im Deutschen Mikrofinanz Institut e. V. (DMI) zusammengeschlossen.

Auf der Internetseite des DMI erhalten Sie sowohl grundlegende Informationen zur Vergabe von Mikrokrediten und den Konditionen wie auch die Kontaktdaten der Ansprechpartner, bei denen Sie einen Kreditantrag stellen können. Sie finden die Internetseite des DMI unter mikrofinanz.net.

Privatkredite

Bei kleinen Finanzierungssummen kann unter Umständen auch ein Privatkredit aus dem Verwandten- oder Freundeskreis infrage kommen. Vor allem bei jungen Existenzgründern springen in solchen Fällen häufig die Eltern oder andere nahe Verwandte als Kreditgeber ein. Für den privaten Kreditgeber bedeutet das, dass er – anders als bei einer Bürgschaft – für sein finanzielles Engagement direkt vom Kreditnehmer Zinsen erhält. Allerdings werden vor allem im engen Verwandtenkreis Kleinkredite oftmals zu weitaus niedrigeren Zinsen vergeben, als es bei Bankkrediten üblich ist. Eltern oder andere Förderer verzichten vielleicht sogar komplett auf Zinsen. Damit kann der Existenzgründer in der Anlaufphase Finanzierungskosten sparen.

Um das Risiko von Konflikten möglichst gering zu halten, empfiehlt es sich, die Modalitäten des Kredits in einem richtigen Kreditvertrag festzuhalten (siehe Muster-Kreditvertrag, rechts). Das bietet dem Kreditgeber Rechtssicherheit, falls der Kreditnehmer mit seinen Zahlungen in Verzug kommt. Er kann dann bei unpünktlichen Rückzahlungen vom Kreditnehmer zusätzliche Verzugszinsen einfordern. Sollte es hart auf hart kommen, kann der Kreditgeber beispielsweise bei der Einleitung eines Zwangsvollstreckungs- oder Insolvenzverfah-

rens das Bestehen seiner Forderung hieb- und stichfest nachweisen.

Ihnen als Kreditnehmer bietet das den Vorteil, dass Sie die Zinsen als betrieblichen Aufwand steuerlich geltend machen können. Das bedeutet allerdings auch, dass auf der anderen Seite der private Kreditgeber die Zinseinnahmen stets versteuern muss, sofern sie seinen Sparerpauschbetrag von 801 Euro im Jahr überschreiten.

Bei der Ermittlung der Rückzahlungsrate ist zu berücksichtigen, dass die Zinsen jeweils auf die verbliebene Restschuld angerechnet werden. Haben Sie beispielsweise einen Kredit über 5000 Euro zu 5 Prozent Jahreszins aufgenommen, zahlen Sie am Ende des ersten Jahres 250 Euro Zinsen. Wenn Sie gleichzeitig eine Tilgung von 1000 Euro leisten, beziehen sich die Zinsen im zweiten Jahr auf die Restschuld von 4000 Euro, sodass sich Ihr Zinsaufwand auf 200 Euro reduziert.

Wird die Rückzahlung auf Basis einer konstanten Tilgung in Form von Jahresraten berechnet, lassen sich Zins und Tilgung einfach in Eigenregie errechnen. Schwieriger wird es, wenn Sie vereinbaren, den Kredit wie einen Annuitätenkredit mit gleichbleibender Monats- oder Quartalsrate zurückzuzahlen (siehe „Annuitätendarlehen", S. 68). Für die Berechnung eines solchen Kredits verwenden Sie am besten einen Online-Kreditrechner, bei dem Sie Kreditsumme, Zins und Laufzeit frei eingeben können. Einen solchen Online-Rechner finden Sie beispielsweise unter zinsen-berechnen.de.

Mustervertrag für einen privaten Existenzgründerkredit

Zwischen
Georg Geber, Hauptstraße 10, 12345 Musterstadt
(im weiteren Vertragstext als Kreditgeber bezeichnet)
und
Norbert Nehmer, Hauptstraße 20, 12345 Musterstadt
(im weiteren Vertragstext als Kreditnehmer bezeichnet)
wird folgender Kreditvertrag geschlossen:

§ 1 – Kreditbetrag und Auszahlung
Der Kreditgeber gewährt dem Kreditnehmer einen Kredit über 5000 Euro. Die Auszahlung erfolgt am 01.10.2020 auf das Girokonto des Kreditnehmers.

§ 2 – Verwendungszweck
Anlauffinanzierung für die Existenzgründung als selbstständiger Grafikdesigner und Illustrator.

§ 3 – Zinsen
Der jährliche Sollzinssatz beträgt 5 % und bleibt über die gesamte Laufzeit unverändert.

§ 4 – Zins- und Tilgungszahlung
Die Tilgung erfolgt ab dem 01.10.2021 in fünf jährlich gleichbleibenden Raten zu 1000 Euro, die jeweils am 01.10. eines jeden Jahres zu leisten sind.
Die Zahlung der Zinsen erfolgt jährlich nachschüssig zum 01.10. eines jeden Kalenderjahres.
Die Zahlungen sind auf das Girokonto des Kreditgebers zu leisten. Der Kreditnehmer erhält eine jährliche Abrechnung über die Zahlung von Zins und Tilgung.

§ 5 – Kreditkündigung und Verzugszinsen
Der Kreditnehmer ist berechtigt, jeweils zum 01.10. eines jeden Kalenderjahres mit einer Frist von 14 Tagen den Kreditvertrag zu kündigen und die gesamte Restschuld nebst Zinsen zurückzuzahlen. Befindet sich der Kreditnehmer mit der Zins- oder Tilgungszahlung mehr als 3 Monate im Verzug, kann der Kreditgeber den Kredit fristlos kündigen und die Tilgung der Restschuld, die Zahlung der Zinsen sowie die aufgelaufenen Verzugszinsen einfordern.
Zur Höhe der Verzugszinsen gelten die gesetzlichen Regelungen.

§ 6 – Weitere Vereinbarungen
Weitere Vereinbarungen bedürfen der Schriftform.

Musterstadt, den 15.09.2020

....
(Kreditgeber)   (Kreditnehmer)

CROWDFUNDING

Wer benötigt noch eine Bank, wenn es Finanzierungsplattformen im Internet gibt? Diese Frage stellen Enthusiasten, die in den neuartigen Crowdfunding-Finanzierungformen bereits die Wachablösung für den traditionellen Existenzgründerkredit sehen. Doch bei nüchterner Betrachtung zeigt sich ein anderes Bild: Online-Finanzierungen können zwar in bestimmten Fällen den Finanzierungsmix ergänzen, doch massentauglich ist diese Lösung noch lange nicht.

Crowdfunding ist eine Finanzierungsform, die erst vor einigen Jahren in den USA erfunden wurde und kurze Zeit später auch in Europa Einzug gehalten hat. Dreh- und Angelpunkt sind spezielle Plattformen im Internet, auf denen Unternehmer, Künstler oder gemeinnützige Organisationen ihre Projekte vorstellen und um Geld für die Finanzierung werben.

Die Investoren sind keine Banken oder Investmentgesellschaften, sondern überwiegend Privatleute, die mit kleinen Geldbeträgen Projekte fördern, die sie für unterstützenswert halten. Für den finanziellen Erfolg soll die Masse sorgen, so das Kalkül der Plattformbetreiber und Kapitalsuchenden: Wenn sich 10 000 Menschen dazu bewegen lassen, ein Projekt mit jeweils 20 Euro zu unterstützen, kommen am Ende 200 000 Euro heraus.

In welcher Form das Geld den Projekten zugutekommt, hängt sowohl von der Arbeitsweise der Crowdfunding-Plattform wie auch von den Wünschen des Projektbetreibers ab. Gängig sind die folgenden Varianten:

▶ **Spenden.** Außer einem netten Dankesschreiben erhält der Geldgeber bei dieser Spielart in der Regel keine Gegenleistung. Für kommerzielle Projekte ist das Spendensammeln daher wenig erfolgversprechend. Hier tummeln sich eher gemeinnützige und soziale Projektbetreiber sowie Vertreter aus der Kunst- und Kulturszene.

▶ **Vorbestellungen.** Hier können die Geldgeber ein konkretes Produkt vorbestellen, das jedoch einige Wochen oder Monate vor der Auslieferung bezahlt wird. Diese Form der langfristigen „Vorauskasse" soll es dem Anbieter ermöglichen, die Herstellungskosten für seine Produkte vorzufinanzieren. Häufig genutzt wird diese Variante des Crowdfunding etwa von Musikern für die Vorfinanzierung neuer Alben, von Autoren für die Buchfinanzierung, von Softwareentwicklern sowie von Firmen, die neue Produktideen auf ihre Akzeptanz am Markt testen wollen.

▶ **Kreditfinanzierung.** Diese Variante wird auch als „Crowdinvesting" bezeichnet. Die Investoren vergeben mit ihrem Investment einen Kredit an Unternehmen. Häufig handelt es sich dabei um stille Beteiligungen oder nachrangige Kredite, die im Fall einer Insolvenz erst bedient werden, wenn alle anderen Gläubiger ihr Geld bekommen haben. Ein Teil der Verzinsung ist oft von der Höhe des Unternehmensgewinns abhängig. Die Kredite haben meist eine Laufzeit von mehreren Jahren.

Üblicherweise gilt die Regel: Behalten dürfen Sie das Geld nur, wenn innerhalb eines bestimmten Zeitraums genügend Kapital zusammenkommt. Die Schwelle hierfür legen Sie fest, wenn Sie die Crowdfunding-Kampagne starten. Wird dieses Limit überschritten, können Sie loslegen und müssen im Anschluss daran auch Ihre Versprechungen wie beispielsweise die Produktlieferung oder die Zins- und Tilgungszahlung einhalten.

Falls hingegen die Schwelle nicht erreicht wird, zahlt der Plattformbetreiber die bereits eingegangenen Beträge wieder an die Crowdfunding-Investoren zurück, und Sie können Ihr Projekt nicht verwirklichen.

Auch wenn immer wieder eindrucksvolle Geschichten von Crowdfunding-Finanzierungen die Runde machen, bleibt diese Form der Finanzierung bislang noch ein – wenn auch stark wachsendes – Nischenphänomen. Am besten sind die Erfolgsaussichten für Anbieter von kreativen Ideen, die international vermarktet werden können. Auf diese Weise lassen sich dann auch die bereits weiter entwickelten Crowdfunding-Märkte in den USA anzapfen. Crowdfunding bringt immer die Unwägbarkeit mit sich, dass sich nicht genügend Unterstützer für Ihr Projekt finden und Sie die Umsetzung nicht realisieren können. In diesem Fall ist dann der Aufwand, den Sie bereits in die Vorarbeiten und die Projektpräsentation gesteckt haben, vergebens.

Einen Überblick über die wichtigsten deutschen und internationalen Crowdfunding-Plattformen bietet die Tabelle unten. Darüber hinaus tummeln sich noch viele weitere Anbieter am Markt, die teilweise auf ganz bestimmte Segmente wie beispielsweise die Finanzierung

Für eine neuartige Kaffeemaschine, die auch rohe Bohnen röstet, sammelte das Start-up Bonaverde bei Kickstarter umgerechnet etwa 500 000 Euro.

von Computerspielen oder Büchern spezialisiert sind. Aktuelle Informationen und Marktdaten finden Sie im Internet unter anderem beim Crowdfunding-Onlinemagazin unter crowdfunding.de.

Populäre Crowdfunding-Plattformen im Überblick

Name	Internetadresse	Kurzbeschreibung
Companisto	companisto.de	Deutsche Plattform für die Gewinnung von Startup-Investoren
Startnext	startnext.de	Deutsche Plattform; Schwerpunkt ist die Finanzierung von Kreativprojekten und Erfindungen
Vision Bakery	visionbakery.com	Deutsche Plattform mit ähnlicher Ausrichtung wie Startnext
Science Starter	sciencestarter.de	Deutsche Plattform, die sich auf die Finanzierung von wissenschaftlichen Projekten spezialisiert hat
Seedmatch	seedmatch.de	Deutsche Plattform für Crowdinvesting, die Beteiligungen für Start-ups organisiert
Zencap	zencap.de	Deutsche Plattform für die Vermittlung von Krediten von Privatleuten an Unternehmer
Kickstarter	kickstarter.com	International ausgerichtete Plattform mit Sitz in den USA. Kickstarter gilt als Pionier der Branche und ist der weltweit führende Vermittler von Crowdfunding.
Indiegogo	indiegogo.com	Ebenfalls internationale Plattform mit Hauptsitz in Kalifornien, die nach Kickstarter als Nummer 2 der Szene gilt

LEASING: ALTERNATIVE ZUM KREDIT?

Leasing ist nicht nur bei der Autofinanzierung möglich, wo es inzwischen von fast allen Herstellern und Händlern angeboten wird. Auch bei der Finanzierung von technischen Investitionen wie beispielsweise von Produktionsmaschinen oder IT-Netzwerken wird oftmals Leasing als Alternative zur Kreditfinanzierung angeboten.

Der Leasingvertrag ist praktisch eine Kombination aus Mietvertrag und Kaufoption. Das bedeutet: Sie mieten das geleaste Wirtschaftsgut für einen bestimmten Zeitraum. Nach dessen Ablauf übernehmen Sie das Vertragsobjekt entweder – wobei je nach Vertragsgestaltung eine Sonderzahlung anfallen kann –, oder Sie geben es an die Leasinggesellschaft zurück, die es am Gebrauchtmarkt veräußert.

Dennoch sollten Sie den Leasingvertrag nicht mit einem herkömmlichen Mietvertrag verwechseln, denn es gibt in juristischer Hinsicht einige bedeutende Unterschiede. So ist Leasing ein Dreiecksgeschäft zwischen Hersteller beziehungsweise Händler, Leasingnehmer (Nutzer) und Leasinganbieter (Finanzierer).

Ein Beispiel: Sie entscheiden sich dafür, für Ihren Betrieb einen Farbkopierer zu leasen. Sie teilen Ihren Leasingwunsch dem Hersteller oder Händler mit, woraufhin dieser den Kopierer an den Leasinganbieter verkauft und an Sie ausliefert. Sie wiederum überweisen die vereinbarten Raten an den Leasinganbieter. Der Leasinganbieter kann sowohl eine Tochtergesellschaft des Herstellers als auch ein externes Leasingunternehmen sein.

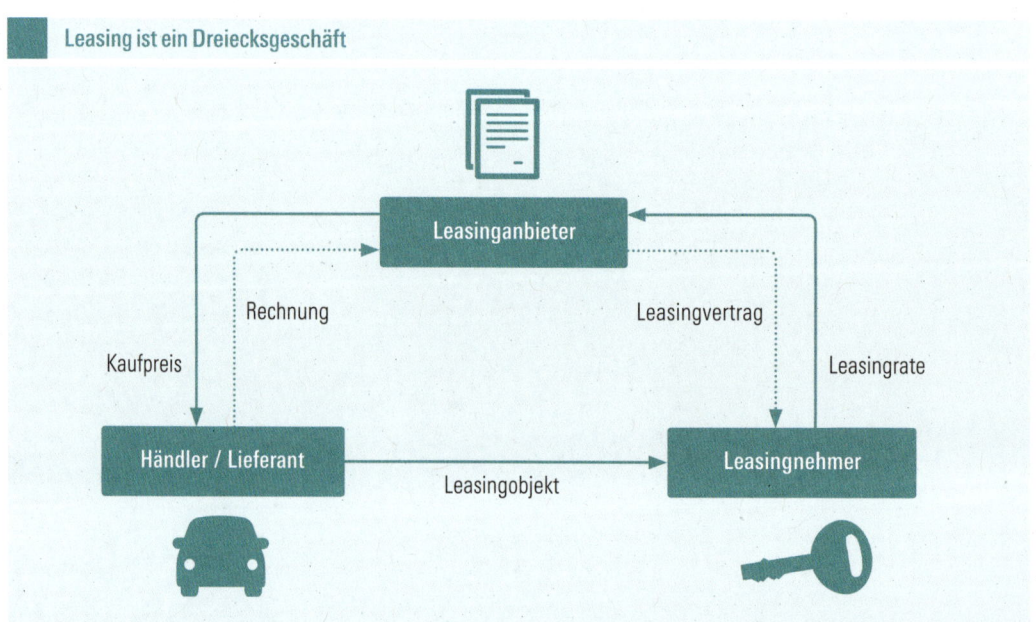

Leasing ist ein Dreiecksgeschäft

Leasinganbieter

Rechnung   Leasingvertrag

Kaufpreis   Leasingrate

Händler / Lieferant   Leasingobjekt   Leasingnehmer

Zu unterscheiden sind beim Leasing Voll- und Teilamortisationsverträge. Wird eine Vollamortisation vereinbart, kann der Leasinggeber durch die Summe aller Leasingraten den kompletten Kaufpreis plus angemessener Zinsen decken. Bei der Teilamortisation müssen Sie am Ende der Laufzeit an die Leasinggesellschaft einen Abschlag – den sogenannten Restwert – zahlen, wenn Sie das Wirtschaftsgut übernehmen wollen. Welche Variante für Sie sinnvoller ist, hängt zum einen von der Vertragslaufzeit und zum anderen von Ihren finanziellen Reserven ab.

Anders als beim klassischen Mietvertrag sind Sie in Haftungsfragen so gestellt, als hätten Sie das Wirtschaftsgut direkt vom Hersteller gekauft. Das bedeutet: Wenn Sie in Ihren gemieteten neu gebauten Büroräumen einen Baumangel entdecken, müssen Sie den Vermieter informieren, der vom Bauträger die Nachbesserung verlangt. Bei Reklamationen an einer geleasten Maschine müssen Sie sich hingegen in der Regel direkt an den Hersteller wenden.

Ähnliche Modalitäten gelten, wenn es um die Gefahr zufälliger Verluste und Beschädigungen geht – landläufig als „höhere Gewalt" bekannt. Beim klassischen Mietvertrag trägt dieses Risiko der Eigentümer, beim Leasingvertrag der Nutzer. Auch dazu ein Beispiel: Wird ein von Ihnen gemieteter Wagen durch Hagel beschädigt, muss der Autovermieter für den Schaden aufkommen. Haben Sie den Wagen geleast, müssen Sie wie beim eigenen Auto die Reparatur entweder selbst bezahlen oder eine entsprechende Teilkasko-Versicherung abgeschlossen haben.

Ein Vorteil des Leasings liegt in der langfristigen Kalkulationssicherheit. So bezahlen Sie über die gesamte Vertragslaufzeit feste Raten, und am Ende können Sie mit einem fix vereinbarten Restwert kalkulieren. Das kann für Sie wichtig werden, wenn Sie Ihr Unternehmen stets auf dem neuesten Stand der Technik halten und nach wenigen Jahren Ihre Maschinen oder IT-Komponenten ersetzen möchten. Beim Leasing tauschen Sie lediglich das alte Gerät gegen das neue ein, während Sie beim Kauf darauf hoffen müssen, dass Sie Ihr altes Gerät zu einem möglichst guten Preis veräußern können.

Leasinganbieter werben häufig damit, dass Sie im Gegensatz zu einer Kreditfinanzierung mit Leasing ohne Eigenkapital finanzieren können. Die Kredit-Vollfinanzierung von Investitionen ermöglicht die Bank in aller Regel nur, wenn Sie zusätzliche Sicherheiten wie Bürgschaften oder Grundschulden zur Verfügung stellen können – und diese schränken Ihren finanziellen Spielraum ebenso ein, wie wenn Sie von vornherein eine Kreditfinanzierung plus Eigenkapital wählen würden.

Doch Vorsicht: Dieser Fakt sollte Sie nicht zu der Annahme verleiten, dass Sie immer dann auf Leasing zurückgreifen können, wenn Sie von keiner Bank mehr Geld bekommen! Auch Leasinggesellschaften prüfen die Bonität ihrer Kunden sehr genau und schließen nur Verträge ab, wenn sie sicher sein können, dass sich der Leasingnehmer die Anschaffung leisten kann.

Aber eine Leasingfinanzierung ermöglicht es Ihnen beispielsweise,

▶ die Geldreserve für finanzielle Engpässe oder unvorhergesehene Ausgaben unangetastet zu lassen oder

▶ mehr Eigenkapital in andere Investitionsvorhaben einzubringen.

Allerdings sollten Sie bei Ihrer Entscheidung zwischen Bankkredit und Leasing auch die Nachteile des Leasings nicht außer Acht lassen. Die folgenden Eigenschaften von Leasingverträgen können sich negativ auf Ihr Unternehmen auswirken:

▶ **Finanzierungskosten.** Leasing kostet über die Gesamtlaufzeit häufig deutlich mehr als ein Bankkredit – vor allem dann, wenn Sie aufgrund einer guten Einstufung Ihrer Kreditwürdigkeit für einen Investitionskredit günstige Zinsen erhalten können.

▶ **Zusatzkosten.** Häufig verlangen Leasinganbieter, dass der Leasingnehmer die Investitionsgüter versichert. Das führt zu zusätzlichem Kostenaufwand.

▶ **Mängel bei der Rückgabe.** Wenn Sie das Investitionsgut am Ende der Leasingzeit zurückgeben, muss es in einwandfreiem Zustand sein. Sowohl kleine Beschädigungen wie auch fehlende Bedienungsanleitungen bei Maschinen oder IT-Komponenten können Nachforderungen des Leasinganbieters auslösen.

▶ **Starre Verträge.** Leasingverträge können zumeist nicht vorzeitig gekündigt werden. Damit binden Sie sich über Jahre hinweg an einen fixen Kostenblock – und der kann schnell zum Klotz am Bein werden, wenn die Geschäfte nicht so gut laufen wie erhofft.

Lassen Sie sich immer die Gesamtkosten ausrechnen. Leasinganbieter stellen in ihrer Werbung gerne niedrige Monatsraten in den Mittelpunkt. Das lässt ihr Angebot im Vergleich zum Bankkredit günstig erscheinen. Doch Sie sollten nicht nur die laufenden Leasingraten, sondern auch Sonderzahlungen am Beginn sowie die Kalkulation des Restwertes in den Vergleich mit einbeziehen. Beim Restwert gilt, dass Sie diesen Betrag am Ende der Leasingperiode bezahlen müssen, um das Wirtschaftsgut behalten zu dürfen – damit entspricht dieser Betrag einer Restschuld am Ende einer Kreditfinanzierung.

Das nachfolgende Beispiel zeigt Ihnen, wie Sie Leasing mit einer Kreditfinanzierung vergleichen können.

Leasingangebot

Neuwert der Maschine	70 000 €
Laufzeit des Leasingvertrags	60 Monate
Monatliche Leasingrate	1 250 €
Kalkulierter Restwert	**7 000 €**

Um den Leasingvertrag – in diesem Beispiel ohne Anzahlung – mit einer Kreditfinanzierung zu vergleichen, müssen Sie den Zins ermitteln, der in den Leasingraten erhalten ist. Der Neuwert verkörpert in diesem Fall die Kreditsumme, während die monatliche Leasingrate der Rückzahlungsrate eines vergleichbaren Kredits entspricht. Der im Leasingvertrag aufgeführte Restwert entspricht in wirtschaftlicher Hinsicht der Restschuld am Laufzeitende des Vergleichskredits, denn in beiden Fällen müssen Sie nach 60 Monaten diese Summe zahlen, um das Wirtschaftsgut schuldenfrei zu übernehmen. Anhand dieser Daten können Sie über einen Online-Zinsrechner den Zinssatz für den Vergleichskredit ermitteln.

Kreditfinanzierung

Kreditaufnahme beim Kauf	70 000 €
Laufzeit des Kredits	60 Monate
Monatliche Kreditrate	1 250 €
Restschuld am Ende der Laufzeit	**7 000 €**
Effektiver Jahreszins	6,08 %

RECHTSFORMEN

DIE RECHTSFORM SORG-FÄLTIG AUSWÄHLEN

Die Existenzgründung gleicht einem Puzzle, dessen einzelne Teile – Geschäftsidee, Rechtsform, Finanzierung und Marketingstrategie – optimal zusammenpassen sollten. Daher sollten Sie auch die Wahl der Rechtsform nicht einfach dem Zufall überlassen, sondern diese möglichst gut auf Ihr Gründungsvorhaben abstimmen.

Fakt ist: Die optimale Rechtsform, die für alle Existenzgründer gleichermaßen gut geeignet ist, gibt es nicht. Jede Rechtsform hat ihre Vorzüge und Nachteile, und es liegt an Ihnen zu entscheiden, wo Ihre Prioritäten liegen.

Zu den wichtigsten Gesichtspunkten bei diesen Überlegungen zählen unter anderem die Fragen,

▶ in welcher Branche Sie sich selbstständig machen,

▶ wie viel Eigenkapital Sie in Ihr Gründungsvorhaben investieren können,

▶ wie stark Sie die betriebliche Haftung von Ihrem privaten Vermögen trennen wollen,

▶ wie groß Ihr Unternehmen bei der Gründung ist und welches Wachstum Sie planen,

▶ wie viel Geld und Aufwand für die Gründung sowie für die laufende Buchführung und das Erstellen der Jahresabschlüsse anfallen sollen,

▶ ob Sie alleine oder zusammen mit weiteren Partnern starten und

▶ ob Sie bei der Gründung oder zu einem späteren Zeitpunkt externe Kapitalgeber mit ins Boot holen möchten.

Die Wahl der Rechtsform sollte immer langfristig angelegt sein, weil mit jeder Änderung hohe Kosten auf Sie zukommen: Sie müssen Eintragungen im Handelsregister ändern lassen, neue Verträge für die Teilhaber aufsetzen und diese je nach Rechtsform von einem Notar beglaubigen lassen sowie Ihre Briefbögen, Broschüren, Visitenkarten und Webseiten entsprechend ändern.

In Deutschland gibt es eine Vielzahl an möglichen Rechtsformen, wobei ein großer Teil von ihnen eine Mischform aus den „Kernvarianten" darstellt. So gibt es beispielsweise Aktiengesellschaften (AG) und Kommanditgesellschaften (KG) als Basisformen, jedoch ist auch die Firmierung als Kommanditgesellschaft auf Aktien (KGaA) möglich. Solche Varianten sind aber eher exotisch und haben insbesondere für Existenzgründer wenig praktische Bedeutung. Daher konzentrieren sich die nachfolgenden Erläuterungen auf die Rechtsformen, die bei Unternehmensgründungen in der Praxis relevant sind.

Je nach Unternehmensgröße sind unterschiedliche Rechtsformen beliebt

	Anzahl der Mitarbeiter			
	bis 9	10–49	50–249	ab 250
Gesamtanzahl	3 109 261	293 610	63 928	15 061
davon Einzelunternehmer	67,0 %	21,7 %	3,8 %	0,5 %
davon Personengesellschaften (z.B. OHG, KG)	10,4 %	18,4 %	20,2 %	19,1 %
davon Kapitalgesellschaften (z.B. GmbH, AG)	16,7 %	50,8 %	64,9 %	64,4 %
sonstige Rechtsformen	5,9 %	9,1 %	11,1 %	16,0 %

Quelle: Statistisches Bundesamt, Stand 2017

Der grundlegende Unterschied: natürliche oder juristische Person?

Über die Unterschiede zwischen juristischen und natürlichen Personen gibt es ausführliche Abhandlungen – doch an dieser Stelle sollten eher die praktischen Überlegungen als die theoretischen Feinheiten im Vordergrund stehen. Sie sollten in groben Zügen wissen, welche Rechtsformen den juristischen und welche den natürlichen Personen zuzurechnen sind und welche Konsequenzen sich daraus für Sie als Existenzgründer ergeben.

Natürliche Personen sind alle Menschen, die Rechtsgeschäfte durchführen. Dazu zählen auch diejenigen, die unternehmerisch tätig sind. Als Unternehmer kaufen Sie Waren, schließen Verträge mit Geschäftspartnern ab und kommen Ihren Verpflichtungen gegenüber dem Finanzamt und anderen Behörden nach. Wenn Sie als natürliche Person firmieren, sind Sie für all dies höchstpersönlich verantwortlich.

Beispiel: Carl B. hat sich als Einzelunternehmer mit einer Biotechnologiefirma selbstständig gemacht. Allerdings hat er bei der Entwicklung seiner Produkte die Patentrechte eines anderen Unternehmens verletzt. Dieses verklagt ihn nun auf Schadenersatz. In dem Rechtsstreit ist es nicht von Bedeutung, ob er die Schadenersatzsumme aus seinem betrieblichen oder privaten Vermögen zahlt. Weil er als Unternehmer in Form einer natürlichen Person für seine privaten und betrieblichen Handlungen in gleicher Weise verantwortlich ist, muss er den Schadenersatz aus seinen privaten Ersparnissen zahlen, wenn dafür die Vermögenswerte seines Unternehmens nicht ausreichen.

Wenn sich mehrere Personen zusammenschließen, um ein Unternehmen zu gründen, kann auch dies in Form einer Personengesellschaft geschehen. Hier stehen dann die natürlichen Personen im Vordergrund: Die Teilhaber führen die Geschäfte und haften im Ernstfall mit ihrem gesamten Privatvermögen für die Schulden und Verpflichtungen des Unternehmens. Ausnahme ist lediglich die Kommanditgesellschaft (KG), bei der die Haftung der Kommanditisten auf deren Einlage beschränkt ist.

Den natürlichen Personen sind die folgenden Unternehmensformen zuzurechnen:

▶ Einzelunternehmer,
▶ Gesellschaft bürgerlichen Rechts (GbR),
▶ freiberufliche Partnerschaftsgesellschaft,
▶ Offene Handelsgesellschaft (OHG) und
▶ Kommanditgesellschaft (KG).

Die OHG und KG weisen auch einige Eigenschaften von juristischen Personen auf, sind jedoch im Kern auf den Zusammenschluss der natürlichen Personen ausgerichtet.

Nun zu den juristischen Personen: Darunter versteht man in Deutschland Unternehmen, die aufgrund ihres eigenen Kapitals und des Eintrags in das Handelsregister selbst Träger von Rechten und Pflichten sind. Diese Unternehmen werden auch als Kapitalgesellschaften bezeichnet. Das klingt recht kompliziert, läuft aber letztlich darauf hinaus, dass das Unternehmen selbst von der Person des Unternehmers abgekoppelt wird.

In der Praxis wird dies in erster Linie dann relevant, wenn es um Ansprüche aus Forderungen oder Krediten geht. Wenn Sie beispielsweise eine offene Forderung gegen einen Unternehmer haben, der als natürliche Person firmiert, können Sie im Fall der Zahlungsunfähigkeit sein Privatvermögen pfänden lassen. Ist Ihr Kunde hingegen eine juristische Person wie etwa eine GmbH, dann können Sie bei einer Insolvenz der GmbH weder von den Anteilseignern des Unternehmens noch vom Geschäftsführer verlangen, dass Ihre offene Rechnung aus deren Privatvermögen beglichen wird.

Weil die juristische Person ausschließlich auf dem Papier existiert, braucht sie immer einen Menschen, der in ihrem Namen die Rechtsgeschäfte durchführt. Das ist bei der GmbH der Geschäftsführer oder bei anderen juristischen Personen der Vorstand.

Als juristische Personen gelten insbesondere die folgenden Rechtsformen:

▶ Gesellschaft mit beschränkter Haftung (GmbH),
▶ Unternehmergesellschaft (haftungsbeschränkt),
▶ Aktiengesellschaft (AG) und
▶ eingetragene Genossenschaft (eG).

FREIBERUFLER ODER GEWERBETREIBENDER?

Vor dem Einstieg in die einzelnen Rechtsformen sollten Sie noch die Unterschiede zwischen Gewerbetreibenden und Angehörigen der freien Berufe kennen. Dies hat weitreichende Auswirkungen auf die Frage, in welches juristische Gewand Sie Ihr Unternehmen kleiden können. Zudem genießen Freiberufler einige Vorteile gegenüber Gewerbetreibenden. Zu welcher Gruppe Sie gehören, hängt sowohl von Ihrer beruflichen Qualifikation wie auch von der Art der tatsächlich ausgeübten Tätigkeit ab.

Der Gesetzgeber definiert die freiberufliche Tätigkeit in § 18 des Einkommensteuergesetzes (EStG) wie folgt:

„Zu der freiberuflichen Tätigkeit gehören die selbständig ausgeübte wissenschaftliche, künstlerische, schriftstellerische, unterrichtende oder erzieherische Tätigkeit, die selbständige Berufstätigkeit der Ärzte, Zahnärzte, Tierärzte, Rechtsanwälte, Notare, Patentanwälte, Vermessungsingenieure, Ingenieure, Architekten, Handelschemiker, Wirtschaftsprüfer, Steuerberater, beratenden Volks- und Betriebswirte, vereidigten Buchprüfer, Steuerbevollmächtigten, Heilpraktiker, Dentisten, Krankengymnasten, Journalisten, Bildberichterstatter, Dolmetscher, Übersetzer, Lotsen und ähnlicher Berufe. Ein Angehöriger eines freien Berufs (...) ist auch dann freiberuflich tätig, wenn er sich der Mithilfe fachlich vorgebildeter Arbeitskräfte bedient; Voraussetzung ist, dass er auf Grund eigener Fachkenntnisse leitend und eigenverantwortlich tätig wird."

Diese ausdrücklich genannten Berufe werden als Katalogberufe bezeichnet. Darüber hinaus gibt es jedoch auch Tätigkeiten, die nicht hundertprozentig mit den Katalogberufen übereinstimmen, ihnen jedoch sehr ähnlich sind. So gibt es beispielsweise viele Journalisten, die nicht nur für Zeitungen oder Magazine schreiben, sondern auch für Unternehmen Pressetexte oder Beiträge für deren Kundenmagazine verfassen. In solchen Fällen geht das Finanzamt – denn dieses entscheidet über die Einstufung als Freiberufler oder Gewerbetreibender – in aller Regel von einer freiberuflichen Tätigkeit aus.

Schwieriger wird es, wenn Ihr Berufsbild in den Katalogberufen nicht aufgeführt ist. Dann schaut das Finanzamt genau hin, was Sie in der betrieblichen Praxis machen. Im Mittelpunkt stehen dabei die folgenden Fragen:

► Erbringt der Unternehmer ausschließlich individuelle Dienstleistungen und verzichtet er auf Handel und Serienproduktion?
► Ist für die Tätigkeit eine Hochschulausbildung erforderlich beziehungsweise ist sie als künstlerische Tätigkeit einzuordnen?
► Erzielt der Unternehmer seinen Ertrag ausschließlich aus seiner persönlichen Leistung und nicht aus Handelsspannen oder Provisionen?

Wenn Sie eine dieser drei Fragen mit „Nein" beantworten müssen, haben Sie wahrscheinlich keine Chance, als Freiberufler anerkannt zu werden. Dies kann Ihnen sogar dann passieren, wenn Ihr erlernter Beruf zu den Katalogberufen zählt.

Beispiel: Sie sind Steuerberater und haben zusammen mit einem Programmierer eine besonders einfach zu bedienende Buchhaltungssoftware entwickelt. Wenn Sie sich mit dieser Geschäftsidee selbstständig machen und dabei die Entwicklung und der Vertrieb Ihrer Software im Mittelpunkt stehen, sind Sie nicht mehr als freiberuflicher Steuerberater tätig, sondern betreiben ein Gewerbe.

Je nach Berufsrecht kommt zwar auch die Gründung einer Kapitalgesellschaft in Form einer GmbH oder AG für Freiberufler in Betracht. Mit diesen Rechtsformen erzielen Sie jedoch gesetzlich zwingend vorgeschrieben Erträge aus einem Gewerbebetrieb. Die klassischen Rechtsformen, die für Freiberufler geeignet sind, sind somit der Einzelunternehmer beziehungsweise bei einer gemeinschaftlichen Gründung die Gesellschaft bürgerlichen Rechts oder die speziell für Freiberufler geeignete Partnerschaftsgesellschaft.

Freiberufler genießen Privilegien

Wenn Sie sich als Freiberufler anstatt als Gewerbetreibender selbstständig machen, können Sie von einigen Vorteilen profitieren. Zwar müssen Sie wie andere Selbstständige auch Ihre Gewinne versteuern, doch vor allem der organisatorische Aufwand für das Erfüllen der Pflichten gegenüber dem Finanzamt ist für Freiberufler deutlich geringer. Dazu kommen auch handfeste Einsparungen.

Konkret bedeutet dies zunächst für Sie, dass Sie als Freiberufler kein Gewerbe anmelden müssen, sodass Ihnen bei der Gründung dieser Behördengang erspart wird. Es genügt, wenn Sie das Finanzamt über die Aufnahme Ihrer freiberuflichen Tätigkeit informieren und je nach ausgeübtem Beruf die Anzeigepflichten Ihres Berufsverbands einhalten.

Wenn Sie einer künstlerischen Tätigkeit nachgehen, sollten Sie sich zudem bei der Künstlersozialkasse für die Kranken-, Pflege- und Rentenversicherung anmelden. Weitere Sonderregelungen bei der Altersvorsorge gelten für einige kammerpflichtige freie Berufe wie Ärzte, Rechtsanwälte oder Architekten, die als Selbstständige über eigene Versorgungswerke rentenversichert sind. Mehr hierzu erfahren Sie in den Kapiteln „Risiken absichern", S. 203 und „Fürs Alter vorsorgen", S. 225.

Ein weiterer Vorteil für Freiberufler liegt darin, dass sie nicht zwangsweise Mitglied der regional zuständigen Industrie- und Handels-

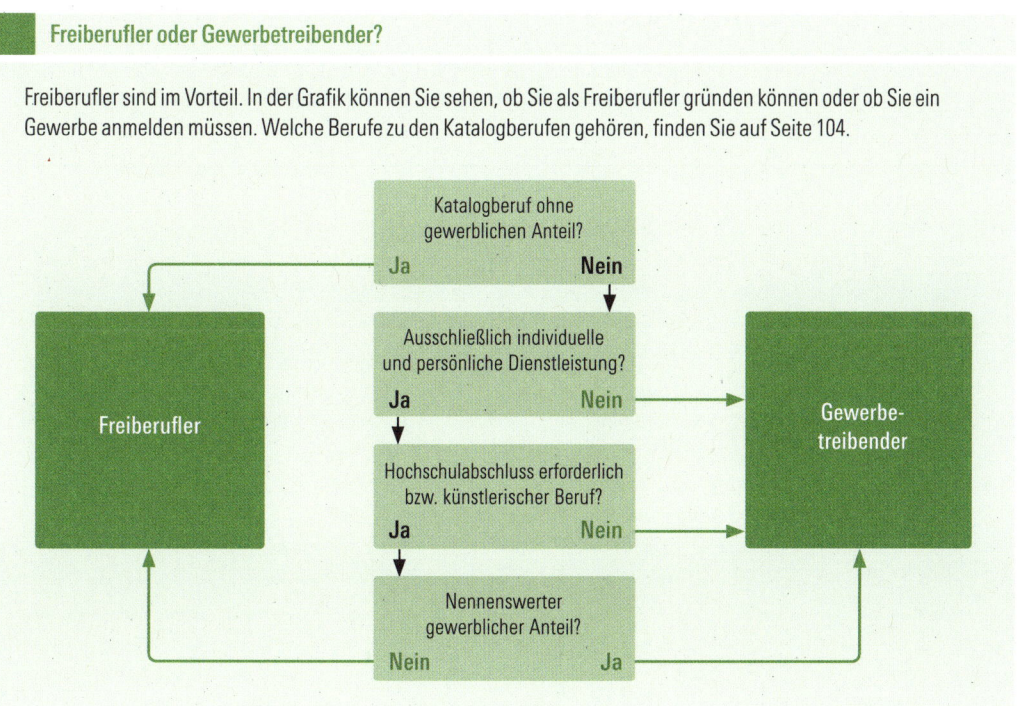

Freiberufler oder Gewerbetreibender?

Freiberufler sind im Vorteil. In der Grafik können Sie sehen, ob Sie als Freiberufler gründen können oder ob Sie ein Gewerbe anmelden müssen. Welche Berufe zu den Katalogberufen gehören, finden Sie auf Seite 104.

kammer (IHK) werden. Zwar gibt es dort generell für Existenzgründer befristete Beitragsbefreiungen, doch beim Erreichen höherer Umsätze und Gewinne kann die Beitragshöhe nach einigen Jahren je nach Region einen hohen dreistelligen Betrag pro Jahr ausmachen.

Gegenüber dem Finanzamt profitieren Sie als Freiberufler davon, dass Sie keine Gewerbesteuer bezahlen müssen. Dies macht sich dann bemerkbar, wenn Sie steuerpflichtige Erträge erwirtschaften, die höher sind als 24 500 Euro, dem Freibetrag für die Gewerbesteuer.

Darüber hinaus gilt für Freiberufler keine Buchführungspflicht. Das heißt natürlich nicht, dass Sie auf die korrekte Ermittlung Ihres Jahresgewinns komplett verzichten können. Doch im Gegensatz zu buchführungspflichtigen Unternehmen müssen Sie keine Jahresbilanz erstellen und können bei der Ermittlung Ihrer Einnahmen und Aufwendungen statt der aufwendigen „doppelten Buchführung" die vereinfachte Einnahmen-Überschuss-Rechnung (EÜR) einsetzen. Während Gewerbetreibende diese einfachen Buchführungsvarianten nur bis zu einem Umsatz von maximal 500 000 Euro oder einem Jahresgewinn von höchstens 50 000 Euro wählen dürfen, gibt es für Freiberufler keine Einschränkungen. Das spart Ihnen nicht nur Buchhaltungsaufwand, sondern auch Steuerberatungskosten, wenn Sie Ihre Abschlüsse extern erstellen lassen.

INFO

WENN DIE FREIBERUFLICHKEIT ABERKANNT WIRD

Im Rahmen der Betriebsprüfung kontrolliert das Finanzamt, ob Steuerpflichtige noch die Kriterien der Freiberuflichkeit erfüllen. Ist dies nicht mehr der Fall, kann es den Status des Freiberuflers aberkennen – auch rückwirkend. Im schlimmsten Fall heißt das, dass Sie für die letzten sieben Jahre Gewerbesteuer nachzahlen müssen. Daher sollten Sie bei Unsicherheiten oder Veränderungen Ihres beruflichen Schwerpunkts Ihre Tätigkeit dem Finanzamt darlegen und sich – durch eine verbindliche Auskunft – bestätigen lassen, dass der Fiskus Ihren freiberuflichen Status anerkennt.

Partnerschaftsgesellschaft: Rechtsform für das Freiberufler-Team

Speziell für Teamgründungen in den freien Berufen sieht der Gesetzgeber die Partnerschaftsgesellschaft als mögliche Rechtsform vor. Üblicherweise schließen sich dabei Angehörige desselben Berufsstands zusammen, um sich im Bedarfsfall gegenseitig vertreten zu können oder um dank der unterschiedlichen Spezialisierungen der einzelnen Partner den Kunden eine möglichst umfassende Leistungspalette anbieten zu können. So können sich beispielsweise drei Rechtsanwälte in einer Partnerschaftsgesellschaft zusammenschließen, von denen sich jeweils einer auf Arbeitsrecht, Familienrecht und Gesellschaftsrecht spezialisiert hat. Die Partnerschaft mit Angehörigen anderer Berufe ist dagegen nur in dem Umfang möglich, wie es das jeweilige Berufsrecht genehmigt.

Der Partnerschaftsvertrag muss schriftlich abgefasst werden und enthält:

▶ den Namen und den Sitz der Partnerschaft,
▶ den Namen, den Vornamen sowie den in der Partnerschaft ausgeübten Beruf und den Wohnort jedes Partners sowie
▶ den Gegenstand der Partnerschaft.

Ein Notar muss den Vertrag beglaubigen und ihn auf elektronischem Weg in das Partnerschaftsregister eintragen.

Nach außen hin treten die Partner gesamtschuldnerisch auf. Das bedeutet: Jeder einzelne Partner haftet mit seinem Privatvermögen für die gesamten Verbindlichkeiten der Partnerschaftsgesellschaft. Damit ist die Konstruktion mit der Gesellschaft bürgerlichen Rechts (GbR) vergleichbar.

Allerdings gibt es einen wichtigen Unterschied: Während bei der GbR jeder Teilhaber immer für alle mit haftet, gelten bei der freiberuflichen Partnerschaftsgesellschaft Ausnahmen. Ist mit einem bestimmten Mandat nur ein einzelner Partner betraut und entstehen daraus Haftungsansprüche, dann kann nur dieser persönlich mit seinem Privatvermögen in Anspruch genommen werden. Bei dieser „Auftragshaftung" müssen die anderen Partner nicht mit ihren privaten Ersparnissen für die Fehler ihrer Teilhaberkollegen geradestehen.

Welche Rechtsform für wen?

Je nachdem, ob Sie Freiberufler sind oder Gewerbetreibender, und je nachdem, ob Sie alleine gründen oder im Team, stehen Ihnen unterschiedliche Rechtsformen offen. Eine Übersicht über die Vor- und Nachteile der einzelnen Rechtsformen bietet die Tabelle auf Seite 126.

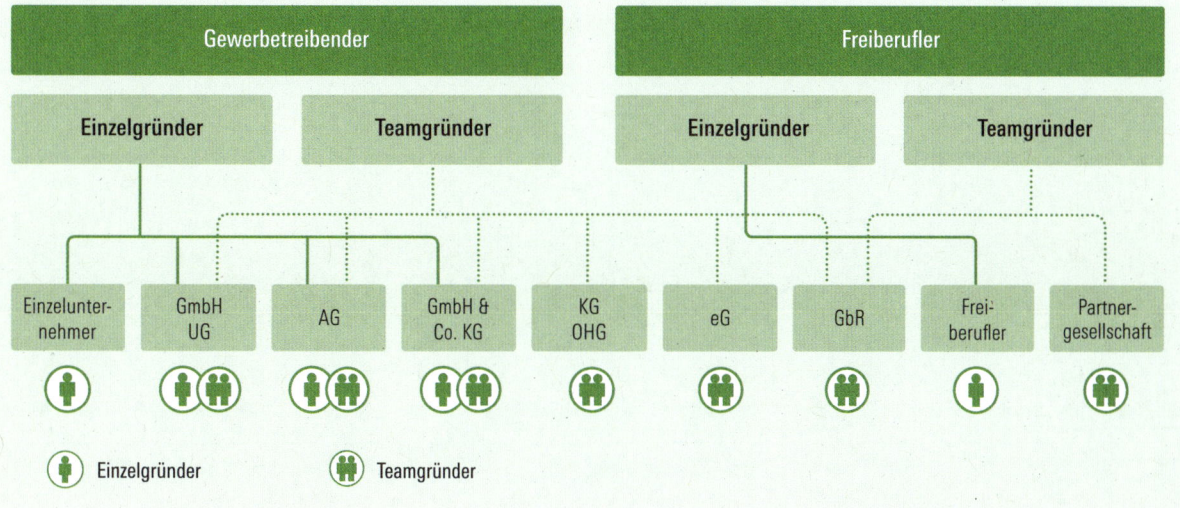

Die Firmierung muss mindestens den Namen eines Partners sowie den Zusatz „und Partner" oder „Partnerschaft" enthalten. Auch die Angabe mehrerer oder aller Partner ist in der Firmierung möglich. Zudem müssen in der Firmierung alle in der Partnerschaftsgesellschaft vertretenen Berufe genannt werden – also etwa „Rechtsanwälte" oder „Architekten".

Seit 2013 wird Freiberuflern als Rechtsform darüber hinaus die Partnerschaft mit beschränkter Berufshaftung (PartGmbB) angeboten. Sie hat den Vorteil einer eingeschränkten Berufshaftpflicht, eine persönliche Haftung für Verbindlichkeiten besteht allerdings trotzdem. Einzelheiten sind bei den zuständigen Kammern zu erfahren.

Die Gewerbeanmeldung

Alle, die sich nicht als Freiberufler selbstständig machen können, müssen für ihr Unternehmen ein Gewerbe anmelden. Diese Verpflichtung greift schon dann, wenn Sie nebenberuflich starten. Ausschlaggebend ist nach der Definition des Gesetzgebers, dass Sie Ihrer Tätigkeit selbstständig und regelmäßig nachgehen und auf Dauer Gewinn erzielen wollen.

Als zuständige Stelle fungiert in aller Regel die Gewerbemeldestelle, die dem Ordnungsamt der Stadtverwaltung angegliedert ist. In vielen Kommunen müssen Sie für die Gewerbeanmeldung persönlich erscheinen und Ihren Personalausweis vorlegen. Manche Verwaltun-

Besondere Regelungen für Ausländer

Wenn Sie Bürger eines ausländischen Staates sind, können bei der Anmeldung einer gewerblichen Tätigkeit besondere Regeln greifen. Angehörige eines EU-Mitgliedstaates unterliegen keinen weitergehenden Beschränkungen als Inländer. Allerdings müssen sie in Deutschland einen Wohnsitz anmelden, wenn sie sich hierzulande im Rahmen der Gewerbeausübung länger als drei Monate aufhalten.

Bürger anderer Staaten müssen eine unbeschränkte Aufenthaltserlaubnis vorlegen, die sie üblicherweise bei der jeweiligen deutschen Botschaft beantragen müssen.

gen bieten diesen Service auch auf schriftlichem Weg oder über das Internet an. Bei einer GmbH ist die Gesellschaft, vertreten durch den Geschäftsführer, anzeigepflichtig.

Zusätzlich zu Ihren persönlichen Daten will die Behörde wissen, welcher Geschäftstätigkeit Sie nachgehen. Deshalb müssen Sie den Zweck Ihres Unternehmens so exakt wie möglich beschreiben. Wenn Sie sich mit einem Online-Shop für PC-Komponenten selbstständig machen, genügt es nicht, in der entsprechenden Rubrik nur den Begriff „Handel" einzutragen. Verkaufen Sie überwiegend an Privatkunden, dann lautet die richtige Bezeichnung „Online-Einzelhandel für Computer-Komponenten und Elektronik". Betreiben Sie hingegen einen Großhandel, der andere Einzelhändler beliefert, müssten Sie sich als „Großhandel für Computer-Komponenten und Elektronik" bezeichnen.

Die detaillierte Angabe Ihrer Tätigkeit wird verlangt, weil das Ordnungsamt prüft, ob Sie einem genehmigungspflichtigen Gewerbe nachgehen. Zwar herrscht in Deutschland grundsätzlich Gewerbefreiheit – aber davon gibt es einige Ausnahmen:

▶ In bestimmten Handwerksberufen dürfen Sie sich nur selbstständig machen, wenn Sie den Meisterbrief vorweisen können und sich in die Handwerkerrolle eintragen lassen (siehe S. 20).

▶ Für die Beförderung von Personen sowie für die Güterbeförderung mit Fahrzeugen mit mehr als 3,5 Tonnen Gesamtgewicht benötigen Sie den erfolgreichen Abschluss von speziellen Fachkundeprüfungen und – sofern Sie selbst fahren – die erforderliche Fahrerlaubnis.

▶ Wenn Sie sich mit einem Unternehmen für Arbeitnehmerüberlassung selbstständig machen, brauchen Sie dafür die Erlaubnis der jeweiligen Regionalagentur der Bundesagentur für Arbeit.

▶ Der Betrieb einer Gaststätte oder eines Beherbergungsbetriebs erfordert den Nachweis der „Gaststättenunterrichtung".

▶ Immobilien- und Versicherungsmakler, Bauträger und Baubetreuer, Unternehmen des Bewachungsgewerbes und Versteigerer brauchen gemäß § 34c der Gewerbeordnung eine ausdrückliche Erlaubnis für das Betreiben ihres Geschäfts.

▶ Für einige spezielle Tätigkeiten gibt es weitere Regularien. Erkundigen Sie sich am besten vor dem offiziellen Start Ihres Unternehmens beim zuständigen Ordnungsamt, um im Bedarfsfall die erforderlichen Prüfungen noch rechtzeitig ablegen zu können.

Die Gewerbemeldestelle informiert weitere Behörden und Organisationen über Ihr Gründungsvorhaben. So erhält das Finanzamt eine Benachrichtigung und wird sich einige Zeit später mit einem Fragebogen für die steuerliche Einordnung Ihrer Tätigkeit an Sie wenden. Darüber hinaus werden die Industrie- und Handelskammer (IHK), bei handwerklichen Gründungen die Handwerkskammer, das Statistische Landesamt und die zuständige Berufsgenossenschaft benachrichtigt.

Wie teuer die Anmeldung des Gewerbes wird, hängt von der Gebührenordnung der zuständigen Kommune ab. Der finanzielle Aufwand hält sich jedoch in Grenzen: Meist liegen die Kosten zwischen 20 und 60 Euro.

EINZELUNTERNEHMER

In vielen Fällen bietet es sich an, als Einzelunternehmer an den Start zu gehen. Denn: Mit dieser Rechtsform ist der geringste Aufwand bei der Gründung verbunden – das gilt sowohl in zeitlicher wie auch in finanzieller Hinsicht. Insbesondere in der Gründungsphase profitieren Sie davon, dass Sie Ihre Pflichten gegenüber dem Finanzamt und anderen Behörden auf recht unkomplizierte Weise erfüllen und Ihre Kosten für die Buchführung und das Erstellen des Jahresabschlusses in Grenzen halten können.

Beim Einzelunternehmer sind in rechtlicher Hinsicht die privaten und geschäftlichen Aktivitäten nicht getrennt – mit wenigen Ausnahmen: Gegenüber dem Finanzamt müssen Sie Ihre betrieblichen und privaten Aufwendungen voneinander abgrenzen, und bei der Haftpflichtversicherung gelten jeweils eigenständige Verträge für die private und für die geschäftliche Absicherung. Für Ihre Verbindlichkeiten haften Sie hingegen mit Ihrem kompletten Privatvermögen mit.

Ein Mindestkapital gibt es bei der Existenzgründung als Einzelunternehmer nicht. Folglich ist es vollkommen unproblematisch, wenn Sie sich beispielsweise als IT-Freelancer selbstständig machen und Ihr „Unternehmenskapital" lediglich aus einem Computer und einigen Softwareprogrammen im Gesamtwert von 2 000 Euro besteht.

Je nach ausgeübtem Beruf legen Sie entweder als Freiberufler los oder melden ein Gewerbe an. Außerhalb der gewerbe- und berufsrechtlichen Regularien gibt es keine weiteren gesetzlichen Einschränkungen, solange Sie

Journalisten machen sich meist als freiberufliche Einzelunternehmer selbstständig.

nicht beispielsweise bei der Gründung eines Ladengeschäfts mit Kundenfrequentierung oder der Einrichtung einer Produktionsstätte mit den entsprechenden baurechtlichen Vorschriften konfrontiert werden.

Der Eintrag ins Handelsregister

Unsicherheit herrscht bei vielen Existenzgründern, wenn es um den Eintrag ihres Betriebs ins Handelsregister geht. Während eine GmbH oder Aktiengesellschaft rechtlich erst nach dem Eintrag im Handelsregister zu existieren beginnt, ist die Eintragungsmöglichkeit bei Einzelunternehmern davon abhängig, ob Sie im handelsrechtlichen Sinne als Kaufmann gelten. Die Grundregel lautet: Wer Kaufmann ist, muss seinen Betrieb ins Handelsregister eintragen lassen.

Dabei geht es nicht um die Frage, ob Sie eine kaufmännische Ausbildung vorzuweisen haben oder ob Sie sich als Händler selbstständig machen. Im Mittelpunkt steht vielmehr die kaufmännische Ausrichtung ihres Geschäftsbetriebs.

Was ist darunter zu verstehen? Kaufmann sind Sie ab dem Moment, in dem Sie kein Kleingewerbe mehr betreiben, sondern gewisse Größenkriterien überschreiten. Das Problem dabei: Der Gesetzgeber gibt keine eindeutigen Grenzen vor, ab welchem Umsatz oder welcher Mitarbeiteranzahl ein Einzelunternehmer zum eintragungspflichtigen Kaufmann wird. Entscheidend ist das Gesamtbild, das unter anderem die folgenden Faktoren berücksichtigt:

▶ den Umsatz und Gewinn Ihres Betriebs,
▶ die Zahl Ihrer Mitarbeiter,
▶ das dem Betrieb zurechenbare Kapital,
▶ wie Sie Buch führen (Einnahmen-Überschuss-Rechnung oder doppelte Buchführung mit Jahresbilanz).

In der Regel können Sie davon ausgehen, dass Sie keinen Eintrag ins Handelsregister veranlassen müssen, solange Sie die vereinfachte Buchführung in Form einer Einnahmen-Überschuss-Rechnung verwenden dürfen. Dies ist der Fall, wenn Sie pro Jahr weniger als 600 000 Euro Umsatz oder maximal 60 000 Euro Gewinn machen.

Das Handelsregister

Als öffentliches Verzeichnis der Kaufleute und Gesellschaften gibt das Handelsregister Auskunft über die Unternehmen, die im jeweiligen Gerichtsbezirk eingetragen sind. Zuständig für das Führen des Handelsregisters sind die Amtsgerichte. Unterteilt ist das Register in zwei Abteilungen:

1 Abteilung A führt die Einzelkaufleute und Personengesellschaften wie OHG oder KG.
2 Abteilung B führt die Kapitalgesellschaften, zu denen insbesondere GmbHs und Aktiengesellschaften zählen.

Neben der Neuanmeldung eines Unternehmens sind dort auch wichtige Veränderungen notariell beurkundet zu hinterlegen. Hierzu zählen insbesondere das Bestellen von neuen Prokuristen oder Geschäftsführern, das Erlöschen dieser Vollmachten, Änderungen der Vertretungsmacht der Gesellschaftsorgane, Änderungen von Satzung oder Stammkapital, Verlegung des Firmensitzes oder der Geschäftsadresse, die Eröffnung eines Insolvenzverfahrens und das Erlöschen der Firma. Kapitalgesellschaften sowie Personengesellschaften ohne eine natürliche Person als persönlich haftendem Gesellschafter sind überdies verpflichtet, ihre Jahresabschlüsse im elektronischen Bundesanzeiger offenzulegen beziehungsweise zu hinterlegen.

Die Eintragungen werden beim elektronischen Bundesanzeiger (bundesanzeiger.de) im Internet veröffentlicht. Eine zusätzliche Veröffentlichung in Printmedien wie Tageszeitungen oder regionalen IHK-Zeitschriften ist gesetzlich nicht mehr vorgeschrieben.

Wenn Ihr Umsatz den oberen sechsstelligen Bereich erreicht oder wenn Sie Ihre Verwaltung so organisiert haben, dass Sie einzelnen Mitarbeitern durch die Ernennung zum Prokuristen weitreichende Handlungsvollmachten erteilen, wird auch der Eintrag ins Handelsregister notwendig. Die Kosten, die dafür anfallen, liegen je nachdem, welches Registergericht zuständig ist, und je nach Größe Ihres Unternehmens bei Einzelunternehmen meist zwischen 200 und 500 Euro.

Sobald Sie als Kaufmann ins Handelsregister eingetragen sind, gelten andere Gesetze:

Während Kleingewerbetreibende den Regeln des Bürgerlichen Gesetzbuchs (BGB) unterliegen, müssen Sie sich als Kaufmann nach dem Handelsgesetzbuch (HGB) richten. Damit haben Sie weiterreichende Rechte, aber auch umfassendere Verpflichtungen als ein Kleingewerbetreibender.

GBR UND OFFENE HANDELSGESELLSCHAFT (OHG)

Für die Existenzgründung im Team bietet sich als einfach zu handhabende Rechtsform bei der Gründung die Gesellschaft bürgerlichen Rechts (GbR) an. Wie es schon der Name vermuten lässt, gilt hier als gesetzliche Grundlage das Bürgerliche Gesetzbuch (BGB). Wenn der Betrieb einen größeren Umfang hat und nach den Regeln des Handelsgesetzbuchs (HGB) auftritt, ist das Gegenstück zur GbR die Offene Handelsgesellschaft (OHG).

Die Gesellschaft bürgerlichen Rechts (GbR)

Nach der Definition des Gesetzgebers besteht die GbR aus mindestens zwei Personen, die mit dem Bündnis einen gemeinsamen Zweck verfolgen. Das kann beispielsweise der Fall sein, wenn eine Grafikdesignerin und ein Programmierer in gemeinschaftlicher Arbeit Internetauftritte anbieten oder sich drei Pflegefachkräfte zusammentun, um ein Unternehmen für häusliche Pflegedienstleistungen zu gründen.

Bei den beteiligten Personen kann es sich auch um juristische Personen in Form einer GmbH oder AG handeln. Wird mit der GbR ein Gewerbebetrieb geführt, dann muss jeder einzelne Gesellschafter das Gewerbe bei der für den Sitz des Unternehmens zuständigen Behörde anmelden, wobei Vollmachten für den anmeldenden Gesellschafter in der Regel ausreichen.

Die GbR wird mit dem Verfassen des Gesellschaftervertrags gegründet. Dieser muss nicht notariell beglaubigt werden, wird nicht ins Handelsregister eingetragen und unterliegt auch sonst keinen Formvorschriften, sodass auch mündlich geschlossene Verträge grundsätzlich wirksam sind. Allerdings ist es allein aus Gründen der Nachvollziehbarkeit unbedingt ratsam, den Vertrag schriftlich aufzusetzen. Musterverträge finden Sie unter anderem auf den Internetseiten der Industrie- und Handelskammern (IHK).

Weil die GbR nicht ins Handelsregister eingetragen wird, muss die Firmierung die Namen

Eine GbR besteht aus zwei oder mehr Personen – zum Beispiel aus Grafikern und Programmierern, die gemeinschaftlich Internetauftritte anbieten.

aller Teilhaber sowie den Zusatz „GbR" enthalten. Die Verwendung des Namens eines Teilhabers mit dem Zusatz „und Partner" ist nicht zulässig, da dieser Begriff der freiberuflichen Partnergesellschaft vorbehalten ist.

Der Preis, den Sie für die einfache und kostengünstige Handhabung der GbR bezahlen müssen, liegt in der Haftung: Alle Teilhaber müssen im Ernstfall mit ihrem kompletten Privatvermögen für die Verbindlichkeiten der Gesellschaft einstehen. Dies kann nur ausgeschlossen werden, wenn mit einem Geschäftspartner eine Haftungsbeschränkung auf das Gesellschaftsvermögen in einem individuellen Vertrag vereinbart wird. Haftungsausschlüsse im Rahmen der Allgemeinen Geschäftsbedingungen (AGB) sind hingegen unwirksam.

In steuerlicher Hinsicht gelten unterschiedliche Regelungen je nach Steuerart. Bei der Besteuerung des jährlichen Gewinns betrachtet das Finanzamt die GbR bei der Gewerbe- und Umsatzsteuer als eigenständige Rechtsperson. Die GbR ist aber nicht einkommensteuerpflichtig: jeder Teilhaber muss die Einkommensteuer, die auf seinen Gewinnanteil entfällt, selbst abführen.

Wichtig zu wissen: Sofern nichts anderes im Gesellschaftsvertrag vereinbart ist, wird die

Vergessen Sie die Gewinnverteilung nicht!

Wenn der GbR-Vertrag keine Klausel über die Verteilung des Gewinns an die einzelnen Gesellschafter enthält, gelten die Vorschriften aus § 722 des Bürgerlichen Gesetzbuchs (BGB). Dort heißt es ganz einfach: „Sind die Anteile der Gesellschafter am Gewinn und Verlust nicht bestimmt, so hat jeder Gesellschafter ohne Rücksicht auf die Art und die Größe seines Beitrags einen gleichen Anteil am Gewinn und Verlust." Dies kann vor allem dann zur Falle werden, wenn einzelne Teilhaber unterschiedlich hohe Einlagen einbringen oder nicht dieselbe Arbeitsleistung erbringen wie ihre Mitstreiter. Um spätere Streitigkeiten zu vermeiden, sollten Sie daher in Ihren GbR-Vertrag eine transparente Gewinnverteilungsklausel einbauen, die gegebenenfalls die Unterschiede beim Kapital- oder Arbeitseinsatz in angemessener Weise berücksichtigt. Zur konkreten Umsetzung können Sie sich beispielsweise bei der IHK oder Ihrem Berufsverband beraten lassen.

GbR beim Ausscheiden oder Tod eines Gesellschafters aufgelöst. Die laufenden Geschäfte werden noch abgewickelt, dann müssen die Verbindlichkeiten beglichen werden. Reicht dazu das Gesellschaftsvermögen nicht aus, müssen die einzelnen Gesellschafter Nachschüsse leisten. Daher sollten Sie unbedingt eine Fortsetzungsklausel in den Vertrag mit aufnehmen, die beim Ausscheiden eines Gesellschafters eine angemessene Abfindung vorsieht und die Weiterführung durch die verbleibenden Gesellschafter sichert. Der ausgeschiedene Gesellschafter haftet dann noch bis zu fünf Jahre lang – allerdings nur für Verbindlichkeiten, die vor seinem Ausstieg entstanden sind.

Die Offene Handelsgesellschaft (OHG)

Für Unternehmen, die größere Umsätze und Gewinne erwirtschaften, bildet die Offene Handelsgesellschaft (OHG) eine Alternative zur GbR. Während Sie bei einem GbR-Vertrag weitreichende Gestaltungsfreiheiten haben, sind bei der OHG einige Regularien zu beachten.

Zunächst einmal gilt als Grundsatz: In einer OHG schließen sich mindestens zwei Gesellschafter zusammen, um gemeinsam ein Handelsgewerbe zu betreiben. Der Begriff „Handelsgewerbe" bezieht sich dabei nicht auf die Frage, ob Sie Ihre selbst produzierten Güter, Dienstleistungen oder Handelsware anbieten. Er charakterisiert vielmehr die Eigenschaft der OHG als Kaufmann im Sinne des Handelsgesetzbuchs (HGB). Daraus resultiert die Verpflichtung, die OHG als Personengesellschaft in der Abteilung A des Handelsregisters eintragen zu lassen.

Jeder einzelne Gesellschafter muss eine Einlage leisten, die entweder in Form von Geld oder als Sacheinlage – beispielsweise Patente, Firmenfahrzeuge oder IT-Ausstattung – eingebracht wird. Eine Mindestsumme gibt es hierbei nicht. Jeder Gesellschafter ist gleichzeitig Geschäftsführer, sofern im Vertrag nichts anderes vereinbart ist.

Bei der Haftung gilt: Alle Gesellschafter der OHG stehen unmittelbar, unbeschränkt, gesamtschuldnerisch, rück- und abgangsbezogen für die Verpflichtungen des Unternehmens ein. Das klingt schon beim Lesen einigermaßen furchteinflößend. Ein Eindruck, der sich bei näherer Beleuchtung der Begriffe bestätigt:

▶ **Unmittelbar** bedeutet, dass sich ein Gläubiger heraussuchen kann, ob er die OHG oder einen beliebigen Gesellschafter für die Begleichung seiner offenen Forderungen heranziehen kann. Natürlich kann ein einzelner Gesellschafter die von ihm beglichenen Forderungen gegenüber der OHG geltend machen. Doch zunächst hat der Gläubiger die Wahl, an wen er sich hält.

▶ **Unbeschränkt** haften Sie gleich in zweierlei Hinsicht. Zum einen stehen Sie mit Ihrem gesamten Privatvermögen für die Verbindlichkeiten des Unternehmens ein, und zum anderen haftet jeder Gesellschafter für die Schulden der ganzen OHG. Insbesondere im Fall von Finanzproblemen oder einer Insolvenz sollte Ihnen klar sein, dass Sie für alle Schulden in voller Höhe selbst dann mithaften, wenn Ihre ursprüngliche Einlage nur einen Bruchteil des Ganzen ausgemacht hat.

▶ **Gesamtschuldnerisch** soll nochmals betonen: Im Ernstfall haftet jeder Gesellschafter für das Gesamtvermögen, eine Aufteilung der Haftung ist nicht möglich.

▶ **Rück- und abgangsbezogen** bezieht sich auf Verbindlichkeiten, die vor dem Eintritt eines neuen Gesellschafters oder nach dem Ausstieg eines Teilhabers entstanden sind. Neue Gesellschafter haften auch für Verbindlichkeiten mit, die zum Zeitpunkt des Eintritts bereits bestehen. Beim Ausscheiden gilt ähnlich wie bei der GbR eine bis zu fünf Jahre währende Nachhaftung für Verpflichtungen, die bis zum Austritt entstanden sind.

Weil die OHG ins Handelsregister eingetragen ist und damit Kaufmann im Sinne des Handelsgesetzbuchs (HGB) ist, muss unabhängig von Umsatz und Gewinn eine kaufmännische Buchführung zum Einsatz kommen. Das heißt: Sie müssen einen Jahresabschluss in Form von Bilanz und Gewinn- und Verlustrechnung erstellen. Die vereinfachte Einnahmen-Überschuss-Rechnung scheidet für die OHG generell aus.

KOMMANDIT-GESELLSCHAFT (KG) UND GMBH & CO. KG

Im Gegensatz zum Einzelunternehmer und zur OHG bietet die Kommanditgesellschaft zumindest für einen Teil der Kapitalgeber eine Haftungsbeschränkung. Diese Unternehmensform kennt nämlich zwei unterschiedliche Arten von Teilhabern: den Komplementär und den Kommanditisten.

Der Komplementär übernimmt die Rolle des vollhaftenden Gesellschafters, der mit seinem Privatvermögen uneingeschränkt für die Verbindlichkeiten des Unternehmens haftet. Als Lohn für seine Risikobereitschaft erhält er das Privileg, als Geschäftsführer über die Geschicke des Unternehmens entscheiden zu dürfen und dieses nach außen hin rechtswirksam zu vertreten. Eine KG kann auch mehrere Komplementäre haben, die dann alle mit ihrem Privatvermögen voll haften und als Geschäftsführer fungieren.

Die Kommanditisten haften hingegen nur in der Höhe ihrer Kapitaleinlage. Wird das Unternehmen zahlungsunfähig, verlieren sie zwar ihren Einsatz, müssen aber für keine weiteren Verbindlichkeiten mithaften. Dafür sind sie generell von der Geschäftsführung ausgeschlossen und können gegen die Entscheidungen des Geschäftsführers keinen Widerspruch einlegen. Nur wenn im Gesellschaftervertrag ausdrücklich einer oder mehrere Kommanditisten beispielsweise zu Prokuristen ernannt werden, können die jeweiligen Mitsprache- und Entscheidungsrechte auch ausgeübt werden.

Wie bei der GbR und OHG muss bei der KG der Gesellschaftsvertrag nicht zwingend schriftlich abgeschlossen werden. Allerdings ist es auch hier aus Gründen der Transparenz und Beweisbarkeit praktisch ein Muss, den Vertrag schriftlich zu fixieren. Abgesehen davon, dass die Kommanditisten von der Haftung ausgenommen sind und dafür von der Geschäftsführung ausgeschlossen sind, entsprechen die gesetzlichen Rahmenbedingungen denen der OHG.

Geeignet ist die Firmierung als KG vor allem dann, wenn ein Teil der Kapitalgeber kein Interesse daran hat, aktiv im Unternehmen mitzuarbeiten. Diese Konstellation ist häufig bei Familienunternehmen zu finden, wenn eines der Familienmitglieder das Unternehmen leitet und die anderen Angehörigen ihre Anteile im Unternehmen belassen möchten.

Die GmbH & Co. KG

Einen Sonderfall bildet die GmbH & Co. KG, bei der es sich im Grunde um eine klassische Kommanditgesellschaft handelt. Allerdings ist der persönlich haftende Komplementär keine natürliche Person, sondern eine GmbH (siehe folgender Abschnitt). In der Praxis wird die GmbH meist ausschließlich mit dem Zweck gegründet, die Rolle des vollhaftenden Gesellschafters der dazugehörigen KG zu übernehmen. Obwohl dadurch eine Kapitalgesellschaft mit im Spiel ist, handelt es sich im juristischen Sinne um eine Personengesellschaft.

Dass sich anstatt eines Menschen eine GmbH in der Position des Komplementärs befindet, schützt das Vermögen faktisch so gut wie bei der GmbH selbst. Im Fall einer Insolvenz muss zunächst einmal die haftende

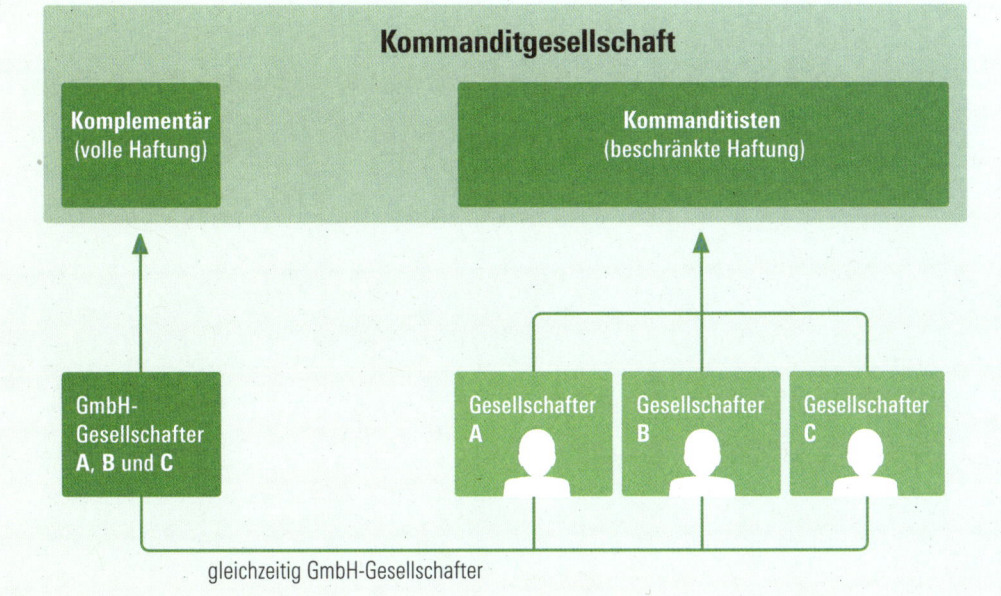

So funktioniert die GmbH & Co. KG

GmbH mit ihrem vollständigen Betriebsvermögen einspringen. Wird die GmbH jedoch dadurch ebenfalls insolvent, sind die Teilhaber der GmbH durch den Haftungsausschluss davor geschützt, dass sie nun auch noch die Unternehmensschulden aus ihrem Privatvermögen begleichen müssen. Die Kommanditisten wiederum haften ohnehin nur in Höhe ihrer Einlage, sodass deren Privatvermögen ebenso wie bei der klassischen KG unangetastet bleibt.

Die Geschäftsführung übernimmt die GmbH, wobei deren Geschäftsführer zugleich als Geschäftsführer der GmbH & Co. KG fungiert. Daraus resultiert ein weiterer Vorteil: Während Sie bei der OHG oder der KG keine Geschäftsführer einstellen dürfen, die keine vollhaftende Kapitaleinlage mitbringen, ist dies bei der GmbH möglich. Damit kann ein bei der Komplementär-GmbH angestellter Geschäfts-

führer auch als Geschäftsführer der GmbH & Co. KG auftreten.

Für Existenzgründer kann dies mit Blick auf die weitere Entwicklung des Unternehmens ein wichtiges Kriterium sein: Wenn es notwendig ist, einen externen Experten in die Geschäftsführung mit einzubinden und dieser nicht mit seinem Privatvermögen haften soll, kann dies nur geschehen, wenn eine GmbH oder andere Kapitalgesellschaft in die Konstruktion mit eingebaut ist.

Nachteilig ist, dass Sie bei der Buchhaltung und Ihren steuerlichen und behördlichen Pflichten doppelten Aufwand betreiben müssen. Für beide Firmen sind Gesellschafterverträge aufzusetzen, beide Firmen sind ins Handelsregister einzutragen, für beide Firmen müssen Jahresabschlüsse erstellt und veröffentlicht werden.

GESELLSCHAFT MIT BESCHRÄNKTER HAFTUNG (GMBH)

Mit der Gründung eines Unternehmens ist in vielen Fällen ein beträchtliches finanzielles Risiko verbunden, das der Gründer nicht in vollem Umfang beeinflussen kann. Zwar helfen die sorgfältige Vorbereitung des Gründungsvorhabens und ein solides Finanzierungskonzept dabei, die Gefahr des Scheiterns deutlich zu reduzieren.

Doch längst nicht alle Unwägbarkeiten lassen sich komplett ausschließen: Wenn ein großer Kunde zahlungsunfähig wird oder ein finanzkräftiger Wettbewerber Sie mit aggressiven Methoden aus dem Markt drängen will,

kann auch ein seriös durchkalkuliertes Konzept ins Wanken geraten.

Für diejenigen, die als Einzelunternehmer oder in Form einer Personengesellschaft agieren, kann das Scheitern der Existenzgründung gravierende Auswirkungen auf die private Finanzsituation haben – nämlich dann, wenn bei einer Zahlungsunfähigkeit des Unternehmens dessen Gläubiger den Inhaber oder die einzelnen Teilhaber in die Haftung nehmen. Viele Existenzgründer sind daher bestrebt, die betrieblichen und privaten Finanzen so weit wie möglich zu trennen.

Die Einlage für eine GmbH kann auch als Sacheinlage erbracht werden, zum Beispiel in Form eines Grundstücks.

Die Haftung begrenzen

Realisieren lässt sich die Haftungsbegrenzung mit der Gründung einer Kapitalgesellschaft. Deren Vorzug besteht darin, dass das Unternehmen sowohl rechtlich wie auch wirtschaftlich von der Person des Eigentümers getrennt wird. Damit ist für den Eigentümer – sprich: Gesellschafter – des Unternehmens im Insolvenzfall zwar das Geld verloren, das er als Eigenkapital in die Firma gesteckt hat. Doch darüber hinaus kann er von den Gläubigern der Gesellschaft nicht mehr in Anspruch genommen werden.

Die Gesellschaft mit beschränkter Haftung (GmbH) ermöglicht Ihnen diese Trennung von privatem und betrieblichem Vermögen.

Die GmbH kann von einer Person als Ein-Mann-GmbH oder auch von mehreren Personen gegründet werden. Dabei ist es unerheblich, ob es sich bei den Gesellschaftern um natürliche Personen, Personengesellschaften oder andere Kapitalgesellschaften handelt.

Das Stammkapital

Das von den Gesellschaftern eingebrachte Eigenkapital wird als Stammkapital bezeichnet. Es muss mindestens 25 000 Euro betragen. Der Geschäftsanteil jedes Gesellschafters muss dabei auf volle Euro lauten. Mindestens die Hälfte des Stammkapitals (12 500 Euro) muss vor der Anmeldung der GmbH zum Handelsregister auf ein Konto eingezahlt werden, das die GmbH im Anschluss an den notariellen Vertragsschluss eröffnen muss.

Die Einlagen müssen nicht zwingend in Form einer Geldeinlage erbracht werden, es sind auch Sacheinlagen möglich wie beispielsweise ein Grundstück oder die Büroausstattung. Sacheinlagen können auch immaterielle Gegenstände sein, wie Patente oder Lizenzen.

Sie müssen dafür einen Sachgründungsbericht erstellen und dabei darauf achten, dass die Sacheinlage darin mit dem angemessenen Zeitwert aufgeführt wird. Setzen Sie Ihre Bewertung zu hoch an, laufen Sie Gefahr, dass ein Nachschuss gefordert oder gar die Eintragung verweigert wird, wenn dadurch das Mindest-Stammkapital von 25 000 Euro unterschritten wird.

Der Gesellschaftsvertrag

Basis der GmbH ist ebenso wie bei Personengesellschaften der Gesellschaftsvertrag. Während Sie bei der OHG oder GbR Formfreiheit genießen, gilt für den GmbH-Vertrag der Formzwang: Er muss schriftlich abgefasst und von einem Notar beglaubigt werden. Der Gesellschaftsvertrag wird bei der GmbH auch als Satzung bezeichnet und muss mindestens die folgenden Elemente enthalten:

▶ **Den Firmennamen mit dem Zusatz „GmbH".** Es kann sich hierbei auch um einen Sach- oder Fantasienamen handeln, soweit keine Verwechslungsgefahr mit anderen Firmen besteht oder Marken- beziehungsweise Namensrechte verletzt werden.

▶ **Den Sitz der Gesellschaft.** Dieser braucht nicht mit dem Wohnort eines der Gesellschafter übereinzustimmen, muss jedoch in Deutschland liegen. Neben dem inländischen Hauptsitz können auch Niederlassungen im In- und Ausland unterhalten werden.

▶ **Den Gegenstand des Unternehmens.** Hier gilt es, die Tätigkeit des Unternehmens so zu beschreiben, dass sie einerseits nicht zu allgemein gefasst ist und andererseits dennoch Spielraum für künftige Erweiterungen offen lässt. Die Bezeichnung „Dienstleistungen aller Art" wäre beispielsweise nicht zulässig.

▶ **Die Höhe des Stammkapitals** sowie den Betrag der jeweiligen Geschäftsanteile der einzelnen Gesellschafter.

Die Geschäftsleitung

In aller Regel wird bei der Gründung auch gleich die Geschäftsleitung bestellt, die aus einem oder mehreren Geschäftsführern besteht. Häufig sind die Geschäftsführer gleichzeitig Gesellschafter der GmbH. Allerdings kann auch ein angestellter Geschäftsführer, der keine Anteile am Unternehmen hält, eingesetzt werden.

Wer als Geschäftsführer einer GmbH eingesetzt wird, darf in den vergangenen fünf Jahren nicht wegen vorsätzlicher Insolvenzverschleppung, eines Bankrottdelikts oder anderer Straftaten mit Unternehmensbezug wie Untreue oder Betrug verurteilt worden sein.

Bundesministerium
für Wirtschaft
und Technologie

WIRTSCHAFT.
WACHSTUM.
WOHLSTAND.

Musterprotokoll für die Gründung einer Einpersonengesellschaft

UR. Nr._____

Heute, den_____ , erschien vor mir, _____ .

Notar/in mit dem Amtssitz in _____ .

Herr/Frau[1] _____

_____

1. Der Erschienene errichtet hiermit nach § 2 Abs. 1a GmbHG e

   unter der Firma_____ mit dem Sitz in

2. Gegenstand des Unternehmens ist _____

3. Das Stammkapital der Gesellschaft beträgt_____

   von Herrn/Frau[1]_____

   Die Einlage ist in Geld zu erbringen, und zwar sofort in voller
   Gesellschafterversammlung ihre Einforderung beschließt.

4. Zum Geschäftsführer der Gesellschaft wird Herr/Frau[4]_____

   geboren am _____ , wohnhaft in _____

   Der Geschäftsführer ist von den Beschränkungen des § 181 d

5. Die Gesellschaft trägt die mit der Gründung verbundenen Ko
   bis zum Betrag ihres Stammkapitals. Darüber hinausgehende

6. Von dieser Urkunde erhält eine Ausfertigung der Gesellschaft
   Registergericht (in elektronischer Form) sowie eine einfache A

7. Der Erschienene wurde vom Notar/von der Notarin insbeson

   _____

   _____

www.existenzgruend

Bundesministerium
für Wirtschaft
und Technologie

WIRTSCHAFT.
WACHSTUM.
WOHLSTAND.

Musterprotokoll für die Gründung einer Mehrpersonengesellschaft mit bis zu drei Gesellschaftern

UR. Nr._____

Heute, den_____ , erschien vor mir, _____ .

Notar/in mit dem Amtssitz in _____

Herr/Frau[1,2] _____

_____

Herr/Frau[1,2] _____

_____

Herr/Frau[1,2] _____

_____

1. Die Erschienenen errichten hiermit nach § 2 Abs. 1a GmbHG eine Gesellschaft mit beschränkter Haftung unter der
   Firma _____ mit dem Sitz in _____

2. Gegenstand des Unternehmens ist _____

3. Das Stammkapital der Gesellschaft beträgt_____ € (i.W. _____ Euro)
   und wird wie folgt übernommen:

   Herr/Frau[1]_____ übernimmt einen Geschäftsanteil mit einem Nennbetrag

   in Höhe von_____ € (i.W._____ Euro) (Geschäftsanteil Nr. 1),

   Herr/Frau[1]_____ übernimmt einen Geschäftsanteil mit einem Nennbetrag

   in Höhe von_____ € (i.W._____ Euro) (Geschäftsanteil Nr. 2),

   Herr/Frau[1]_____ übernimmt einen Geschäftsanteil mit einem Nennbetrag

   in Höhe von_____ € (i.W._____ Euro) (Geschäftsanteil Nr. 3).

   Die Einlagen sind in Geld zu erbringen, und zwar sofort in voller Höhe/zu 50 % sofort, im Übrigen sobald die
   Gesellschafterversammlung ihre Einforderung beschließt[3].

www.existenzgruender.de   Seite 1

INFO

DER GMBH-GESCHÄFTSFÜHRER HAFTET IN MANCHEN FÄLLEN

Gegenüber der GmbH haftet der Geschäftsführer mit seinem Privatvermögen für Schäden, die durch die Verletzung der „Sorgfalt eines ordentlichen Geschäftsmanns" entstehen. Unter Umständen können so persönliche Haftungsverpflichtungen gegenüber Dritten entstehen. Typische Beispiele für solche Haftungssituationen sind einige Konstellationen in der Produkt- und Umwelthaftung, Steuerdelikte sowie Insolvenzverschleppung. Das bedeutet in letzter Konsequenz: Wenn Sie als Geschäftsführer Ihrer eigenen GmbH Ihre Sorgfaltspflichten in grober Weise verletzen, kann trotz der ursprünglichen Haftungsbeschränkung auf die Kapitaleinlage Ihr Privatvermögen zum Begleichen von Ansprüchen herangezogen werden.

Das Musterprotokoll

Um die Gründung kleinerer GmbHs zu vereinfachen, ermöglicht der Gesetzgeber ein standardisiertes Gründungsverfahren im Rahmen des sogenannten Musterprotokolls. Allerdings sind hierbei ausschließlich Bargründungen erlaubt, bei denen das Stammkapital auf ein Konto des Unternehmens eingezahlt wird. Wenn Sie Sachwerte einbringen möchten, sind eigenständige Bewertungsdokumente erforderlich, die im Rahmen des Musterprotokolls nicht zur Verfügung stehen.

Das Musterprotokoll ist weitgehend vorformuliert und fasst drei Dokumente – den Gesellschaftsvertrag, die Geschäftsführerbestellung und die Gesellschafterliste – in einem zusammen. Nach dem Vervollständigen des Protokolls lassen Sie das Dokument von einem Notar beurkunden und können im Anschluss daran Ihre GmbH in die Abteilung B des Handelsregisters eintragen lassen.

Das Musterprotokoll existiert in zwei unterschiedlichen Varianten: jeweils eine für die Gründung einer Ein-Mann-GmbH und eine für die Gründung einer GmbH mit maximal drei Gesellschaftern. Der Wortlaut der beiden Musterprotokolle ist als Anhang ein Bestandteil des GmbH-Gesetzes.

Die Gesellschafterversammlung

Während Sie als Einzelunternehmer stets Inhaber und Geschäftsführer in Personalunion sind, kann bei der GmbH auch jemand anderes als der oder die Gesellschafter das Unternehmen als Geschäftsführer vertreten. Deshalb hat der Gesetzgeber das Verhältnis zwischen Gesellschaftern und Geschäftsführer genau geregelt. Die Quintessenz lautet dabei: Die Geschäftsführer sind für die Abwicklung der alltäglichen Geschäfte zuständig, während in besonderen Fällen die Gesellschafter das letzte Wort haben.

So obliegt den Gesellschaftern die Einstellung und gegebenenfalls auch die Entlassung von Geschäftsführern. Bei der Ein-Mann-GmbH führt dies dazu, dass Sie sich selbst in Ihrer Eigenschaft als Gesellschafter zum Geschäftsführer ernennen und sich anschließend zu Ihrer guten Wahl gratulieren dürfen.

Das Gremium, das über solche grundlegenden Geschicke des Unternehmens zu entscheiden hat, ist die Gesellschafterversammlung. Diese muss zumindest einmal pro Jahr stattfinden, um den Jahresabschluss festzustellen. Darüber hinaus können zu besonderen Anlässen außerordentliche Gesellschafterversammlungen abgehalten werden. Anlass hierzu können beispielsweise Änderungen im Gesellschaftsvertrag sein.

Wirksame Beschlüsse kann die Versammlung nur fassen, wenn sie korrekt einberufen wurde. Die Einladung muss schriftlich in Form eines eingeschriebenen Briefes allen Gesellschaftern mindestens eine Woche vor dem Versammlungstermin zugegangen sein. Der Gesellschaftsvertrag kann abweichende Form- und Fristerfordernisse vorsehen. Findet die Gesellschafterversammlung nicht am Ort des GmbH-Hauptsitzes statt, müssen alle Gesellschafter der Verlegung zustimmen. Ausnahme: Handelt es sich um eine Ein-Mann-GmbH, ist keine formelle Einladung nötig.

Zu Beginn der Gesellschafterversammlung ist zunächst deren Beschlussfähigkeit festzustellen. Generell ist die Versammlung immer dann beschlussfähig, wenn ordnungsgemäß dazu eingeladen wurde – das gilt auch dann, wenn ein Teil der Gesellschafter fehlt.

Mit einer schriftlichen Vollmacht können sich Gesellschafter auch von anderen Personen vertreten lassen, wenn sie nicht persönlich anwesend sein können.

Nach der Feststellung der Beschlussfähigkeit geht es zur Abstimmung über die einzelnen Tagesordnungspunkte. Bei der Abgabe der Stimmen gibt es keine Formvorschrift. Es kann per Handzeichen, Stimmzettel oder in geheimer Wahl abgestimmt werden. Dabei gilt der Grundsatz: Für jeden Euro Gesellschaftsanteil gibt es eine Stimme. Damit können Gesellschafter unter Umständen auch dann überstimmt werden, wenn sie von der Personenanzahl her betrachtet in der Mehrheit sind.

Beispiel: Eine GmbH mit 100 000 Euro Stammkapital hat drei Gesellschafter. Gesellschafter A verfügt über einen Anteil von 60 000 Euro, während Gesellschafter B und C Anteile von je 20 000 Euro halten. Damit hat Gesellschafter A einen Stimmenanteil von 60 Prozent und kann die Mitgesellschafter überstimmen.

Ein Protokoll der Gesellschafterversammlung ist zwar nur zwingend bei der Ein-Mann-GmbH vorgeschrieben, um nachweisen zu können, dass die Versammlung überhaupt stattgefunden hat. Dennoch ist es sinnvoll, die Beschlüsse und Abstimmungsergebnisse zu protokollieren. Um Unstimmigkeiten auszuschließen, empfiehlt es sich, das Protokoll direkt in der Versammlung zu führen und es am Ende von den Gesellschaftern unterzeichnen zu lassen.

Kosten und laufender Aufwand

Insbesondere wenn Sie vor der Entscheidung stehen, ob Sie als Einzelunternehmer firmieren möchten oder eine GmbH gründen, sollten Sie berücksichtigen, dass mit der Gründung und Führung einer GmbH ein vergleichsweise hoher Aufwand verbunden ist. Weil die Dokumente bei der Gründung durch einen Notar beglaubigt werden müssen und die Gesellschaft ins Handelsregister eingetragen werden muss, fallen hierfür bereits Gebühren an. Deren Höhe hängt von unterschiedlichen Faktoren ab wie der Anzahl der Gesellschafter und der Höhe des Stammkapitals. Bereits eine Ein-Mann-GmbH verursacht Gründungskosten von rund 700 bis 800 Euro. Wenn Sie einen Steuerberater oder einen Anwalt mit hinzuziehen oder wenn Sie eine größere GmbH ins Leben rufen, kann der finanzielle Aufwand für die Gründung schnell vierstellige Beträge erreichen.

Dazu kommt, dass die GmbH als Kapitalgesellschaft auch bei niedrigen Umsätzen und Gewinnen in vollem Umfang buchführungspflichtig ist und Jahresabschlüsse erstellt werden müssen. Die meisten Unternehmer benötigen hierfür einen Steuerberater, dessen Honorar Sie ebenfalls in Ihrer Kostenrechnung berücksichtigen müssen. Besonders gravierend sind die Unterschiede, wenn Sie als Einzelunternehmer aufgrund Ihrer noch nicht allzu hohen Umsätze und Gewinne die vereinfachte Einnahmen-Überschuss-Rechnung verwenden könnten.

INFO

ÜBERSCHÄTZEN SIE DIE HAFTUNGSBESCHRÄNKUNG NICHT Beim Abwägen der Vor- und Nachteile einer GmbH wird die Haftungsbeschränkung als Vorteil oftmals überschätzt – und das nur, weil bei bestimmten Tatbeständen der Geschäftsführer persönlich für sein Handeln haftbar gemacht werden kann. Bei der Finanzierung von GmbHs verlangen Banken oft zusätzliche Sicherheiten in Form von persönlichen Bürgschaften des Gesellschafters oder Pfandrechten auf privat genutzte Immobilien.
In solchen gar nicht seltenen Fällen wird zumindest bei der Finanzierung die Trennung zwischen betrieblichen und privaten Schulden faktisch aufgehoben: Wird die GmbH zahlungsunfähig, kann die Bank die privaten Sicherheiten verwerten. Daher sollten Sie die Haftungsbeschränkung eher mit Blick auf Lieferantenverbindlichkeiten oder Prozessrisiken betrachten und die Finanzierungsrisiken lieber ausklammern.

UNTERNEHMERGESELL-SCHAFT (HAFTUNGS-BESCHRÄNKT)

Ein großes Hindernis ist für viele Existenzgründer das Mindest-Stammkapital der GmbH von 25 000 Euro, wobei der Gesetzgeber bei der Gründung eine Einzahlung von 12 500 Euro fordert. In zahlreichen Branchen kommen Gründer mit weit weniger Geld klar – so lassen sich Gründungsvorhaben in Berufsfeldern wie IT-Dienstleistungen, Vermittlungsagenturen oder Unternehmensberatung häufig mit weniger als 10 000 Euro Startkapital auf den Weg bringen. Selbst wenn das Kapital auf einem Privatkonto vorhanden ist, erscheint es in solchen Fällen meist nicht sehr sinnvoll, hohe Beträge auf einem Bankkonto der GmbH zu binden, nur um den Anforderungen beim Stammkapital Genüge zu leisten.

Mit der Unternehmergesellschaft (haftungsbeschränkt) – auch bezeichnet als „UG (haftungsbeschränkt)" – steht Ihnen eine Option zur Verfügung, die das Gründen eines Unternehmens mit gleichzeitiger Einschränkung der privaten Haftung schon mit kleinem Startkapital ermöglicht.

Die Unternehmergesellschaft (haftungsbeschränkt)

Für den Start mit geringem Eigenkapital stellt die Unternehmergesellschaft (haftungsbeschränkt) ein gutes Vehikel dar. Neben der ausgeschriebenen Rechtsform „Unternehmergesellschaft (haftungsbeschränkt)" können Sie bei Ihrer Firmierung auch den Zusatz „UG (haftungsbeschränkt)" verwenden. Nicht zulässig als Firmierungszusatz ist hingegen die weit verbreitete Bezeichnung „Mini-GmbH". Dabei

bringt Letzteres den Charakter der UG (haftungsbeschränkt) auf den Punkt: Es handelt sich um eine ganz normale GmbH, für die einige Sonderregeln gelten.

Am wichtigsten dürfte für Existenzgründer der Wegfall des Mindest-Stammkapitals sein. Während Sie bei einer klassischen GmbH mindestens 25 000 Euro – davon die Hälfte als sofortige Einzahlung – einbringen müssen, gibt es bei der Mini-GmbH eine wesentlich niedrigere Untergrenze. Theoretisch können Sie schon mit einem Eigenkapital von einem Euro loslegen. Weil es sich jedoch im Kern um eine GmbH handelt, müssen auch bei solchen Kleingründungen die Verträge notariell beglaubigt und in die Abteilung B des Handelsregisters eingetragen werden.

Notare verlangen allerdings in der Regel, dass Unternehmensgründer ein Stammkapital in Höhe der Beurkundungs- und der Eintragungskosten vorweisen: Das Registergericht könnte die Eintragung verweigern, wenn die UG (haftungsbeschränkt) aus dem eingezahlten Stammkapital nicht einmal die Gründungskosten aufbringen kann und damit von Anfang an überschuldet (insolvent) wäre.

Durch das geringere Stammkapital sind die Gründungskosten bei der Mini-GmbH erheblich günstiger als bei einer herkömmlichen GmbH, allerdings nur, wenn das Musterprotokoll verwendet wird (siehe „Musterprotokoll" S. 119). Andernfalls sind die Gründungskosten fast gleich hoch.

Um eine dauerhafte Unterkapitalisierung zu vermeiden, schreibt der Gesetzgeber den

Auch bei Kleingründungen muss ein Notar die Dokumente beglaubigen, und sie müssen in die Abteilung B des Handelsregisters eingetragen werden.

schrittweisen Aufbau des Eigenkapitals vor. Mindestens 25 Prozent des jährlichen Gewinns müssen in der Gesellschaft verbleiben und in eine Kapitalrücklage eingespeist werden – und zwar so lange, bis das reguläre GmbH-Stammkapital von 25 000 Euro erreicht ist.

In allen anderen Belangen gelten die gleichen Spielregeln wie bei der GmbH. Auch hier müssen Sie reguläre Jahresabschlüsse erstellen und im elektronischen Bundesanzeiger hinterlegen, selbst wenn Sie nur 300 Euro Stammkapital eingezahlt haben und 5 000 Euro Jahresumsatz machen. Ebenso ist die jährliche Gesellschafterversammlung auch für UG-Inhaber eine Pflichtveranstaltung.

Angesichts der Gründungskosten und des erheblichen Aufwands für die laufende Buchführung und das Erstellen der Jahresabschlüsse sollten Sie kritisch prüfen, ob Sie nicht vielleicht doch lieber erst einmal als Einzelunternehmer an den Start gehen, statt eine Mini-GmbH zu gründen.

Wegen des geringen Eigenkapitals genießen Unternehmergesellschaften bei Gläubigern nicht den allerbesten Ruf, und bei der Bankfinanzierung werden Sie es ohnehin kaum vermeiden können, dass Sie private Sicherheiten für die Finanzierung Ihrer Firma stellen müs-

sen. Vor diesem Hintergrund dürfte die UG-Gründung in vielen Fällen ungünstiger sein als ein Start als Einzelunternehmer.

Besser keine Limited (Ltd.) nach britischem Recht

Wer ohne großes Stammkapital ein Unternehmen gründen möchte, trifft vor allem im Internet auf Beratungsunternehmen, die für die Gründung einer Limited (Ltd.) nach britischem Recht werben. Teilweise soll das sogar in Form einer „Blitzgründung" innerhalb von 24 Stunden möglich sein. Die Preise dafür reichen je nach Anbieter und Art der Gründung von knapp 200 Euro bis zu mehr als 1 000 Euro. Ein augenscheinlich verlockendes Angebot, das jedoch mit einigen Fallstricken verbunden ist.

Eine Ltd. wird im offiziellen Sprachgebrauch als „Private Company Limited by Shares" bezeichnet und entspricht von der Konstruktion her in vielen Belangen der deutschen GmbH. Allerdings ist in Großbritannien kein Mindest-Stammkapital erforderlich, sodass eine Ltd. ab einem Eigenkapital von einem britischen Pfund gegründet werden kann.

Weil das Unternehmen nach britischem Recht agiert, muss es seinen Hauptsitz in Großbritannien haben und in das dortige Handelsregister eingetragen werden. Der Sitz in Deutschland, von dem aus die eigentlichen Geschäfte geführt werden, hat den Status einer ausländischen Niederlassung. Durch den möglichen Brexit sind die Unwägbarkeiten, die mit der britischen Limited ohnehin verbunden sind, noch größer geworden.

Wenn Sie eine Kapitalgesellschaft mit niedrigem Eigenkapital gründen möchten, sollten Sie daher dafür lieber die UG (haftungsbeschränkt) in Betracht ziehen. Denn im Gegensatz zur britischen Limited handelt es sich um eine Unternehmensform, die im deutschen Recht verankert ist.

WEITERE RECHTSFORMEN

Der Vollständigkeit halber sollten an dieser Stelle noch weitere Rechtsformen Erwähnung finden, die in der Praxis bei Existenzgründungen nur eine untergeordnete Rolle spielen. Es handelt sich hierbei um die Aktiengesellschaft (AG) und um die eingetragene Genossenschaft (eG), die aufgrund der rechtlichen Rahmenbedingungen einen hohen organisatorischen und finanziellen Aufwand bei Gründung und Verwaltung verursachen. Daher sind diese beiden Rechtsformen eher für bereits etablierte Unternehmen und nur in Ausnahmefällen für die Existenzgründung geeignet.

Die Aktiengesellschaft (AG)

Die Aktiengesellschaft (AG) ist eine Kapitalgesellschaft, bei der das Eigenkapital in kleine Einheiten – nämlich Aktien – gestückelt ist. Das Eigenkapital wird bei dieser Rechtsform übrigens als „Grundkapital" bezeichnet. Wird beispielsweise eine AG mit einem Grundkapital von 500 000 Euro gegründet, das in 50 000 Aktien aufgeteilt ist, verkörpert jede Aktie einen Anteil von 10 Euro am Grundkapital.

Gegenüber der GmbH bietet die AG den Vorteil, dass Änderungen im Eigentümerkreis

nicht in das Handelsregister eingetragen werden müssen. Damit können auch kleinere Aktienpakete ohne größeren Aufwand veräußert und erworben werden. Dies ist nicht nur bei der Notierung an der Börse interessant, wo sich aufgrund des regelmäßigen Handels mit Aktien die Eigentümerstruktur praktisch täglich ändern kann. Auch eine nicht börsennotierte AG kann davon profitieren, wenn beispielsweise ohne aufwendige Beurkundungen die einzelnen Anteile innerhalb eines weiter verzweigten Familienkreises weitergegeben oder vererbt werden.

Dass die AG für Existenzgründungen nicht gerade prädestiniert ist, liegt zunächst einmal an den hohen Eigenkapitalanforderungen. Mindestens 50 000 Euro muss das Grundkapital einer AG betragen – wohlgemerkt: in Form von reinem Eigenkapital und nicht als Gesamtsumme von Eigenkapital und Krediten. Allein schon an dieser Hürde würde ein großer Teil der Existenzgründer scheitern.

Dazu kommt der hohe Aufwand bei der Verwaltung der Gesellschaft. Jahr für Jahr müssen die Aktionäre zur Hauptversammlung geladen werden, es gilt einen Aufsichtsrat zu

Manche Kulturbetriebe sind als Genossenschaft organisiert. Ein Beispiel für eine funktionierende Genossenschaft ist die Tageszeitung taz. Zur Generalversammlung kommen jedes Jahr einige Hundert der rund 20 000 Mitglieder.

besetzen, die Jahresabschlüsse müssen von einem Wirtschaftsprüfer testiert werden – da bleibt vor allem in kleineren Aktiengesellschaften viel Zeit und Geld auf der Strecke.

Erst wenn einige Zeit nach der Gründung das Unternehmenswachstum so stürmisch verläuft, dass neue Kapitalgeber ins Boot geholt werden können und vielleicht sogar ein Börsengang angepeilt wird, kann die AG ihre Vorzüge ausspielen. Bis dahin ist sie jedoch in den allermeisten Fällen für Existenzgründer zu teuer und zu kompliziert in der Handhabung.

Die eingetragene Genossenschaft (eG)

Die Idee der Genossenschaft wurde buchstäblich aus der Not geboren. Die Industrialisierung in Großbritannien und die Bodenreform in Deutschland führten Mitte des 19. Jahrhunderts zu einem dramatischen Anstieg der Armut. Als Ausweg aus der wirtschaftlichen Misere wurde in beiden Ländern unabhängig voneinander die genossenschaftliche Kooperation entwickelt.

So fanden sich im britischen Rochdale 28 Weber, deren Zunft unter der Konkurrenz der neuen Textilfabriken zu leiden hatte, zur

„Gesellschaft der redlichen Pioniere" zusammen. Die Mitglieder investierten Geld und Arbeitkraft und konnten im Gegenzug günstig Lebensmittel erwerben – die erste Konsumgenossenschaft war damit ins Leben gerufen. Parallel dazu gründeten in Deutschland Hermann Schulze und Friedrich Wilhelm Raiffeisen die ersten Einkaufs- und Bankgenossenschaften.

Die historische Idee prägt heute noch den Charakter der Genossenschaft, in der sich Menschen zusammenschließen, um ein gemeinsames wirtschaftliches Ziel zu verfolgen. Der große Unterschied zur AG liegt darin, dass bei der Generalversammlung, wo ähnlich wie bei der Hauptversammlung der Aktiengesellschaft die Aufsichtsräte gewählt werden und damit indirekt über den Vorstand bestimmt wird, als Abstimmungsprinzip gilt: Jeder Anwesende hat eine Stimme – unabhängig davon, wie viele Anteile in seinem Besitz sind. Im Unterschied zu Aktiengesellschaft oder GmbH sind damit Großaktionäre oder beherrschende Gesellschafter außen vor.

So viel Demokratie braucht jedoch ein starkes gemeinsames Interesse, um als Geschäftsmodell zu funktionieren. Genau hier liegt der

Knackpunkt: Wenn sich die Teilhaber nicht weitgehend einig über die Ausrichtung der Genossenschaft sind, kann der Richtungsstreit das Unternehmen komplett lähmen.

Darüber hinaus sollten Sie bedenken, dass eine Genossenschaft zwingend einem genossenschaftlichen Prüfungsverband angehören muss, der die Jahresabschlüsse testiert. Bei kleinen Genossenschaften mit weniger als zwei Millionen Euro Umsatz beziehungsweise weniger als einer Million Euro Bilanzsumme kann diese Prüfung im Zwei-Jahres-Rhythmus stattfinden. Dennoch sind aus diesem Grund nicht nur mit der Gründung, sondern auch mit der laufenden Verwaltung vergleichsweise hohe Kosten verbunden.

Daher zählen Genossenschaften innerhalb der Gründerszene zu den Exoten. Infrage kommt diese Rechtsform zumeist dann, wenn ähnlich wie in einem Verein gleichlautende Interessen gebündelt werden sollen, dabei jedoch eher die Wirtschaftlichkeit als die Gemeinnützigkeit im Vordergrund steht. Eine gewisse öffentliche Aufmerksamkeit haben in den vergangenen Jahren Energiegenossenschaften erlangt, in denen sich Bürger zusammenschließen, um gemeinsam mit einer größeren Photovoltaik- oder Windenergieanlage Strom aus erneuerbaren Energiequellen zu erzeugen. Auch manche Kulturbetriebe wie etwa Theater oder Zeitungen wie beispielsweise die taz firmieren als Genossenschaft.

WELCHE RECHTSFORM WÄHLEN?

Zugegeben, die Wahl der passenden Rechtsform ist in vielen Fällen nicht ganz einfach. Zahlreiche Aspekte wollen bedacht sein: Haftung, Kosten, Zeitaufwand und das zur Verfügung stehende Startkapital. Auch die künftigen Entwicklungsmöglichkeiten Ihres Unternehmens spielen eine Rolle. Im Entscheidungsbaum „Welche Rechtsform für wen?" auf S. 107 konnten Sie bereits ablesen, welche Rechtsformen überhaupt für Ihr Gründungsprojekt infrage kommen können. Und in den vorangegangen Abschnitten konnten Sie sich ein Bild von den Vor- und Nachteilen der verschiedenen Optionen machen.

Einen kompakten Überblick bietet die Tabelle „Vor- und Nachteile der einzelnen Rechtsformen" auf den beiden folgenden Seiten. Um es für Sie übersichtlicher zu gestalten, haben wir auch die Freiberufler in die Tabelle einsortiert, obwohl es sich nicht im strengen Sinn um eine zivilrechtliche Rechtsform handelt.

Nutzen Sie am besten auch Beratungsgespräche, um die Frage zu klären, welche Rechtsform zu Ihrem Vorhaben passt.

Vor- und Nachteile der einzelnen Rechtsformen

Rechtsform	Vorteile	Nachteile
Freiberufler	► keine Gewerbesteuerpflicht ► keine IHK-Pflichtmitgliedschaft ► vereinfachte Buchführung mit Einnahmen-Überschuss-Rechnung spart Aufwand und Kosten ► schnelles und kostengünstiges Gründungsverfahren	► Beschränkung auf bestimmte Berufsgruppen ► Gründer haftet mit vollem Privatvermögen
Partnerschaftsgesellschaft	► keine Gewerbesteuerpflicht ► keine IHK-Pflichtmitgliedschaft ► vereinfachte Buchführung mit Einnahmen-Überschuss-Rechnung spart Aufwand und Kosten ► teilweise Haftungsbeschränkung durch Mandatshaftung	► Beschränkung auf Freiberufler ► zusätzliche Gründungskosten durch notarielle Beglaubigung und Eintrag ins Partnerschaftsregister ► Teilhaber haften mit vollem Privatvermögen für alle Verbindlichkeiten außerhalb der Mandatshaftung
Einzelunternehmer ohne Handelsregistereintrag	► schnelle und kostengünstige Gründung ► bei Einhalten der Umsatz- und Gewinngrenze (weniger als 600 000 Euro Umsatz, maximal 60 000 Euro Gewinn) vereinfachte Buchführung mit Einnahmen-Überschuss-Rechnung, die Aufwand und Kosten spart ► gut geeignet für Gründer, die mit eher niedrigem Kapital starten, wie beispielsweise Handwerker, Dienstleister oder IT-Experten	► Gründer haftet mit vollem Privatvermögen ► Sach- und Fantasienamen als Firmierung nicht möglich, nur als Werbezusatz zum Vor- und Zunamen
Einzelunternehmer mit Handelsregistereintrag (e. K.)	► Firmierung mit Sach- oder Fantasienamen möglich	► keine Einnahmen-Überschuss-Rechnung möglich: daher größerer Buchhaltungsaufwand und höhere Kosten
GbR	► schnelle und kostengünstige Gründung ► Teamgründungen sind möglich ► vereinfachte Buchführung mit Einnahmen-Überschuss-Rechnung möglich, die Aufwand und Kosten spart	► alle Teilhaber haften mit vollem Privatvermögen ► Sach- und Fantasienamen als Firmierung nicht möglich, nur als Werbezusatz zum Vor- und Zunamen aller Gesellschafter
OHG	► Teamgründungen sind möglich ► Firmierung mit Sach- oder Fantasienamen möglich	► alle Teilhaber haften mit vollem Privatvermögen ► keine Einnahmen-Überschuss-Rechnung möglich, daher größerer Buchhaltungsaufwand und höhere Kosten
KG	► Einbindung untergeordneter oder passiver Teilhaber als Kommanditisten möglich ► Kommanditisten haften nur mit ihrer Einlage ► Firmierung mit Sach- oder Fantasienamen möglich	► Komplementäre haften mit vollem Privatvermögen ► keine Einnahmen-Überschuss-Rechnung möglich, daher größerer Buchhaltungsaufwand und höhere Kosten ► Kommanditisten sind im Regelfall von der Geschäftsführung ausgeschlossen, damit ist keine Haftungsbeschränkung für Geschäftsführer möglich

Rechtsform	Vorteile	Nachteile
GmbH	▶ Gesellschafter haften nur in Höhe ihrer Einlage ▶ Firmierung mit Sach- oder Fantasienamen möglich ▶ Einbindung externer Eigenkapitalgeber möglich	▶ hohe Gründungskosten durch Gebühren für Notar und Registergericht ▶ keine Einnahmen-Überschuss-Rechnung möglich, daher größerer Buchhaltungsaufwand und höhere Kosten ▶ Gründung erfordert 25 000 Euro Mindest-Stammkapital, wobei 12 500 Euro sofort eingezahlt werden müssen
UG	▶ Gründung ab zirka 300 Euro Stammkapital möglich ▶ Gesellschafter haften nur in Höhe ihrer Einlage ▶ niedrigere Gründungskosten als bei GmbH, sofern das Musterprotokoll verwendet wird ▶ spätere Umwandlung in „reguläre" GmbH möglich	▶ keine Einnahmen-Überschuss-Rechnung möglich, daher größerer Buchhaltungsaufwand und höhere Kosten ▶ mindestens 25 % des Jahresgewinns müssen im Unternehmen verbleiben ▶ Nachteile bei Bonitätseinschätzung durch Geschäftspartner
AG	▶ Aktionäre haften nur in Höhe ihres Aktienkapitals ▶ Einbindung externer Eigenkapitalgeber gut möglich ▶ keine Umwandlung in eine AG bei einem späteren Börsengang erforderlich	▶ hohe Gründungskosten durch Gebühren für Notar und Registergericht ▶ keine Einnahmen-Überschuss-Rechnung möglich, daher größerer Buchhaltungsaufwand und höhere Kosten ▶ hoher Verwaltungsaufwand für Hauptversammlung, Aufsichtsrat, Jahresabschluss und Wirtschaftsprüfer
Genossenschaft	▶ eignet sich dann, wenn eine größere Anzahl an Teilhabern ein gemeinsames Ziel verfolgt	▶ hohe Gründungskosten ▶ keine Einnahmen-Überschuss-Rechnung möglich, daher größerer Buchhaltungsaufwand und höhere Kosten ▶ hoher Verwaltungsaufwand für Generalversammlung, Aufsichtsrat, Jahresabschluss und Genossenschaftsprüfungsverband ▶ die hohe Zahl einzelner Teilhaber erhöht das Risiko, dass durch Streitigkeiten im Kreis der Anteilseigner das Unternehmen blockiert werden kann

WORAUF SIE BEI DER FIRMIERUNG ACHTEN SOLLTEN

Die „Firma" ist im juristischen Sinne der Name, den Sie Ihrer Kapital- oder Handelsgesellschaft geben beziehungsweise Ihrem Einzelunternehmen, das als eingetragener Kaufmann firmiert (e. K.). Dies muss nicht zwangsläufig der Name sein, den Ihr Produkt oder Ihre Marke trägt. So heißt beispielsweise der Hersteller der Hautpflegemarke „Nivea" nicht „Nivea AG", sondern „Beiersdorf AG", benannt nach dem Gründer des Unternehmens.

Die Trennung von Marken- und Unternehmensname kann durchaus Vorteile mit sich bringen: Wenn Sie später einmal weitere Produktfamilien unter einem anderen Namen am Markt etablieren wollen, können Sie in Ihrer Unternehmenskommunikation die einzelnen Sparten besser voneinander abgrenzen. Hierzu liefert der Konsumgüterkonzern Henkel ein anschauliches Beispiel: Weitaus bekannter als der Konzernname Henkel sind dessen Marken wie Persil, Pril, Pattex oder Schwarzkopf.

Wie Sie einen passenden Produktnamen finden, erläutern wir im Abschnitt „Name und Kernbotschaft", S. 137. An dieser Stelle stehen die juristischen Spielregeln bei der Firmierung im Mittelpunkt. Der Gesetzgeber grenzt dabei unterschiedliche Varianten voneinander ab:

▶ **Personenfirma:** Bei der Personenfirma gibt der Unternehmer in der Regel seinen Vor- und Zunamen an, wenn es sich um eine Einzelfirma handelt. Bei anderen Rechtsformen wie beispielsweise der GmbH muss der Familienname mit dem entsprechenden Zusatz ergänzt werden wie beispielsweise „Schulze GmbH".

▶ **Sachfirma:** Hier gibt die Unternehmenstätigkeit den Namen vor wie etwa bei „Baustoffhandel Musterstadt AG".

▶ **Fantasiefirma:** Bei bestimmten Rechtsformen kann der Firmenname auch ein frei erfundener Name ohne Bezug zum Familiennamen oder zur Unternehmenstätigkeit sein. Prominente Beispiele wären etwa Google, Yahoo oder Infineon.

▶ **Mischfirma:** Grundsätzlich sind auch Mischformen aus den drei oben genannten Varianten möglich, so etwa „Schulze Baustoffhandel GmbH" oder „ERGO Versicherungsgruppe AG".

Wenn Sie als Kleingewerbetreibender nicht ins Handelsregister eingetragen sind oder sich als Freiberufler selbstständig machen, ist die Frage nach der Firmierung schnell beantwortet: Das Unternehmen ist unter Ihrem Vor- und Zunamen zu führen. Möglich sind sogenannte Geschäftsbezeichnungen, die vor allem dann sinnvoll sind, wenn Sie ein bestehendes Unternehmen als Käufer weiterführen möchten. Es muss aber klar ersichtlich sein, wer der Eigentümer ist – und der Namensgeber der Geschäftsbezeichnung muss sich mit der weiteren Verwendung seines Namens einverstanden erklären.

Beispiel: Britta Reiser ist Floristin und möchte das Blumengeschäft von Inge Singer übernehmen, die sich aus Altersgründen zurückziehen will. Dabei soll die bisherige Geschäftsbezeichnung „Blumen-Oase" beibehalten werden, da der Laden unter dieser Bezeichnung am Ort bekannt ist. Die bisherige Inhaberin ist mit der Weiterverwendung ihres Namens einverstanden, sodass aus „Blumen-Oase Inge Singer" nun „Blumen-Oase Britta Reiser" werden kann.

Zusätzlich zum Vor- und Zunamen des Unternehmers kann im geschäftlichen Verkehr auch eine Fantasiebezeichnung genutzt werden. Diese ist aber – im Gegensatz zur Firmierung – rechtlich unverbindlich und im Prinzip wie eine reine Werbeaussage zu werten. Daher sollten Sie strikt darauf achten, dass Sie in der gesamten geschäftlichen Korrespondenz und im Außenauftritt unabhängig vom Medium immer auch Ihren Vor- und Zunamen angeben.

Ähnliche Vorschriften gelten für die GbR. Sie kann zwar unter einer Geschäftsbezeichnung nach außen auftreten, doch weil die GbR nicht im Handelsregister eingetragen ist, müssen bei der Geschäftskorrespondenz die Namen aller Teilhaber klar ersichtlich sein. Eine rechtlich verbindliche Firmierung ist nur möglich, wenn Ihr Unternehmen im Handelsregister eingetragen ist – und zwar unabhängig davon, ob es sich um eine Personen- oder um eine Kapitalgesellschaft handelt.

Als eingetragener Kaufmann können Sie einen Sach- oder Fantasienamen für Ihre Firma wählen. Gleiches gilt auch für andere Rechtsformen wie OHG, KG, GmbH, UG (haftungsbeschränkt) oder AG. Unter dieser Firma tritt dann das Unternehmen am Markt auf und kann zum Beispiel auch unter dieser Firma verklagt werden.

Die gesetzlichen Firmengrundsätze

Bei der Wahl Ihres Firmennamens müssen Sie einige Grundsätze einhalten, die der Gesetzgeber unter den Oberbegriffen „Klarheit", „Wahrheit", „Ausschließlichkeit", „Öffentlichkeit" und „Einheit" vorgibt. Darüber hinaus sind Sie verpflichtet, bei einer im Handelsregister eingetragenen Firma die Rechtsform als Zusatz mit aufzuführen. Dies kann entweder in ausgeschriebener Form oder als allgemein verständliche Abkürzung geschehen. So kann etwa der eingetragene Kaufmann wählen, ob er bei der Firmierung als Zusatz den Begriff „eingetragener Kaufmann" oder die übliche Abkürzung „e. K." verwendet.

Freiberufler wie Architekten und Rechtsanwälte müssen ihr Unternehmen unter ihrem Vor- und Zunamen führen.

Für welche Grundsätze stehen aber die Begriffe, die der Gesetzgeber vorgibt?

Die Firmenklarheit bezieht sich darauf, dass das Unternehmen über seinen Namen eindeutig erkennbar ist. Deshalb können Sie ein rein grafisches Logo nicht als Firmennamen verwenden. Problematisch wird es auch, wenn Sie einen „unbestimmten Rechtsbegriff" wählen würden. So könnte es durchaus sein, dass die Firmierung „Unternehmensberatung GmbH" abgelehnt wird. Dagegen wäre die „Kayudo Unternehmensberatung GmbH" zulässig, obwohl „Kayudo" ein Fantasiewort ist. Doch immerhin lässt sich mit dem Fantasiebegriff dem Unternehmen eine eigene sprachliche Identität verleihen.

Firmenwahrheit bedeutet in erster Linie: Der Firmenname darf nicht zu irreführenden Interpretationen verleiten. Ein einschlägiges Urteil hierzu lieferte das OLG Schleswig in einem Beschluss vom 28. September 2011 (Aktenzeichen 2 W 231/10). Das Gericht untersagte einem eingetragenen Einzelkaufmann, in seiner Firmierung den Begriff „Group" zu verwenden. Begründung: Der Bestandteil „Gruppe" oder „Group" lasse darauf schließen, dass das Unternehmen mehrere Miteigentümer habe, was bei einem Einzelkaufmann nicht der Fall sei und somit bei den Geschäftspartnern irreführende Vorstellungen erwecken könne.

Die Ausschließlichkeit steht für die Unverwechselbarkeit der Firma. Dies bezieht sich jedoch nur auf die Gemeinde, in der das Unternehmen seinen Hauptsitz hat. So darf es im gleichen Ort keine zwei Firmen mit exakt demselben Namen geben. Das bedeutet konkret: Zwei Unternehmen mit dem Namen „Meier GmbH" wären nicht zulässig, möglich wären dagegen eine „Max Meier GmbH" und eine „Michael Meier GmbH".

Die Öffentlichkeit der Firma bezieht sich darauf, dass die wichtigsten Daten sofort erkennbar sind. Dafür sorgt der Eintrag ins Handelsregister, der gegen eine Gebühr von jedermann abgerufen oder eingesehen werden kann, ohne dass dafür eine Begründung erforderlich ist. Darüber hinaus müssen in Geschäftsbriefen oder im Impressum der Internetseite des Unternehmens unter anderem die folgenden Informationen enthalten sein:

▶ Name (Firma) und Rechtsform des Unternehmens
▶ Zustellfähige Adresse (kein Postfach)
▶ Im Internet-Impressum zusätzlich: Telefonnummer und E-Mail-Adresse
▶ Unternehmenssitz
▶ Zuständiges Registergericht und Nummer des Handelsregistereintrags
▶ Vor- und Zunamen aller Geschäftsführer beziehungsweise Vorstände

Bleibt zum Abschluss noch die Einheit: Darunter ist zu verstehen, dass das Unternehmen nur unter einer Firmierung und nicht mit mehreren verschiedenen Namen in Erscheinung treten darf. Sie müssen also immer die Firmierung verwenden, die Sie bei der Eintragung ins Handelsregister gewählt haben.

INFO **BEACHTEN SIE MARKENRECHTE**
Sie sollten bei der Wahl des Firmennamens auch Kollisionen mit Marken- oder Namensschutzrechten vorbeugen. Diese Rechte gelten nämlich nicht nur dann, wenn Sie ein Produkt oder eine Dienstleistung unter einem entsprechenden Namen an den Markt bringen, sondern unter Umständen schon bei der Namensgebung des Unternehmens. Daher sollten Sie unbedingt eine entsprechende Recherche beim Deutschen Patent- und Markenamt durchführen. Die Recherche ist kostenlos. Sie müssen sich nur vorher registrieren lassen.

AM MARKT ETABLIEREN

DEN OPTIMALEN STANDORT WÄHLEN

Manchmal drängt sich der Eindruck auf, dass mit der fortschreitenden Vernetzung über das Internet die Bedeutung des Standorts für das eigene Unternehmen immer mehr abnimmt. Doch der Schein trügt: Nur in wenigen Ausnahmefällen ist es vollkommen gleichgültig, ob Sie im Herzen einer Großstadt oder in einem abgelegenen Dorf im ländlichen Raum in die Selbstständigkeit starten. Dabei ist der Ballungsraum nicht zwangsläufig der bessere Standort. Angesichts der weitaus günstigeren Mieten auf dem Land können dort oft hohe Kosten eingespart werden. Allerdings geht die Rechnung nur unter der Voraussetzung auf, dass dort dasselbe Umsatzpotenzial vorhanden ist, die Infrastruktur den Anforderungen ent-

spricht und beim Wachstum des Geschäfts qualifizierte Mitarbeiter zu finden sind.

Bei der Wahl des passenden Standorts fließen viele unterschiedliche Kriterien in die Entscheidung mit ein. Welches Gewicht die einzelnen Gesichtspunkte haben, hängt maßgeblich von der Art Ihres Geschäfts ab. So sind für einen metallverarbeitenden Betrieb ganz andere Standortfaktoren ausschlaggebend als für ein Bistro oder eine Boutique. Deshalb gibt es bei der Standortwahl kein Vorgehen nach „Schema F". Vielmehr muss das Domizil zu einem bezahlbaren Preis möglichst viele Ihrer individuellen Vorgaben erfüllen.

Weiterführende Hinweise zu bau- und mietrechtlichen Aspekten bei der Einrichtung von Betriebsräumen finden Sie ab S. 292 im Abschnitt „Geschäftsräume in den eigenen vier Wänden".

Worauf es ankommt, wenn Ihre Kunden zu Ihnen kommen

Ob Gastronomiebetrieb, Ladengeschäft oder Praxis: Wenn Sie davon leben, dass Ihre Kunden persönlich zu Ihnen kommen, hat die Auswahl des Standorts ganz direkte Auswirkungen auf die Entwicklung Ihrer Umsätze. Die kompetenteste Fachberatung und die pfiffigste Geschäftsidee sind wenig wert, wenn es für Ihre Zielgruppe schwierig oder unbequem ist, zu Ihnen zu finden. Damit kann der scheinbar günstigere Standort zwar Vorteile in Form einer niedrigeren Miete bieten, doch unter Umständen ist am Ende die Umsatzeinbuße aufgrund der ungünstigeren Lage weitaus gravierender als die Kostenersparnis.

Insbesondere für Einzelhändler mit einem hohen Anteil an Laufkundschaft ist die Präsenz

Besonders für Einzelhändler mit einem hohen Anteil an Laufkundschaft ist die Lage ihres Geschäfts das A und O.

in einer gut frequentierten und attraktiven Lage das A und O für den langfristigen Erfolg. Die beliebtesten Standorte sind die „1A-Lagen", die in den Innenstädten die höchste Passantenfrequenz vorweisen können. Diese Top-Lagen befinden sich direkt am Hauptstrom der Fußgänger und sind oft in Fußgängerzonen anzutreffen. Meist werden hier jedoch die höchsten Kauf- und Mietpreise verlangt. Angrenzend daran befinden sich die „1B-Lagen", meist in Stichstraßen zu den Fußgängerzonen oder an deren Ende. Hier lässt der Passantenstrom bereits deutlich nach, doch dafür sind die Mietpreise deutlich günstiger. Dann gibt es noch die „2A-Lagen", die das Zentrum von Stadtteilen oder kleineren Städten bilden. Und natürlich die dazugehörigen „2B-Lagen", die an solche kleine Zentren angrenzen.

Allerdings sind einige Entwicklungen in den vergangenen Jahren nicht ohne Folgen für diese Systematik geblieben. So ist in zahlreichen Großstädten zu beobachten, dass die Top-Lagen zu immer größeren Teilen von Filialkonzernen wie Starbucks, H&M, Douglas oder Mobilfunk-Filialisten dominiert werden. Solche finanzstarken Markenunternehmen haben vielerorts die Mieten in schwindelerregende Höhen getrieben, sodass alteingesessene Einzelhändler sich die Verlängerung auslaufender Mietverträge oft schlichtweg nicht mehr leisten können. Auf der anderen Seite drohen vor allem in kleineren Städten die Zentren zu veröden, weil sich große Supermärkte bevorzugt am Stadtrand ansiedeln, wo genügend Fläche für Parkplätze zur Verfügung steht und die Erreichbarkeit mit dem Auto ohne Stau und Ampelmarathon gewährleistet ist.

Nicht immer ist übrigens die Innenstadtlage in einer Fußgängerzone für einen Einzelhändler das Nonplusultra. So lassen sich leichtgewichtige Einkäufe wie Kleidung oder Schuhe gut ein paar hundert Meter bis zum Auto oder zur nächsten Straßenbahnstation tragen. Doch für einen Weinhändler wäre ein Standort, an dem der Kunde nicht direkt die Einkäufe in den Kofferraum seines Autos packen kann, ein echtes Umsatzhemmnis. Versuchen Sie sich bei der Bewertung der infrage kommenden Standorte immer in die Lage Ihrer Kunden hineinzu-

Wer wie Weinhändler schwergewichtige Waren verkauft, sollte dafür sorgen, dass die Kunden gut in der Nähe parken können.

versetzen und überlegen Sie, ob Sie als Kunde dort den Einkauf als bequem oder mühsam empfinden würden.

Neben der Lage zählen der Zustand und der Zuschnitt der Immobilie zu den wichtigen Erfolgskriterien. Wenn das Haus heruntergekommen aussieht, der Eingang verwinkelt ist oder kaum Schaufensterflächen für die Präsentation Ihrer Angebote vorhanden sind, nützt die Lage an einem erstklassigen Standort nur wenig. Auch das Umfeld sollten Sie nicht außer Acht lassen: Hohe Leerstandsquoten oder die Häufung von Billiganbietern in der näheren Umgebung können die Attraktivität erheblich beeinträchtigen.

Wenn Sie darauf angewiesen sind, einen guten Teil der Kundschaft aus dem Passantenstrom „herauszufischen", sollten Sie verschiedene Standorte sorgfältig miteinander vergleichen und dabei sowohl die aktuelle Situation wie auch die mögliche zukünftige Entwicklung mit in Ihre Überlegungen einbeziehen. Dabei sollten Sie die Aussagen von Vermietern oder Maklern mit Vorsicht genießen, denn diese stellen naturgemäß die Merkmale ihrer Offerten besonders optimistisch heraus und kehren deren Nachteile gern unter den Tisch. Im Zweifelsfall kann das Honorar für einen regional er-

fahrenen und auf Handelsimmobilien spezialisierten Gutachter, der vor Ihrer Entscheidung
die Standortqualität unvoreingenommen prüft,
gut angelegtes Geld sein.

INFO **STANDORT-SCHNELLTEST MIT DER
CAMPINGSTUHL-METHODE**
Einen ersten Anhaltspunkt darüber, ob
der Standort zu Ihnen passt, kann ein
einfacher Test erbringen. Nehmen Sie sich einen
Campingstuhl, setzen Sie sich an drei unterschiedlichen Tagen zu unterschiedlichen Uhrzeiten jeweils
eine Stunde lang vor das Ladengeschäft, das Sie ins
Auge gefasst haben, und führen Sie zur Passanten-
zählung eine Strichliste. Teilen Sie die Liste einfach
in zwei Kategorien ein:
1 „Könnte meine Zielgruppe sein" und
2 „Ist wahrscheinlich nicht meine Zielgruppe".
Die Einteilung ist wichtig, denn ausschlaggebend
ist längst nicht immer die absolute Zahl der Passanten. Wenn Sie beispielsweise neben einer Berufsschule residieren, besteht der Fußgängerstrom ganz
überwiegend aus Schülern und Auszubildenden –
was Ihnen wenig bringt, wenn Sie eher eine ältere
Zielgruppe ansprechen wollen. Mithilfe des Cam-
pingstuhls und der zweigeteilten Liste können Sie
solche Schieflagen schnell erkennen und das Risiko
einer Fehlentscheidung reduzieren.

Eine weitaus geringere Bedeutung hat die Passantenfrequenz am Standort, wenn Sie Ihre
Kunden nicht vorrangig aus der Laufkundschaft gewinnen, sondern aus anderen Marketingmaßnahmen wie Anzeigenwerbung, Flyer,
Direktmarketing oder Empfehlungen. Finden
die Kontakte mit den Kunden hauptsächlich in
Ihren Räumlichkeiten statt, sollten Sie dennoch
darauf achten, dass die Kriterien eines kunden-
freundlichen Standorts erfüllt werden:

▶ **Gute Erreichbarkeit.** Auch im Zeitalter des
Navigationssystems ist es von Vorteil, wenn
dank einer schnell auffindbaren Adresse
keine komplizierten Wegbeschreibungen
erforderlich sind. Darüber hinaus sollte eine
gute Anbindung an öffentliche Verkehrsmit-
tel gewährleistet sein.

▶ **Parkplätze.** Optimal ist es, wenn für die
Kundschaft genügend eigene Parkplätze
zur Verfügung stehen. Ist dies nicht der
Fall, sollten Sie unbedingt prüfen, ob in der
unmittelbaren Umgebung kostengünstige
öffentliche Parkplätze vorhanden sind.

▶ **Zugänglichkeit.** Insbesondere dann, wenn
Sie sich in einem Heilberuf, beispielsweise
als Physiotherapeut oder Heilpraktiker,
selbstständig machen, müssen Sie damit
rechnen, dass zu Ihnen häufig ältere oder
gehbehinderte Menschen kommen. Ein
barrierearmer Zugang und – sofern sich Ih-

Auch im Café
neben dem
Wunsch-Stand-
ort können Sie
die Camping-
stuhl-Methode
anwenden und
Strichlisten
darüber führen,
welche Passan-
ten zu Ihrer Ziel-
gruppe gehören
– und welche
nicht.

re Räume nicht im Erdgeschoss befinden – ein Aufzug im Haus sind bei solchen Konstellationen klare Pluspunkte.

Standortfaktoren für Betriebe mit Produktion und Lager

Andere Schwerpunkte bei der Standortbewertung stehen im Mittelpunkt, wenn der Kundenbesuch in den Räumlichkeiten nur bei bestimmten Anlässen wie Meetings oder Produktabnahmen erforderlich ist. Vor allem dann, wenn Sie einen Produktionsbetrieb einrichten oder ein größeres Warenlager betreiben möchten, gilt es, das Augenmerk auf die dazu passenden Standortfaktoren zu richten. Hier geht es nicht darum, an einem möglichst exponierten Standort die Aufmerksamkeit vorübergehender Passanten auf sich zu ziehen – wenn es um die effiziente Produktion und Logistik geht, zählen andere Qualitäten.

Im ersten Schritt sollten Sie Immobilienangebote darauf prüfen, ob das Gebäude die optimalen Voraussetzungen für einen effizienten Betriebsablauf bietet. So kann beispielsweise die Verteilung der Produktion auf verschiedene Stockwerke ein gravierender Nachteil sein, wenn viel Zeit durch den innerbetrieblichen Transport mit dem Aufzug verloren geht. Wenn Sie schwere Maschinen aufstellen müssen, benötigen Sie dafür Stellflächen, deren statische Tragkraft den Anforderungen genügt. Bei Lagerflächen sollte gewährleistet sein, dass bei Bedarf die Bestückung problemlos mit einem Gabelstapler oder anderen Flurfördergeräten erfolgen kann.

Beim Blick auf die künftige Entwicklung Ihres Unternehmens befinden Sie sich in gewisser Weise in einer Zwickmühle: Auf der einen Seite verursacht ein großzügig dimensioniertes Firmengebäude hohe Miet- oder Erwerbskosten, und auf der anderen Seite ist es ein teures Unterfangen, wenn Sie schon nach ein paar Jahren mit dem kompletten Unternehmen umziehen müssen, weil der bisherige Firmensitz aus allen Nähten platzt. Ideal ist es, wenn Sie beispielsweise mit dem Kauf eines etwas größeren Grundstücks bereits eine Reservefläche zur Verfügung haben, die Sie bei Bedarf bebauen können. Damit beschränken sich beim Start

die Zusatzkosten auf den reinen Grundstückspreis, während die Baukosten erst dann anfallen, wenn dank einer günstigen Geschäftsentwicklung weiteres Eigenkapital vorhanden ist.

Ein wichtiger Aspekt kann auch die Verkehrsanbindung sein. Vor allem dann, wenn Ihr Betrieb einen größeren Strom an Wareneinoder -ausgängen verursacht, sind Standorte in beengten und stauträchtigen Innenstadtlagen meist mit Nachteilen verbunden. Empfehlenswert ist unter solchen Voraussetzungen die Ansiedlung in einem am Ortsrand gelegenen Gewerbegebiet mit guter Verkehrsanbindung.

Standortbewertung für Unternehmen mit Kundenverkehr

1	**Basisdaten zur Immobilie** ✓ Wie hoch ist der Kauf- beziehungsweise Mietpreis? ✓ Wie viele Quadratmeter an Verkaufs- und Nutzfläche stehen zur Verfügung? ✓ In welchem Jahr wurde die Immobilie errichtet? ✓ In welchem Stockwerk befinden sich die Räume?
2	**Lage / Umgebung** ✓ Wie hoch ist die tägliche Passantenfrequenz am Standort? ✓ Wie hoch ist der Anteil der infrage kommenden Zielgruppe am täglichen Passantenstrom? ✓ Befinden sich attraktive Geschäfte in der direkten Nähe, die von der Zielgruppe bereits frequentiert werden? ✓ Gibt es in größerem Umfang Leerstände in der Nachbarschaft? ✓ Gibt es in der Nachbarschaft Geschäfte oder Lokalitäten, die die Attraktivität des Standorts beeinträchtigen?
3	**Immobilie** ✓ Sind die Räumlichkeiten bequem und direkt von der Straße aus zugänglich? ✓ Ist das Gebäude insgesamt in einem gepflegten und präsentablen Zustand? ✓ Gibt es in ausreichendem Umfang gut sichtbare Schaufensterflächen für die Präsentation des Angebots? ✓ Stehen weitere Möglichkeiten für die Außenwerbung wie beispielsweise das Anbringen eines größeren Firmenschildes oder das Aufstellen von Stoppern zur Verfügung? ✓ Entspricht der Zuschnitt der Räume Ihren Anforderungen? ✓ Steht ein Aufzug zur Verfügung, wenn sich die Räume nicht im Erdgeschoss befinden?
4	**Verkehrsanbindung** ✓ Beim Standort in der Fußgängerzone: Befinden sich Parkplätze und Haltestellen öffentlicher Verkehrsmittel in der Nähe? ✓ Kann die Warenanlieferung auf unkomplizierte Weise erfolgen? ✓ Beim Standort außerhalb von Fußgängerzonen: Gehört eine ausreichende Anzahl eigener Parkplätze zum Miet- beziehungsweise Kaufobjekt oder ist zumindest in unmittelbarer Nähe ein öffentlicher Parkplatz vorhanden?

Mit einem Stopper, den Sie auf dem Gehweg vor Ihrem Geschäft oder Lokal platzieren, können Sie neue Kunden anziehen.

Weitere Überlegungen zum Standort

Neben den Erwerbs- oder Mietkosten und dem Zuschnitt der Räumlichkeiten sollten Sie auch dann einige grundlegende Standortfaktoren berücksichtigen, wenn die spezifischen Anforderungen für Einzelhandels- oder Produktions- und Logistikbetriebe nicht für Ihr Gründungsvorhaben relevant sind. Dazu zählen in erster Linie die folgenden Kriterien:

▶ **Nähe zu Ihrem Wohnort.** Der Standort Ihres Unternehmens muss nicht zwangsläufig um die Ecke von Ihrem Zuhause liegen – aber wenn Sie morgens und abends jeweils mehr als eine halbe Stunde im Auto verbringen, kann das auf Dauer zum produktivitätshemmenden Stressfaktor werden.

▶ **Attraktivität für Mitarbeiter.** Nicht nur Sie selbst, sondern auch Ihre künftigen Mitarbeiter sollten möglichst wenig Zeit mit dem Pendeln zwischen Wohnort und Arbeitsplatz verbringen. Gerade in ländlichen Regionen ist es oft schwierig, Fachkräfte mit speziellen Qualifikationen in gut erreichbarer Nähe zu finden. Daher sollten Sie sich überlegen, ob am geplanten Standort das Einzugsgebiet für das Akquirieren von guten Mitarbeitern groß genug ist. Ein Pluspunkt ist hierbei auch eine gute Anbindung an den öffentlichen Nahverkehr – insbesondere dann, wenn sich ein Haltepunkt der S- oder U-Bahn in der Nähe befindet.

▶ **Digitale Infrastruktur.** Die meisten Unternehmen sind auf einen schnellen Internetanschluss angewiesen, damit der Austausch von großen Datenmengen, Online-Konferenzen oder andere datenintensive Online-Tätigkeiten nicht zur quälenden Prozedur werden oder sogar unmöglich sind. Abseits der Ballungsräume bestehen immer noch Versorgungslücken, in denen eine Übertragungsgeschwindigkeit von deutlich weniger als 10 MBit pro Sekunde erreicht wird. Beim Prüfen der Immobilienangebote sollten Sie daher sicherstellen, dass eine für Sie ausreichend schnelle Internetverbindung vorhanden ist – und zwar nicht nur in der Theorie, sondern auch in der Praxis. Außerdem sollten Sie darauf achten, dass Sie aus allen Handynetzen gut erreichbar sind. Auch das ist noch nicht in allen Gegenden selbstverständlich.

NAME UND KERNBOTSCHAFT

Wenn Ihre Geschäftsidee Gestalt annimmt, folgt fast schon zwangsläufig die Überlegung, mit welchem Namen Sie an den Markt gehen wollen und welche Kernbotschaften mit Ihrem Unternehmen verknüpft werden sollen. Denn mit Marken verhält es sich ähnlich wie mit Menschen: Je einprägsamer der Name und je eigenständiger der Charakter, umso länger erinnert man sich daran. Fantasie- und leblose Marken geraten hingegen schnell in Vergessenheit.

Mit dem sorgsamen Herausarbeiten der Kernbotschaft und dem Finden eines passenden Namens für Ihr Unternehmen legen Sie das Fundament für die Entwicklung Ihrer späteren Marketingstrategie. Sie stehen für die Identität Ihres Unternehmens. Umgekehrt formuliert: Würden Sie eine Marketingaktion starten, ohne genau zu wissen, mit welchem Inhalt Sie Ihre künftigen Kunden überzeugen wollen, dann bliebe der Erfolg dem Zufall überlassen.

Die Kernbotschaft herausarbeiten

Eine Kernbotschaft zu formulieren bedeutet, die Vorzüge Ihres Angebotes in möglichst wenigen Sätzen zu verdichten. Das klingt zunächst einfach, ist aber alles andere als trivial – immerhin legen Sie damit die Basis für Ihren gesamten Unternehmensauftritt. Daher sollten Sie dieser Aufgabe gebührend Aufmerksamkeit

Wer mit einem bestimmten Merkmal aus der Masse herausragt, findet leichter Kunden.

widmen, mit möglichst vielen Menschen aus Ihrer potenziellen Zielgruppe über deren Erwartungen und Wünsche sprechen und so Schritt für Schritt die Argumente herausfiltern, mit denen sich Ihre Zielgruppe zum Kauf bei Ihnen bewegen lässt.

Das ist ein Vorgang, der ganz individuell abläuft und damit kaum Ansätze für ein Patentrezept bietet. Dabei ist es immer wieder vonnöten, gedanklich die Seiten zu wechseln und sich in die Situation des Kunden hineinzuversetzen, der Ihrer Offerte naturgemäß zuerst einmal kritisch gegenübersteht. Die spannende Frage ist: Wie kann es Ihnen gelingen, innerhalb weniger Minuten aus einem Skeptiker einen überzeugten Käufer zu machen?

Das A und O: Alleinstellungsmerkmale

Ideal ist es, wenn Sie sich bei der Kernbotschaft auf ein Alleinstellungsmerkmal fokussieren können, mit dem Sie sich von Ihren Wettbewerbern abheben. Dies wird in der Marketing-Fachsprache auch als „Unique Selling Proposition" oder abgekürzt als „USP" bezeichnet. Noch besser ist es, wenn dieses Alleinstellungsmerkmal dem Kunden einen messbaren Vorteil bringt, sodass er bereit ist, für Ihr Produkt mehr Geld auszugeben als für die Produkte der Konkurrenz.

Alleinstellungsmerkmale können sowohl auf das Produkt selbst wie auch auf ergänzende Dienstleistungen bezogen sein. Wichtig dabei ist, dass der Kunde daraus einen ganz konkreten Nutzen ziehen kann. Banal ausgedrückt: Wenn Sie 2,35 Meter groß sind und sich als Steuerberater selbstständig machen, sind Sie zwar wahrscheinlich der größte Steuerberater Deutschlands – aber Ihre Mandanten haben davon nichts.

Wenn die Kernbotschaft Ihres Unternehmens aus einem Alleinstellungsmerkmal besteht, können Sie vermeiden, dass es der Botschaft an inhaltlicher Durchschlagskraft fehlt, weil sie austauschbar ist oder Merkmale herausstellt, die bei den Wettbewerbern in ähnlicher Weise zu finden sind. „Wir sind kreativ, innovativ und kundenorientiert" – das wäre ein klassisches Beispiel für eine ziemlich wertlose Botschaft, weil ein großer Teil der in Deutschland ansässigen Unternehmen diese Attribute schon beansprucht. Reduzieren Sie Ihre Kernbotschaft daher nicht auf Allgemeinplätze, sondern formulieren Sie daraus einen konkreten und für Ihre Kunden relevanten Vorteil.

Ein eingängiger Slogan

Häufig entwickelt sich aus diesen Überlegungen auch die Idee für einen Slogan. Dabei handelt es sich um einen kurzen und einprägsamen Satz, der eng mit dem Unternehmens- oder Produktnamen verknüpft ist und das wichtigste Verkaufsargument in den Köpfen der Zielgruppe verankern soll. Neben dem Inhalt spielt bei der Entwicklung eines Slogans die Sprachkunst eine Rolle. Ohne dass wir es bewusst bemerken, erhalten Slogans ihren hohen Erinnerungswert oft dadurch, dass die Texter auf Elemente der musikalischen Rhythmik oder der Lyrik zurückgreifen. Einige Beispiele:

▶ **„Und läuft und läuft und läuft"**. Der aus den sechziger Jahren stammende Werbeslogan für den VW Käfer ist für viele Werbefachleute heute noch das Maß aller Dinge. Er bringt nicht nur die Langlebigkeit und Qualität des Produkts auf den Punkt, sondern prägt sich dank der Wiederholung und der schnörkellosen und fast maschinenhaften Rhythmik hervorragend ein.

▶ **„Unkaputtbar"**. Mit dieser Bezeichnung hat der Getränkehersteller Coca-Cola ein Wort erfunden, das den wichtigsten Vorteil der Kunststoff-Getränkeflasche hervorhebt: Im Gegensatz zu Glasflaschen gibt es keine Scherben, wenn die Flasche mal herunterfällt.

▶ **„Haribo macht Kinder froh ..."**. Der Gummibärchenhersteller hat den klassischen Reim gewählt, um seine Kernbotschaft unters Volk zu bringen – und spielt dabei geschickt mit dem Bedürfnis der Eltern, ihren Kindern etwas Gutes zu gönnen und sie damit froh zu machen.

▶ **„Wohnst du noch oder lebst du schon?"** Die mit einem Augenzwinkern gestellte rhetorische Frage und die direkte Ansprache mit „du" verkörpern das Selbstverständnis der skandinavischen Möbelhauskette Ikea, die vor allem jüngere Kunden ansprechen will.

Alleinstellungsmerkmale finden

Häufig lassen sich Alleinstellungsmerkmale in einen der folgenden Themenbereiche einordnen:	
Technologie	Erfindungen und Patente sorgen bei vielen Produkten und Herstellern für ein Alleinstellungsmerkmal. Allerdings werden neue Entwicklungen oft schnell kopiert, sodass die Innovationsleistung ständig auf höchstem Niveau gehalten werden muss, um den Vorsprung zu halten.
Qualität	Wenn die Qualität und damit die Langlebigkeit der Produkte nachweisbar überdurchschnittlich hoch ist, können damit höhere Preise am Markt durchgesetzt werden. Das Problem für Existenzgründer: Das Renommee eines Qualitätsanbieters entwickelt sich nicht über Nacht, sondern in einem oft mehrere Jahre dauernden Prozess.
Design	Auch über Design und Gestaltung können Sie sich ein gewisses Alleinstellungsmerkmal erarbeiten. Nicht nur Modedesigner zeigen, wie das funktionieren kann, sondern auch unter anderem der Technologiekonzern Apple.
Funktionalität	Pluspunkte können Sie sammeln, wenn Ihre Produkte einfacher oder sicherer zu handhaben sind als die der Konkurrenz. Dieses Merkmal hat beispielsweise zum Siegeszug des Klettverschlusses geführt, der weitaus einfacher zu benutzen ist als Schnürsenkel, Reißverschlüsse oder Druckknöpfe.
Zusatzservice	Ein gutes Verkaufsargument kann auch eine besondere Serviceleistung sein, die Sie zusätzlich zu Ihrem eigentlichen Produkt anbieten. So haben Sie beispielsweise als Betreiber einer Fahrrad-Reparaturwerkstatt einen Wettbewerbsvorteil, wenn Sie Ihren Kunden anbieten, auf Wunsch das Fahrrad abzuholen und nach der Reparatur wieder zum Kunden zu bringen.
Persönliche Merkmale	Vor allem bei Dienstleistungen oder in kreativen Berufen liegt die Besonderheit oft in der Person des Unternehmers. Das kann sich auf vielfältige Weise äußern, wie beispielsweise in Form eines spezifischen Fachwissens bei Steuerberatern oder Rechtsanwälten, einer ausgeprägten rhetorischen Begabung bei einem freiberuflichen Dozenten oder der sauberen Arbeitsweise und verlässlichen Termintreue bei einem Handwerker.

Klar und einfach formulieren

Auch wenn Sie feststellen sollten, dass Ihre Kernbotschaft nicht in einen griffigen Slogan zu fassen ist, sollte sie dennoch klar und einfach verständlich formuliert sein. Denn: Ähnlich wie ein immer wiederkehrendes Melodiefragment in einem Musikstück sollte sich diese Aussage durch Ihre komplette Unternehmenskommunikation ziehen. Von der Pressemitteilung über Broschüren bis hin zum Internetauftritt sollten alle Medien und Kommunikationsmittel die Unternehmensbotschaft enthalten und nach außen tragen.

Dabei sollten Sie darauf achten, dass neben einer eingängigen Formulierung noch weitere Kriterien erfüllt sind. So sollte der Leser aus Ihrer Zielgruppe auf den ersten Blick einen klaren Nutzen für sich erkennen und sich nicht nur auf der Sachebene, sondern auch emotional angesprochen fühlen. Und selbstverständlich muss die Botschaft glaubwürdig und beweisbar sein – denn leere Werbeversprechen entwickeln sich ganz schnell zum Bumerang, der am Ende das Firmenimage dauerhaft beschädigen kann.

Eine gute und bewährte Methode, um Kernbotschaften herauszuarbeiten, ist der „Elevator Pitch". Die Idee stammt aus den USA und geht von folgendem Szenario aus: Stellen Sie sich vor, Sie treffen zufällig einen potenziellen Geldgeber im Aufzug und müssen ihn auf dem Weg vom Erdgeschoss in die Chefetage von Ihrer Geschäftsidee überzeugen. Wenn Ihnen das gelingen soll, müssen Sie die Vorzüge Ihres Unternehmens innerhalb einer Minute auf den Punkt bringen – und genau dies ist das Ziel beim Elevator Pitch. Formulieren Sie Ihre Kernbotschaften so, dass alles zusammen maximal eine halbe Seite in Anspruch nimmt und auch für denjenigen verständlich und schlüssig zu lesen ist, der Ihre Geschäftsidee noch nicht kennt. Auch wenn Sie damit im Moment noch keinen Investor überzeugen müssen, verkörpert diese Methode eine gute Übung, um die Botschaft Ihres Unternehmens auf den Punkt zu bringen.

DIE KERNBOTSCHAFTEN IMMER MAL WIEDER PRÜFEN

Mit der Weiterentwicklung des Unternehmens und den Veränderungen am Markt kann es vorkommen, dass Kernbotschaften oder Slogans im Lauf der Zeit an die neuen Verhältnisse angepasst werden müssen. Sei es, weil die Konkurrenz inzwischen mit ähnlichen Aussagen am Markt agiert, die Produkte neue Merkmale vorweisen oder sich die eigene Unternehmensstrategie verändert hat. Deshalb sollten Sie Ihre Kernbotschaften regelmäßig auf den Prüfstand stellen. Bei Veränderungen der Kernbotschaft sollten Sie jedoch behutsam vorgehen, um inhaltliche Brüche und damit Einbußen beim Wiedererkennungswert zu vermeiden.

Den passenden Unternehmensnamen finden

Wie soll ich mein Unternehmen nennen? Auch der Namensfindung sollten Sie gebührend Zeit widmen. Dabei gilt es natürlich, die gesetzlichen Spielregeln zu berücksichtigen, die je nach gewählter Rechtsform unterschiedliche Vorgaben mit sich bringen. Details zu den rechtlichen Gesichtspunkten finden Sie im Abschnitt „Worauf Sie bei der Firmierung achten sollten", S. 128.

Generell ist zu unterscheiden: Mit Ihrem Vor- und Zunamen können Sie in allen Rechtsformen am Markt agieren. Bei bestimmten Rechtsformen wie beispielsweise der GmbH können Sie Ihr Unternehmen auch anders nennen – der Name wird dann als „Firma" bezeichnet und sollte selbstverständlich möglichst gut zu den Produkten und zu Ihrer Kernbotschaft passen.

Abkürzungen

Eine Möglichkeit der Namensgebung bieten Abkürzungen. Der Name des weltbekannten Softwarekonzerns SAP entwickelte sich aus der Firmierung „Systemanalyse und Programmentwicklung", die in den siebziger Jahren von den Gründern gewählt worden war. Vorteil ist, dass Abkürzungen griffig sind und sich gut in ein Logo integrieren lassen. Jedoch dauert es oft lange, bis solche Kürzel einen hohen Bekanntheitsgrad erreichen, weil sich der oberflächliche Betrachter meist nicht mit den Hintergründen zur Namensentstehung befasst. Überdies besteht Verwechslungsgefahr, wenn andere Unternehmen ähnliche Abkürzungen verwenden. Beispiele: ITT (amerikanischer Elektronik-Mischkonzern) und AT&T (ebenfalls US-amerikanischer Telekom-Anbieter).

Mit inhaltlichem Bezug

Auch der inhaltliche Bezug zu Ihren Produkten bietet Anknüpfungspunkte bei der Wahl des Firmennamens. Wenn Ihr Unternehmensname gleich mit den von Ihnen angebotenen Produkten assoziiert wird, hat dies den Vorteil, dass sich die Zielgruppe den Zusammenhang zwischen Unternehmen und Produkt besser merken kann. Beispiele hierfür sind Solarwatt (Hersteller von Photovoltaikanlagen), Zooplus (Versandhändler für Haustierbedarf) oder Carglass (Reparaturdienstleister für Autoscheiben).

Beim Unternehmensnamen sollten Sie aber den Begriff besser nicht allzu eng fassen, wenn Sie mittelfristig Ihre Produkt- oder Dienstleistungspalette eventuell vergrößern wollen. Firmieren Sie zum Beispiel als „Reifencenter Musterstadt", kann es später schwierig werden, Ihrer Zielgruppe zu vermitteln, dass Sie Ihr Spektrum erweitern und nun auch Wartung, Inspektion und Unfallreparatur in Ihr Programm aufnehmen. Im Zweifel empfiehlt es sich, mit einem eher neutralen Namen zu firmieren und den Markennamen ausschließlich auf eine bestimmte Produktkategorie zu beziehen – das erhält Ihnen den Freiraum, um später einmal Ihrer Angebotspalette noch eine weitere Marke hinzuzufügen.

Kunstnamen

Vollkommen losgelöst von der Produktbezeichnung oder Ihrem Familiennamen können Sie auch einen Kunstnamen kreieren. Vor allem global aufgestellte Internetkonzerne bieten jede Menge Beispiele – sei es der Suchmaschinenkonzern Google, das Internetportal Yahoo oder der Onlinehändler Zalando. Aber auch Unternehmen aus traditionellen Branchen wie der Industriekonzern Evonik oder die Ergo-Versicherungsgruppe haben sich für künstliche Namensgebilde entschieden. Der Vorzug des Kunstnamens liegt darin, dass Sie Ihrem Einfallsreichtum freien Lauf lassen und bei der Namensfindung Ihr Hauptaugenmerk darauf legen können, dass der Name möglichst einprägsam ist. Doch ähnlich wie bei den Abkürzungen bedarf es auch hier eines hohen Aufwands, um die Marke im Gedächtnis der Öffentlichkeit zu verankern.

Wenn Sie die Internationalisierung Ihres Geschäfts schon bei der Gründung im Blick haben, sollten Sie bei der Namenswahl darauf achten, dass zumindest in den wichtigsten Weltsprachen keine Probleme bei der Aussprache auftreten. Überdies sollten Sie sicherstellen, dass Sie nicht eine Bezeichnung verwenden, die in einer anderen Sprache vielleicht eine völlig andere Bedeutung hat.

Beispiel: Prominente Bauchlandung bei der Namensfindung Wie man bei der Namensfindung eine peinliche Bauchlandung hinlegen kann, zeigte vor einigen Jahren der Automobilhersteller Mitsubishi, als er seinen Geländewagen „Pajero" auf den Markt brachte. In den spanischsprachigen Ländern rieb man sich verwundert die Augen – denn dort stand der Name des neuen Autos für ein deftiges Schimpfwort. Um die Autos überhaupt an die Spanisch sprechende Kundschaft bringen zu können, musste Mitsubishi im spanischen und südamerikanischen Markt das Auto in „Montero" umbenennen.

Markenrechte beachten

Bei Kunstworten oder Abkürzungen gilt es sicherzustellen, dass Sie mit dem Begriff keine Namens- oder Markenrechte anderer Unternehmen verletzen. Hat ein anderes Unternehmen den Namen, den Sie ausgewählt haben, bereits als Marke beim Deutschen Patent- und Markenamt angemeldet, droht Ihnen eine Unterlassungsklage. Unter Umständen kann sogar noch eine Schadenersatzforderung hinzukommen. Nicht zu vergessen: Wenn Sie umfirmieren und Ihren Marketingauftritt ändern müssen, kommen weitere hohe Ausgaben für Handelsregister, die Neugestaltung der Inter-

Die drei Dienststellen des Deutschen Patent- und Markenamts

netseiten und die Produktion neuer Briefbögen, Visitenkarten, Broschüren und Flyer aus Sie zu.

Unbedingt ratsam ist daher eine Namensrecherche beim Deutschen Patent- und Markenamt, um sicherzustellen, dass Ihr Wunschname noch von keinem anderen Unternehmen beansprucht wird. Ist ein Name bereits belegt, bedeutet das übrigens nicht zwangsläufig, dass Sie diesen nicht auch nutzen können – sofern keine Verwechslungsgefahr aufgrund ähnlicher Gestaltung oder gleicher Produktbereiche besteht. Denn: Lässt ein Unternehmen seine Marke eintragen, muss es angeben, für welche Produktkategorien diese gilt.

Zu diesem Zweck führt das Deutsche Patent- und Markenamt ein Verzeichnis mit 45 Produkt- und Dienstleistungsklassen sowie einer Vielzahl an weiteren Unterkategorien. Dieses Verzeichnis wird auch als „Nizza-Klassifikation" bezeichnet, weil es auf eine internationale Vereinbarung zurückgeht, die im Jahr 1957 im südfranzösischen Nizza von den teilnehmenden Staatsregierungen unterzeichnet wurde.

Beim Eintrag der Marke muss das Unternehmen angeben, für welche Produktkategorien die Rechte beansprucht werden. Dabei gibt es einen sogenannten Benutzungszwang: Wer für eine bestimmte Produktklasse eine

Marke beansprucht, muss in dieser Kategorie auch Produkte auf den Markt bringen. Ansonsten würde im Lauf der Zeit der Markenanspruch in der betreffenden Produktklasse erlöschen. Überdies steigen die Kosten der Markenanmeldung, je mehr Produktkategorien belegt werden. Diese beiden Maßnahmen sollen sicherstellen, dass keine Namen auf Vorrat markenrechtlich gesperrt werden und damit genügend Spielraum für die Namensfindung bei der Einführung neuer Marken gewahrt bleibt.

Dass ein und derselbe Markenname von unterschiedlichen Unternehmen in friedlicher Koexistenz genutzt werden kann, zeigt das Beispiel „Sofix". Diesen Namen hat sich der Konsumgüterkonzern Henkel für einen Haushaltsreiniger als Marke eintragen lassen, sodass kein anderer Anbieter ein Reinigungsprodukt unter demselben Namen auf den Markt bringen darf. Parallel dazu existiert jedoch ein weiterer Markeneintrag, mit dem sich ein Anbieter von Soßenpulver für Vanillesoßen und ähnliche Produkte den Begriff „Sofix" gesichert hat. Weil beide Unternehmen verschiedene Produktkategorien belegen und aufgrund des jeweils eigenständigen Markenauftritts keine Verwechslungsgefahr besteht, können beide Marken trotz gleichen Namens nebeneinander existieren.

Um Ihren eigenen Markennamen zu schützen, ist es sinnvoll, diesen beim Deutschen Patent- und Markenamt eintragen zu lassen. Der Markenschutz gilt zunächst für zehn Jahre und kann um jeweils weitere zehn Jahre unbegrenzt verlängert werden. Dabei fallen die folgenden Gebühren an:

▶ Anmeldegebühr (inklusive drei Produkt- oder Dienstleistungsklassen): 300 Euro, bei Online-Anmeldung 290 Euro
▶ Gebühr für jede weitere Klasse: 100 Euro
▶ Verlängerungsgebühr (inklusive von drei Produkt- oder Dienstleistungsklassen): 750 Euro
▶ Verlängerungsgebühr für jede weitere Klasse: 260 Euro

Die Gebühren beziehen sich auf den bundesweiten Markenschutz. Soll eine Marke international geschützt werden, fallen weitere Kosten an. Wichtig zu wissen: Beim Markenschutz gibt es einen Benutzungszwang: Wenn die Marke nicht spätestens nach Ablauf einer Schonfrist von fünf Jahren auch wirklich am Markt verwendet wird, dürfen Dritte die Löschung der Marke beantragen.

 INFO

ONLINE-RECHERCHE BEIM PATENT- UND MARKENAMT

Das Deutsche Patent- und Markenamt bietet auf seiner Homepage die Möglichkeit, mit einer Markenrecherche zu prüfen, ob ein Markenname bereits eingetragen und geschützt ist. Angezeigt werden unter anderem der Inhaber der Marke, das Datum der Eintragung, die verbleibende Schutzfrist sowie die Waren- oder Dienstleistungskategorien, in denen der Markenschutz gilt. Die Internetadresse lautet: register.dpma.de

---

LOGO UND UNTERNEHMENSDESIGN

Einer der ersten Schritte Ihres Marketingauftritts besteht darin, für Ihr Unternehmen ein einprägsames Logo zu entwickeln und Design-Richtlinien festzulegen, die für alle Medien gelten, die von Ihrem Unternehmen herausgegeben werden. Vielleicht kennen Sie solche Design-Richtlinien aus Ihrer bisherigen Tätigkeit bei einem größeren Unternehmen und fragen sich nun, ob sich dieser Aufwand für ein Start-up oder gar für eine Solo-Existenzgründung lohnt.

Die Antwort lautet ganz klar: Es lohnt sich. Und es muss nicht unbedingt teuer sein.

Das Logo als unverwechselbares Gesicht Ihres Unternehmens

Vom Kleinbetrieb bis zum Großkonzern hat die überwiegende Anzahl der Unternehmen ein Logo, das mit grafischen Mitteln die Produkte und Werte unterstreicht, die mit dem Namen verknüpft werden sollen.

Denken Sie beispielsweise an das Logo der Lufthansa, dessen stilisierter Kranich fast jedem Kind in Deutschland geläufig ist. Mit dem Kranich hat die Fluggesellschaft eine hervorragende Wahl getroffen: Er ist nicht nur als ausdauernder Vogel bekannt, der bis zu 2 000 Kilometer nonstop zurücklegen kann, sondern gilt auch in vielen Kulturen als Symbol für Eleganz und Klugheit.

Natürlich gibt es noch jede Menge weiterer Logos, die ebenfalls eine hervorragende Designqualität vorweisen und dem Betrachter lange im Gedächtnis bleiben. Allein anhand des Lufthansa-Logos lassen sich jedoch bereits die fünf Merkmale festhalten, die ein gutes Logo ausmachen:

▶ ein starker visueller Bezug zum Produktangebot des Unternehmens,

▶ eine ebenso einfache wie ästhetische Linienführung,

▶ eine schnelle Wiedererkennbarkeit,

▶ die vielseitige Anwendungsmöglichkeit – im Falle der Lufthansa von der Visitenkarte bis zur Flugzeuglackierung – und

▶ eine gut gewählte Farbe, die „Himmelsfarbe" Blau.

Mit Sicherheit hat sich die Lufthansa die Weiterentwicklung ihres im Kern seit 1927 bestehenden Logos jede Menge Geld kosten lassen. Das muss allerdings nicht bedeuten, dass Sie zwangsläufig ein schlecht gemachtes Logo erhalten, wenn Sie lediglich ein schmales Exis-

Der Lufthansa-Kranich ist das perfekte Logo für die Fluglinie. Auch farblich ist es gut abgestimmt.

tenzgründer-Budget zur Verfügung haben. Wie teuer das Logo wird, hängt nicht in erster Linie von dessen Qualität ab, sondern davon, welche Anlaufstelle Sie für die Logoentwicklung wählen und wie aussagekräftig Sie Ihre Anforderungen und Wünsche formulieren.

Am teuersten wird es meist, wenn Sie eine Werbeagentur mit dem Erstellen eines Logos beauftragen – schließlich müssen Sie nicht nur die Leistung der dort angestellten Grafiker, sondern auch den dazugehörigen Vertriebs- und Verwaltungsapparat mitfinanzieren. Um einiges preiswerter kommen Sie in der Regel weg, wenn Sie sich direkt an einen freiberuflichen Grafiker wenden, der seine Leistungen deutlich günstiger als eine Agentur anbieten kann. Und bevor Sie ganz auf ein halbwegs professionelles Erscheinungsbild verzichten, können Sie immer noch einen Grafikstudenten suchen – dieser freut sich über den Nebenverdienst und über ein Referenzprojekt, das er später bei Bewerbungen präsentieren kann. Und für Sie ist ein einfaches, aber ordentlich gestaltetes Logo für 200 oder 300 Euro besser als die selbstgestrickte Notlösung.

Wesentlichen Einfluss auf den Preis des Logos hat auch die Arbeit, die Sie in die Vorbereitung dafür stecken. Wenn Sie ohne klare eigene Vorstellungen einen Designauftrag vergeben, mutiert die Entwicklungsarbeit zum munteren Ratespiel. Je länger sich der Grafiker bemüht, einen Entwurf zu erarbeiten, den Sie am Ende akzeptieren, umso höher wird dessen Zeitaufwand und damit auch sein Honorar. Am Ende erhalten Sie möglicherweise dann nicht einmal das optimale Ergebnis, sondern ein Zufallsprodukt. Daher sollten Sie sich schon im Vorfeld Gedanken darüber machen, welche Gestaltungselemente und Farben zu Ihrem Geschäftsmodell oder auch zu Ihrem Namen passen könnten.

Bei der Farbwahl sollten Sie sich nicht unbedingt von Ihren persönlichen Lieblingsfarben leiten lassen, sondern bewusst eine Farbe wählen, die zu Ihrem Produkt oder zur Kernbotschaft Ihres Unternehmens passt. Hier ohne Anspruch auf Vollständigkeit einige Beispiele zu typischen gedanklichen Verknüpfungen mit bestimmten Farben:

▶ **Rot.** Dies ist die klassische Signalfarbe, die Aufmerksamkeit hervorruft, bei zu grellem Farbton jedoch schnell aufdringlich werden kann. Hellere Rottöne werden oft mit Feuer und Hitze assoziiert, während dunkle Rottöne edel wirken – denken Sie an den sprichwörtlichen „roten Teppich" oder an das dunkle Rot eines edlen Weines.

▶ **Grün.** Nicht nur die gleichnamige Partei hat erkannt, dass Grün die Farbe der Naturverbundenheit ist. Entsprechend viele Anbieter von landwirtschaftlichen oder ökologischen Produkten verwenden daher die Farbe Grün in ihren Logos.

▶ **Blau.** Dies ist die Farbe des Himmels und des Wassers, die häufig mit Klarheit, Nüchternheit und Seriosität verbunden wird. Nicht ganz zufällig findet sich Blau in vielen Logos von Anwaltskanzleien, Beratungsunternehmen und Finanzdienstleistern. Wenn der blauen Farbe etwas Grau beigemischt wird, entsteht ein metallisch anmutender Farbton, der häufig von Maschinenbau- oder Technologieunternehmen genutzt wird.

▶ **Gelb.** Die Farbe der Sonne wirkt heiter, warm und luftig. Weil Gelb als alleinige Farbe auf weißem Hintergrund nur schlecht erkennbar ist, wird der Farbton gerne als Ergänzungsfarbe zu Grün- oder Blautönen eingesetzt.

▶ **Schwarz.** Hier begeben Sie sich auf gefährliches Terrain, denn Schwarz ist die Farbe des Todes und der Trauer. Reine Schwarz-Weiß-Logos können edel und avantgardistisch wirken, brauchen allerdings dann auch eine wirklich hervorragende grafische Umsetzung.

Bei der grafischen Gestaltung sollten Sie Ihr Augenmerk nicht allein auf den Entwurf am PC oder in ausgedruckter Form auf Papier richten, sondern sich überlegen, ob Ihr Logo auch in anderen Medien sofort erkennbar ist und eine gute optische Wirkung hat. Die Bandbreite reicht dabei von Visitenkarten, Briefbögen und Broschüren über den Internetauftritt bis hin zu Fahrzeugbeschriftungen, Firmenschildern und Plakaten.

Ein gut gemachtes Logo sollte in allen Größen und Spielarten funktionieren. Es ist nicht zu kleinteilig, sodass es auch auf einer Visitenkarte klar erkennbar ist. Gleichzeitig verfügt es über einen kraftvollen Ausdruck, der auch auf großen Plakatflächen oder auf Fahrzeugbeschriftungen gut zur Geltung kommt.

Am besten erfüllt diese Anforderungen ein Logo, das von einer schlichten und ansprechenden Gestaltung geprägt ist. Verzichten Sie auf überflüssige Spielereien wie Verzierungen, Schattierungen oder Farbverläufe. Allenfalls bei Marken des Luxussegments sind heute noch reich verzierte Logos an der Tagesordnung, die zuweilen eher wie das Wappen eines Adelsgeschlechts anmuten.

Zwar sollte Ihnen Ihr Logo gefallen – es ist schließlich das wichtigste visuelle Element, das Ihr Unternehmen bei seinem Marketingauftritt zeigt. Doch ebenso wichtig ist, dass Sie mit Ihrem Logo den Stil Ihrer Zielgruppe treffen. Wenn eher konservative oder zahlenorientierte Menschen zu Ihren potenziellen Kunden zählen, brauchen Sie eine andere Gestaltung als bei einer Zielgruppe mit einer emotionalen oder querdenkenden Haltung. Auch das Alter Ihrer Zielgruppe prägt den Stil bei der Logoentwicklung, denn junge Menschen haben einen anderen Farben- und Formengeschmack als Angehörige der Generation „50 plus".

Berücksichtigen Sie auch, in welcher Funktion Sie Ihre Zielgruppe ansprechen: Verkaufen Sie Ihre Produkte an Privatpersonen oder an Unternehmen? In beiden Fällen wirkt Ihr Auftritt auf die Menschen in Ihrer Zielgruppe. Doch wenn jemand in seiner Funktion als Entscheider in einem Unternehmen eine optische Marketingbotschaft erhält, erwartet er möglicherweise einen etwas dezenteren Auftritt als bei der Ansprache als Privatperson.

Unternehmensdesign: Die Fortsetzung Ihres Logo-Stils

Große Unternehmen haben ganze Handbücher, die detaillierte Vorgaben zur Umsetzung des Unternehmensdesigns – im Marketingdeutsch „Corporate Design" oder kurz „CD" genannt – enthalten. Da wird ganz genau beschrieben, wie groß und an welcher Stelle das Logo auf Visitenkarten platziert werden muss, welche Schriftarten in Geschäftsbriefen und Broschüren zum Einsatz kommen, welche

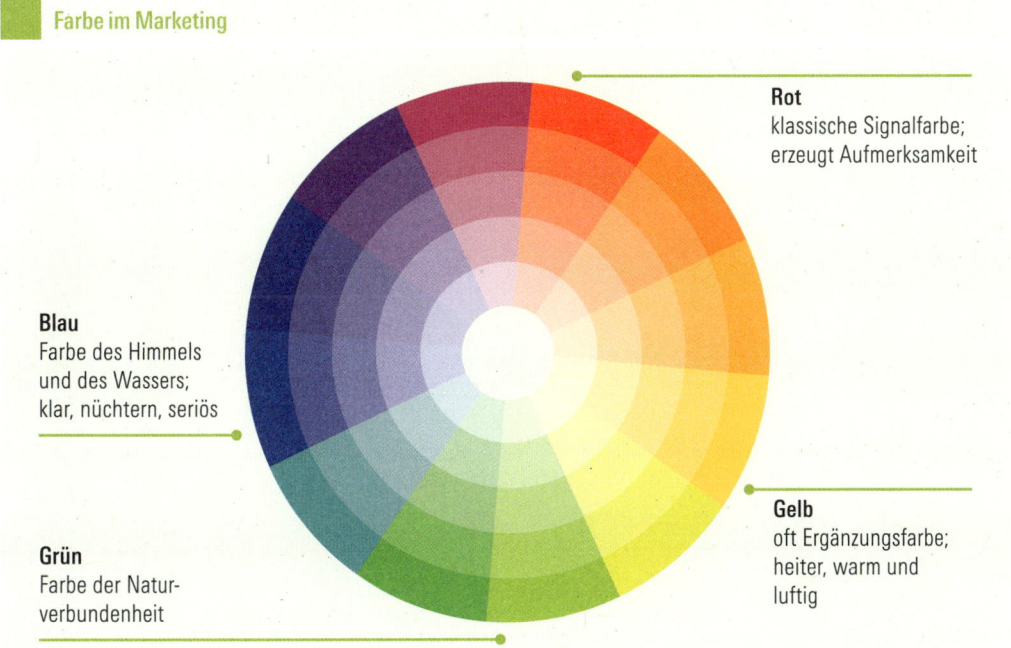

Farbe im Marketing

Rot
klassische Signalfarbe;
erzeugt Aufmerksamkeit

Blau
Farbe des Himmels
und des Wassers;
klar, nüchtern, seriös

Gelb
oft Ergänzungsfarbe;
heiter, warm und
luftig

Grün
Farbe der Naturverbundenheit

Schriftarten mit und ohne Serifen

Als Serifen werden die kleinen „Füßchen" bezeichnet, die bei vielen Schriftarten unten an jedem Buchstaben zu finden sind.

Hier steht eine Serifenschrift, auch Antiqua genannt. Ihr Name ist Droid Serif. Ihre Anmutung ist klassisch. Die Droid Serif ist kostenlos z.B. als Google Webfont.

Hier steht eine serifenlose Schrift, auch Groteskschrift genannt. Ihr Name ist Frutiger. Ihre Anmutung ist sachlich und zeitlos. Die Frutiger ist kostenpflichtig.

Farbtöne in einzelnen Medien zu verwenden sind und wie Präsentationen gestaltet werden.

Natürlich wäre es übertrieben, für ein neu gegründetes Unternehmen einige Tausend Euro auszugeben, um ein 50-seitiges Design-Handbuch aufzulegen. Dennoch sollten Sie sich für eine durchgängige Designlinie entscheiden und die dazugehörigen Eckpunkte schriftlich festlegen – zum einen für sich selbst als Maßgabe und zum anderen als Basis für die Grafiker, die in Zukunft Ihre unterschiedlichen Medien vom Produktflyer bis hin zum Internetauftritt gestalten.

Neben dem Logo und den Unternehmensfarben zählt auch die Wahl der allgemein zu verwendenden Schriftart zu den Kernbestandteilen des Unternehmensdesigns. Dabei haben Sie die Wahl zwischen kostenlos verfügbaren und kostenpflichtigen Schriften. Denn: Wie bei jeder kreativen Tätigkeit gilt für die Entwickler von Schriften das Urheberrecht, sodass der Schöpfer der Schrift entscheiden kann, ob er für die Nutzung seiner Schriftart Geld verlangt oder nicht.

Die kostenlosen Schriftarten sind allen geläufig, die mit einem Textverarbeitungsprogramm arbeiten und dort ihre Schrift auswählen können. Arial, Times New Roman, Georgia zählen zu den bekanntesten Vertretern dieser Gattung. Der Preis für den Kostenvorteil liegt jedoch darin, dass diese Schriften in unzähli-

gen Dokumenten zu finden sind und damit wenig Potenzial für ein herausragendes Schriftbild bieten. Auch sind freie Schriften mitunter mit ästhetischen Schwachpunkten verbunden – das zeigt sich vor allem bei längeren Texten, die nicht immer einen ungestörten Lesefluss gewährleisten.

Über 600 freie Schriften finden Sie beispielsweise über Google Webfonts unter google. com/fonts. Auch für kommerzielle Zwecke können Sie sie lizenzfrei verwenden. Allerdings können Sie bei Google die Schriften nicht für Printprodukte herunterladen, sondern nur über einen HTML-Code in Ihre Website integrieren. Kostenlos herunterladbare Schriften finden Sie auf einschlägigen Internetportalen wie dafont. com/de, myfont.de oder fontriver.de. Aber nicht alle Schriftarten, die dort angeboten werden, sind auch für den kommerziellen Gebrauch kostenlos nutzbar. Daher sollten Sie grundsätzlich die Lizenzbedingungen lesen, bevor Sie eine Schrift einsetzen.

Daneben gibt es kostenpflichtige Schriftarten wie beispielsweise Helvetica oder Frutiger. Diese Schriften können Sie nicht einfach aus dem Internet herunterladen, sondern Sie müssen sie gegen ein Nutzungshonorar erwerben. Je nach Umfang der Schriftpakete können dafür mehrere Hundert Euro an Kosten anfallen. Doch wenn Sie gemeinsam mit dem Grafiker eine gute Wahl getroffen haben, verfügen Sie damit über ein Gestaltungselement, das Ihr Unternehmensdesign deutlich aufwerten kann.

Im Zuge des Unternehmensdesigns legen Sie nicht nur Logo, Farben und Schriftarten fest, sondern erstellen auch einen möglichst einheitlichen gestalterischen Rahmen für Ihre Unternehmensmedien. Dazu zählt unter anderem das Layout für Visitenkarten, Geschäftsbriefe, Werbeanzeigen und Internetseiten.

In der Regel bilden die Design-Richtlinien für Ihr Unternehmen kein starres Korsett, sondern einen Rahmen, innerhalb dessen Sie immer noch gestalterischen Freiraum haben. Top-Kriterium ist dabei die Wiedererkennbarkeit: Wenn ein Geschäftsbrief von Ihnen auf dem Schreibtisch liegt und Ihre Website im Browser aufgerufen wird, muss der Betrachter auf den ersten Blick erkennen können, dass beide Medien vom gleichen Unternehmen stammen.

Die frühzeitige Investition in die durchgängige Gestaltungslinie zahlt sich nicht nur im höheren Wiedererkennungswert aus, sondern auch in der effizienteren und damit kostengünstigeren Entwicklung künftiger Werbemedien. Wo bereits eine Vorgabe für das Design vorhanden ist, muss der Grafiker nicht bei jedem neuen Werbemittel das Rad neu erfinden, sondern kann die Gestaltung aus den bereits vorhandenen Vorlagen ableiten.

Wann welche Schriftart einsetzen?

Die meisten gängigen Schriftarten lassen sich entweder den Schriften mit Serifen oder den serifenlosen Schriftarten zuordnen (siehe Grafik links).

Serifen-Schriften sind immer dann gut geeignet, wenn große Textmengen auf Papier gedruckt werden wie etwa bei Büchern, Zeitungen oder textlastigen Broschüren. Die Serifen bilden eine Linie, die das Auge des Lesers auf der Linie hält und damit den Lesefluss fördert. Weniger geeignet sind diese Schriftarten für die Darstellung auf Bildschirmen, da durch die gröbere Auflösung die Darstellung beeinträchtigt wird.

Serifenlose Schriften sind ideal für Bildschirmmedien geeignet, da sie durch den Verzicht auf Verzierungen sauber dargestellt werden. Bei größeren Textmengen sollte jedoch der Zeilenabstand erhöht werden, weil sonst das Auge des Lesers vor allem bei größeren Zeilenbreiten immer wieder vom Text „abrutscht".

Worauf Sie bei der Entwicklung von Logo und Unternehmensdesign achten sollten

Um für ihre Kunden ein passendes Design kreieren zu können, benötigen Grafiker und Agenturen einige grundlegende Informationen, die gleich bei der Auftragserteilung am besten schriftlich festgehalten werden. Diese als „Briefing" bezeichnete Informationssammlung erleichtert es den Kreativen, ihre Ideen zielgerichtet zu entwickeln. Die nachfolgende Checkliste hilft Ihnen dabei, Ihre Wünsche und Vorstellungen konkret zu formulieren und den Ablauf des Auftrags effizient zu halten.

1	**Logoentwicklung / Vorbereitung** ✓ Welche Farben passen zu Ihrem Geschäftsmodell und zu Ihrer Zielgruppe? ✓ Welche Symbole lassen sich entweder mit Ihrem Namen oder mit Ihren Produkten verknüpfen? ✓ Wie lautet die Kernbotschaft Ihres Unternehmens? ✓ Besteht Ihre Zielgruppe vorwiegend aus Privatverbrauchern oder aus Unternehmen? ✓ Welche stilistischen Merkmale könnten am ehesten auf Ihre Zielgruppe zutreffen? ✓ Soll bei der Logoentwicklung der Text oder ein Symbol im Vordergrund stehen? ✓ Kommt aufgrund Ihres Budgets eher eine Werbeagentur, ein freiberuflicher Grafiker oder ein Grafikstudent als Auftragnehmer infrage?
2	**Logoentwicklung / Auftragsablauf** ✓ Welchen Preisrahmen bietet der Dienstleister für die Entwicklung eines Logos an? ✓ Sind mit dem Preis sämtliche nationalen und gegebenenfalls auch internationalen Nutzungsrechte sowie die Nutzungsrechte für alle gedruckten und elektronischen Medien abgegolten? ✓ Wie viele Entwürfe und Überarbeitungsvorgänge sind im angebotenen Preis enthalten? ✓ Wird Ihnen das Logo in einem digitalen Grafikformat zur Verfügung gestellt, das verlustfrei auf jede beliebige Größe vergrößert beziehungsweise verkleinert werden kann?
3	**Unternehmensdesign** ✓ Für welche Medien soll langfristig eine durchgängige Gestaltungslinie entwickelt werden (zum Beispiel Geschäftsausstattung, Flyer und Broschüren, Werbeanzeigen, Online-Banner, Website, Fahrzeugbeschriftung, Plakate)? ✓ Für welche dieser Medien benötigen Sie gleich zu Beginn Ihrer Unternehmensgründung konkrete Vorlagen? ✓ Soll als Hausschrift eine kostenlose oder eine kostenpflichtige Schriftart Verwendung finden?

VERTRIEBSWEGE: WELCHE SICH EIGNEN

Je schneller und flächendeckender Sie mit Ihren Produkten oder Dienstleistungen Ihre Zielgruppe erreichen, umso besser gelingt es, Ihr Unternehmen am Markt zu etablieren. Die Wahl der optimalen Vertriebswege spielt bei diesen Überlegungen eine Schlüsselrolle. Schon frühzeitig sollten Sie deshalb beim Ausarbeiten Ihrer Geschäftsidee prüfen, welche Vertriebskanäle Ihnen den besten Zugang zu Ihren künftigen Kunden bieten. Dabei stellt sich nicht nur die Frage, wie viel Umsatzpotenzial in den einzelnen Vertriebswegen steckt. Ein kritischer Blick sollte auch den Kosten gelten, die dabei auf Sie zukommen – denn ein hohes Umsatzwachstum nützt Ihnen wenig, wenn es mit so hohen Aufwendungen erkauft ist, dass Sie am Ende rote Zahlen schreiben.

Über welche Kanäle Sie Ihre Waren oder Leistungen am besten verkaufen können, hängt von einigen Faktoren ab. Unter anderem davon,

- ▶ ob Ihre Kundschaft vorwiegend aus Unternehmen (Business-to-Business, abgekürzt „B-to-B") oder privaten Verbrauchern (Business-to-Consumer, abgekürzt „B-to-C") besteht,
- ▶ ob Sie individuelle und erklärungsbedürftige Produkte oder standardisierte Produkte mit wenig Erklärungsbedarf anbieten,
- ▶ ob der persönliche Kontakt zum einzelnen Kunden ein wichtiger Erfolgsfaktor für Ihr Geschäft ist und
- ▶ ob Sie regional aktiv sind oder ob Sie einen bundesweiten oder sogar internationalen Vertrieb planen.

Daraus lässt sich schon erkennen: Den idealen Vertriebsweg, der für alle Produkte gleichermaßen erfolgversprechend ist, gibt es nicht. Unter Umständen kann es sogar erforderlich sein, dass Sie im Lauf der Zeit Ihre Distributionspolitik korrigieren müssen, weil entgegen allen Erwartungen der gewählte Vertriebsweg trotz sorgfältiger Planung nicht den erhofften Umsatz bringt. Dafür entwickelt sich vielleicht auf der anderen Seite ein Kanal, der nur als Ergänzung vorgesehen war, zur tragenden Säule Ihres Verkaufserfolgs.

Nachfolgend erhalten Sie einen kurzen Überblick über die gängigsten Distributionswege und die damit verbundenen Vor- und Nachteile.

Direktvertrieb

Wie es der Name schon vermuten lässt, verkörpert der Direktvertrieb den Verkauf an den Endkunden ohne Zwischenhändler. Von Vorteil ist zunächst einmal der direkte Kontakt zum Kunden, der Ihnen eine wertvolle Fülle an Informationen bietet – zum Beispiel darüber, ob Ihr Produkt deren Erwartungen entspricht oder welche Veränderungen sich Ihre Kunden am Produkt wünschen. Auch brauchen Sie bei der Preiskalkulation keine Handelsspannen für externe Vertriebspartner einzuplanen.

Allerdings wird der Direktvertrieb sehr teuer und aufwendig, wenn Sie ein großes Verkaufsgebiet abdecken wollen und dafür beispielsweise in ganz Deutschland eigene Niederlassungen eröffnen müssen. Auch sollten Sie den Aufwand für das Abwickeln Ihrer Verkaufsaktivitäten nicht unterschätzen: Wenn Sie an 1 000 einzelne Kunden jeweils ein Produkt verkaufen, benötigen Sie weitaus mehr Personal und Zeit als bei der einmaligen Lieferung von 1 000 Produkten an einen Großhändler.

Wenn Sie sich für den Direktvertrieb entscheiden, stehen Ihnen dabei verschiedene Wege offen:

▶ der Verkauf von Produkten in Ihren Geschäftsräumen oder in weiteren Filialen,

▶ der Verkauf auf Messen oder Märkten,

▶ der Verkauf über eigene Außendienstmitarbeiter an Unternehmen oder private Kunden sowie

▶ der Versandhandel über Kataloge oder einen eigenen Online-Shop.

Der Direktvertrieb bildet den gängigen Vertriebsweg vor allem für Selbstständige und Freiberufler, die individuelle Dienstleistungen erbringen. Ob Handwerker, Rechtsanwalt, Therapeut, Ingenieurbüro oder IT-Spezialist: Für diese Berufsgruppen ist der direkte Kontakt zum Kunden Dreh- und Angelpunkt der unternehmerischen Tätigkeit. Überdies hält sich die Anzahl der Kunden meist in überschaubaren Grenzen, sodass für die Verwaltung des Vertriebs nicht allzu viel Aufwand eingeplant werden muss.

Der Vertrieb über den Handel

Für Serien- oder gar Massenprodukte ist in aller Regel der Vertrieb über Händler am sinnvollsten. Händler sind ein wichtiges Bindeglied zwischen Hersteller und Endkunde: Sie bieten den Kunden eine regionale Anlaufstelle für den Kauf der Produkte, leisten Beratungsarbeit und sorgen in der Gesamtbetrachtung dafür, dass die Produkte bundes- oder gar weltweit erhältlich sind. Honoriert wird diese Funktion mit der sogenannten Handelsspanne in Form der Differenz zwischen dem Einkaufs- und Verkaufspreis des Händlers. Das bedeutet für Sie: Sie müssen Ihre Produkte so kalkulieren, dass für den Händler genügend Gewinn übrig bleibt, wenn er Ihr Produkt zu einem wettbewerbsfähigen Preis in sein Sortiment aufnehmen soll.

Die Höhe der Handelsspanne kann je nach Branche und Produkt sehr unterschiedlich ausfallen. Mitentscheidend ist die Marktmacht der Händler: Große Handelsketten fordern oft hohe Handelsspannen und stellen den Herstellern dafür die Abnahme großer Stückzahlen in Aussicht. Im Einzel- und Fachhandel ist es üblich,

dass der Einkaufspreis rund 30 bis 50 Prozent unter dem Netto-Verkaufspreis (ohne Umsatzsteuer) liegt. In Einzelfällen kann die Handelsspanne geringer oder höher ausfallen.

Darüber hinaus erwarten Händler häufig, dass der Hersteller einen eigenen Beitrag zum Marketing beisteuert. Dazu zählt neben einer ansprechenden Verpackung und Produktpräsentation häufig die Imagewerbung in Zeitungen und Zeitschriften oder gar im Fernsehen. Wenn auf diese Weise bei den Endkunden der Wunsch geweckt wird, das Produkt zu erwerben, steigt natürlich die Bereitschaft des Handels zur Aufnahme in das Sortiment sprunghaft an. Wie dieser Mechanismus funktioniert, zeigt uns tagtäglich die Werbung für Markenprodukte aller Art: Die Hersteller pumpen viele Millionen Euro in die TV-Spots und Anzeigen, damit am Ende die Verbraucher im Supermarkt ihre Produkte in den Einkaufswagen legen.

Beispiel: Marketingbudget, Vertriebsweg und Zielgruppe in Einklang gebracht

Wenn der Vertriebsweg und das Marketingbudget nicht miteinander kompatibel sind, sollten Sie überlegen, ob Sie nicht eine andere Zielgruppe auf günstigerem Wege erreichen können. Genau dies taten die Marketingverantwortlichen eines Herstellers von bruchsicheren Trinkgläsern und Dessertschalen, als sie mit ihrer Planung beim Marketingbudget schnell an Grenzen stießen. Ursprünglich war vorgesehen, die Produkte über den Einzelhandel zu verkaufen. Doch die Handelsketten verlangten vom Hersteller, viel Geld in Fernseh- und Anzeigenwerbung zu investieren, damit sie die Waren ins Sortiment aufnehmen – und das konnte sich der Hersteller finanziell nicht leisten.

Nach einigen Brainstorming-Runden entschloss man sich, nicht im Markt der privaten Konsumenten mit dem Einzelhandel als Vertriebsweg zu starten, sondern die Produkte direkt an Kantinenbetreiber zu vermarkten. Das Verkaufsargument: Mit den bruchsicheren Gläsern konnten die Betreiber nicht nur die Lebensdauer ihres Geschirrbestands erhöhen, sondern auch Arbeitszeit sparen, weil keine Scherben mehr zusammengekehrt werden mussten. Damit konnte sich das Unternehmen im Direktvertrieb auf eine überschaubare Zielgruppe konzentrieren und mit dem Verzicht auf eine teure Endverbraucher-Werbekampagne viel Geld sparen. Zwar mussten durch den Wechsel der Zielgruppe die geplanten Absatzzahlen nach unten korrigiert werden, doch dank des weitaus geringeren Aufwands für Werbung und Vertrieb ließen sich diese Einbußen schnell kompensieren.

Handelsvertreter

Auch in Zeiten des Internethandels ist es oft von Vorteil, wenn Ihre Kunden – egal ob es sich um Direktabnehmer oder um Händler handelt – von einem Vertriebsrepräsentanten betreut werden. Bei einer überschaubaren oder ausschließlich regionalen Zielgruppe können Sie diese Aufgabe zumindest in der Anfangsphase meist selbst übernehmen. Schwieriger wird es, wenn Sie Ihre Produkte deutschlandweit an eine breit gefächerte Käuferschaft vermarkten wollen.

In solchen Fällen benötigen Sie entweder eigene Außendienstmitarbeiter, die jedoch hohe Personalkosten verursachen, oder Sie übertragen den Vertrieb an Handelsvertreter. Dabei handelt es sich um selbstständige Vertriebsspezialisten, die einen regional abgegrenzten Kundenstamm betreuen und für alle Umsätze, die ihre Auftraggeber in dem Verkaufsgebiet erzielen, eine Provision erhalten. Häufig führen

Handelsvertreter Produkte unterschiedlicher Unternehmen, deren Sortiment sich ergänzt. So ist es beispielsweise für alle Beteiligten von Vorteil, wenn ein auf Baumarktprodukte spezialisierter Handelsvertreter sowohl einen Hersteller von Bohrmaschinen und Akkuschraubern wie auch einen Hersteller von Kreissägen vertritt.

Die Beziehung zwischen Hersteller und Handelsvertreter ist keine lose Partnerschaft, sondern wird meist vertraglich geregelt. Dabei steht dem Handelsvertreter üblicherweise ein Gebietsschutz zu. Das bedeutet: In dem Gebiet, für das er zuständig ist, dürfen Sie keinen weiteren Handelsvertreter beauftragen. Im Gegenzug dürfen Sie vertraglich mit ihm vereinbaren, dass er keine Produkte führt, die in direkter Konkurrenz zu Ihrem Sortiment stehen. Wird der Vertrag beendet, kann der Handelsvertreter einen finanziellen Ausgleich dafür fordern, dass er für Sie den Kundenstamm aufgebaut hat.

Die Zusammenarbeit mit einem Handelsvertreter bietet Ihnen den Vorteil, dass dieser schon über einen festen Kundenstamm verfügt und damit die Markteinführung Ihrer Produkte beschleunigen und erleichtern kann. Weil es sich um eine langfristig angelegte Vertriebspartnerschaft handelt, sollten Sie bei der Wahl eines Handelsvertreters die infrage kommenden Kandidaten sehr sorgfältig aussuchen.

WERBUNG: SO MACHEN SIE IHRE IDEE BEKANNT

Schon der Industriepionier Henry Ford wusste: „Wenn Sie einen Dollar in Ihr Unternehmen stecken, müssen Sie einen weiteren Dollar bereithalten, um das bekannt zu machen." Das galt vor 100 Jahren, und diese Aussage kann heute noch jeder Unternehmer unterschreiben. Auch wenn sich die Medienlandschaft in den vergangenen Jahren grundlegend gewandelt hat, bleibt immer noch die schlichte Erkenntnis, dass jedes Unternehmen Werbung und Öffentlichkeitsarbeit betreiben muss. Selbst die cleverste Geschäftsidee hat nur wenig Chancen auf Erfolg, wenn dafür nicht ordentlich die Werbetrommel gerührt wird.

Wie viel Geld Sie in Ihre Werbeaktivitäten stecken sollten, hängt nicht nur von der Unternehmensgröße ab, sondern auch von der Art des Produkts, den Erwartungen der Zielgruppe und den Vertriebswegen. Natürlich ist das Vorgehen ein völlig anderes, wenn Sie einen neuen Softdrink kreiert haben und diesen über regionale Gastronomiebetriebe und Einzelhändler auf den Markt bringen wollen, als wenn Sie sich mit einem Ingenieurbüro für die Planung von Erddeponien selbstständig machen und die zuständigen Entscheider bei Kommunen und Landkreisen akquirieren möchten.

Am wichtigsten ist, dass Ihre Werbung möglichst exakt auf Ihre Zielgruppe zugeschnitten ist. Das gilt in mehrfacher Hinsicht:

▶ Zuallererst muss Ihre Werbebotschaft in den Medien zu finden sein, die Ihre Zielgruppe nutzt. Das können beispielsweise Fachmedien sein, wenn Sie Einkäufer und Ingenieure ansprechen wollen, oder Stadtmagazine und regionale Internetmedien, wenn Sie junge Leute auf Ihr neu eröffnetes Café aufmerksam machen möchten.

▶ Rücken Sie die Argumente in den Vordergrund, die Ihre Zielgruppe von Ihrem Angebot überzeugen. Dafür ist es erforderlich, dass Sie sich in den potenziellen Käufer hineindenken und herausfinden, auf welche Eigenschaften Ihres Produktes er besonders großen Wert legt.

▶ Ihre Botschaft erzielt die optimale Aufmerksamkeit, wenn Sie den Stil der Zielgruppe treffen. Ermitteln Sie stilistische Merkmale wie nüchtern, verspielt, modisch, konservativ, wertorientiert etc., die am ehesten auf Ihre möglichen Kunden zutreffen.

Zunächst erhalten Sie nun einen kompakten Überblick über die gängigsten Kommunikationsmittel, die Ihnen für die Werbung zur Verfügung stehen. Im Anschluss daran finden Sie realistische Beispiele, die Ihnen dabei helfen, herauszufinden, welche Bestandteile des Kommunikations-Baukastens Sie schwerpunktmäßig zum Einsatz bringen können.

Gedruckte Medien

Flyer, Broschüren, Werbepostkarten, Kataloge – das sind die Klassiker der gedruckten Werbemedien. Auch im Zeitalter der Digitalisierung hat das bedruckte Papier durchaus seine Daseinsberechtigung: Während Werbung am Bildschirm meist nur flüchtig wahrgenommen und schnell wieder vergessen wird, bleibt eine gut gemachte Broschüre auch mal länger auf dem Tisch liegen, wenn sich der Leser für den Inhalt interessiert.

Ein großer Vorteil von gedruckten Medien ist, dass sie flexibel eingesetzt werden können. Flyer können mit der Post an Kunden und Interessenten verschickt, bei Messen ausgelegt, als Wurfsendung an Haushalte verteilt oder einem Interessenten im Anschluss an ein persönliches Gespräch als Erinnerung mitgegeben werden.

Wenn Sie nicht gerade einen aufwendigen und dicken Katalog produzieren, halten sich die Kosten in Grenzen. Einen sechsseitigen Flyer im Format DIN A4 können Sie bei einer Auflage von 1 000 bis 5 000 Stück schon für wenige Hundert Euro drucken lassen. Hinzu kommen die Kosten für den Grafiker, der Ihnen die Druckvorlage gestaltet, und gegebenenfalls noch Honorare für Fotograf und Texter. Werden die Drucksachen im Rahmen einer Werbeaktion mit der Post verschickt, müssen Sie selbstverständlich noch Verpackung und Porto hinzurechnen.

Anzeigenwerbung

Mit einer Werbeanzeige erreichen Sie auf einen Schlag ein Potenzial von mehreren Tausend, manchmal sogar mehreren Zehntausend Lesern. Dabei ist jedoch zu berücksichtigen, dass längst nicht alle Anzeigen in Zeitungen und Zeitschriften von der gesamten Leserschaft bewusst wahrgenommen werden und sich möglicherweise nur ein kleiner Teil der Leser überhaupt für Ihr Angebot interessiert. Vor allem bei Tageszeitungen kommt als möglicher Nachteil hinzu, dass viele Blätter kaum noch eine jüngere Leserschaft erreichen – denn diese ist inzwischen zu einem großen Teil ins Internet abgewandert und informiert sich dort über die Neuigkeiten des Tages.

Die Preise für Werbeanzeigen hängen in erster Linie von der Auflagenhöhe des Mediums ab. Als weiterer Einflussfaktor kommt die Spezialisierung der Leserschaft hinzu: Je mehr sich die Leser für ein bestimmtes Thema interessieren, umso teurer sind die Anzeigen. So verlangen in aller Regel Fachzeitschriften mit einer Auflage von 10 000 Exemplaren höhere Anzeigenpreise als Lokalzeitungen mit derselben Auflage.

Schon bei kleinen Lokalzeitungen kann eine Anzeige im Postkartenformat mehrere Hundert Euro kosten, bei Fachzeitschriften oder Zeitungen mit etwas größerer Auflage liegt der Preis pro Anzeige schnell im vierstelligen Be-

reich. Da eine einzelne Anzeige meist nur wenige Rückmeldungen erzielt und auch oft schnell wieder in Vergessenheit gerät, ist es ratsam, mehrere Anzeigen im wöchentlichen oder monatlichen Abstand zu buchen. Weil dabei sehr schnell hohe Beträge im Spiel sind, sollten Sie bei Ihrer Werbeplanung kritisch prüfen, ob Anzeigen sinnvoll sind oder ob sich vielleicht kostengünstigere Alternativen anbieten.

Direktwerbung

Wie es der Name schon besagt, versuchen Sie mit der Direktwerbung Ihre Zielgruppe ohne Zwischenschalten eines Mediums in Form von Zeitungen, Zeitschriften oder elektronischen Medien zu erreichen. Voraussetzung dafür ist, dass Ihnen die Adressaten bekannt sind und Ihre Werbung somit dem Empfänger zugestellt werden kann. Die meisten Direktwerbemaßnahmen laufen über zwei Kanäle: den traditionellen Postweg oder die E-Mail.

Die Direktwerbung per Post kann auch – oder gerade – in Zeiten der digitalen Informationsflut Aufmerksamkeit wecken, wenn sie gut konzipiert ist, den Leser mit ausgefallenen Ideen überrascht und mit ihrer Argumentation überzeugt. Häufig bestehen Werbesendungen aus vier Elementen:

1 **einem personalisierten Anschreiben,** in dem der Adressat auf das Angebot aufmerksam gemacht wird und die wichtigsten Vorteile erfährt,

2 **einem Flyer, einer Broschüre oder einem Katalog,** in dem das Angebot detailliert beschrieben ist,

3 **einem Extra-Flyer zu einem Aktionsangebot,** das dem Empfänger bei schneller Rückmeldung besondere Vorteile wie eine Preisreduzierung oder den Zugang zu einem limitierten Angebot sichert,

4 **einem Rückmeldeformular,** mit dem eine bequeme Bestellung oder Registrierung ermöglicht wird – sei es traditionell in Form einer Antwortpostkarte und/oder moderner mit einem aufgedruckten QR-Code, der mit dem Smartphone eingescannt wird und den Empfänger direkt auf eine Registrierungs- oder Bestellseite im Internet weiterleitet.

Dabei stellt sich natürlich auch die Frage: Wie kommen Sie an Adressen von potenziellen Kunden?

Ideal ist es, wenn Sie in Eigenregie Adressen von Interessenten sammeln können. Dazu gehören natürlich zunächst die Kunden, die schon einmal etwas bei Ihnen bestellt haben. Aber auch bei Anfragen, aus denen sich kein konkreter Auftrag ergeben hat, sollten Sie die Adressen speichern – immerhin hat der Adressat schon konkretes Interesse an Ihren Angeboten geäußert. Weitere Möglichkeiten bieten sich auf Messen oder anderen Veranstaltungen, wo Sie im Rahmen von Verkaufs- oder Präsentationsgesprächen gezielt Adressen sammeln können.

Darüber hinaus können Sie auch Adressen kaufen oder mieten. Der Unterschied: Gekaufte Adressen dürfen Sie immer wieder für Werbeaktionen verwenden, gemietete Adressen dürfen hingegen nur für eine einmalige Maßnahme eingesetzt werden. Adressen können Sie nicht nur bei spezialisierten Adresshändlern erwerben, sondern auch bei den Industrie- und Handelskammern – dort sind logischerweise jedoch keine Privatadressen, sondern nur die Anschriften von Unternehmen erhältlich. Meist

Kauf von Firmenadressen ist meist sinnvoller als Privatadressen-Kauf

Den Kauf von Adressen sollten Sie eher dann in Betracht ziehen, wenn Ihre Zielgruppe aus Unternehmen und nicht aus Privatkunden besteht. Aufgrund der Branchenzuordnung und den bereits öffentlich bekannten Merkmalen ist hier meist eine effizientere Eingrenzung möglich als bei Privatadressen.

Dazu kommt, dass Werbesendungen in vielen Unternehmen zumindest dann Beachtung finden, wenn das Produkt für das Unternehmen interessant ist. Bei Privatverbrauchern ist hingegen die Zahl derjenigen groß, die Werbung von vornherein ungelesen entsorgen, wenn sie zum Absender keinen persönlichen Bezug haben.

bieten Ihnen die Anbieter die Möglichkeit, die Adressen sowohl geografisch wie auch nach Branchen oder Unternehmensgröße zu selektieren, sodass Sie Ihre Zielgruppe möglichst exakt eingrenzen können. Damit können Sie Ihre Kosten senken und gleichzeitig das Ausmaß an unerwünschtem „Werbemüll" bei den Empfängern reduzieren.

Postalische Direktwerbeaktionen sind recht aufwendig, weil der Empfänger nach Möglichkeit zumindest im Anschreiben persönlich mit seinem Namen angesprochen werden sollte und die Sendungen zusammengestellt und verpackt werden müssen. Bei einem kleineren Empfängerkreis von 100 oder 200 Adressen können Sie diese Arbeit selbst durchführen. Soll die Aussendung an eine große Zahl von Empfängern gehen, ist es ratsam, einen auf Direktwerbung spezialisierten Dienstleister zu beauftragen. Solche Anbieter werden auch als „Lettershops" bezeichnet. Sie bieten meist je nach Kundenwunsch Verpackung und Adressierung oder auch komplette Leistungspakete inklusive Adressrecherche, Gestaltung, Text, Produktion und Versand an.

Direktwerbung per E-Mail

Auf den ersten Blick scheint die Direktwerbung per E-Mail die weitaus günstigere und effizientere Lösung zu sein. Sowohl die Produktionskosten für Werbemittel wie auch das Porto entfallen komplett, und dazu können die Mails – sofern ein dazugehöriger Verteiler bereits vorhanden ist – mit einem Mausklick an Tausende Empfänger verschickt werden.

Doch die Vorteile bei Kosten und Aufwand werden mit einigen gravierenden Nachteilen erkauft. So gelten beim Datenschutz für E-Mails weitaus strengere Vorschriften als für den Versand von Werbebriefen (siehe „Datenschutz-Spielregeln für Direktwerbung", S. 154). Und: So schnell die Mail versandt ist, so schnell wird sie wieder vergessen. Weil Bildschirmmedien viel flüchtiger sind als bedrucktes Papier und meist schon nach wenigen Sekunden wieder weggeklickt werden, bleibt die Botschaft viel schlechter im Gedächtnis als bei einem Brief aus echtem Papier – sofern die Mail überhaupt wahrgenommen wird und nicht im Spam-Ordner landet, wo sie ungelesen automatisch gelöscht wird.

Direktwerbung per E-Mail ist daher für das Gewinnen von Neukunden kaum geeignet. Eher eignet sich die elektronische Werbepost dafür, bestehende Kunden über neue Angebote oder Sonderaktionen zu informieren.

Die Datenschutz-Spielregeln für Direktwerbung

Wenn Sie Direktwerbung betreiben, sollten Sie unbedingt die gesetzlichen Bestimmungen zum Datenschutz beachten. Damit schützen Sie sich nicht nur vor teuren Abmahnungen, sondern zeigen dem Empfänger, dass Sie seinen Wunsch nach der eigenen Hoheit über die persönlichen Daten respektieren.

▶ **Direktwerbung per Post an Privatpersonen** Grundsätzlich dürfen Sie Werbebriefe an Privatpersonen schicken, deren Adresse in einem öffentlichen Verzeichnis gelistet ist und die dem Erhalt von Werbung nicht widersprochen haben. Ist Letzteres der Fall, werden die Adressen in die „Robinson-Liste" eingetragen und nicht mehr von Adresshändlern geführt. Grundsätzlich sollten Sie privaten Empfängern die Möglichkeit geben, beispielsweise durch eine kurze Nachricht per E-Mail die Werbung bei Ihnen abzubestellen. Zwar kann das den Adressatenkreis verkleinern – doch letztlich sparen Sie Kosten durch weniger Streuverluste und vermeiden, dass sich beim Empfänger mit jedem weiteren Werbebrief Ihr Image verschlechtert.

▶ **Direktwerbung per Post an Unternehmen** Aus datenschutzrechtlicher Sicht ist der Versand von Werbebriefen an Unternehmen am unproblematischsten. Sofern die Sendung an die Geschäftsadresse erfolgt und der Inhalt sich auf ein betriebliches Angebot bezieht, können Sie Werbung an Firmen verschicken. Auch private Angebote sind in der Regel erlaubt. Nur wenn sie zu viel über die Privatsphäre aussagen – wie etwa Reizwäsche –, bestehen Einschränkungen.

▶ **E-Mail-Werbung** Grundsätzlich ist E-Mail-Werbung nur erlaubt, wenn der Empfänger deren Erhalt zuvor ausdrücklich zugestimmt hat – das gilt sowohl für Werbe-Mails an Privatpersonen wie auch für Werbung an Geschäftskunden. Darüber hinaus müssen die Empfänger Ihrer Werbe-Mails oder Newsletter die Möglichkeit haben, durch eine Verlinkung innerhalb der Mail Ihre Mails oder Ihren Newsletter jederzeit abbestellen zu können.

Verkaufsförderung

Unter den Begriff der Verkaufsförderung fällt eine Vielzahl an meist zeitlich befristeten Maßnahmen, die den Absatz eines bestimmten Produkts ankurbeln sollen. Dazu zählen beispielsweise Sonder- und Rabattaktionen, kostenlose Zugaben beim Produktkauf oder das Veranstalten von Gewinnspielen. Auch wenn Sie Händlern speziell gestaltete Verkaufsdisplays im Rahmen einer Verkaufskampagne zur Verfügung stellen, ist dies eine Maßnahme, die der Verkaufsförderung zugeordnet werden kann. Eine weitere beliebte Spielart besteht darin, Promotion-Mitarbeiter loszuschicken

Letztlich dienen Verkaufsförderungsmaßnahmen auch der Motivation und Einbindung von Händlern – diese sollen ja immerhin über einen bestimmten Zeitraum hinweg Ihre Produkte bevorzugt präsentieren. Wenn Sie Ihre Produkte überwiegend über den Handel verkaufen, sollten Sie daher Ihren Verkaufspartnern in regelmäßigen Abständen Aktionen anbieten, die sowohl dem Händler wie auch Ihnen selbst zusätzlichen Umsatz bringen.

Internetauftritt

Egal, ob Solo-Freiberufler oder Weltkonzern: Ein Internetauftritt gehört heutzutage für jedes Unternehmen zum Pflichtprogramm – allein schon deshalb, weil kaum noch Menschen bei der Suche nach Telefonnummern und Adressen Telefonbücher wälzen. Die meisten tippen ihre Anfrage schnell in die Internet-Suchmaschine. Überlegen Sie einfach, was Sie selbst tun würden, wenn Sie für Ihren runden Geburtstag einen Partyservice suchen und sich noch daran erinnern, dass Freunde von Ihnen mit der Firma „Claasen Catering" sehr zufrieden waren. Wahrscheinlich setzen Sie sich an Ihren Computer und geben nun in der Suchmaschine den Begriff „Claasen Catering" und die dazugehörige Stadt ein. Hat das Unternehmen eine Website, stöbern Sie dort im Angebot, suchen nach der Telefonnummer oder Mailadresse und nehmen Kontakt auf – und wenn Claasen Ihnen sympathisch ist und ein gutes Angebot macht, hat er einen neuen Kunden. Ganz anders, wenn keine Website auffindbar ist: Womöglich machen Sie sich nicht die

Mühe, extra nochmals Ihre Freunde anzusprechen, sondern stolpern bei der vergeblichen Suche nach Claasen über ein interessantes Angebot seiner Konkurrenz. Und Claasen weiß gar nicht, wie teuer ihn die eingesparte Internetseite zu stehen kommt.

Über den Stil eines Internetauftritts lässt sich streiten. Ebenso über die Frage, ob ein aufwendig gestalteter und mit vielen Inhalten gefüllter Auftritt am Ende mehr Kunden anzieht als eine schlichte und übersichtliche Website. Aber unstrittig ist: Wenn Sie selbstständig tätig sind, brauchen Sie eine Webpräsenz.

Die Grundbestandteile eines professionellen Internetauftritts sind überschaubar:

▶ eine ansprechende Gestaltung, die Ihrem Unternehmensdesign entspricht und für eine schnelle Wiedererkennbarkeit sorgt,

▶ ein gut strukturierter Aufbau, der die Navigation einfach macht,

▶ eine leicht auffindbare Kontaktadresse,

▶ überzeugende Texte, die auch beim flüchtigen Leser hängenbleiben und dank der Einbindung der wichtigsten Schlüsselbegriffe die Auffindbarkeit in den Suchmaschinen gewährleisten,

▶ aussagekräftige Fotos oder Arbeitsproben, die Ihre Kompetenz untermauern, sowie

▶ ein rechtssicheres Impressum und eine Datenschutzerklärung zum Schutz vor Abmahnungen.

Bei den Aufwendungen für die Website müssen Sie mit zwei Kostenblöcken kalkulieren: den einmaligen Kosten für Gestaltung und Programmierung sowie den laufenden Kosten für das sogenannte Hosting bei einem Dienstleister, auf dessen Servern die Website für das Internet bereitgestellt wird.

Die Gebühren der Hosting-Anbieter richten sich meist danach, wie viele Internetadressen – auch als „Domains" bezeichnet – Sie buchen, wie viel Speicherplatz Sie benötigen und ob Sie zusätzliche Leistungen wie beispielsweise den Betrieb einer Datenbank buchen. Marktführer in Deutschland sind die Telekom-Tochter Strato sowie 1&1, deren Basistarife bei Preisen von drei bis vier Euro pro Monat beginnen. Wenn Sie nicht gleichzeitig mehrere Internetauftritte

betreiben wollen, sollten daher die jährlichen Hosting-Kosten deutlich unter 100 Euro liegen.

Wie teuer die Gestaltung und Programmierung Ihres Internetauftritts wird, kann je nach Anbieter und Umfang an aufwendigen Extras stark variieren. Sind Logo, Texte und Fotos bereits vorhanden, können Sie eine schlichte und dennoch professionell aussehende Website mit beispielsweise fünf Unterseiten für 500 Euro oder unter Umständen sogar noch günstiger erhalten. Deutlich teurer wird es, wenn Sie komplexe grafische Übergangseffekte programmieren lassen, aufwendige Bildretuschen und -bearbeitungen in Auftrag geben oder extra für Ihre Website ein Foto-Shooting veranstalten lassen. Auch die Einrichtung von Online-Shops ist meist mit vergleichsweise hohem Programmieraufwand verbunden – vor allem dann, wenn die Anbindung an ein Lagerverwaltungs- oder Warenwirtschaftssystem automatisiert werden soll.

Auf jeden Fall ist es sinnvoller, einen kleinen und dafür professionell gestalteten Internetauftritt mit wenigen Unterseiten ins Netz zu stellen als einen groß angelegten Auftritt, bei dem auf vielen Unterseiten noch das Baustellenschild prangt. Ähnliches gilt bei der Aktualisierung: Wenn Sie voraussichtlich wenig Zeit haben, um im Abstand von wenigen Wochen Ihr Online-Angebot zu aktualisieren oder mit neuen Meldungen zu bestücken, wählen Sie besser einen zeitlosen Auftritt, dessen Inhalte längerfristig nicht verändert werden müssen. Das erspart Ihnen die Peinlichkeit, dass irgendwann die letzte News-Meldung zwei oder drei Jahre alt ist.

Wenn Sie Inhalte Ihrer Seite regelmäßig in Eigenregie ändern möchten, empfiehlt es sich, ein Content-Management-System (CMS) zu verwenden. Hier müssen Sie keine Programmierdaten verändern, um einen Text zu aktualisieren, eine neue Unterseite anzulegen oder ein neues Bild einzubauen. Solche Arbeiten können Sie mit einem CMS selbst durchführen, indem Sie sich auf Ihrer Internetseite als Administrator anmelden und dann in einem Editor, der ähnlich wie ein kleines Textverarbeitungsprogramm funktioniert, über Ihren Internetbrowser die gewünschten Änderungen vornehmen. Beliebte und kostenlos erhältliche Content-Management-Systeme sind für kleine und mittelgroße Websites „Get Simple CMS" und „Wordpress", für große Internetauftritte „Typo3" und „Joomla".

Suchmaschinenoptimierung

Zum Abschluss sollte noch die Suchmaschinenoptimierung erwähnt werden, die entsprechende Dienstleister oft für teures Geld anbieten. Ziel der angebotenen Maßnahmen ist es, dass Ihre Website auf der Trefferliste der Suchmaschine ganz oben erscheint, wenn bestimmte Suchworte eingegeben werden. Das mag durchaus seine Berechtigung haben, wenn etwa ein Online-Shop darauf angewiesen ist, dass ihn die Internetsurfer schnell finden, wenn sie über Google oder andere Suchmaschinen dort gelistete Produkte suchen. Allerdings gibt es in dieser Branche etliche schwarze Schafe, die viel Geld verlangen, große Versprechungen machen und am Ende kaum brauchbare Ergebnisse produzieren.

Den ersten Schritt sollten Sie daher selbst tun, denn für die Basisarbeit benötigen Sie keine teuren Experten. Überlegen Sie, mit welchen Suchbegriffen Ihre potenziellen Kunden unterwegs sind. Dabei ist das Google AdWords Keyword Tool eine gute Hilfe. Sie können sich kostenlos anmelden. Dann steht Ihnen die Op-

tion frei, Ihre Suchbegriffe sowie Ihre Branche einzugeben. Das Keyword Tool zeigt Ihnen die geschätzten monatlichen Suchanfragen an. So können Sie die zwei bis drei wichtigsten Schlüsselbegriffe definieren. Dann sorgen Sie dafür, dass diese Begriffe wohldosiert mal im Text und mal in der Überschrift auftauchen – und zwar so, dass der menschliche Leser nicht vor einer auffälligen Begriffshäufung steht. Die Algorithmen der Suchmaschinen sind nämlich inzwischen so ausgefeilt, dass sie eine unnatürliche Häufung erkennen und die Website in der Trefferliste nach unten verbannen.

Nur wenn Sie in hohem Maße von Suchmaschinen-Laufkundschaft abhängig sind, sollten Sie zusätzlich die Dienste eines Suchmaschinenoptimierers in Anspruch nehmen. Hüten Sie sich allerdings vor Agenturen, die ihre Dienste aggressiv per E-Mail-Werbung oder Telefonmarketing anbieten. Die Wahrscheinlichkeit ist groß, dass Sie hier eine überteuerte Luftnummer einkaufen. Suchen Sie lieber gezielt nach Anbietern, die Referenzen in Ihrer Branche vorweisen können, Ihnen klar definierte Angebote unterbreiten und sich einer regelmäßigen Erfolgskontrolle unterziehen lassen.

Online-Werbung

Seit Jahren wandern immer mehr Leser von Printmedien ins Internet ab, und logischerweise ist beim Anzeigengeschäft derselbe Trend zu verzeichnen. Damit gewinnt das Internet als Werbeplattform zunehmende Bedeutung. Beschränkte sich vor einigen Jahren die Online-Werbung noch überwiegend auf Werbebanner, hat sich mittlerweile eine Vielzahl an Werbeformen entwickelt, deren detaillierte Beschreibung ein eigenständiges Buch füllen würde. Daher soll an dieser Stelle ein grober Überblick über gängige Werkzeuge im Online-Marketing genügen.

▶ **Bannerwerbung.** Die klassische Bannerwerbung kann auf gut frequentierten Seiten wie beispielsweise den Online-Auftritten von Zeitungen und Zeitschriften, auf Infoportalen, aber auch auf gut besuchten Foren oder Blogs gebucht werden. Die Bezahlformen sind unterschiedlich und reichen vom wöchentlichen oder monatlichen

Festpreis über die Bezahlung nach angezeigten Bannern (Pay-per-View) bis hin zur erfolgsabhängigen Abrechnung, bei der nur die Klicks auf das Banner (Pay-per-Click) gezählt werden. Zu einem der wichtigsten Werbemedien hat sich übrigens inzwischen das soziale Netzwerk Facebook entwickelt, wo die Anzeigenschaltung sowohl regional wie auch thematisch gesteuert werden kann. Auch andere soziale Netzwerke wie Twitter und Instagram verkaufen mittlerweile Werbeanzeigen. Deren Auslieferung kann ebenfalls nach Interessensgebieten, demographischen Merkmalen und sogar Verhaltensweisen gefiltert werden.

► **Affiliate-Marketing.** Affiliate-Marketing ist besonders für Betreiber von Online-Shops ein interessanter Werbe- und Absatzkanal. Den Online-Medien werden Werbeanzeigen zur Verfügung gestellt, und wenn ein Nutzer darauf klickt und anschließend Waren bestellt, erhält der Medienbetreiber eine Provision. Zu den führenden Vermittlern für Affiliate-Marketing zählen Tradedoubler und Awin, dazu kommt eine Vielzahl kleinerer Anbieter.

► **Suchmaschinen-Werbung (zum Beispiel Google AdWords).** Wie man Suchmaschinen-Werbung zu einem Milliardenmarkt aufbauen kann, hat Google eindrucksvoll gezeigt. Werbetreibende können in einem Auktionsverfahren Werbeplätze ersteigern, sodass ihre Textanzeige den Nutzern gezeigt wird, wenn sie damit verknüpfte Suchbegriffe eingeben. Abgerechnet wird nach Anzahl der Nutzer, die auf die Anzeige klicken und damit auf die Website des Anzeigenkunden weitergeleitet werden. Die Anzeigen können regional gefiltert werden, und damit die Kosten nicht aus dem Ruder laufen, lässt sich ein Tageslimit einstellen. So können Sie mit geringem finanziellen Risiko verschiedene Stichworte und Anzeigentexte ausprobieren. Ähnliche Anzeigenformate stehen auch bei den Suchmaschinen Bing und Yahoo zur Verfügung.

► **Retargeting.** Für fast alle gängigen Werbeformen, auch die hier bereits erwähnten, gibt es die Möglichkeit, Nutzer direkt mit Inhalten anzusprechen, die sie bereits gesehen haben. So kann man beispielsweise Besucher, die auf der Preisübersicht Ihrer Homepage waren, abspeichern und mit einem Rabattangebot auf Facebook wieder ansprechen. Diese Form von Werbung bringt sehr gute Ergebnisse, da die Nutzer Sie bereits kennen.

Soziale Netzwerke

Soziale Netzwerke wie Facebook, Xing, Twitter LinkedIn oder Instagram sind sowohl im privaten wie im geschäftlichen Bereich für viele Menschen Dreh- und Angelpunkt ihrer Kommunikation. Hier werden Neuigkeiten mit Freunden und Bekannten ausgetauscht, man stöbert nach Informationen und knüpft neue Kontakte. Aus diesem Grund ist es für viele Existenzgründer und Selbstständige sinnvoll, in ihrer Strategie für die Unternehmenskommunikation solche Plattformen auch mit zu berücksichtigen.

Die Kosten für die Präsenz in den sozialen Netzwerken halten sich zunächst in überschaubaren Grenzen: Die Basismitgliedschaft ist in aller Regel kostenlos, bei Xing und LinkedIn können kostenpflichtige Premiummitgliedschaften mit zusätzlichen Funktionen gebucht werden. Der größere Aufwand entfällt auf die Pflege der Kontakte, das Verbreiten der Neuigkeiten und den Ausbau des persönlichen Netzwerks. Hier ist etwas Fingerspitzengefühl gefragt: Wenn Sie zu offensiv vorgehen, sind Sie ziemlich schnell als gieriger Kontaktesammler verschrien. Dann kann es schwer werden, verlorene Glaubwürdigkeit zurückzugewinnen und das schlechte Image wieder abzuschütteln.

Interessant an sozialen Netzwerken sind die Gruppen, in denen sich Menschen aus derselben Region oder mit gleichen beruflichen oder privaten Interessen zusammenschließen – im günstigsten Fall kann es sogar vorkommen, dass eine solche Gruppe weitgehend Ihrer Zielgruppe entspricht.

Dennoch sollten Sie aus den oben genannten Gründen der Versuchung widerstehen, das Gruppenforum mit Eigenwerbung zu bombardieren. Den besseren Werbeeffekt erzielen Sie langfristig, indem Sie sich mit Ihrer Kompetenz

Welches soziale Netzwerk ist für welchen Einsatzzweck interessant?

Name	Art der Nutzung	Mögliche Einsatzgebiete
Facebook	Überwiegend private Nutzer, Austausch von Neuigkeiten, Suche nach Informationen.	Gut geeignet für die Ansprache privater Kunden zum Beispiel von Gastronomie- und Eventbetrieben, Ladengeschäften, Online-Shops.
Xing	Hoher Anteil an beruflicher Nutzung, Informationsaustausch in Fachforen, Stellen- und Projektbörsen.	Geeignet für die Ansprache von Unternehmenskunden, Imagepflege durch kompetente Beiträge in Fachforen.
LinkedIn	Hoher Anteil an beruflicher Nutzung, internationales Karrierenetzwerk.	Durch internationale Ausrichtung gut geeignet für die grenzüberschreitende Ansprache von Unternehmenskunden.
Twitter	Sowohl private wie auch berufliche Nutzung; strukturbedingt wenig geeignet für die umfassende persönliche Kontaktpflege, jedoch gut geeignet zum kurzzeitigen Dialog mit anderen Nutzern, wenn Sie Ihre Kunden antweeten, retweeten und favorisieren.	Kurze Hinweise auf neue Angebote oder Unternehmens-News.
Instagram	Überwiegend private Nutzer, starker Fokus auf Bilder und Videos. Fast nur mobile Nutzung. Bessere organische Reichweite als etwa Facebook.	Ansprache neuer Kunden mithilfe von „Hashtags", gute Brandingmöglichkeit durch den Fokus auf die Bildsprache. Gut geeignet für Produkte im Bereich Mode, Food, Lifestyle.

bei der Diskussion von Fachfragen einbringen und mit Ihren Beiträgen den anderen Gruppenmitgliedern einen echten Nutzwert bieten.

Projektbörsen

Eine weitere Werbemöglichkeit, die das Internet zu bieten hat, ist die Präsenz auf Projekt-Ausschreibungsplattformen. Freiberufler und Selbstständige aus bestimmten Berufsgruppen wie beispielsweise IT-Spezialisten, Internetexperten, technische Redakteure, Grafiker und Dozenten können bei den Anbietern solcher Projektbörsen ihre Profildaten hinterlegen und sich auf Ausschreibungen bewerben. Allerdings hängt die Höhe des erzielbaren Honorars stark von Angebot und Nachfrage ab: Während hochspezialisierte Experten oft zu einem guten Preis den Zuschlag erhalten, lohnt sich beispielsweise bei der Ausschreibung einfacher Textarbeiten wie Produktbeschreibungen oder Blogbeiträge oft nicht einmal der Aufwand für eine Bewerbung – angesichts von Honoraren zwischen 10 und 15 Euro pro Stunde eignet sich so manche Ausschreibung auf einer Projektbörse allenfalls als Schüler- oder Studentenjob.

Projektbörsen können für Sie interessant sein, wenn Sie Ihre persönliche Kompetenz als Selbstständiger anderen Unternehmen für bestimmte Projekte oder für einen befristeten Zeitraum zur Verfügung stellen wollen. Viele Plattformen sind kostenpflichtig und verlangen entweder eine monatliche Grundgebühr, eine Vermittlercourtage beim Zustandekommen eines Projektes oder beides zusammen. Da die meisten Projektbörsen ein kostenloses Probeabo anbieten, sollten Sie diesen Zeitraum nutzen, um die Qualität der ausgeschriebenen Projekte zu testen – und Ihr Konto wieder rechtzeitig zu kündigen, wenn die dort angebotenen Projekte und erzielbaren Honorare nicht Ihren Vorstellungen entsprechen.

Hier einige Beispiele für gut frequentierte Plattformen:

► **gulp.de** Gulp ist eine der marktführenden Börsen für die Vermittlung von IT- und Engineering-Projekten und hat nach eigenen Angaben bislang weit über eine Million an Projektanfragen abgewickelt.

► **projektwerk.de** Die 1999 gegründete Plattform zählt zu den ältesten in Deutschland aktiven Projektbörsen. Schwerpunkt ist der

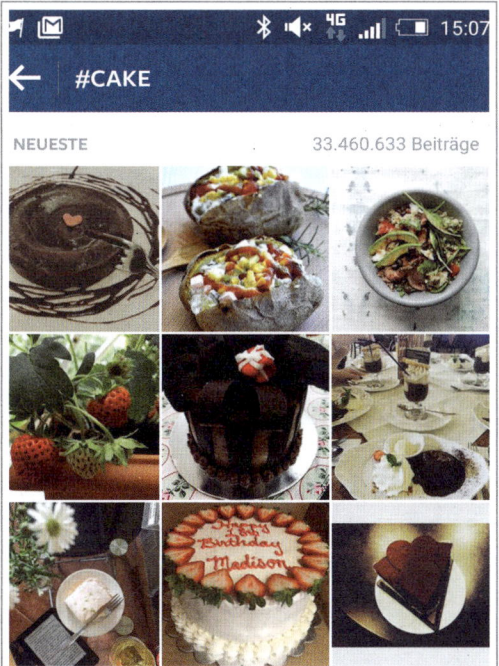

Instagram eignet sich gut, um in den Bereichen Food, Mode oder Lifestyle neue Kunden anzusprechen. Wichtig ist, dass Sie Ihre Fotos mit einem Hashtag versehen. Das Foto links zeigt die Suche nach dem Hashtag #cake.

IT-Bereich, aber auch Projekte für freiberufliche Spezialisten aus Redaktion, Grafik und Consulting werden angeboten.

▶ freelance.de Die Plattform repräsentiert ein breit gefächertes Angebot an Projekten aus den Bereichen IT, Ingenieurswesen, Marketing, Betriebswirtschaft und Bildung.

▶ twago.de Hier können Unternehmen aus praktisch allen Bereichen klar definierte Aufträge ausschreiben und Selbstständige ihr Profil hinterlegen.

▶ dasauge.de Innerhalb des Stellenmarktes von dasauge.de gibt es einen Freelancer-Bereich, wo Unternehmen und Freiberufler kostenlose Anzeigen aufgeben können. Zielgruppe ist die Werbebranche, sodass die Plattform in erster Linie für freie Grafiker, Fotografen, Webdesigner, Stylisten, Texter und ähnliche Berufsgruppen infrage kommt.

Darüber hinaus gibt es in vielen Fachgruppen auf Xing und LinkedIn Projektausschreibungen, die Sie im Rahmen Ihrer Mitgliedschaft ohne zusätzliche Kosten nutzen können.

Weitere Werbeformen

Außenwerbung, Messeauftritte sowie Radio-, Kino- und Fernsehwerbung sollen der Vollständigkeit halber nicht fehlen. Auch sie können für den einen oder anderen Gründer wichtig sein.

Beginnen wir mit der Außenwerbung, die praktisch alles umfasst, was dem Betrachter an Werbung begegnet, wenn er zu Fuß, mit dem Auto oder mit öffentlichen Verkehrsmitteln unterwegs ist. Dazu zählen zunächst einmal die verschiedenen Varianten der Plakatwerbung vom kleinen Veranstaltungsplakat bis hin zu Mega-Plakaten an Baugerüsten oder hinterleuchteten Plakaten an Bahnhöfen und Haltestellen. Auch das Firmenschild und die Fahrzeugbeschriftung zählen im weiteren Sinne zur Außenwerbung. Firmenschild und Fahrzeugbeschriftung sind wohl für die meisten Unternehmen sinnvoll, da sie bei vergleichsweise niedrigen Kosten dauerhaft Aufmerksamkeit schaffen. Plakatwerbung wird auf lokaler Ebene häufig genutzt, um für Veranstaltungen oder gastronomische Events zu werben.

Messeauftritte sind meist eine teure Angelegenheit, deren Kosten schnell den fünfstelligen Bereich erreichen können. Daher sollten

Sie im Vorfeld sorgfältig prüfen, ob Ihre Zielgruppe auf der jeweiligen Messe wirklich vertreten ist und wie gut die Chancen stehen, dass sich der Messeauftritt durch die anschließend generierten zusätzlichen Umsätze amortisiert. Neben den reinen Standgebühren sollten Sie die Aufwendungen für einen ansprechenden Messestand sowie die laufenden Hotel- und Personalkosten in Ihrer Kalkulation nicht vergessen. Die Präsenz auf Messen mit einem eigenen Stand kann vor allem bei Fachmessen in Betracht gezogen werden, wo ein großer Teil der Besucher daran interessiert ist, neue Kontakte zu Lieferanten zu knüpfen und nach Produktinnovationen zu suchen. Eine kostensparende Variante kann darin bestehen, zusammen mit weiteren Unternehmen einen gemeinsamen Messestand zu betreiben und sich die Kosten zu teilen.

Bleibt zuletzt noch die Radio-, Kino- und Fernsehwerbung als möglicher Bestandteil im Werbemix. Radiowerbung wird meist als ergänzender Baustein in Werbekampagnen eingesetzt, um die flächendeckende mediale Präsenz einer Marke zu gewährleisten. Als typisches „Nebenbei-Medium" haben Hörfunksendungen oft wenig Erinnerungswert, sodass die Werbespots häufig wiederholt werden sollten. Vorteilhaft beim Radio ist die regionale Eingrenzbarkeit, was diese Werbeform für Einzelhändler mit größerem Einzugsgebiet interessant macht. Fernsehwerbung wiederum ist sehr teuer – sowohl in der Produktion wie auch bei den Ausstrahlungskosten. Daher kommt sie für Existenzgründer meist nicht infrage. Eine lokale Alternative kann Kinowerbung sein: Dank digitaler Produktionstechniken können Kinospots oft kostengünstig produziert und gezielt in einzelnen Kinos geschaltet werden – ein interessanter Werbeplatz vor allem für Gastronomiebetriebe.

Beispiele für konkrete Werbestrategien

Für die erfolgreiche Werbestrategie gibt es kein Patentrezept. Das gilt sogar innerhalb ein und derselben Branche: Während die Strategie des einen Unternehmens unbemerkt verpufft, kann ein anderes – vielleicht mit anderen Inhalten oder einem geringfügig veränderten Ansatz –

ein hohes Maß an Aufmerksamkeit erzielen. Wichtigste Grundregel ist daher, die Werbeplanung flexibel zu halten und den Erfolg einzelner Maßnahmen ständig zu kontrollieren.

Die nachfolgenden Beispiele zeigen exemplarisch, wie aus den einzelnen Bausteinen ein zielgruppengerechter Werbemix zusammengestellt werden kann. Wichtig ist dabei das Wort „kann": Probieren Sie ruhig auch mal abseits der üblichen Pfade neue Werbemöglichkeiten aus und testen Sie die Resonanz. Für solche Experimente können Sie beispielsweise 10 Prozent Ihres Werbeetats reservieren. Werbung ist immer auch eine Sache der Kreativität, und manchmal kann ein Werbemedium, das man zuvor nicht unbedingt in Betracht gezogen hätte, unerwarteten Erfolg bringen.

Beispiel 1: Das neue Café Anja M. hat im Herzen einer Kleinstadt ein Café mit besonderem Ambiente eröffnet. Neben Getränken, Kuchen und kleinen Gerichten gibt es eine gut sortierte Zeitungs- und Zeitschriftenbibliothek zum Schmökern, und in regelmäßigen Abständen finden Kleinkunstveranstaltungen und Autorenlesungen statt.

Weil das Werbebudget begrenzt ist, setzt Anja teure Anzeigen nur sehr dosiert ein und schaltet sie vor allem, um für Veranstaltungen zu werben. Dabei setzt sie schwerpunktmäßig auf ein Anzeigenblatt mit günstigen Anzeigenpreisen, das in der Stadt gut gelesen wird. Darüber hinaus hat sie sich eine Website einrichten lassen, deren Inhalte sie selbst aktualisieren kann. So kann sie ihre aktuellen Angebote und Veranstaltungen im Internet bekannt machen. Die Seite ist mit einem eigenen Auftritt auf Facebook kombiniert, über den sie sich mit ihren Stammgästen vernetzt. Neue Tortenkreationen postet sie über Instagram und versieht sie mit einem Hashtag (beispielsweise #cakeoftheday).

Mit einigen Einzelhändlern am Ort hat sie eine Art Werbekooperation abgeschlossen: Auf den Tischen im Café stehen kleine Ständer mit deren Werbepostkarten, und im Gegenzug legen die Händler Werbepostkarten des Cafés an ihrer Kasse aus und erlauben es Anja, vor Veranstaltungen Plakate bei ihnen auszuhängen.

Beispiel 2: Der Immobiliengutachter

Nach der erfolgreich bestandenen Vereidigung zum Immobiliensachverständigen eröffnet Michael P. ein eigenes Gutachterbüro. Er möchte nicht nur für Gerichte und Banken arbeiten, sondern auch für Privatleute, die nach einer Erbschaft oder vor einem Verkauf den Wert ihrer Immobilie ermitteln lassen wollen.

Weil die Zielgruppe der Banken und Rechtspfleger in der Region überschaubar ist und eine individuelle Ansprache erfordert, schickt er diesen potenziellen Kunden persönliche Anschreiben. Dem Schreiben legt er ein anonymisiertes Mustergutachten bei, anhand dessen die Fachleute seine Arbeitsweise nachvollziehen können. Insgesamt achtet er auf eine zurückhaltende Tonalität, weil offensive Werbung in diesem Segment nicht so gut ankommt.

Um Privatleute als Kunden zu gewinnen, hat er einen Internetauftritt, der neben einer Leistungsübersicht nützliche Informationen rund um die Immobilienbewertung enthält. Sein laufendes Werbebudget konzentriert er auf die Suchmaschinenwerbung, sodass ein Link zu seiner Website immer dann eingeblendet wird, wenn ein Nutzer im Umkreis von 25 Kilometern die Begriffe „Immobilie" und „Gutachter" oder „Wertermittlung" eingibt.

Darüber hinaus hält er an der örtlichen Volkshochschule Vorträge für Mietwohnungs- und Eigenheimsuchende informiert über die Fallstricke bei der Besichtigung von Immobilien. Auf diese Weise gewinnt er zwar keine direkten Kunden, erhöht jedoch seinen Bekanntheitsgrad und erarbeitet sich im Lauf der Zeit in der Öffentlichkeit einen Ruf als Immobilienexperte.

Beispiel 3: Die Maschinenbau-Tüftler

Jörn B. und Alex K. waren schon bei einem großen Maschinenbauunternehmen gut befreundete Kollegen, als sie sich mit einer eigenen Geschäftsidee selbstständig machten. Nun entwickeln sie zusammen mit einigen Mitarbeitern Automatisierungskomponenten für Verpackungsmaschinen. Zielgruppe sind vor allem Unternehmen aus der Pharma- und Lebensmittelbranche.

Angesichts hoher Kosten sollte die Präsenz auf Messen wohlüberlegt sein.

Auf den wichtigsten Fachmessen sind sie regelmäßig mit einem eigenen Stand vertreten. Aufgrund des hohen Volumens einzelner Aufträge können die Messekosten bereits mit zwei oder drei Kundenbestellungen wieder hereingespielt werden. Außerdem betreibt das Unternehmen Direktmarketing und konnte in Fachzeitschriften bereits einige redaktionelle Beiträge unterbringen. Auch über die beruflichen Netzwerke auf Xing und LinkedIn ergeben sich interessante Kontakte, aus denen ab und zu ein neuer Kunde resultiert.

Beispiel 4: Der Datenbankspezialist

Frank H. ist selbstständiger Informatiker, der als Spezialist für Datenbankprogrammierung meist jeweils über einige Monate hinweg bei großen Unternehmen in IT-Projekten mitarbeitet. Neben den persönlichen Kontakten, die er über Xing und LinkedIn pflegt, sind Projektbörsen und -vermittler seine wichtigsten Akquisitionsinstrumente.

Für seine Imagepflege betreibt er ein Blog auf seiner Website, wo er über neue Trends in der Datenbanktechnologie berichtet.

PRESSE- UND ÖFFENTLICHKEITSARBEIT

Neben den klassischen Werbemaßnahmen gibt es einen weiteren Weg, über die Medien mit potenziellen Kunden in Kontakt zu kommen: die Öffentlichkeits- und Pressearbeit, auch „Public Relations" oder „PR" genannt. Öffentlichkeitsarbeit funktioniert recht einfach: Wenn sich ein interessanter Anlass bietet (zum Beispiel Geschäftseröffnung, Einführung eines neuen Produkts, Neubau oder Betriebserweiterung), versuchen Sie, über Kontakte zu Journalisten und Redaktionen im redaktionellen Teil der Fach- oder Publikumspresse präsent zu sein. Dies können Sie erreichen, indem Sie entweder eine selbst verfasste Pressenotiz einreichen oder einen Reporter dazu einladen, über Ihr Unternehmen zu berichten.

Gelingt Ihnen dies, können Sie von einer hohen Glaubwürdigkeit profitieren – immerhin handelt es sich um eine neutrale redaktionelle Instanz, die über Ihr Unternehmen oder Ihre Produkte berichtet. Darüber hinaus können Sie Kopien von Presseberichten Angeboten oder Direktwerbesendungen beilegen, um die Werbewirkung zu verstärken.

Damit es tatsächlich so weit kommt, müssen allerdings einige Rahmenbedingungen stimmen.

Zunächst müssen Produkt und Anbieter die Erwartungen erfüllen, die mit der Werbung geweckt werden. Pressearbeit ist keine „Schleichwerbung" – wer über die Presse an die Öffentlichkeit geht, hat sich eben dem Urteil der Journalisten zu stellen. Wird bei der Pressearbeit der Mund zu voll genommen, geht der Schuss nach hinten los, denn Presseleute sind von Natur aus kritisch und prüfen die Versprechungen eines Unternehmens auf Herz und Nieren.

Dann ist es unerlässlich, den Redakteuren und Journalisten nachprüfbare und so gut wie möglich vorbereitete Informationen an die Hand zu geben. Ein Journalist, der sich über nicht verwertbare oder gar falsche Aussagen ärgern muss, wird über die betreffende Firma wohl kein zweites Mal mehr berichten – zumindest nicht positiv. Auch die äußere Form der Presse-Informationen beeinflusst schon die Entscheidung über eine Veröffentlichung. Hier sollten Sie klar zwischen neutralen Fakten und Werbeaussagen trennen. Orientieren Sie sich beim Verfassen einer Pressenotiz einfach am Stil einer Meldung in der Tageszeitung oder in der Fachpresse. Zusätze wie „einzigartig", „tolles Angebot".oder „Am besten gleich bestellen!" haben in einer Pressenotiz nichts verloren. Dann sollte eine Presse-Information – beispielsweise bei der Eröffnung Ihres Betriebes – in etwa wie folgt gegliedert sein:

▶ **Das Anschreiben.** Versuchen Sie, den verantwortlichen Redakteur ausfindig zu machen, damit Sie direkt die zuständige Person und nicht eine allgemeine Redaktionsadresse ansprechen. Schildern Sie kurz den Anlass, zu dem die Berichterstattung erfolgen soll. An dieser Stelle sprechen Sie natürlich auch die Einladung zum Tag der offenen Tür, zur Vorführung einer neuen Maschine oder zu einem Interview aus.

▶ **Die Pressenotiz.** Sie sollte das Wichtigste enthalten und nach Möglichkeit so formuliert sein, dass sie bei Bedarf als neutrale Meldung abgedruckt werden kann.

▶ **Die Hintergrundinformationen.** Hier können Sie Ihren Werdegang, Ihre Geschäftsidee und die Details zu Ihren Produkten oder Dienstleistungen schildern. Sinnvoll ist es, diese Informationen in übersichtliche Bausteine zu gliedern, damit sich der Redakteur schneller zurechtfindet.

▶ **Die gestalterischen Elemente.** Das können sowohl Fotos sein (gutes Bildmaterial ist bei Redaktionen stets willkommen!) als auch Tabellen, Grafiken oder Diagramme, die etwa die Leistungen eines technischen Produktes beschreiben.

Wenn Sie das Ganze noch in eine ansprechende Mappe verpacken, haben Sie schon die Grundausstattung beisammen, die einem Journalisten die Berichterstattung über Ihr Unternehmen schmackhaft macht. Die Mappe sollte auch in digitaler Form als PDF-Dokument zusammengestellt werden. In diesem Fall sollten Sie die Texte separat als Word-Dokument und das Bildmaterial im JPG-Format anhängen, um der Redaktion die zeitraubende Umformatierung zu ersparen.

Wichtig ist bei der Einladung zu Veranstaltungen, dass dann auch vor Ort die Organisation stimmt. Wenn ein Berichterstatter zu Ihnen kommt, soll er sich gut betreut fühlen und sich nicht verloren vorkommen. Stehen Sie ihm deshalb von Beginn an als Ansprechpartner zur Verfügung, beantworten Sie sowohl die angenehmen wie auch die unangenehmen Fragen sachlich und fundiert, machen Sie ihn auf interessante Details aufmerksam und geben Sie ihm Gelegenheit, Fotos zu schießen.

Halten Sie sich stets vor Augen: Journalisten und Redakteure sehen sich als neutrale Vertreter der Öffentlichkeit und prüfen Informationen vor allem unter dem Gesichtspunkt, ob sie für die Allgemeinheit von Interesse sind. Da kann es durchaus vorkommen, dass Fakten nicht veröffentlicht werden, die in Ihren Augen wichtig sind – doch mit diesem Spannungsfeld müssen Sie einfach leben. Und letztlich hängt die Qualität eines Berichts über Ihr Unternehmen von der Qualität Ihrer Informationen ab. Je besser Sie die Presse informieren, umso fundierter wird die Berichterstattung ausfallen.

Um eine aussagekräftige Pressemitteilung mit Abdruckpotenzial zu erhalten, lohnt es sich, einen freiberuflichen Journalisten oder Texter mit der Formulierung zu beauftragen. Wichtige

Erstellen Sie einen eigenen Presseverteiler

Wenn Sie des Öfteren Pressemitteilungen versenden, lohnt es sich, einen eigenen Presseverteiler zusammenzustellen. Dieser sollte sowohl die Adressen von relevanten gedruckten Medien wie auch von einschlägigen Online-Infoportalen und Weblogs enthalten. Die aufwendigste, aber letztendlich erfolgversprechendste Methode besteht darin, bei den Redaktionen anzurufen, sich beim zuständigen Redakteur kurz vorzustellen und seine Mail-Adresse für die Zusendung von Pressemitteilungen zu erfragen. Alternativ dazu können Redaktionsadressen auch aus Datenbanken und Nachschlagewerken zusammengestellt werden. Exemplarisch seien hier zwei Anbieter erwähnt:

▶ **Stamm-Verlag (stamm.de):** Vorgefertigte oder individuell zusammengestellte Sammlungen von Redaktionsadressen als Excel-Tabellen.

▶ **Kroll-Verlag (krollshop.de):** Vergleichsweise preisgünstige gedruckte Presse-Taschenbücher zu einzelnen Themengebieten wie Wirtschaft oder Gesundheit sowie Presseverteiler-Datenbanken als Excel-Tabelle.

Voraussetzung ist neben der schriftstellerischen Kompetenz, dass der Auftragnehmer über Branchenerfahrung verfügt und somit die fachlichen Fakten korrekt darstellen kann.

Gründerwettbewerbe als PR-Instrument

Wenn Sie zu den Existenzgründern zählen, die sich mit einer besonders pfiffigen oder innovativen Idee selbstständig machen, sollten Sie die Teilnahme an einem Gründerwettbewerb in Betracht ziehen. Jahr für Jahr werden in Deutschland rund 60 Gründerwettbewerbe veranstaltet, von denen rund zwei Drittel regional und ein Drittel bundesweit ausgerichtet sind. Im Mittelpunkt stehen natürlich meist Branchen wie IT,

Internetwirtschaft, Wissenschaft und Technologie. Aber auch für „traditionelle" Gründer kann es durchaus den einen oder anderen interessanten Wettbewerb geben.

Eine der begehrtesten Trophäen ist der Deutsche Gründerpreis, der unter anderem vom ZDF und vom Stern-Magazin gesponsert wird. Im Jahr 2015 gewann beispielsweise Restube den Preis in der Kategorie Start-up. Das Unternehmen hat einen kleinen Kunststoffschlauch entwickelt, der sich blitzschnell in eine aufblasbare Rettungsboje verwandelt. Eine kleine Auswahl von überregionalen Gründerwettbewerben mit einer Kurzbeschreibung der jeweiligen Schwerpunkte finden Sie im Serviceteil auf S. 327.

Was bringt Ihnen die Teilnahme an einem Gründerwettbewerb ganz konkret? Zunächst einmal bringt Ihnen die Bewerbung einige Mühe, denn nur mit ansprechend aufbereiteten und informativen Unterlagen haben Sie eine realistische Chance auf einen der vorderen Plätze. Doch der Aufwand zahlt sich oftmals aus – und zwar nicht nur dann, wenn Sie den ersten Platz errungen und ein ansehnliches Preisgeld eingestrichen haben.

Auch ein zweiter oder dritter Platz, ja selbst schon die Aufnahme in die „Shortlist" – das ist die engere Auswahl der infrage kommenden Preiskandidaten – bringt Ihnen ein hohes Maß an öffentlicher Aufmerksamkeit. Wenn Sie Vertreter der Fach- oder Publikumspresse ansprechen, können Sie diesen Umstand nutzen, um auf Ihre Ideen aufmerksam zu machen und Ihre Chancen auf redaktionelle Berichterstattung zu verbessern.

Darüber hinaus leistet die erfolgreiche Teilnahme an einem Gründerwettbewerb wertvolle Schützenhilfe in der Kundenakquise. Was eine unabhängige Jury für lobenswert oder gar preiswürdig befunden hat, kann ja nicht allzu schlecht sein – mit diesem Gedanken im Hinterkopf wird so manche Kaufentscheidung eines Kunden positiv beeinflusst.

Nicht zuletzt sollten Sie noch an Ihre potenziellen Geldgeber denken. Das muss nicht zwingend die Hausbank sein, die einen Wettbewerbserfolg wohlwollend zur Kenntnis nimmt, aber darin meist keinen Anlass für eine Vergünstigung der Finanzierungszinsen sieht. Blicken Sie lieber in eine andere Richtung: Auf den Veranstaltungen tummeln sich häufig risikofreudige Investoren, die bereit sind, für eine gute Idee Startkapital in sechs- oder siebenstelliger Höhe zur Verfügung zu stellen. Gelingt es Ihnen, im Rahmen einer Wettbewerbsteilnahme einen solchen Geldgeber mit ins Boot zu holen, hat sich unabhängig von Ihrer Platzierung auf der Rangliste die Teilnahme allemal gelohnt.

STEUERN

WELCHE STEUERN AUF SIE ZUKOMMEN

Arbeitnehmer haben es im Vergleich zu Selbstständigen einfach, wenn es um die Besteuerung geht. Die Lohnsteuer zieht der Arbeitgeber direkt von der Gehaltsauszahlung ab und leitet sie an das Finanzamt weiter. Nur wer zusätzliche steuerpflichtige Einkünfte hat oder besonders hohe steuerrelevante Ausgaben geltend machen will, gibt darüber hinaus noch eine jährliche Steuererklärung ab.

Ganz anders ist hingegen die Lage bei Freiberuflern und Unternehmern. Hier gilt der Begriff „Selbstständigkeit" auch beim Umgang mit dem Finanzamt – denn Sie müssen sich selbstständig darum kümmern, dass Sie die Steuererklärungen rechtzeitig abgeben und die

Zahlungen pünktlich leisten. Wer sich nicht daran hält, riskiert Mahnungen und happige Säumniszuschläge.

Auch wenn das Steuerthema nur einen äußerst begrenzten Spaßfaktor vorweisen kann, sollten Sie sich zumindest mit den Grundzügen befassen, um nicht schon kurze Zeit nach dem Start Ärger mit dem Finanzamt zu bekommen oder von Steuerforderungen überrascht zu werden. Je nachdem, mit welcher Geschäftsidee Sie sich selbstständig machen, kommen die folgenden Steuerarten auf Sie zu:

► **Einkommensteuer.** So wie Arbeitnehmer ihr Gehalt versteuern müssen, sind auch Ihre Einkünfte aus selbstständiger Tätigkeit

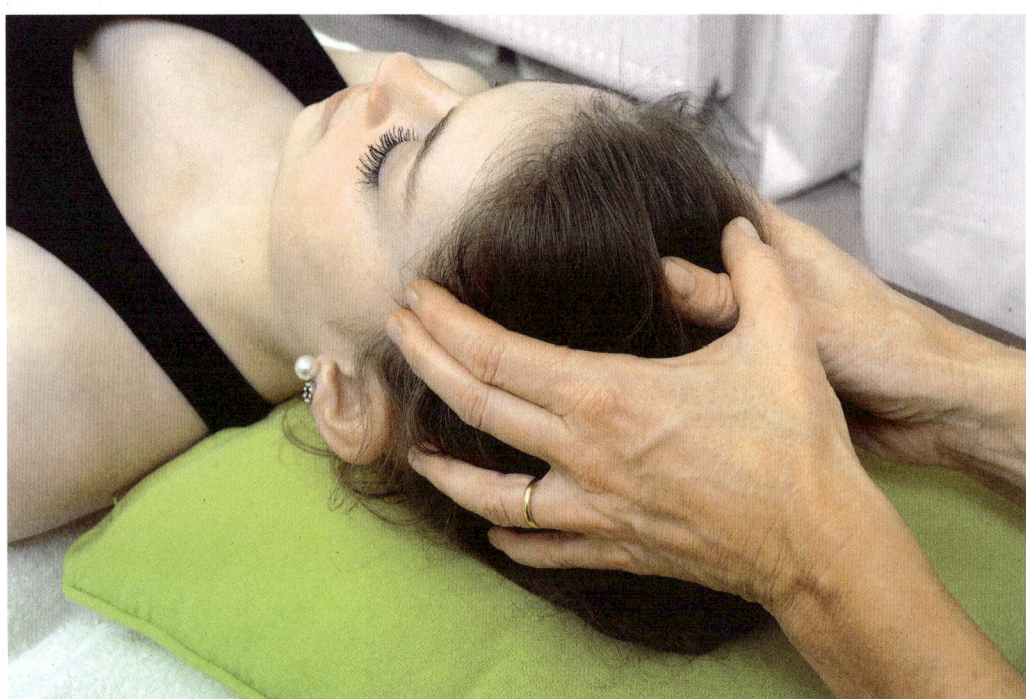

Wer sich in einem Heilberuf selbstständig macht, ist von der Umsatzsteuer befreit.

steuerpflichtig. Als Einzelunternehmer oder Freiberufler erstellen Sie jedes Jahr entweder eine Einnahmen-Überschuss-Rechnung oder eine Bilanz mit Gewinn- und Verlustrechnung, aus der Ihr einkommensteuerpflichtiger Gewinn ersichtlich wird. Wenn Sie eine GmbH oder eine andere Kapitalgesellschaft gegründet haben, unterliegt Ihr Geschäftsführergehalt der Einkommensteuer, wobei die GmbH wie bei einem Arbeitnehmer die anfallende Lohnsteuer als Steuervorauszahlung schon einbehalten und an das Finanzamt abgeführt hat.

▶ **Körperschaftsteuer.** Mit dieser Steuer werden die Gewinne von Kapitalgesellschaften wie GmbHs und Aktiengesellschaften, aber auch die UG (haftungsbeschränkt) belegt. Die Körperschaftsteuer beträgt einheitlich und linear 15 Prozent und bezieht sich auf den Jahresgewinn. Werden die versteuerten Gewinne ausgeschüttet, sind darauf 25 Prozent Kapitalertragsteuer abzuführen, die als Steuervorauszahlung der Anteilseigner behandelt wird. Diese müssen auf diese Gewinnausschüttung nämlich Einkommensteuer entrichten, wenn sie natürliche Personen sind (Doppelbelastung der Gewinne von Kapitalgesellschaften). Weil es ohnehin ratsam ist, bei der Gründung einer Kapitalgesellschaft aufgrund der Bilanzierungspflicht einen Steuerberater mit ins Boot zu holen, gehen wir in diesem Buch auf die Körperschaftsteuer nicht weiter ein.

▶ **Solidaritätszuschlag.** Der Solidaritätszuschlag beträgt 5,5 Prozent und fällt zusätzlich auf die festgesetzte Einkommen- beziehungsweise Körperschaftsteuer an. Bei der Einkommensteuer wird er nicht erhoben, wenn nur wenig Steuern zu zahlen sind. Erst wenn die Einkommensteuer bei Ledigen über 972 Euro und bei zusammen Veranlagten über 1944 Euro pro Jahr liegt, erhebt der Fiskus darauf den Solidaritätszuschlag. Ab 2021 entfällt der Solidaritätszuschlag für 90 Prozent der heutigen Zahler komplett. Für Ledige wird er dann bis zu einem zu versteuernden Einkommen von 61717 Euro nicht mehr fällig, für Verheiratete verdoppelt sich diese Freigrenze.

▶ **Gewerbesteuer.** Auch wenn die Gewerbesteuer ebenfalls auf Basis des jährlichen Gewinns errechnet wird, unterscheidet sie sich in wesentlichen Punkten von der Einkommen- und Körperschaftsteuer. So sind Freiberufler generell von der Gewerbesteuer befreit, und je nach Sitz des Unternehmens können die Steuersätze unterschiedlich hoch sein, weil jede Kommune den „Hebesatz" bis zu einer Höchstgrenze selbst festlegen darf.

▶ **Umsatzsteuer.** Die Umsatzsteuer wird immer dann fällig, wenn Sie Waren veräußern oder Dienstleistungen erbringen. Wie Sie vielleicht schon vermuten, gibt es auch hier Ausnahmen. So sind beispielsweise Angehörige von Heilberufen wie Ärzte, Heilpraktiker, Physiotherapeuten und Masseure ebenso befreit wie Kleinunternehmer, die nur einen Umsatz von maximal 17500 Euro (Vorjahr) erzielen.

Schon bei den Planungen zum Start in die Selbstständigkeit sollten Sie sich überlegen, mit welchen Steuerarten Sie zu tun haben werden. Dabei geht es nicht nur um die Frage, wie hoch die Steuerzahlungen ausfallen werden, sondern auch um den Aufwand, den Sie für die Erstellung der Voranmeldungen und Steuerer-

Wer welche Steuern entrichten muss

	Körperschaftsteuer	Einkommensteuer	Umsatzsteuer
IT-Dienstleister als GmbH	✓	✓[1]	✓
Onlineshop als UG	✓	✓[1]	✓
Selbstständiger Unternehmensberater	–	✓	✓
Selbstständiger Einzelhändler	–	✓	✓
Anwaltskanzlei als Partnerschaft	–	✓	✓
Kosmetik- und Wellnessstudio als Einzelunternehmer	–	✓	✓
Heilpraktiker	–	✓	–
Freiberuflicher Grafikdesigner	–	✓	✓
Selbstständiger Handwerker	–	✓	✓

1 für das Geschäftsführergehalt und für ausgeschüttete Gewinne

klärungen einplanen sollten. Die Tabelle auf S. 167 zeigt anhand einiger konkreter Beispiele, wer mit welchen Steuern rechnen muss.

Wer eine Bilanz erstellen muss

Bei der Einkommen- oder Körperschaftsteuer stellt sich die Frage, auf welche Weise Sie Ihren Gewinn ermitteln dürfen. Je nach Rechtsform, Art und Größe des Unternehmens sieht der Gesetzgeber dabei zwei Möglichkeiten vor: die Gewinnermittlung durch Bestandsvergleich (Bilanzierung) oder durch die vereinfachte Einnahmen-Überschuss-Rechnung.

Unternehmer, die nicht im Handelsregister eingetragen sind, dürfen den Jahresgewinn in Form der vereinfachten Einnahmen-Überschuss-Rechnung ermitteln, solange ihr Jahresumsatz 600 000 Euro und ihr jährlicher Gewinn 60 000 Euro nicht übersteigen. Wenn die Finanzbehörde ihnen mitteilt, dass sie diese Grenzen überschritten haben und daher künftig die Buchführungspflicht gilt, müssen sie ab dem Beginn des darauffolgenden Wirtschaftsjahrs die Buchführung und Bilanzierung einführen. Pech haben alle Inhaber einer GmbH oder UG (haftungsbeschränkt): Weil diese Kapitalgesellschaften im Handelsregister eingetragen sind, gilt für sie die Bilanzierungspflicht ausnahmslos und unabhängig von Umsatz und Gewinn.

Ebenfalls von den vergleichsweise einfachen Regelungen der Einnahmen-Überschuss-Rechnung profitieren Freiberufler – und zwar unabhängig vom Umsatz und Gewinn. Auch

Der Aufbau von Bilanz und Gewinn- und Verlustrechnung (GuV)

Bilanz (vereinfachter Aufbau)

Aktiva (= die im Unternehmen vorhandenen Vermögenswerte)	**Passiva** (= die Herkunft der Geldmittel, mit denen die Vermögenswerte finanziert werden)
Anlagevermögen ▶ Grundstücke und Gebäude ▶ weitere Sachanlagen wie z.B. Maschinen, Betriebseinrichtung etc. ▶ Finanzanlagen ▶ immaterielles Anlagevermögen	Eigenkapital ▶ gezeichnetes Eigenkapital ▶ Kapital- und Gewinnrücklagen ▶ Gewinn- und Verlustvorträge ▶ Jahresgewinn (aus GuV)
Umlaufvermögen ▶ Vorräte und Waren ▶ Forderungen ▶ Bankguthaben, Wertpapiere etc.	Rückstellungen und Verbindlichkeiten ▶ Rückstellungen ▶ Verbindlichkeiten ▶ Kredite
Aktive Rechnungsabgrenzungsposten	Passive Rechnungsabgrenzungsposten
Bilanzsumme	Bilanzsumme

Vereinfachte Beispielbilanz eines Produktionsbetriebs

Aktiva		Passiva	
Grundstücke und Gebäude	250 000 Euro	Gezeichnetes Eigenkapital	100 000 Euro
Maschinen und Betriebseinrichtung	400 000 Euro	Gewinnrücklagen	350 000 Euro
Fahrzeuge	50 000 Euro	Jahresgewinn	100 000 Euro
Vorräte und Waren	50 000 Euro	Bankkredite	350 000 Euro
Forderungen	200 000 Euro	Verbindlichkeiten	100 000 Euro
Bankguthaben	50 000 Euro		
Bilanzsumme	*1 000 000 Euro*	*Bilanzsumme*	*1 000 000 Euro*

Gewinn- und Verlustrechnung (GuV, vereinfachter Aufbau)	
Erträge	**Aufwendungen**
Umsatzerlöse	
Erhöhungen des Bestandes an fertigen und unfertigen Erzeugnissen	
Weitere Erträge	
	Materialaufwand
	Personalaufwand
	Weitere betriebliche Aufwendungen
	Abschreibungen
	Zinsaufwendungen
	Steueraufwendungen
	Weitere Aufwendungen
Jahresgewinn = Erträge minus Aufwendungen	

Dabei werden die Soll- und Habenseite jeweils summiert. Die Differenz zwischen Soll und Haben ist der Kontensaldo, der dann wiederum in die neue Bilanz oder Gewinn- und Verlustrechnung eingebucht wird. Siehe die Beispiele S. 174

wenn Sie als Staranwalt pro Jahr eine Million Euro verdienen, müssen Sie keine Bilanz erstellen, weil Sie ein Angehöriger der freien Berufe sind.

Wenn Sie nach diesen Grundsätzen bilanzierungspflichtig sind, müssen Sie neben der Bilanz eine jährliche Gewinn- und Verlustrechnung (GuV) erstellen. Während die Bilanz den Aufbau und die Wertentwicklung Ihres betrieblichen Vermögens abbildet, zeigt die Gewinn- und Verlustrechnung, welche Aufwendungen und Erlöse im laufenden Geschäftsjahr zu verzeichnen waren.

Bilanz und Gewinn- und Verlustrechnung bilden zusammen den Jahresabschluss, den Sie beim Finanzamt einreichen und auf dessen Basis die Körperschaft- beziehungsweise Einkommensteuer festgesetzt wird. Alle Kapitalgesellschaften – auch wenn es sich nur um eine UG (haftungsbeschränkt) handelt – sowie Personengesellschaften in Form einer GmbH & Co. KG müssen ihre Bilanz beim Bundesanzeiger veröffentlichen. Auf dessen Website sind

die Bilanzen auf bundesanzeiger.de öffentlich einsehbar. Kleinkapitalgesellschaften müssen die Gewinn- und Verlustrechnung nicht offenlegen, und Kleinstkapitalgesellschaften (§ 267a Abs. 1 HGB) ist es erlaubt, auch die Bilanz lediglich unveröffentlicht zu hinterlegen.

Das Erstellen des Jahresabschlusses ist eine sehr komplizierte Angelegenheit, weil eine Vielzahl an Vorschriften aus dem Steuer- und Handelsrecht zu beachten ist und fehlerhafte Jahresabschlüsse unangenehme Konsequenzen nach sich ziehen können.

Daher ist es unbedingt empfehlenswert, einen Steuerberater mit der Erstellung des bilanziellen Jahresabschlusses zu beauftragen. Wir verzichten deshalb an dieser Stelle darauf, die unzähligen juristischen Feinheiten zu diesem Thema darzustellen. Um zumindest die wichtigsten Zusammenhänge verstehen zu können, zeigt Ihnen die Tabelle links in stark vereinfachter Form, wie eine Bilanz aufgebaut ist, und die Tabelle oben, wie eine Gewinn- und Verlustrechnung aussieht.

BRAUCHE ICH EINEN STEUERBERATER?

Rein juristisch betrachtet benötigen Sie keinen Steuerberater. Sie können eine millionenschwere Bilanz selbst erstellen, ohne einen Steuerberater hinzuzuziehen – zumindest in der Theorie. In der Praxis zeigt es sich, dass viele Existenzgründer und Selbstständige mit dem komplizierten Steuerrecht schon dann überfordert sind, wenn es um die Abgabe der jährlichen Einkommensteuererklärung geht. Damit hängt die Antwort auf die Frage, ob Sie einen Steuerberater benötigen, von zwei Faktoren ab: von der Komplexität Ihres Unternehmens und von Ihren persönlichen Kenntnissen in Sachen Steuerrecht.

Wenn Sie eine Kapitalgesellschaft in Form einer GmbH, UG (haftungsbeschränkt), Aktiengesellschaft oder eine im Handelsregister eingetragene Personengesellschaft gegründet haben, werden Sie auf die Unterstützung durch einen Steuerberater nicht verzichten können. Gleiches gilt, wenn Sie als Einzelunternehmer bilanzierungspflichtig sind, weil Sie im Handelsregister eingetragen sind oder mehr als 60 000 Euro Jahresgewinn beziehungsweise mehr als 600 000 Euro Jahresumsatz erzielen.

Bleibt folglich die Überlegung, wie es sich verhält, wenn Sie sich als Freiberufler oder als Solo-Unternehmer mit der Berechtigung zum Jahresabschluss per Einnahmen-Überschuss-Rechnung selbstständig machen – immerhin betrifft diese Konstellation einen Großteil der Existenzgründer in Deutschland.

Der Vorteil beim Erledigen der Steuerangelegenheiten in Eigenregie liegt in erster Linie in der Kostenersparnis, weil Sie schlichtweg kein Geld für die Dienste eines Steuerberaters ausgeben müssen. Doch der Kostenvorteil hat seinen Preis:

▶ Sie müssen ausreichend Arbeitszeit einkalkulieren, um den Formularkram mit dem Finanzamt abzuwickeln.
▶ Sie müssen alle wichtigen Abgabefristen im Auge behalten, um Mahnungen und Säumniszuschläge zu vermeiden.
▶ Sie riskieren, dass Sie bares Geld verlieren, wenn Sie aus Unwissenheit bestimmte Aufwendungen nicht steuersparend geltend machen oder eine ungünstige Konstellation bei der Besteuerung wählen.

Konkret lässt sich daraus schließen: Der Verzicht auf den Rat vom Steuerexperten lohnt sich nur, wenn Sie von vornherein über genügend zeitlichen Freiraum für Ihre Pflichten als Steuerzahler verfügen und sich gut genug im Steuerrecht auskennen, um Ihre Steuererklärung pannenfrei ausarbeiten zu können. Letzteres ist beispielsweise dann der Fall, wenn Sie bislang schon Ihre private Einkommensteuererklärung mühelos bewältigen konnten oder beruflich mit Finanz-, Rechts- oder Steuerthemen zu tun haben.

Auch wenn Sie anfänglich Ihre Steuerangelegenheiten vielleicht in Eigenregie bewältigen, kann nach einiger Zeit ein Punkt erreicht sein, an dem es sinnvoll ist, einen Steuerberater einzubeziehen. Das ist häufig dann der Fall, wenn Sie Mitarbeiter einstellen und dann nicht nur Ihre eigenen Steuern und Abgaben, sondern auch das pünktliche Abführen der Lohnsteuer und Sozialbeiträge für Ihre Angestellten im Griff haben müssen. Oder Sie planen eine größere Investition, die auch in steuerlicher Hinsicht optimal gestaltet werden sollte. Besonders hoch ist das Risiko von teuren Steuerfehlern beim Bau oder Erwerb von Immobilien, die teilweise privat und teilweise betrieblich genutzt werden sollen. Hier hilft Ihnen der Steuerberater dabei, die Bau- und Finanzierungskosten so zu verteilen, dass Sie auf legale Weise den bestmöglichen Steuerspareffekt erzielen.

Was er kostet

Die Kosten für einen Steuerberater können ganz unterschiedlich ausfallen. Zwar rechnen Steuerberater nach einer bundesweit gültigen Honorarordnung ab. Doch die lässt durchaus Spielraum zu, sodass für ein und denselben Leistungsumfang ganz unterschiedliche Beträge in Rechnung gestellt werden können.

Darüber hinaus werden die Beraterkosten von weiteren Faktoren beeinflusst. Jede Steuererklärung ist eine höchst individuelle Angelegenheit, sodass die dazugehörigen Leistungen nicht einfach pauschal kalkuliert werden können. Wie viel Geld Sie am Ende dem Steuerberater überweisen, hängt damit auch von den folgenden Einflussgrößen ab:

► **Komplexität.** Bei gleicher Einkunftsart und Einkommenshöhe können Einzelfälle für den Steuerberater mehr oder weniger kompliziert sein. So kann eine Firmenbilanz sehr einfach aufgebaut sein oder beispielsweise bei den Rückstellungen oder Rechnungsabgrenzungsposten einen großen Aufwand verursachen.

► **Höhe des Einkommens.** Das Einkommen bildet eine wichtige Grundlage für die Ermittlung der Beratungskosten, denn daraus ergibt sich der „Gegenstandswert", auf dessen Basis das Honorar berechnet wird. Ist Ihr Unternehmen bilanzierungspflichtig, wird beim Erheben des Gegenstandswertes auch die Bilanzsumme hinzugezogen.

► **Umfang der Leistungen.** Ob der Steuerberater nur den Jahresabschluss und die Steuererklärung erstellen oder ein Rundumsorglos-Paket liefern soll, wirkt sich natürlich auf die Höhe der Kosten aus. So ist mit jährlichen Mehrkosten von einigen Hundert Euro zu rechnen, wenn der Steuerberater auch Ihre Umsatzsteuervoranmeldungen erledigen und Ihre Belege vor dem Buchen erst einmal sortieren und einzelnen Kategorien zuordnen soll.

Wenn Sie als Freelancer oder Solo-Unternehmer an den Start gehen und zunächst einmal nur eine Einnahmen-Überschuss-Rechnung, eine Umsatzsteuererklärung und die übliche Einkommensteuererklärung zu erstellen brauchen, können Sie mit ungefähr 450 bis 800 Euro an Steuerberatungskosten rechnen. Deutlich teurer wird es, wenn eine Bilanz zu erstellen ist: In diesem Fall kann das Honorar für den Steuerberater schnell die Marke von 1 200 Euro nach oben durchbrechen.

 KEINE LOHNSTEUERHILFE FÜR SELBSTSTÄNDIGE

Für angestellte Arbeitnehmer bieten Lohnsteuerhilfevereine eine kostengünstige Möglichkeit, bei der jährlichen Steuererklärung professionelle Hilfe in Anspruch zu nehmen. Doch die Lohnsteuerhilfevereine dürfen ihre Mitglieder nur beraten, wenn es um Gehalts- und Renteneinkünfte sowie in begrenztem Umfang um Einkünfte aus Vermietung und Kapitalanlagen geht. Die steuerliche Beratung von Selbstständigen ist den Vereinen hingegen von Gesetzes wegen untersagt, sodass Sie sich bei der Suche nach externer Hilfe nur an einen Steuerberater wenden können.

Was er leistet

Zu den Kernaufgaben des Steuerberaters zählt das Erstellen von Jahresabschlüssen, Einnahmen-Überschuss-Rechnungen und Steuererklärungen. Grundlage hierfür sind die Belege, die Sie sammeln und dem Berater übergeben. Dabei sollten Sie bedenken: Die Leistung des Steuerberaters kann nur so gut sein wie die Informationen, die Sie ihm zur Verfügung stellen. Dazu zählt auch, dass Sie ihn über Ihre Wachstumspläne auf dem Laufenden halten. Wenn Sie beispielsweise schon heute wissen, dass Sie im nächsten Jahr eine größere Investition tätigen wollen, kann es eventuell erforderlich sein, bestimmte steuerliche Aktivitäten schon im laufenden Jahr auf den Weg zu bringen, um die Steuerbelastung insgesamt möglichst niedrig zu halten.

Darüber hinaus bieten viele Steuerberater zusätzliche Dienstleistungen an wie beispielsweise die laufende Buchhaltung, das Erstellen der Umsatzsteuervoranmeldungen oder die monatliche Lohn- und Gehaltsabrechnung für Ihre Mitarbeiter. Das kostet natürlich zusätzliches Geld, bringt aber einige Vorteile mit sich. So kann der Steuerberater frühzeitig auf bestimmte Entwicklungen in Ihrem Unternehmen reagieren, wenn er durch die laufende Buchführung automatisch über den aktuellen Stand bei Aufwendungen und Umsätzen informiert ist. Und wenn es um die Lohn- und Gehaltsabrechnung geht, müssen Sie keine eigene Software kaufen, sparen Zeit bei der Personalverwaltung und müssen nicht ständig auf der Hut sein, dass Sie keine der häufig kurzfristig umzusetzenden Änderungen bei Sozialversicherung und Lohnsteuer verpassen.

Bei der Auswahl des Steuerberaters kommt es nicht allein auf den Preis an – zumal sich die Höhe der tatsächlich anfallenden Honorare im Voraus oft nur schwer einschätzen lässt. Ein wichtiges Kriterium ist, dass sich der Steuerberater in Ihrer Branche auskennt und idealerweise schon Mandanten beraten hat, die ein ähnliches Unternehmens- oder Tätigkeitsprofil wie Sie vorzuweisen haben. Denn: Kaum ein Steuerberater ist in der Lage, aus dem Stand heraus über die zahlreichen steuerlichen Feinheiten für bestimmte Branchen Bescheid zu wissen. Wenn Sie sich beispielsweise als freiberuflicher Fotograf selbstständig machen, ist es sinnvoll, einen Steuerberater zu wählen, der einen seiner Tätigkeitsschwerpunkte auf die Beratung von Medienschaffenden gelegt hat.

Wie Sie den passenden Steuerberater finden

1	**Art der Gewinnermittlung.** ✓ Soweit Sie die Sachlage selbst einschätzen können, sollten Sie schon bei der Auswahl des Steuerberaters wissen, auf welche Weise Ihr Gewinn ermittelt wird – sprich: ob Sie bilanzieren müssen oder ob eine Einnahmen-Überschuss-Rechnung genügt und ob Sie umsatzsteuerpflichtig sind.
2	**Zusätzliche Leistungen festlegen.** ✓ Überlegen Sie, was der Steuerberater noch zusätzlich für Sie tun soll. Das betrifft etwa das Erstellen der Umsatzsteuervoranmeldungen, die laufende Buchhaltung oder die Lohn- und Gehaltsabrechnungen für Ihre Mitarbeiter.
3	**Freunde oder Bekannte fragen.** ✓ Wenn Sie Selbstständige in Ihrem Bekanntenkreis haben, die möglicherweise sogar in Ihrer Branche tätig sind, können Sie sich dort nach empfehlenswerten Steuerberatern umhören.
4	**Datenbanksuche nutzen.** ✓ Der Deutsche Steuerberaterverband e. V. (DStV) bietet auf seiner Website eine Suchfunktion an, mit der Sie anhand ausgewählter Kriterien Steuerberater in Ihrer Nähe ausfindig machen können. Die Internetadresse lautet dstv.de.
5	**Honorare vergleichen.** ✓ Lassen Sie sich zumindest einen groben Kostenvoranschlag erstellen, sodass Sie besser einschätzen können, welche Aufwendungen bei einzelnen Beratern ungefähr auf Sie zukommen.

DIE BUCHFÜHRUNG

In mittelständischen oder großen Unternehmen ist für die Buchführung meist eine eigene Abteilung zuständig, in der ausgebildete Fachkräfte die Einnahmen- und Ausgabenbelege verbuchen. Als Existenzgründer können Sie sich diesen Luxus in aller Regel zunächst einmal nicht leisten, sodass Sie vor der Entscheidung stehen, ob Sie die Buchhaltung in Eigenregie erledigen oder einen externen Dienstleister damit betrauen.

Solange Sie nur eine Einnahmen-Überschuss-Rechnung erstellen müssen, lässt sich dieser Teil der Arbeit mit vergleichsweise geringen Vorkenntnissen durchführen. Hier gilt es, die Belege zu sammeln, sie den richtigen Kategorien zuzuordnen und darauf zu achten, dass sie keine Formfehler enthalten, die Ihnen unter Umständen Probleme mit dem Finanzamt bereiten könnten. Auf der Einnahmenseite sammeln sich Ihre Ausgangsrechnungen, Gutschriften und sonstigen Einnahmebelege (Registrierkassenbelege, Barquittungen oder Kassenbücher), und auf der Ausgabenseite ordnen Sie die Belege den dazugehörigen Kategorien zu wie beispielsweise Erwerb von Investitionsgütern, Büromaterial und Telekommunikationskosten oder Reiseaufwendungen.

Deutlich komplizierter wird die Buchführung, wenn Sie bilanzierungspflichtig sind, weil Sie als Kaufmann im Handelsregister eingetragen sind oder eine Kapitalgesellschaft etwa als GmbH oder UG (haftungsbeschränkt) führen. Ebenfalls bilanzierungspflichtig sind Gewerbetreibende, deren Umsatz 600 000 Euro oder deren Gewinn 60 000 Euro pro Jahr übersteigt. Dann sind Sie von Gesetzes wegen verpflichtet, Ihre Geschäftsvorgänge nach den „Grundsätzen der ordnungsgemäßen Buchführung" so zu erfassen, dass aus der Gesamtheit Ihrer Buchungsvorgänge die Bilanz und die Gewinn- und Verlustrechnung erstellt werden können.

In der Praxis heißt das, dass die sogenannte doppelte Buchführung bei Ihnen zum Einsatz kommt. Diese in Deutschland gängige Form der Buchführung wird als „doppelt" bezeichnet, weil sich jeder Geschäftsvorgang auf zwei Buchführungskonten auswirken muss – einmal im Soll und einmal im Haben.

Im Rahmen dieses Buches würde es zu weit führen, die doppelte Buchführung in allen Einzelheiten zu erläutern. An dieser Stelle stellen wir daher das Grundprinzip vor, sodass Sie ein Gefühl dafür bekommen, ob Sie sich mit einer entsprechenden Weiterbildung das nötige Wissen für das selbstständige Führen Ihrer Bücher erwerben oder diesen Part an einen externen Profi auslagern wollen.

Das Grundprinzip der doppelten Buchführung

Für die doppelte Buchführung müssen zunächst einmal Konten angelegt werden, die typische Geschäftsvorfälle in den passenden Kategorien sammeln. So gibt es unterschiedliche Konten für Umsatzerlöse, Aufwendungen für Bürobedarf, Lohnaufwendungen, Abschreibungen (AfA), Anlagegüter, offene Forderungen, Bankguthaben etc. Jedes Konto hat eine Soll- und eine Habenseite, wobei sich die Sollseite immer links und die Habenseite immer rechts befindet.

Grundsätzlich zu unterscheiden sind dabei Bestands- und Erfolgskonten:

▶ **Bestandskonten** fließen beim Jahresabschluss direkt in die Bilanz ein und stellen den Bestand an bestimmten Vermögenswerten oder Verbindlichkeiten dar. Typische Bestandskonten sind die Konten für Anlagegüter wie Immobilien oder betriebliche Einrichtungen und Maschinen, Bankguthaben, offene Forderungen gegenüber Kunden, Eigenkapital und Verbindlichkeiten.

▶ **Erfolgskonten** bilden beim Jahresabschluss die Gewinn- und Verlustrechnung und spiegeln die Aufwendungen und Erträge wider. Typische Erfolgskonten sind auf der Ertragsseite die Umsatzerlöse und auf der Aufwendungsseite die Konten für Personalaufwand, Büromaterial, Zinsaufwendungen oder Abschreibungen (AfA).

Am Beginn des Geschäftsjahres wird der Anfangsbestand aus der Bilanz in die Bestandskonten übernommen, während die Erfolgskonten im Regelfall mit null beginnen. Um am Ende die Kontenbestände in die Bilanz beziehungsweise Gewinn- und Verlustrechnung zu übernehmen, wird der Saldo gezogen. Dabei werden die Soll- und Habenseite jeweils sum-

Beispiele für Bestands- und Erfolgskonten

Bei Bestandskonten sind Aktiv- und Passivkonten zu unterscheiden. Die Aktivkonten stellen die Vermögenswerte dar, Zugänge werden auf der Sollseite gebucht. Die Passivkonten sind dem Eigenkapital, den Rückstellungen und den Verbindlichkeiten zugeordnet. Hier bucht man die Zugänge auf der Habenseite.

Bankguthaben (Aktivkonto)	
Soll	Haben
Anfangsbestand: 15 000 Euro	Zahlungsausgang: 2 500 Euro
Zahlungseingang: 5 000 Euro	Saldo (für die Bilanz): 17 500 Euro

Bankkredit (Passivkonto)	
Soll	Haben
Tilgung: 5 000 Euro	Anfangsbestand: 20 000 Euro
Saldo (für die Bilanz): 15 000 Euro	

Bilanz	
Aktiva	Passiva
Bankguthaben: 17 500 Euro	Eigenkapital: 2 500 Euro
	Bankkredit: 15 000 Euro

Die Erfolgskonten gliedern sich in Aufwands- und Ertragskonten. Bei Aufwandskonten werden die Aufwendungen auf der Sollseite gebucht, die Habenseite kommt lediglich bei Korrekturbuchungen zum Einsatz. Umgekehrt werden die Erträge auf den dazugehörigen Konten auf der Habenseite gebucht, hier ist dann die Sollseite für Korrekturen reserviert.

Aufwendungen für Telefonkosten (Aufwandskonto)	
Soll	Haben
1. Telefonrechnung: 200 Euro	
2. Telefonrechnung: 150 Euro	Saldo (für die GuV): 350 Euro

Umsatzerlöse (Ertragskonto)	
Soll	Haben
	Umsatzerlös 1. Ausgangsrechnung: 2 500 Euro
Saldo (für die GuV): 5 500 Euro	Umsatzerlös 2. Ausgangsrechnung: 3 000 Euro

miert. Die Differenz zwischen Soll und Haben ist der Kontensaldo, der dann wiederum in die neue Bilanz oder Gewinn- und Verlustrechnung eingebucht wird. Siehe die „Beispiele für Bestands- und Erfolgskonten" links.

Bei der doppelten Buchführung lautet ein eiserner Grundsatz, dass jeder Buchungsvorgang ein Konto im Soll und ein zweites Konto im Haben ansprechen muss. Im Buchhalterjargon heißt dann die Buchung „Sollkonto an Habenkonto". Haben Sie etwa als Unternehmensberater ein Consulting-Projekt abgeschlossen und stellen Ihrem Kunden 5 000 Euro in Rechnung, dann haben Sie einen Umsatzerlös erzielt, und Ihre offenen Forderungen erhöhen sich. Damit lautet – zur Vereinfachung ohne Berücksichtigung der Umsatzsteuer – der Buchungssatz:

▶ 5 000 Euro Bestandskonto „Offene Forderungen" an 5 000 Euro Erfolgskonto „Umsatzerlöse"

Wenn der Kunde dann seine Rechnung bezahlt, vermindern sich die offenen Forderungen, während sich der Stand Ihres Bankguthabens erhöht. Dann buchen Sie:

▶ 5 000 Euro Bestandskonto „Bankguthaben" an 5 000 Euro Bestandsguthaben „Offene Forderungen"

Bevor die elektronische Datenverarbeitung Einzug gehalten hat, wurde in der Buchhaltung für jedes einzelne Konto ein Kontenblatt geführt, in das die Buchungsposten eingetragen wurden. Zudem wurden die einzelnen Buchungen fortlaufend in einem Buchungsjournal festgehalten, aus dem sich die Buchungsanweisungen für jeden einzelnen Geschäftsvorfall chronologisch nachvollziehen ließen. Heute stehen für die Buchführung längst Computerprogramme zur Verfügung, doch das Grundprinzip ist unverändert geblieben. Daher sollten Sie dieses verstanden haben, bevor Sie am Computer damit beginnen, Ihre Buchhaltung auf die Beine zu stellen. Denn: Gute Buchhaltungsprogramme machen zwar die Arbeit einfacher und schneller – aber ohne das nötige Hintergrundwissen riskieren Sie, dass Sie jede Menge Fehlbuchungen produzieren, die der Steuerberater mit hohem Aufwand korrigieren muss.

Auch wenn der Computer vieles vereinfacht hat, sollten Sie die Prinzipien der Buchführung kennen.

Wo Sie die Buchführung lernen können

Wenn Sie über kaufmännische Grundkenntnisse verfügen, vielleicht schon früher einmal in der Berufsschule oder in der Weiterbildung etwas über Buchführung gelernt haben und sich fit machen wollen für die Buchführung im eigenen Betrieb, können Sie das notwendige Wissen über einen Buchhaltungskurs erwerben.

Die Liste der Institutionen, die solche Weiterbildungsangebote führen, ist lang. Private Bildungsanbieter zählen ebenso dazu wie Industrie- und Handelskammern, Handwerkskammern und Volkshochschulen (VHS). Entscheidend ist letztlich die Qualität der einzelnen Dozenten: Wer es schafft, das trockene Thema anschaulich und praxisnah zu vermitteln, kann Ihnen das nötige Rüstzeug für den Alltag in der betrieblichen Buchführung mitgeben.

Ob Sie an einen wirklich guten Dozenten geraten, ist nicht unbedingt von der Höhe der Kurspreise abhängig. Eine Untersuchung der Stiftung Warentest im Jahr 2010 hat gezeigt, dass trotz der hohen Preisspanne von 60 bis 500 Euro pro Kurs die Qualität nicht immer in Relation zum Preis steht. So fanden sich in der Spitzengruppe zwei Volkshochschulen, die für ihre Kurse weitaus weniger Geld verlangten als die meisten anderen Anbieter.

Während es an der Qualität und Aktualität des vermittelten Stoffs und an den Lehrmitteln in Form von Skripten, Büchern und Kopien nur wenig zu bemängeln gab, zeigten einige Anbieter deutliche Schwächen in der Didaktik. Wenn Frontalunterricht nach „Schema F" durchgezogen wird, ist das für die Lernenden weitaus ermüdender als ein lebendiger Kurs von einem Dozenten, der seine Teilnehmer aktiv mit einbindet und mit seinen Beispielen auf deren persönliche Situation eingeht.

Neben den klassischen Präsenzkursen werden auch Fernkurse und internetbasierte E-Learning-Kurse für künftige Buchhaltungskräfte angeboten.

Beim Fernkurs erhalten Sie Ihre Lehrmaterialien per Post und können Ihr Tempo weitgehend selbst bestimmen. In der Regel steht Ihnen ein Ansprechpartner für telefonische Fragen zur Verfügung, wenn Sie bei einem Themenbereich Verständnisprobleme haben. Der größte Vorteil des Fernkurses birgt gleichzeitig auch den größten Nachteil in sich: Vorteilhaft ist zunächst, dass Sie sich an keine vorgeschriebenen Kurszeiten halten müssen, sondern so lernen können, wie Sie Zeit haben – was jedoch dazu führen kann, dass Sie bei mangelnder Selbstdisziplin die Sache schleifen lassen und Ihr selbst gestecktes Bildungsziel verfehlen.

Beim E-Learning gibt es meist eine Mischung aus festen Unterrichtszeiten und Aufgaben, deren Erledigung zeitlich frei eingeteilt werden kann. Unterrichtseinheiten, die zu festen Zeiten per Online-Videokonferenz stattfinden, zählen ebenso zum Repertoire wie interaktive Testaufgaben, Erklärvideos, Textdokumente zum Ausdrucken und die Beantwortung von Fragen durch die Dozenten per Mail oder Chat. Hier haben Sie meist einen etwas strafferen Rahmen als beim Fernkurs. Allerdings werden Sie am E-Learning nur Freude haben, wenn Sie routiniert im Umgang mit modernen Medien wie Erklärvideos, interaktiven Online-Aufgaben oder Chatprogrammen sind. Sind Sie hingegen ein Fan von persönlichem Unterricht und Lehrmaterialien auf Papier, sollten Sie lieber einen Präsenzkurs belegen.

Auswahlkriterien für den passenden Buchführungskurs

Bei der Suche nach einem Buchführungskurs, der für Ihren Bedarf infrage kommt, sollten Sie neben dem Preis auf die folgenden Kriterien achten:

▶ **Teilnehmerzahl.** Fragen Sie nach der Teilnehmerzahl. Faustregel: Die Gruppe sollte auf höchstens 15 Personen beschränkt sein, damit genügend Zeit für Übungen und individuelle Fragen bleibt.

▶ **Kursumfang.** Überlegen Sie, ob Sie nur einen Auffrischungskurs brauchen oder ob Sie von Grund auf neu in die Buchführung einsteigen.

▶ **Praxisorientierung.** Vorlesungen und Frontalunterricht sind ermüdend, Lernen im Dialog macht viel mehr Spaß. Haken Sie nach, ob im Kurskonzept praktische Übungen, Gruppen- oder Partnerarbeiten vorgesehen sind und wie hoch ihr Anteil im Unterricht ist.

▶ **Pausen.** Fragen Sie nach, in welchen Abständen es kurze Pausen gibt. Gerade in einem Abendkurs nach einem anstrengenden Arbeitstag ist das wichtig für die Konzentration.

▶ **Lehrkräfte.** Erkundigen Sie sich nach der Qualifikation des Dozenten. Im Idealfall ist er nicht nur fachlich geeignet, sondern auch pädagogisch geschult.

▶ **Lehrmaterial.** Welches Lehrmaterial kommt zum Einsatz? Fallen dafür zusätzliche Kosten an? Wichtig ist, dass Sie gutes Lehrmaterial zum Nachschlagen sowie zur Vor- und Nachbereitung des Kurses zur Verfügung haben.

▶ **Abend- oder Wochenendkurs.** Sowohl Abendkurse wie auch Wochenendseminare haben Vor- und Nachteile. Abendkurse erstrecken sich meist über einen längeren Zeitraum, dafür werden keine ganzen Tage blockiert. Dagegen fällt oft das Lernen leichter, wenn Sie sich jeweils einen ganzen Tag ohne Ablenkung auf die Materie konzentrieren können.

Untersuchungen zeigen: Ein guter Buchführungskurs muss nicht teuer sein.

Externe Hilfe für die Buchführung

Vielleicht sind Sie zu dem Entschluss gekommen, dass die Durchführung der Buchführungsarbeiten nichts für Sie ist. Wenn Sie mit der doppelten Buchführung auf Kriegsfuß stehen oder schlicht und einfach keine Zeit haben, um neben Ihren vielfältigen Aufgaben als Existenzgründer Ihre Geschäftsbücher in Eigenregie auf dem Laufenden zu halten, ist dieses Eingeständnis schon mal um Längen besser als der zum Scheitern verurteilte Versuch, die Buchhaltung ohne tiefergehendes Wissen eher unmotiviert nebenbei zu erledigen.

In diesem Fall gilt es zu überlegen, wem Sie Ihre Buchhaltung anvertrauen. Dabei stehen drei Alternativen zur Wahl:

1 die Abwicklung über den Steuerberater,
2 das Beauftragen eines Buchhaltungsbüros
3 oder die Beschäftigung einer Hilfskraft für die Buchhaltung als Minijobber oder freier Mitarbeiter.

Dass der Steuerberater gleichzeitig noch die Buchführung übernimmt, ist zunächst einmal eine bequeme Lösung, bei der Steuern und Buchführung in einer Hand liegen. Ein großer Teil der Steuerberater bietet diese Leistung an. Ihr Vorteil dabei: Weil der Steuerberater automatisch über die Entwicklung Ihres Unternehmens auf dem aktuellen Stand ist, kann er Ihnen frühzeitig Hinweise für die steuerliche Optimierung Ihres Betriebs geben. Außerdem ist sichergestellt, dass die Datenformate kompatibel sind, wenn es um die elektronische Übernahme der Buchhaltungsdaten in die Bilanz und Gewinn- und Verlustrechnung geht. Allerdings ist diese Lösung oft auch am kostspieligsten, weil sich die Kanzleien solche Zusatzdienste gut honorieren lassen.

Preisgünstiger sind häufig die Angebote von Buchhaltungsbüros, die meist sowohl die Buchhaltung wie auch die Gehaltsabrechnung übernehmen. In diesem Fall müssen Sie sich allerdings um die Umsatzsteuervoranmeldungen selbst kümmern, weil diese Aufgabe den steuerberatenden Berufen (Steuerberater, Rechtsanwalt, Wirtschaftsprüfer) vorbehalten sind. Ferner haben Sie zwei Ansprechpartner: einmal das Buchhaltungsbüro und dann noch den Steuerberater, der aus den Unterlagen Ihren Jahresabschluss und die Steuererklärung erstellt. Wichtig ist dann, dass die Kommunika-

Die Vor- und Nachteile einzelner Buchführungsdienstleister im Überblick

	Vorteile	Nachteile	Besonders beachten
Steuerberater	Buchhaltung und Steuererklärung aus einer Hand, kurze Kommunikationswege, keine Probleme mit Datenkompatibilität	Hohe Kosten	Beim Vergleich von Steuerberatern Buchführung und Steuerberatung getrennt anbieten lassen
Buchhaltungsbüro	Im Vergleich zum Steuerberater günstigere Kosten	Zwei unterschiedliche Ansprechpartner für Buchführung und Steuerberatung, keine Umsatzsteuervoranmeldung	Vor Auftragserteilung prüfen, ob die Daten des Buchhaltungsbüros vom Steuerberater in seinen Programmen verarbeitet werden können
Hilfskraft in freier Mitarbeit oder im Minijob	Günstige Lohnkosten beziehungsweise Honorare	Zusätzlicher Kostenaufwand, wenn Software zur Verfügung gestellt werden muss, Risiko von Fristversäumnissen bei Krankheit oder Urlaub	Anschaffungs- und jährliche Updatekosten für eigene PC-Programme unbedingt in den Kostenvergleich einbeziehen

tion zwischen Buchhaltungsbüro und Steuerberater nicht nur auf der zwischenmenschlichen Ebene, sondern auch in technischer Hinsicht funktioniert. Klären Sie vor der Auftragserteilung ab, ob die vom Buchhalter gelieferten Datenformate mit denen des Steuerberaters kompatibel sind.

Darüber hinaus besteht noch die Möglichkeit, dass eine qualifizierte Hilfskraft in freier Mitarbeit oder im Minijob Ihre Buchhaltung auf dem Laufenden hält. Während selbstständige Buchhaltungsdienstleister in der Regel über ein eigenes PC-Programm verfügen, müssen Sie bei der Anstellung einer Minijob-Fachkraft die IT-Ausstattung zur Verfügung stellen. Diesen Aufwand sollten Sie nicht unterschätzen: Gute Programme, deren Daten mit den Steuerberaterprogrammen kompatibel sind, sind nicht gerade preiswert – zumal Sie ein Programm für die Buchhaltung und bei Bedarf noch eines zusätzlich für die Lohn- und Gehaltsabrechnung benötigen. Dazu kommen die jährlichen Kosten für Updates, damit Ihre Lohn- und Finanzbuchhaltung immer den aktuellen gesetzlichen Anforderungen genügt. Auch die Urlaubszeiten sollten mit Ihrer Hilfskraft gut abgestimmt sein, damit keine wichtigen Fristen versäumt werden, wenn Ihre Buchhaltungshilfe gerade auf Reisen ist.

INFO

BUCHFÜHRUNG ZEITNAH ERLEDIGEN

Egal, ob Sie Ihre Buchführung selbst durchführen oder nicht: Achten Sie darauf, dass alle Belege zeitnah gebucht werden. Mindestens einmal pro Monat sollte die Buchführung auf den aktuellen Stand gebracht werden, bei Betrieben mit größerem Buchungsvolumen wie beispielsweise bei Online-Shops sind kürzere Intervalle ratsam.

DIE UMSATZSTEUER

Für den Staat ist die Umsatzsteuer eine wichtige Einnahmenquelle: Jeder dritte Euro, den der Fiskus in Form von Steuern einnimmt, kommt aus der Umsatzsteuer. Damit hat diese Steuer dieselbe Bedeutung wie die Lohn- und Einkommensteuer. Erhoben wird die Umsatzsteuer auf die meisten Produkte und Dienstleistungen, die in Deutschland verkauft werden. Dabei gilt: Unterm Strich zahlt der Endverbraucher die Steuer über den Umsatzsteueranteil in den Brutto-Verkaufspreisen, für das ordnungsgemäße Abführen der Steuer sind hingegen die Unternehmen zuständig.

Aus Sicht des Verbrauchers bedeutet das konkret: Wer beim Elektronikfachhändler ein Smartphone für 199,99 Euro kauft, bezahlt gleichzeitig die darin enthaltene Umsatzsteuer von 19 Prozent mit. Der Preis setzt sich somit zusammen aus dem Netto-Verkaufspreis von 168,06 Euro und der Umsatzsteuer in Höhe von 31,93 Euro. Behalten darf der Händler nur den Netto-Betrag. Die Umsatzsteuer, die er sozusagen treuhänderisch mitkassiert, muss er an das Finanzamt weiterleiten.

INFO

„UMSATZSTEUER" ODER „MEHRWERTSTEUER"?

In der Praxis tauchen – beispielsweise auf Rechnungen oder Quittungen – sowohl „Umsatzsteuer" wie auch „Mehrwertsteuer" als Begriff auf. Während der Gesetzgeber in der Regel die Bezeichnung „Umsatzsteuer" verwendet, ist landläufig eher die „Mehrwertsteuer" bekannt. Falls Sie zu denjenigen zählen, die auf der Rechnung die „Mehrwertsteuer" aufführen, braucht Sie das jedoch nicht zu beunruhigen: Auch wenn es sich streng genommen um die Umsatzsteuer handelt, wird das Finanzamt den Beleg dennoch nicht beanstanden.

Wie die Umsatzsteuer funktioniert

Sinn und Zweck der Umsatzsteuer ist es aus Sicht des Staates, vom Wertzuwachs in Produktion und Handel einen Teil abzuschöpfen – den sogenannten Mehrwert, aus dem sich die landläufige Bezeichnung „Mehrwertsteuer" ableitet. Dabei gilt die Prämisse, dass in der Summe am Ende nur der Gesamtwert des Produktes besteuert wird. Dieses Ziel wird erreicht, indem umsatzsteuerpflichtige Unternehmen das Recht haben, sich die Umsatzsteuer, die sie an ihre Zulieferer zahlen, wieder vom Staat zurückzuholen.

Verdeutlichen lässt sich dies anhand eines Beispiels, in dem ein Möbelhersteller einen Tisch produziert, der dann über einen Großhändler an ein Möbelhaus und dort an den Endkunden verkauft wird:

▶ **Der Möbelhersteller** stellt im ersten Schritt dem Großhändler für den Tisch 200,00 Euro plus 19 Prozent Umsatzsteuer (USt.) – also 38,00 Euro USt. – in Rechnung.

▶ **Der Großhändler** verkauft den Tisch für 250,00 Euro plus 47,50 Euro USt. an den Einzelhändler weiter. Er darf nun von den 47,50 Euro Umsatzsteuer die an den Hersteller gezahlten 38,00 Euro Umsatzsteuer als „Vorsteuer" abziehen, sodass er an das Finanzamt nur 9,50 Euro überweisen muss.

▶ **Der Einzelhändler** verkauft den Tisch für 400,00 Euro brutto – das sind 336,13 Euro netto plus 63,87 Euro USt. – an den Endkunden weiter. Auch der Einzelhändler darf die an den Großhändler gezahlte Umsatzsteuer in Höhe von 47,50 Euro als Vorsteuer abziehen, sodass seine Umsatzsteuerschuld 16,37 Euro beträgt.

Ergebnis: Weil der private Endkunde keine Vorsteuer geltend machen kann, bezahlt er beim Kauf des Tisches die im Preis enthaltene Um-

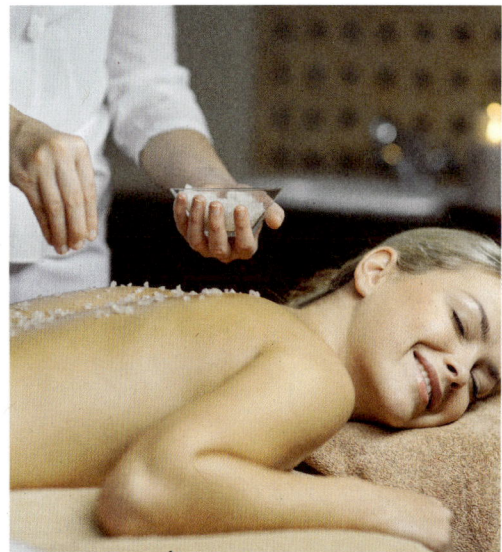
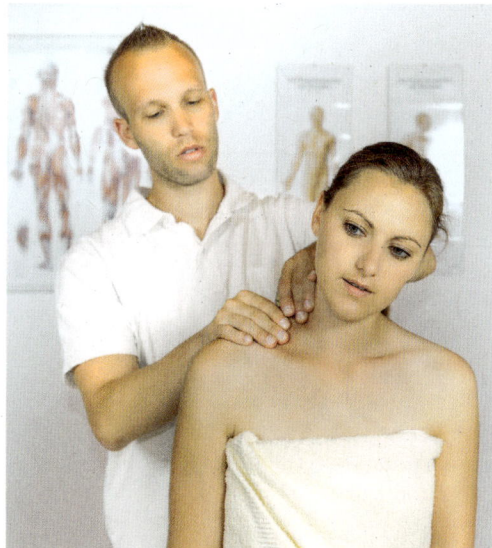

Die „Wellness-Massage" ist umsatzsteuerpflichtig. Für die medizinische Massage fällt keine Umsatzsteuer an.

satzsteuer in voller Höhe zunächst an den Einzelhändler. Über die verschiedenen Vorsteuer-Stufen führen Einzelhändler, Großhändler und Hersteller jeweils ihren Umsatzsteueranteil an das Finanzamt ab.

Den Vorsteuerabzug dürfen jedoch nur Unternehmer in Anspruch nehmen, die an ihre Kunden umsatzsteuerpflichtige Waren oder Dienstleistungen verkaufen. Wer gegenüber seinen Abnehmern keine Umsatzsteuer in Rechnung stellt, darf auch keine Vorsteuer geltend machen. Das wirkt sich auf die Kalkulation sowohl bei den Verkaufspreisen wie auch im Einkauf aus.

Im Einkauf bringt es Ihnen Vorteile, wenn Sie umsatzsteuerpflichtig sind und damit die Vorsteuer geltend machen können. Bestellen Sie beispielsweise Büromaterial im Wert von 100 Euro plus 19 Euro Umsatzsteuer, können Sie sich die gezahlte Umsatzsteuer direkt über den Vorsteuerabzug wieder vom Finanzamt zurückholen – Sie müssen also effektiv nur 100 Euro bezahlen. Sind Sie dagegen nicht umsatzsteuerpflichtig, dann bezahlen Sie mangels Vorsteuerabzug die vollen 119 Euro für Ihren Bürobedarf.

Beim Verkauf kommt es darauf an, ob Ihre Kunden umsatzsteuerpflichtige Unternehmen oder Privatverbraucher sind. Wenn Ihre Kunden sich die an Sie gezahlte Umsatzsteuer als

Vorsteuer wieder vom Finanzamt zurückholen, macht es bei der Preiskalkulation letztlich keinen Unterschied, ob Sie auf Ihre Leistungen Umsatzsteuer erheben müssen oder nicht. Denn: Die Umsatzsteuer, die Sie auf Ihren Rechnungsbetrag aufschlagen, holt sich Ihr Kunde direkt wieder über den Vorsteuerabzug vom Finanzamt zurück.

Anders verhält es sich dagegen, wenn Sie Ihre Leistungen oder Produkte an private Endverbraucher verkaufen – denn diese haben keine Möglichkeit, sich die Umsatzsteuer erstatten zu lassen. Damit wird es für Ihren Kunden teurer, wenn Sie umsatzsteuerpflichtig sind.

Beispiel: Massage mit und ohne Umsatzsteuer Birgit B. ist examinierte Masseurin und führt in ihrer Praxis Heilbehandlungen auf ärztliches Rezept durch. Wenn sie ihren Kunden pro Stunde 45 Euro in Rechnung stellt, muss sie darauf keine Umsatzsteuer erheben, weil sie in einem Heilberuf tätig ist.

Silke F. hat hingegen nach einigen Berufsjahren als Friseurin Weiterbildungskurse absolviert und sich einige Techniken der Wellness-Massage angeeignet. In ihrer „Wellness-Oase" bietet sie ihren Kunden entspannende Gesichtsmassagen und Ayurveda-Wohlfühlmassagen mit ätherischen Ölen an. Weil sie damit keinem Heilberuf nachgeht, sondern einer gewerblichen Tätigkeit, muss sie von ihren Erträgen Umsatzsteuer entrichten. Möchte sie nach Abzug der Umsatzsteuer ebenfalls auf einen Stundensatz von 45 Euro kommen, muss sie von ihren Kunden 53,55 Euro inklusive 19 Prozent Umsatzsteuer verlangen.

Nur in Ausnahmefällen haben Sie die freie Wahl, ob Sie umsatzsteuerpflichtig sind oder nicht, etwa bei der Vermietung an unternehmerisch tätige Mieter. Im Regelfall schreibt der Gesetzgeber jedoch genauestens vor, welche Umsätze der Umsatzsteuer unterliegen und welche nicht.

Generell von der Umsatzsteuer befreit sind gemäß § 4 des Umsatzsteuergesetzes (UStG) unter anderem die folgenden Leistungen:

► einige soziale und medizinische Dienstleistungen wie beispielsweise Physiotherapie, medizinische Massagen, ärztliche Leistungen und Heilpraktikerleistungen,

► Umsätze aus dem Kauf und Verkauf von Grundstücken, die mit Grunderwerbsteuer belegt werden, nicht jedoch die Tätigkeit als Immobilienmakler,

► unter bestimmten Voraussetzungen Umsätze aus der Vermittlung von Versicherungen, Bausparverträgen, Krediten und Investmentfonds,

► einige Bankenumsätze wie Zinsen oder Kontogebühren, nicht aber Verwaltungsgebühren für Wertpapierdepots,

► Umsätze aus Mieterträgen, sofern der Vermieter nicht die Umsatzsteuerpflicht wählen durfte und dies getan hat,

► Portoumsätze der Deutschen Post und ihrer Wettbewerber sowie

► ein Teil der Lotterie- und Wettgeschäfte.

Kleiner Trost: Zumindest Ihre direkten Konkurrenten unterliegen denselben Umsatzsteuerregeln wie Sie, sodass dadurch keine Wettbewerbsverzerrung entsteht.

Wer umsatzsteuerpflichtig ist

Ob Sie umsatzsteuerpflichtig sind, hängt von zwei Faktoren ab: der Größe Ihres Unternehmens und den Produkten oder Dienstleistungen, die Sie anbieten.

Für die Unternehmensgröße ist der Jahresumsatz entscheidend. Wenn Sie im vorausgegangenen Kalenderjahr weniger als 17 500 Euro Umsatz erzielt haben und Ihr Umsatz im laufenden Jahr voraussichtlich nicht höher als 50 000 Euro liegt, zählen Sie im Sinne des Umsatzsteuergesetzes als „Kleinunternehmer" – und zwar unabhängig davon, ob Sie umsatzsteuerpflichtige oder umsatzsteuerfreie Produkte und Leistungen anbieten.

Solange Sie in diese Kategorie fallen, haben Sie ein Wahlrecht, wenn Ihre Produkte oder Dienstleistungen eigentlich umsatzsteuerpflichtig sind. Sprich: Sie können frei entscheiden, ob Sie Umsatzsteuer verlangen und damit den Vorsteuerabzug in Anspruch nehmen oder ob Sie darauf verzichten.

Auf den ersten Blick sieht die Entscheidung gegen die Umsatzsteuer nach der besseren Alternative aus. Doch das kann oftmals täuschen, denn nicht immer ist der Verzicht auf die Umsatzsteuer ein Vorteil. So können Sie zwar in der Startphase Ihren privaten Kunden günstigere Preise bieten, weil Sie keine Umsatzsteuer hinzurechnen müssen. Doch spätestens beim Überschreiten der Kleinunternehmer-Grenze kommt die Umsatzsteuerpflicht, und dann müssen Sie Ihre Bruttopreise entsprechend anheben. Dies wiederum verursacht einen hohen Erklärungsaufwand gegenüber Ihren Kunden und kann dazu führen, dass Ihnen enttäuschte Kunden wieder den Rücken zukehren – denn kaum etwas anderes ist für einen Kunden so schnell eine Selbstverständlichkeit wie ein günstiger Preis.

Handelt es sich bei Ihren Kunden um Unternehmen, die selbst umsatzsteuerpflichtig sind, dann bringt Ihnen die Entscheidung für die Umsatzsteuer letztlich nur Vorteile. Denn Sie können sich – wie bereits erläutert – bei Ihren betrieblichen Aufwendungen die darin enthaltene Umsatzsteuer über den Vorsteuerabzug direkt vom Finanzamt zurückholen.

Ohnehin ist die Kleinunternehmer-Regelung allenfalls als Übergangslösung praktikabel, sofern Ihre Existenzgründung auf eine hauptberufliche Tätigkeit ausgerichtet ist. Schließlich werden Sie von einem jährlichen Umsatz von 17 500 Euro, der einem Monats-

Seit 2010 profitieren Hotelübernachtungen von einem ermäßigten Umsatzsteuersatz.
Er wurde von 19 auf 7 Prozent gesenkt.

Wer braucht eine Umsatzsteuer-Identnummer?

Viele Unternehmen verfügen über eine Umsatzsteuer-Identnummer, die als „USt.-ID" auf den Rechnungen angegeben wird. Eine solche Identnummer benötigen Sie nicht zwingend, solange Sie Ihre Waren und Dienstleistungen nur im Inland erwerben und verkaufen. Bei Importen aus und Exporten in EU-Staaten und bei innergemeinschaftlichen Dienstleistungen (das sind grenzüberschreitende Dienstleistungen innerhalb der EU) brauchen Sie jedoch eine Umsatzsteuer-Identnummer, damit diese Umsätze von beiden Unternehmen als steuerfrei behandelt werden dürfen.

Vor diesem Hintergrund ist es empfehlenswert, gleich bei der Existenzgründung eine Identnummer zu beantragen, wenn Sie ohnehin umsatzsteuerpflichtig sind. Den Antrag können Sie entweder bei Ihrem Finanzamt stellen oder über das Internet beim Bundeszentralamt für Steuern (bzst. de) einreichen. Kosten entstehen Ihnen dabei nicht.

umsatz von 1 458 Euro entspricht, nicht dauerhaft Ihren Lebensunterhalt bestreiten können.

Das Umsatzsteuerrecht ist ziemlich komplex, und es ist für steuerliche Laien nicht immer ersichtlich, wann die Umsatzsteuerpflicht greift. Um im Fall einer Betriebsprüfung hohe Nachzahlungen zu vermeiden, sollten Sie daher im Zweifelsfall Ihr Leistungsangebot von einem Steuerberater daraufhin prüfen lassen, ob Sie der Umsatzsteuer unterliegen.

Ermäßigte Umsatzsteuersätze

In Deutschland gilt der reguläre Umsatzsteuersatz von 19 Prozent – aber keine Regel ohne Ausnahmen: Manche Waren oder Dienstleistungen unterliegen einem ermäßigten Steuersatz, der nur 7 Prozent beträgt. Festgelegt sind diese Privilegien in den Anhängen 1 und 2 des Umsatzsteuergesetzes, das eine ganze Reihe an Waren und Leistungen auflistet, die nur dem ermäßigten Steuersatz unterliegen.

Sinn und Zweck der Ermäßigung bestand ursprünglich darin, den Grundbedarf an Lebensmitteln sowie den Zugang zu Kultur und öffentlichen Dienstleistungen für die Bevölkerung möglichst kostengünstig zu halten. Im Lauf der Jahrzehnte ist dieser Grundgedanke nicht mehr in allen Belangen erkennbar, denn so manche Steuerermäßigung resultiert eher aus einem erfolgreichen Lobbyismus als aus dem Streben nach günstigen Preisen für Dinge des täglichen Grundbedarfs. Ein bekanntes Beispiel ist die Senkung des Umsatzsteuersatzes auf Hotelübernachtungen auf 7 Prozent ab 2010. Der heute noch ermäßigte Umsatzsteuersatz für den Verkauf von Pferden stammt aus längst vergangenen Zeiten, als diese Tiere noch als Transportmittel dienten und nicht als Hobby und Luxusobjekte.

Selbst wenn es um ein und dieselbe Produktkategorie geht, ist die Umsatzsteuerpolitik des Gesetzgebers längst nicht immer schlüssig. Beispiel Restaurant: Wenn das China-Restaurant die fertig zubereitete Peking-Ente zum Mitnehmen an der Theke verkauft, werden lediglich 7 Prozent Umsatzsteuer fällig. Lässt sich der Gast hingegen die Ente im Restaurant an den Tisch servieren, zahlt er 19 Prozent. Auch bei Büchern gab es bis Ende 2019 unterschiedliche Steuersätze: Bei exakt gleichem Inhalt war das auf Papier gedruckte Buch mit den ermäßigten 7 Prozent und das digitale E-Book mit den vollen 19 Prozent zu versteuern. Mittlerweile wurde der Satz vereinheitlicht, und es gelten auch für E-Books die günstigen 7 Prozent.

Eine weitere besondere Umsatzsteuerregel gilt für diejenigen, die von Privatleuten gebrauchte Waren aufkaufen und mit ihnen Handel treiben. In der Fachsprache nennt sich diese Regel „Differenzbesteuerung" und führt dazu, dass sie nicht den vollen Umsatz mit Umsatzsteuer belegen müssen, sondern nur die Differenz zwischen dem Einkaufs- und dem Verkaufspreis. Wenn Sie beispielsweise als Gebrauchtmöbelhändler bei einer Haushaltsauflösung eine Kommode für 100 Euro erwerben und das gute Stück dann für 180 Euro verkaufen, müssen Sie nur auf Ihre Gewinnspanne von 80 Euro die üblichen 19 Prozent Umsatzsteuer – das sind dann 15,20 Euro – aufschlagen. Das ist jedoch nur zulässig, wenn die Ware gebraucht ist und entweder von Privatleuten oder von umsatzsteuerbefreiten Organisationen erworben wurde.

Beim Ausstellen der Verkaufsrechnung müssen Sie darauf hinweisen, dass die Diffe-

Produkte und Leistungen mit ermäßigtem Umsatzsteuersatz
Die nachfolgende Übersicht, die keinen Anspruch auf Vollständigkeit erhebt, zeigt vor allem eines: Die Abgrenzung zwischen regulärer und ermäßigter Umsatzsteuer gleicht oft eher einem Glücksspiel.

Kategorie	7 Prozent USt.	19 Prozent USt.
Nahrungs-mittel	Lebensmittel, Fertiggerichte zum Mitnehmen, Milch und Milchgetränke	Nicht überwiegend milchhaltige Getränke, alle im Restaurant verzehrten Gerichte
Kulturgüter	Bücher, Zeitungen, Zeitschriften, journalistische und schriftstellerische Leistungen, Eintrittskarten für kulturelle Veranstaltungen	Veröffentlichungen, die überwiegend aus Videoinhalten oder hörbarer Musik bestehen
Öffentliche Dienste	Eintrittskarten für Schwimmbäder, öffentlicher Personennahverkehr bis 50 km, Taxifahrten, Skilifte	Fernverkehr-Tickets bei mehr als 50 km Entfernung, Überland-Taxifahrten

renzbesteuerung zum Einsatz kommt. Den eigentlichen Umsatzsteuerbetrag dürfen Sie nicht auf die Rechnung schreiben, und folglich kann Ihr Kunde auch keine an Sie gezahlte Umsatzsteuer als Vorsteuer geltend machen. Überdies muss aus Ihren geschäftlichen Aufzeichnungen klar erkennbar sein, bei welchen Käufen und Verkäufen Sie die Differenzbesteuerung angewandt haben.

Ansonsten gilt als Grundsatz: Ob Sie beim Verkauf Ihrer Waren und Dienstleistungen den regulären oder den ermäßigten Umsatzsteuersatz anwenden, hat auf Ihren Vorsteuerabzug keinen Einfluss. Er ändert sich dadurch nicht. Auch wenn Sie beispielsweise als Lebensmitteleinzelhändler überwiegend Waren mit ermäßigter Umsatzsteuer verkaufen, können Sie dennoch beim Kauf einer neuen Registrierkasse die vollen 19 Prozent Vorsteuerabzug geltend machen.

Umsatzsteuervoranmeldung und Umsatzsteuererklärung

Unabhängig von der jährlichen Einkommensteuererklärung müssen Umsatzsteuerpflichtige jedes Jahr eine Umsatzsteuererklärung beim Finanzamt abgeben. Dazu kommen die Umsatzsteuervoranmeldungen, mit denen im monatlichen oder vierteljährlichen Rhythmus Vorauszahlungen geleistet werden.

Die Umsatzsteuervoranmeldung

Bei der Abgabe der Umsatzsteuervoranmeldung gelten die folgenden Regelungen, bei denen die jeweilige Messgröße die Umsatzsteuerschuld des vorhergehenden Kalenderjahres darstellt:

- ▶ **Weniger als 1 000 Euro:** Sie müssen keine Voranmeldungen abgeben, es genügt die jährliche Umsatzsteuererklärung.
- ▶ **1 000 Euro bis 7 500 Euro:** Sie müssen vierteljährlich Voranmeldungen abgeben.
- ▶ **Ab 7 500 Euro:** Sie müssen monatlich Voranmeldungen abgeben.

Als Existenzgründer sind Sie jedoch im Nachteil, denn in den ersten beiden Kalenderjahren müssen Sie die Voranmeldungen grundsätzlich im Monatsrhythmus abgeben. „Kalenderjahre" bedeutet, dass Sie bei einem Geschäftsbeginn im Dezember eines Jahres nur 13 Monate lang in die Pflicht genommen werden, bei einem Start im Januar allerdings 24 Monate lang. Erst anschließend ist für den Abgaberturnus die Zahllast des Vorjahres maßgeblich.

Die Abgabetermine sind dabei ziemlich eng: Bis zum 10. Tag des Folgemonats müssen Sie Ihre Voranmeldung über das Internet-Steuerportal ElsterOnline (elster.de) eingereicht haben, ansonsten erhebt das Finanzamt einen Verspätungszuschlag. Dieser beträgt bis zu 10 Prozent der festgesetzten Steuer und wird je nach den Gepflogenheiten des Bundeslandes erst bei wiederholter Fristversäumnis und dann zunächst nur maßvoll, bei weiteren Wiederholungsfällen aber immer höher festgesetzt.

Mehr Luft können Sie sich verschaffen, indem Sie beim zuständigen Finanzamt eine Dauerfristverlängerung beantragen. Damit erhalten Sie das Recht, Ihre Voranmeldung einen Monat später abzugeben. Beispiel: Bei der Voranmeldung für den Oktober verlängert sich die Abgabefrist vom 10. November auf den 10. Dezember und bei der Anmeldung für das erste Quartal vom 10. April auf den 10. Mai. Wenn sich nicht gerade Steuerforderungen aus Vorjahren auftürmen, wird die Dauerfristverlängerung in aller Regel problemlos bewilligt.

Wenn Sie zur monatlichen Abgabe einer Umsatzsteuervoranmeldung verpflichtet sind,

bekommen Sie die Dauerfristverlängerung nicht zum Nulltarif. Sie müssen dann nämlich am Jahresbeginn eine Sondervorauszahlung leisten, die 1/11 der Vorauszahlungen des Vorjahrs beträgt. Die Sondervorauszahlung wird in der Dezember-Voranmeldung angerechnet und stellt damit einen „Vorschuss" dar, den Sie als Gegenleistung für die Fristverlängerung an das Finanzamt bezahlen. Für Steuerpflichtige, die vierteljährliche Voranmeldungen einreichen, ist die Dauerfristverlängerung ohne Sondervorauszahlung möglich.

Die Umsatzsteuervoranmeldung ist im Vergleich zu anderen Steuerformularen recht unkompliziert aufgebaut, zumal Sie einen großen Teil der Eingabefelder ignorieren können, wenn Sie keine speziellen steuerlichen Konstellationen vorzuweisen haben. Sie geben gegenüber dem Finanzamt Ihre Umsätze an. Welche Um-

Die Umsatzsteuervoranmeldung

Die Umsatzsteuervoranmeldung kann ausschließlich auf elektronischem Weg beim Finanzamt eingereicht werden. Dazu stehen Ihnen mehrere Alternativen zur Verfügung:

1 Die Internetseite der „elektronischen Steuererklärung" (ELSTER) auf der Adresse elsteronline.de. Dort können Sie über das Elster-Online-Portal Ihre Voranmeldung unabhängig vom Betriebssystem Ihres Computers über den Internetbrowser erstellen.

2 Das vom Finanzamt kostenlos zur Verfügung gestellte Programm ElsterFormular, das Sie auf elster.de herunterladen können. Das Programm läuft auf den Windows-Betriebssystemen und Mac OS. Linux wird jedoch nicht unterstützt.

3 Bei vielen kommerziellen Buchhaltungs- und Steuerprogrammen ist die Abgabe der Umsatzsteuervoranmeldung mit integriert, sodass Sie für die Übermittlung der Daten an das Finanzamt keine weitere Software benutzen müssen.

sätze dabei in welchen Monat gehören, erläutern wir noch ausführlich.

Gegebenenfalls müssen Sie die Umsätze nach unterschiedlichen Umsatzsteuersätzen trennen. Dazu zählen auch Privatentnahmen wie beispielsweise die anteilige Privatnutzung des betrieblichen Autos. Diese werden mit dem regulären Umsatzsteuersatz von 19 Prozent belegt. Ausnahme: Der Privatnutzungsanteil am betrieblichen Auto, der pauschal mit monatlich 1 Prozent des ursprünglichen Listenpreises angegeben wird, unterliegt nicht der Umsatzsteuer.

Von der Summe der vereinnahmten Umsatzsteuer ziehen Sie dann die Beträge als Vorsteuer ab, die Sie selbst beim Einkauf von betrieblichen Produkten und Dienstleistungen als Umsatzsteuer an Ihre Lieferanten überwiesen haben. Den verbleibenden Betrag überweisen Sie an das Finanzamt oder lassen ihn per Lastschrift einziehen.

Schon im Fragebogen des Finanzamts zur steuerlichen Erfassung Ihres Unternehmens werden Sie gefragt, ob Sie die sogenannte Ist-Versteuerung in Anspruch nehmen wollen.

Die Ist-Besteuerung ist als Ausnahme von der Regelbesteuerung (Soll-Besteuerung) auf Freiberufler beschränkt, die ihren Gewinn mit der Einnahmen-Überschuss-Rechnung ermitteln, sowie generell auf Unternehmen bis zu einem Jahresumsatz von 500 000 Euro. Maßgebend für die Frage, welche Umsätze anzugeben sind, ist in diesem System der Zeitpunkt,

an dem die Geldbeträge der Einnahmen oder Ausgaben ein- oder ausgegangen sind – daher der Begriff „Ist-Besteuerung" oder „Ist-Versteuerung". Damit müssen Sie die Umsatzsteuer für eine Ausgangsrechnung erst dann entrichten, wenn Ihr Kunde die Rechnung bezahlt hat. Beispiel: Die Rechnung wird am 28. Januar ausgestellt, und der Kunde bezahlt am 25. Februar. In diesem Fall gehört die Rechnung in die Februar-Voranmeldung.

WÄHLEN SIE MÖGLICHST DIE IST-BESTEUERUNG

Die Ist-Besteuerung ist im Vergleich zur Soll-Variante deutlich liquiditätsschonender und damit auf jeden Fall erstrebenswert, weil Zahlungseingänge und Umsatzsteuerzahlung zeitlich zusammenfallen.

Sollten Sie im Fragebogen, des Finanzamts aus Unkenntnis oder versehentlich die Soll-Besteuerung angekreuzt haben, können Sie jederzeit – am besten in Form eines kurzen Schreibens – den Umstieg beantragen, wenn Sie die Kriterien erfüllen.

Bilanzierende Unternehmen unterliegen hingegen der Soll-Besteuerung. Das bedeutet, dass eine Eingangs- oder Ausgangsrechnung zu dem Zeitpunkt verbucht wird, an dem die Rechnung ausgestellt ist. Datiert die Rechnung auf den 28. Januar, dann fällt sie in den Januar-Voranmeldungszeitraum, auch wenn sie erst im Februar oder März bezahlt wird.

Die Umsatzsteuererklärung

Nach dem Abschluss des Geschäftsjahres geben Sie zusammen mit Ihrer Einkommensteuererklärung auch die Umsatzsteuererklärung ab. Im Wesentlichen enthält diese die Zahlen, die aus Ihren Voranmeldungen resultieren. Sofern die Voranmeldungen und die Umsatzsteuererklärung hundertprozentig deckungsgleich sind, ergibt sich weder eine Nachzahlung noch eine Gutschrift. Falls aufgrund von Abschlussbuchungen eine Nachzahlung fällig wird, müssen Sie diese unaufgefordert innerhalb von vier Wochen nach Abgabe der Umsatzsteuererklärung an das Finanzamt überweisen.

Beispiel:
So funktioniert die Umsatzsteuervoranmeldung

	Netto (Euro)	Umsatzsteuer / Vorsteuer (Euro)
Umsatz zu 19 Prozent USt.	5 000	950
Umsatz zu 7 Prozent USt.	2 000	+ 140
Zwischensumme		**1 090**
Abzüglich Vorsteuer aus Lieferungen und bezogenen Leistungen		– 450
Umsatzsteuervorauszahlung an das Finanzamt		**640**

Textilwarenhändler können mit 12,3 Prozent am meisten pauschal von der Vorsteuer abziehen.

Pauschal Vorsteuer abziehen

Mit dem Vorsteuerabzug nach Durchschnittssätzen bietet der Fiskus bestimmten Berufsgruppen ein Vereinfachungsmodell an. Wenn Sie die Voraussetzungen erfüllen, dürfen Sie in den Umsatzsteuervoranmeldungen und in der Umsatzsteuererklärung einen bestimmten Prozentsatz pauschal als Vorsteuer abziehen – unabhängig davon, wie hoch die Vorsteuer bei Ihren betrieblichen Beschaffungen tatsächlich war. Festgelegt ist dieses Verfahren in § 23 des Umsatzsteuergesetzes (UStG).

Zwingende Voraussetzung ist zuallererst, dass Ihr Netto-Vorjahresumsatz höchstens 61 356 Euro beträgt und Sie berechtigt sind, Ihren Gewinn mit der Einnahmen-Überschuss-Rechnung zu ermitteln. Darüber hinaus müssen Sie einer der knapp 60 Berufsgruppen angehören, die der Gesetzgeber in der Anlage zu den Paragrafen 69 und 70 der Durchführungsverordnung zum Umsatzsteuergesetz (UStDV) festgelegt hat.

Je nach Berufsgruppe kommen unterschiedliche Durchschnittssätze zum Tragen. Einen Auszug aus der Liste der Berufsgruppen finden Sie in der Tabelle „Wer den Vorsteuerabzug nach Durchschnittssätzen in Anspruch nehmen darf" rechts.

Wenn Sie einer dieser Branchen angehören und nur minimale mit Vorsteuer belastete Betriebsausgaben verzeichnen, können Sie damit Ihre Umsatzsteuerbelastung sogar senken.

Beispiel: Die Steuerbelastung senken

Wenn Sie etwa als freiberuflicher Kameramann für Fernseh-Dokumentarfilme tätig sind und einen jährlichen Netto-Umsatz von 50 000 Euro erwirtschaften, könnten Sie nach der regulären Vorschrift bei betrieblichen Netto-Aufwendungen in Höhe von 6 000 Euro und einem dazugehörigen Umsatzsteuersatz von 19 Prozent in Ihrer Umsatzsteuererklärung 1 140 Euro als abzugsfähige Vorsteuer geltend machen. Wählen Sie hingegen den Vorsteuerabzug nach Durchschnittssätzen, dann dürfen Sie 3,6 Prozent von 50 000 Euro – das sind 1 800 Euro – als Vorsteuerpauschale direkt von Ihrer Umsatzsteuerschuld abziehen. Damit erhöht sich Ihr Nettoerlös um 660 Euro, der allerdings wiederum der Einkommensteuer unterliegt.

Bei Fensterreinigern sind es nur 1,6 Prozent.

Ob Sie den Pauschalabzug in Anspruch nehmen, können Sie selbst entscheiden, wenn Sie die dazugehörigen Kriterien erfüllen. Eine Einschränkung gilt dabei: Wenn Sie zurückwechseln und statt der Durchschnittsbesteuerung wieder den regulären Vorsteuerabzug in Anspruch nehmen, müssen Sie sich fünf Jahre lang daran halten.

Darüber hinaus kann es vorkommen, dass das Finanzamt beim Umstieg auf die Vorsteuerpauschale Nachforderungen geltend macht. Dies kann vor allem dann der Fall sein, wenn Sie innerhalb von fünf Jahren vor dem Wechsel hochwertige Anlagegüter erworben und die dafür anfallende Umsatzsteuer im Rahmen des regulären Vorsteuerabzugs zurückgeholt haben. Dann hat der Fiskus das Recht, im Rahmen einer Umsatzsteuerberichtigung seinen Anteil wieder zu beanspruchen. Aufgrund der engen Grenzen beim jährlichen Umsatz kommt der pauschale Vorsteuerabzug meist als Übergangslösung in der Startphase infrage.

Wer den Vorsteuerabzug nach Durchschnittssätzen in Anspruch nehmen darf (Auszug)

Berufsgruppe	Pauschaler Vorsteuersatz
Bäckerei	5,4 Prozent
Bau- und Möbeltischlerei	9,0 Prozent
Handwerkliche Druckerei	6,4 Prozent
Elektroinstallateure	9,1 Prozent
Fliesen- und Plattenleger	8,6 Prozent
Friseure	4,5 Prozent
Gärtnereien	5,8 Prozent
Glaserbetriebe	9,2 Prozent
Maler und Lackierer	3,7 Prozent
Klempner und Installateure	8,4 Prozent
Schneidereien	6,0 Prozent
Zimmereibetriebe	8,1 Prozent
Blumenhändler	5,7 Prozent
Fahrradhändler	12,2 Prozent
Lebensmittelhändler	8,3 Prozent
Textilwarenhändler	12,3 Prozent
Eisdielen	5,8 Prozent
Gast- und Speisewirtschaften	8,7 Prozent
Gebäude- und Fensterreiniger	1,6 Prozent
Freie Mitarbeiter bei Bühne, Film, Funk, Fernsehen und Schallplattenproduktion	3,6 Prozent
Selbstständige Hochschullehrer	2,9 Prozent
Freie Journalisten	4,8 Prozent
Schriftsteller	2,6 Prozent
Selbstständige Architekten und Bauingenieure	1,9 Prozent
Rechtsanwälte und Notare	1,5 Prozent
Wirtschaftsprüfer und Steuerberater	1,7 Prozent

DIE EINNAHMEN-ÜBER-SCHUSS-RECHNUNG

Während Kapitalgesellschaften wie eine GmbH, eine UG (haftungsbeschränkt) oder eine Aktiengesellschaft eine Bilanz erstellen müssen, genügt es für Freiberufler und für kleinere gewerbliche Unternehmen, wenn sie eine Einnahmen-Überschuss-Rechnung zur Ermittlung des Jahresgewinns erstellen.

Bei Gewerbetreibenden gelten dafür die folgenden Voraussetzungen:

▶ Er ist nicht im Handelsregister eingetragen,
▶ der Jahresumsatz beträgt weniger als 600 000 Euro und
▶ der Jahresgewinn beträgt weniger als 60 000 Euro.

Sind alle drei Kriterien erfüllt, dürfen Sie auf die doppelte Buchführung und eine Bilanz verzichten und können beim Erfüllen Ihrer steuerlichen Pflichten mit der vereinfachten Einnahmen-Überschuss-Rechnung einiges an Zeit sparen. Wenn Sie eine dieser drei Grenzen überschreiten, unterliegen Sie der Bilanzierungspflicht. Diese gilt ab dem Geschäftsjahr, das auf das Jahr folgt, in dem Sie die Mitteilung des Finanzamts erhalten haben.

Besonders vorteilhaft bei der Einnahmen-Überschuss-Rechnung ist im Vergleich zur „richtigen" Buchhaltung, dass Sie Ihre einzelnen Belege nicht zuerst in einem Buchführungsprogramm erfassen müssen. Es genügt, die Einnahmen- und Ausgabebelege den vom Gesetzgeber vorgeschriebenen Kategorien zuzuordnen und diese dann am Ende des Jahres aufzusummieren.

Ein weiterer Unterschied zur Bilanz: Bei der Einnahmen-Überschuss-Rechnung stellen Sie ausschließlich Ihre Einnahmen und Ausgaben fest, Änderungen bei Vermögensbeständen – beispielsweise im Warenlager – müssen dabei nicht erfasst werden. Damit entfällt auch die Pflicht, zumindest einmal pro Jahr eine Inventur durchzuführen und die exakten Bestände an Waren, Umlauf- und Anlagevermögen in Ihrem Betrieb festzustellen. Lediglich die Anlagegüter, für die Sie jährlich eine Abschreibung (AfA) steuerlich geltend machen, sind in einem gesonderten Anlageverzeichnis zu erfassen.

Das Grundprinzip der Einnahmen-Überschuss-Rechnung ist denkbar einfach: Zuerst addieren Sie sämtliche Einnahmen, dann ziehen Sie davon alle betrieblichen Aufwendungen ab – und unterm Strich bleibt Ihr Jahresgewinn übrig.

Bei Ihrer Einnahmen-Überschuss-Rechnung müssen Sie das Formular verwenden, das der Gesetzgeber vorgibt. Leider ist das Formular für steuerliche Laien nicht allzu verständlich, da es viele Details enthält, die in erster Linie der internen Statistik der Finanzämter dienen. Zu finden ist der Vordruck unter der amtlichen Bezeichnung „Anlage EÜR" im Elster-Onlineportal des Finanzamtes, wo er auch digital ausgefüllt und auf elektronischem Wege versandt werden muss. Eine frühere Regelung, nach der bis zu einem Umsatz von 17 500 Euro die Abgabe der Einnahmen-Überschuss-Rechnung formlos erfolgen durfte, gilt seit 2017 nicht mehr.

Gleichzeitig wurde das Formular AVEÜR eingeführt, in dem das Anlageverzeichnis ebenfalls elektronisch an das Finanzamt übermittelt werden muss. Für jede Anschaffung über 800 Euro netto müssen Sie unter anderem die Anschaffungskosten, den Buchwert zu Anfang und am Ende des Jahres und die geltend gemachte Jahres-AfA manuell eintragen.

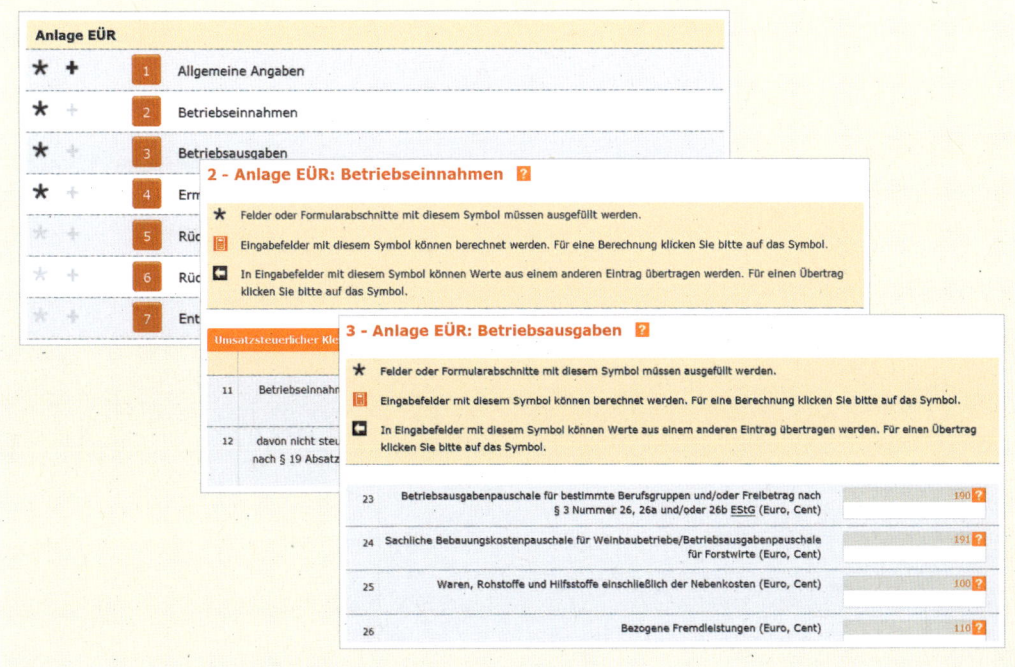

Die Anlage EÜR müssen Sie elektronisch beim Finanzamt einreichen.

Bisher ist es dabei noch zulässig, nur Summenwerte für jede Anlageklasse einzutragen.

Die nachfolgenden Erläuterungen zur Einnahmen-Überschuss-Rechnung beziehen sich aus Gründen der Übersichtlichkeit auf die gängigsten Eintragungen. Wenn Sie „exotische" Felder auszufüllen haben, ist es aufgrund der Komplexität meist ohnehin sinnvoll, einen Steuerberater hinzuzuziehen.

Besteuerung der tatsächlichen Zu- und Abflüsse

Grundsätzlich gilt bei der vereinfachten Gewinnermittlung das Prinzip der Ist-Versteuerung, das auch bei der Umsatzsteuerermittlung für Kleinunternehmen zum Tragen kommt. Damit werden sowohl die Einnahmen wie auch die Ausgaben erst dann steuerlich relevant, wenn der Geldeingang beziehungsweise -ausgang verzeichnet wird.

Stellen Sie beispielsweise Ihrem Kunden am 20. Dezember Ihr Honorar von 5 000 Euro in Rechnung und er überweist den Betrag am 10. Januar des folgenden Jahres, wird Ihr Umsatz in die Einnahmen-Überschuss-Rechnung

des Folgejahres aufgenommen. Gleiches gilt auch dann, wenn Sie im Dezember Büromaterial geliefert bekommen und die auf den 28. Dezember ausgestellte Rechnung erst im Januar bezahlen – dann werden auch die Ausgaben erst im folgenden Jahr verbucht.

Dabei gibt es allerdings eine wichtige Ausnahme: Regelmäßig wiederkehrende Einnahmen und Ausgaben werden in das Jahr gebucht, in das sie in wirtschaftlicher Hinsicht gehören, wenn der Geldein- oder -ausgang innerhalb von zehn Tagen vor oder nach dem Wechsel des Geschäftsjahres erfolgt. In diese Kategorie fallen beispielsweise

▶ die Miete, die Sie für Ihre Geschäftsräume bezahlen,

▶ Zahlungen aus der Umsatzsteuervoranmeldung,

▶ Gehaltszahlungen und

▶ Versicherungsprämien.

Wenn Sie beispielsweise Ihre Umsatzsteuervoranmeldung für das vierte Quartal 2020 erstellen und die daraus resultierende Vorauszahlung am 8. Januar 2021 entrichten, dann fällt die

Aufwendung trotz Ist-Versteuerung in das Geschäftsjahr 2020, weil es sich um eine wiederkehrende Zahlung handelt.

Umgekehrter Fall: Sie überweisen die Miete für den Folgemonat immer bereits am 28. des Vormonats. Dann würden Sie die Miete für den Januar 2021 bereits am 28. Dezember 2020 überweisen – doch der Aufwand erscheint erst in Ihrer Einnahmen-Überschuss-Rechnung für das Jahr 2021.

Die Umsatzsteuer in die Einnahmen-Überschuss-Rechnung einbinden

Auf den ersten Blick würde es durchaus logisch erscheinen, bei der Einnahmen-Überschuss-Rechnung die Umsatzsteuer komplett auszuklammern und sich auf die Nettoeinnahmen und -ausgaben zu beschränken. Wie so oft, ist die einfachste Lösung dem Steuergesetzgeber ein Gräuel:

▶ **Auf der Einnahmenseite** müssen Sie daher auch die Umsatzsteuer angeben, die Sie Ihren Kunden in Rechnung gestellt und vereinnahmt haben, ebenso Umsatzsteuererstattungen, die Sie vom Finanzamt erhalten haben.

▶ **Auf der Ausgabenseite** dürfen Sie im Gegenzug sowohl die an Ihre Lieferanten gezahlte Umsatzsteuer – sprich: die Vorsteuer – wie auch die im Rahmen Ihrer Umsatzsteuervoranmeldungen und -erklärungen an das Finanzamt abgeführte Umsatzsteuer als Aufwendungen geltend machen.

Beispiel: Umsatzsteuer in der Einnahmen-Überschuss-Rechnung (vereinfacht) Svenja K. verzeichnet im abgelaufenen Geschäftsjahr einen Umsatz von 50 000 Euro, der mit 19 Prozent Umsatzsteuer belegt wird. Als Ausgaben macht sie 10 000 Euro geltend, auf die sie ebenfalls 19 Prozent Umsatzsteuer als Vorsteuer an ihre Lieferanten gezahlt hat. Im Rahmen ihrer Umsatzsteuervoranmeldungen hat sie also 19 Prozent von 40 000 Euro – das sind 7 600 Euro – an das Finanzamt abgeführt.

In der Einnahmen-Überschuss-Rechnung werden diese Beträge wie folgt verrechnet:

Einnahmen	
vereinnahmte Umsätze	50 000 €
vereinnahmte Umsatzsteuer 19 Prozent davon	+ 9 500 €
Umsatzsteuererstattungen	+ 1 000 €
Summe der Einnahmen	**60 500 €**

Ausgaben	
betriebliche Ausgaben	10 000 €
an Lieferanten gezahlte Vorsteuer	+ 1 900 €
an das Finanzamt entrichtete Umsatzsteuervorauszahlungen	+ 7 600 €
Summe der Aufwendungen	**19 500 €**

Jahresgewinn	
Summe der Einnahmen	60 500 €
Summe der Aufwendungen	– 19 500 €
Jahresgewinn	**41 000 €**

Fazit: Weil die Umsatzsteuer sowohl auf der Einnahmen- wie auf der Ausgabenseite berücksichtigt wird, kommen Sie im Endeffekt auf dasselbe Ergebnis wie beim Abzug Ihrer Nettoausgaben von den Nettoerlösen. Differenzen entstehen lediglich dann, wenn Umsatzsteuerzahlungen oder Vorsteuerbeträge aus anderen Abrechnungsperioden zu berücksichtigen sind.

Umsatzerlöse und Entnahmen

Nach den allgemeinen Angaben zu Ihrem Betrieb wie Art des Betriebs, Rechtsform und Angaben dazu, ob es sich um gewerbliche Einkünfte oder um freiberufliche Einkünfte aus selbstständiger Tätigkeit handelt, beginnt die eigentliche Einnahmen-Überschuss-Rechnung mit den Umsatzerlösen und den (Privat-)Entnahmen (Entnahme von Gegenständen und Nutzungsentnahmen; diese werden umgangssprachlich wesentlich griffiger als Eigenverbrauch bezeichnet).

Wenn Sie als umsatzsteuerbefreiter Kleinunternehmer auf Ihre Rechnungen keine Umsatzsteuer erheben und demzufolge auch keine Umsatzsteuererklärung abgeben, tragen Sie Ihre Umsatzerlöse im Feld „Betriebseinnahmen als umsatzsteuerlicher Kleinunternehmer" ein. Ansonsten sind die Umsatzerlöse – sofern Sie nicht als Land- oder Forstwirt einen Durchschnittssatz anwenden – nur nach umsatzsteuerpflichtigen und umsatzsteuerfreien Umsätzen zu splitten. Letztere fallen beispielsweise bei bestimmten Auslandsgeschäften an. Wenn Sie je nach verkauftem Produkt mal zum regulären und mal zum ermäßigten Umsatzsteuersatz abrechnen, braucht das an dieser Stelle nicht berücksichtigt zu werden. Die vereinnahmte Umsatzsteuer führen Sie gesondert auf. Dabei addieren Sie einfach die Umsatzsteuerbeträge, die Sie auf Ihren Ausgangsrechnungen vorfinden. Haben Sie vom Finanzamt eine Umsatzsteuererstattung erhalten, kommt diese ebenfalls noch hinzu.

Damit sind Sie schon bei den Erträgen, die außerhalb Ihrer üblichen Umsätze anfallen: den Gewinnen aus dem Verkauf von Anlagegütern und dem Eigenverbrauch.

Gewinne aus dem Verkauf von Anlagegütern fallen immer dann an, wenn Sie Güter aus Ihrem Betriebsvermögen veräußern und der Verkaufspreis höher ist als der ursprüngliche Anschaffungspreis abzüglich in Anspruch genommener Abschreibungen.

Beispiel: Gewinn aus dem Verkauf eines betrieblichen Notebooks Philipp M. ersetzt nach zwei Jahren sein Notebook, das er als selbstständig tätiger Dozent bislang betrieblich genutzt hat, durch ein neues Gerät. Das alte Notebook kostete einst 900 Euro zuzüglich 19 Prozent Umsatzsteuer. Im Lauf der beiden Jahre hat er eine steuerliche Abschreibung von jeweils 300 Euro angesetzt. Damit hat der Computer einen Restwert von 300 Euro. Nun verkauft er ihn für 400 Euro zuzüglich 19 Prozent Umsatzsteuer und muss damit die Differenz zwischen Restwert und Nettoverkaufspreis in Höhe von 100 Euro als Gewinn aus dem Verkauf von Anlagegütern versteuern.

Bei den Privatentnahmen handelt es sich im Prinzip um „Verkäufe an sich selbst", indem Sie Leistungen, die Sie betrieblich bezahlen und auch steuerlich geltend machen, für Ihren privaten Bedarf nutzen. Klassische Beispiele: die private Nutzung des Firmenwagens und die gemischte Nutzung des Telefonanschlusses, wenn Sie Ihr Büro zu Hause haben und sowohl private wie auch berufliche Gespräche über denselben Anschluss laufen.

Wie die Ermittlung des Privatanteils am Firmenwagen funktioniert, können Sie im Detail an späterer Stelle nachlesen, wenn es um die steuerliche Absetzbarkeit betrieblich genutzter Fahrzeuge geht (siehe „Firmenfahrzeug", S. 195). An dieser Stelle lediglich so viel: Ergibt sich aus den Berechnungen ein jährlicher Privatanteil von 3 000 Euro, müssen Sie diesen in der Zeile „Private PKW-Nutzung" eintragen.

Nicht immer lässt sich der private Anteil mit vertretbarem Aufwand ganz genau ausrechnen. Ein Beispiel ist die Telefonrechnung: Üblich ist heute die Abrechnung per Flatrate, sodass das Ermitteln des Privatanteils anhand der Einzelverbindungsnachweise eine Menge Zeit kostet und sich nur auf kleine Beträge bezieht. In solchen Fällen ist das Finanzamt häufig bereit, sich mit dem Steuerpflichtigen auf eine Pauschale zu einigen.

Eine Möglichkeit ist, dass Sie dann einen bestimmten Prozentsatz der Kosten betrieblich ansetzen dürfen (bis zu 80 Prozent). Oder Sie vereinbaren, dass Sie beispielsweise bei durchschnittlichen Monatsgebühren von 60 Euro für den Festnetz- und Internetanschluss, den Sie privat und betrieblich nutzen, ohne Einzelnachweis einen Privatverbrauch von 20 Euro veranschlagen dürfen.

Waren, Rohstoffe, Fremdleistungen und Gehälter

In der Rubrik „Betriebsausgaben" summieren sich zunächst die Ausgaben für Ihren Bedarf an Rohstoffen, Waren und sogenannten Hilfs- und Betriebsstoffen. Letzteres sind die meist niedrigpreisigen Stoffe, die im wahrsten Sinne des Wortes die Produktion am Laufen halten – dazu zählen unter anderem je nach Art des Unternehmens Maschinenöl, Klebstoffe und Verpackungsmaterial, aber auch anderer Kleinkram wie Schrauben, Schmirgelpapier, Nägel und Dübel.

Fremdleistungen, die ebenfalls in diesem Umfeld auftauchen, sind Dienstleistungen, die Sie von externen Anbietern beziehen. Wenn Sie beispielsweise als freiberuflicher Fotograf arbeiten und die Poster von Ihren Aufnahmen in einer Digitaldruckerei produzieren lassen, verbuchen Sie deren Rechnung als Fremdleistung. Auch wenn freie Mitarbeiter für Sie tätig werden und Ihnen ihr Honorar in Rechnung stellen, handelt es sich um klassische Fremdleistungen.

Wenn Sie Arbeitnehmer in Form von Minijobs, Teil- oder Vollzeitstellen beschäftigen, machen Sie Ihre Gehaltsaufwendungen in der Zeile „Ausgaben für eigenes Personal" geltend. Neben dem Bruttolohn tragen Sie hier auch die Arbeitgeberbeiträge zur Sozialversicherung, pauschal gezahlte Lohnsteuer bei Minijobs und weitere direkt im Zusammenhang mit der Lohnzahlung stehende Nebenkosten ein.

Abschreibungen (AfA)

Was im Volksmund als „Abschreibung" bezeichnet wird, nennt sich im Amtsdeutsch „Absetzung für Abnutzung" – daher das Kürzel „AfA". Wenn Sie für Ihren Betrieb ein langlebiges und hochwertiges Wirtschaftsgut wie beispielsweise einen Lieferwagen oder eine Metallbearbeitungsmaschine anschaffen, können Sie die Kosten dafür nicht gleich im Jahr der Anschaffung steuermindernd absetzen. Der Gesetzgeber verlangt, dass Sie den Anschaffungspreis in jährlichen Raten entsprechend dem Wertverlust der Anschaffung von der Steuer absetzen.

Der jährliche Abschreibungssatz wird in amtlichen Tabellen, die nur für die Finanzverwaltung bindend sind, vorgegeben. Der Satz variiert je nach Lebensdauer der Anschaffung. Gut begründet kann man von diesen oft viel zu lange angesetzten Nutzungsdauern nach unten abweichen, vor allem unter dem Gesichtspunkt, dass gebrauchte Anlagegüter wie Büromöbel häufig schnell an Wiederverkaufswert verlieren. Werte, die nicht mehr vorhanden sind, dürfen jedoch aufgrund des verfassungsrechtlich verankerten Nettoprinzips nicht besteuert werden.

Hier ein kleiner Auszug aus der amtlichen AfA-Tabelle:
- ▶ Hochregallager: 15 Jahre
- ▶ PKW: 6 Jahre
- ▶ Stationäre Sägen: 14 Jahre
- ▶ Verkaufstheken: 10 Jahre
- ▶ Büromöbel: 5 bis 8 Jahre
- ▶ PCs, Notebooks, Drucker und Scanner: 3 Jahre

Die Abschreibung funktioniert dann folgendermaßen: Wenn Sie einen Computer im Wert von 600 Euro plus Umsatzsteuer erworben haben, dürfen Sie nur die Vorsteuer mit sofortiger Wirkung geltend machen. Für den PC selbst setzen Sie dann steuermindernd drei Jahresraten von je 200 Euro als AfA ab. Im Jahr, in dem Sie ihn erworben haben, jedoch nur ein Zwölftel des Jahresbetrages je angebrochenem Monat ab Besitz der Anlage. Haben Sie ihn am 6. November 2019 erworben, wären das für 2019 zwei Zwölftel. Die zehn Zwölftel, die quasi aus dem Jahr 2019 übrig sind, dürfen Sie dann für das Jahr 2022 geltend machen. Die frühere Vereinfachungsregel wurde leider mit Verweis auf die Verbreitung von Personalcomputern abgeschafft.

Zwingend vorgeschrieben ist die mehrjährige Abschreibung bei Anlagegütern, die mehr als 800 Euro netto, also ohne Umsatzsteuer, kosten. Liegt der Kaufpreis darunter, handelt es sich um ein „geringwertiges Wirtschaftsgut (GWG)", das im Jahr der Anschaffung zu 100 Prozent abgeschrieben werden kann, aber nicht muss. Bei Existenzgründern mit einem eher niedrigen Gewinn in den ersten Jahren kann es sich empfehlen, zum Beispiel eine Nutzungsdauer von drei bis fünf Jahren anzunehmen: In späteren Jahren mit zunehmenden Gewinnen und einem damit einhergehenden stark steigenden Grenzsteuersatz wirkt sich dann die AfA steuerlich besser aus.

Man kann aber auch jedes Jahr wählen, ob man die GWG nur bis zu einem Nettokaufpreis von 150 Euro sofort abschreibt und für Anschaffungen ab 150 bis 1 000 Euro die sogenannte Poolbildung mit einer gemeinsam unterstellten Nutzungsdauer von fünf Jahren wählt. Das ist jedoch nur bei sehr langlebigen

Wirtschaftsgütern in dieser Preisklasse vorteilhaft, nicht bei PC & Co., für die drei Jahre Nutzungsdauer akzeptiert wären.

Schließlich sind für kleinere Unternehmen bis 100 000 Euro Gewinn noch der Investitionsabzugsbetrag in Höhe von 40 Prozent (frühere Ansparabschreibung) und die Sonder-AfA in Höhe von 20 Prozent zu erwähnen. Die komplizierten Einzelheiten finden sich in § 7g EStG, der ohne Beratung kaum durchschaubar ist. Einen wichtigen Tipp sollten Sie sich jedoch merken: Die Sonder-AfA von 20 Prozent ist bereits im ersten Jahr in voller Höhe abzuziehen, und zwar nach dem klaren Gesetzeswortlaut zusätzlich zur regulären AfA.

Miete, Raumkosten und häusliches Arbeitszimmer

Wo Sie Ihre Ausgaben für die betrieblich genutzten Räumlichkeiten eintragen, hängt davon ab, ob Sie ein Arbeitszimmer in der eigenen Wohnung nutzen oder Ihre Räume angemietet haben. Das eigene Arbeitszimmer zählt zu den beschränkt abziehbaren Betriebsausgaben und wird dort berücksichtigt. Der Abschnitt „Raumkosten und sonstige Grundstücksaufwendungen" bezieht sich hingegen auf gemietete Räume oder Immobilieneigentum, das ausschließlich für betriebliche Zwecke genutzt wird.

Wenn Sie Ihre Räumlichkeiten gemietet haben, ist die Berücksichtigung der Raumkosten in der Einnahmen-Überschuss-Rechnung eine denkbar einfache Angelegenheit. Steuerlich abzugsfähig sind alle Kosten, die für die Nutzung der Räume anfallen – also nicht nur die Kaltmiete, sondern auch die dazugehörigen Nebenkosten wie Heiz- und Stromkosten, Abgaben für Wasser und Müllentsorgung etc.

Auch bei einer ausschließlich betrieblich genutzten Immobilie, die Ihnen selbst gehört, können Sie die dafür anfallenden Kosten geltend machen. Dazu zählen beispielsweise Zinsen für die Baufinanzierung, Aufwand für Renovierungsarbeiten und Reparaturen, Grundsteuer, Energiekosten und öffentliche Abgaben. Für den Wertverlust des Gebäudes dürfen Sie eine Abschreibung (AfA) ansetzen – diese bezieht sich jedoch nur auf die Bausubstanz und nicht auf den Grundstückswert.

Nur wenn Sie das häusliche Arbeitszimmer zu mindestens 90 Prozent beruflich nutzen, können Sie es von der Steuer absetzen.

Unübersichtlicher wird die Lage, wenn Sie für Ihre Selbstständigkeit einen Raum innerhalb Ihrer Wohnung nutzen und die anteiligen Raumkosten steuermindernd geltend machen wollen. Zunächst einmal gilt: Ein häusliches Arbeitszimmer kann nur steuerlich berücksichtigt werden, wenn Ihnen kein anderer Arbeitsraum zur Verfügung steht. Haben Sie beispielsweise als freiberuflicher Baustatiker Büroräume angemietet, können Sie gegenüber dem Fiskus keine Aufwendungen für ein zusätzliches Arbeitszimmer in der eigenen Wohnung ansetzen.

Zudem muss es sich beim häuslichen Arbeitszimmer um einen eigenständigen Raum handeln, der so gut wie ausschließlich für betriebliche Zwecke genutzt wird. Wenn sich neben Ihrer Büroeinrichtung noch Gästebett, Fernsehgerät, Bügelbrett und Tischkicker im Raum befinden, kann es durchaus vorkommen, dass Ihnen das Finanzamt die Aufwendungen aus Ihrer Einnahmen-Überschuss-Rechnung herausstreicht, wenn Sie Besuch vom Betriebsprüfer bekommen. Als Faustregel gilt: Das Arbeitszimmer muss zu mindestens 90 Prozent beruflich genutzt werden.

Akzeptiert das Finanzamt Ihr häusliches Arbeitszimmer, prüft es im nächsten Schritt, ob sich darin der „Mittelpunkt der beruflichen Tä-

Wenn Sie eine private Reise mit einer beruflichen verbinden, können Sie Reisekosten wie die Flug- oder Bahntickets nur anteilig beim Finanzamt geltend machen.

tigkeit" befindet. Das ist dann der Fall, wenn Sie Ihre Arbeit überwiegend im Arbeitszimmer erledigen – typische Beispiele: freiberufliche Lektoren und Übersetzer, selbstständige Mediengestalter oder Programmierer.

Nicht mehr im Mittelpunkt Ihrer Tätigkeit steht hingegen das häusliche Arbeitszimmer dann, wenn die produktive Arbeit überwiegend woanders erledigt wird. Davon betroffen sind etwa Freelancer, die im Rahmen von Projektaufträgen meist im Betrieb ihrer Kunden arbeiten, oder Unternehmensberater und Trainer, die den größten Teil ihrer Arbeitszeit mit der Beratung oder dem Halten von Vorträgen beim Kunden verbringen.

Bildet das häusliche Arbeitszimmer nicht den Mittelpunkt der beruflichen Tätigkeit, können Sie pro Jahr Raumkosten in Höhe von maximal 1 250 Euro steuerlich geltend machen. Können Sie hingegen dem Finanzamt glaubhaft nachweisen, dass Sie Ihre Arbeitsleistung ganz überwiegend zu Hause erbringen, dann fällt die Ausgabendeckelung weg.

INFO

PAUSCHALEN SPAREN ARBEIT

Gerade beim häuslichen Arbeitszimmer ist das Ermitteln der anteiligen Raumkosten oft aufwendig. Wenn Sie die Rechnungen für Strom, Gas und andere Aufwendungen jedes Jahr in private und betriebliche Anteile splitten müssen, heißt das, dass Sie für kleine Beträge viel Zeit investieren müssen. Zuweilen lässt sich das Finanzamt auf einen Handel ein: Wenn Sie eine realitätsnahe Pauschale für die Raumkosten ansetzen, brauchen Sie keine Belege zu sammeln und sparen sich die Rechnerei. Wie hoch die Pauschale ausfällt, hängt von den räumlichen Gegebenheiten und von Ihrem Verhandlungsgeschick ab.

Ein Vorsteuerabzug ist allerdings weder ganz noch teilweise möglich, wenn Sie eine Pauschale in Anspruch nehmen. Denn für einen Vorsteuerabzug müssen die Rechnungen für Strom, Gas etc. im Verhältnis des Büroraums zur Gesamtwohnung aufgeschlüsselt und getrennt nach Nettobeträgen und Vorsteuerbeträgen angesetzt werden.

Reisekosten

Viele Selbstständige sind immer mal wieder auf beruflich bedingten Reisen. Die Kosten, die dabei anfallen, können Sie als unbeschränkt abzugsfähige Betriebsausgaben in Ihre Einnahmen-Überschuss-Rechnung mit aufnehmen. Typische Reisekosten sind:

▶ Kosten für Bahn- und Flugtickets sowie Taxifahrten,

▶ Übernachtungskosten (ohne Frühstück und andere Mahlzeiten),

▶ Gebühren für Parken, Gepäckaufbewahrung etc. sowie

▶ eine Pauschale von 0,30 Euro pro gefahrenem Kilometer, wenn das Privatfahrzeug für betriebliche Fahrten verwendet wird (dies wird im Abschnitt „Kraftfahrzeugkosten und andere Fahrtkosten" eingetragen).

Getreu der Tradition in der deutschen Steuergesetzgebung gibt es auch hier Ausnahmen und Sonderregelungen. So gilt generell: Mahlzeiten sind im Rahmen der Reisekosten nicht steuerlich abzugsfähig. Wenn Sie ein Hotel gebucht haben, müssen Sie Leistungen wie Frühstück oder Halbpension herausrechnen. Erscheinen diese Posten nicht gesondert auf der Rechnung, können Sie pauschal 4,50 Euro fürs Frühstück und 9,80 Euro für das Mittag- oder Abendessen herausrechnen.

Dafür dürfen Sie im Rahmen der beschränkt abzugsfähigen Betriebsausgaben den sogenannten Verpflegungsmehraufwand als Pauschale geltend machen. Dafür können Sie pro Tag mit 24-stündiger Abwesenheit 24 Euro ansetzen. Die An- und Abreisetage sowie einzelne Reisetage mit mindestens 8-stündiger Abwesenheit schlagen mit 12 Euro zu Buche.

Ab und zu kommt es vor, dass man eine Geschäftsreise nutzt, um noch ein, zwei Tage Urlaub anzuhängen. Wenn Sie dies tun, müssen Sie darauf achten, in welchem Verhältnis privater und beruflicher Anteil an der Reise zueinanderstehen. Liegt der private Anteil zwischen 10 und 90 Prozent, können die Kosten anteilig steuerlich geltend gemacht werden. Bei einem beruflichen Anteil von mehr als 90 Prozent brauchen Sie keinen Abzug vorzunehmen, während bei einem beruflichen Anteil von unter 10 Prozent auch keine anteiligen Reisekosten mehr steuerlich abzugsfähig sind.

Beispiel: Angehängter Kurzurlaub mindert die Absetzbarkeit Wolfgang P. ist freiberuflicher IT-Entwickler und nimmt an einer dreitägigen Fachkonferenz in Barcelona teil. Anschließend hängt er noch zwei Urlaubstage an, um die Stadt zu besichtigen. Damit kann er nur 60 Prozent der Reisekosten als steuermindernde betriebliche Aufwendungen absetzen.

Firmenfahrzeug – sinnvoll oder nicht?

In früheren Zeiten gehörte es zum guten Ton, gleich mit dem Start in die Selbstständigkeit ein Firmenfahrzeug zu kaufen oder zu leasen. Doch aufgrund einiger steuerrechtlicher Änderungen ist es heute längst nicht mehr für alle Existenzgründer sinnvoll, ein Fahrzeug dem Unternehmen zuzuordnen. Vor allem dann, wenn Sie Ihr Fahrzeug überwiegend privat nutzen, ist der Aufwand für die steuerlich korrekte Abrechnung weitaus geringer, wenn das Auto als Privatfahrzeug anstatt als Firmenwagen läuft. Wenn Sie Einzelunternehmer sind, hat übrigens die Frage, ob Ihr Auto auf die Firma oder auf Sie privat läuft, keine Auswirkungen auf die Anmeldung oder Versicherung des Fahrzeugs.

Bei der steuerlichen Bewertung eines Firmenwagens prüft das Finanzamt, in welchem Umfang eine private Nutzung erfolgt. Daraus ergeben sich drei Varianten:

1 **Keine private Nutzung.** Das funktioniert meist nur dann reibungslos, wenn es sich um ein Nutzfahrzeug wie einen Kasten- oder Lieferwagen handelt, der für private Fahrten ungeeignet erscheint. Überdies muss ein privates Auto für die Nutzung außerhalb des Betriebs zur Verfügung stehen. In diesem Fall brauchen Sie in Ihrer Einnahmen-Überschuss-Rechnung keinen privaten Nutzungsanteil anzusetzen.

2 **Private Nutzung zu weniger als 50 Prozent.** Wenn Sie das Fahrzeug überwiegend betrieblich nutzen, können Sie alle dafür anfallenden Aufwendungen wie Benzinkosten, Reparaturen, Steuer, Versicherung und

Abschreibung in Ihre Einnahmen-Überschuss-Rechnung aufnehmen. Als Ausgleich müssen Sie pro Monat 1 Prozent des historischen Brutto-Listenpreises dieses Fahrzeugs als Privatentnahme pauschal versteuern. Dies gilt auch dann, wenn Sie den Wagen als Jahres- oder Gebrauchtwagen erworben haben. Wenn der betriebliche Nutzungsanteil so hoch ist, dass Sie mit einer Kostenverteilung nach tatsächlichem Aufwand günstiger dastehen als mit der 1-Prozent-Pauschale, sollten Sie in Ihrem eigenen Interesse Ihre betrieblichen Fahrten mit allen erforderlichen Angaben dazu sowie die privaten Fahrten ohne weitere Angaben mit einem lückenlosen Fahrtenbuch nachweisen.

3 Private Nutzung zu mehr als 50 Prozent.
Nutzen Sie das Auto überwiegend privat und machen es dennoch gegenüber dem Finanzamt als Firmenwagen geltend, müssen Sie über ein Fahrtenbuch das Verhältnis von privaten und betrieblichen Fahrten aufschlüsseln. Liegt der betriebliche Fahrtenanteil unter 10 Prozent, können Sie das Auto nicht als Firmenwagen deklarieren.

Um gegenüber dem Finanzamt einen überwiegend betrieblichen Nutzungsanteil glaubhaft zu machen, gibt es verschiedene Möglichkeiten. Am einfachsten ist es, wenn Sie sich in einem Beruf selbstständig machen, in dem man üblicherweise oft auf der Straße unterwegs ist – beispielsweise als Handelsvertreter, Landtierarzt mit größerem Einzugsgebiet oder Dozent mit häufig wechselnden Einsatzorten.

Doch nicht immer gewährt Ihnen der Fiskus einen solchen Vertrauensvorschuss. Dann kann es erforderlich sein, dass Sie über mehrere Monate hinweg ein Fahrtenbuch führen müssen, um den überwiegend betrieblichen Nutzungsanteil nachzuweisen.

Der Aufwand für das Führen eines Fahrtenbuchs ist sehr hoch: Zu jeder einzelnen betrieblichen Fahrt müssen Sie Datum, Reiseziel mit genauer Adresse und Reiseroute bei Umwegfahrten, Kilometerstand am Anfang und am Ende der Fahrt, Reisezweck und Namen der Geschäftspartner angeben. Bei Fahrten zwischen Wohnung und Betrieb, die als solche gekennzeichnet sind, entfallen diese Angaben mit Ausnahme von Datum und Kilometerstand am Anfang und Ende der Fahrt, ebenso bei Pri-

Nicht immer lohnt sich ein Firmenwagen, wenn Sie ihn häufig privat nutzen.

vatfahrten. Alle aufeinanderfolgenden Privatfahrten gelten dabei als eine Privatfahrt. Bereits kleinere Schlampereien oder Lücken führen zur Nichtigkeit des Fahrtenbuchs. Die deckt das Finanzamt deshalb gerne auf – auch außerhalb einer Betriebsprüfung –, weil dann die ungünstige 1-Prozent-Regelung zwingend zum Tragen kommt.

Es gibt mittlerweile teure Einbaugeräte und günstige Apps, die GPS-gestützt und finanzamtssicher die erforderlichen Grundaufzeichnungen für das Fahrtenbuch übernehmen. Wenn Sie keine solchen Hilfsmittel nutzen, ist es angesichts der Zeit und Mühe, die Sie für das Führen eines Fahrtenbuchs und dann für die Aufteilung der gesamten Fahrzeugaufwendungen in betriebliche und private Anteile verwenden müssen, meist sinnvoller, ein überwiegend privat genutztes Fahrzeug gleich im Privatvermögen zu belassen.

Für betriebliche Fahrten mit dem Privatwagen gelten nämlich weitaus einfachere Regeln: Pro gefahrenem Kilometer setzen Sie pauschal 0,30 Euro als Fahrtkosten an – und fertig ist die Abrechnung. Nachzuweisen sind nur die betrieblichen Fahrten mit Datum, Name des Geschäftspartners und Anzahl der gefahrenen Kilometer. Dieser Nachweis bedeutet weitaus weniger Aufwand als ein Fahrtenbuch, sodass einer eventuell etwas ungünstigeren steuerlichen Konstellation eine hohe Zeitersparnis gegenübersteht.

Weitere Aufwendungen, mit denen Sie Steuern sparen können

Im Rahmen der „sonstigen unbeschränkt abziehbaren Betriebsausgaben" können Sie noch eine ganze Reihe an weiteren Ausgabenposten ganz oder teilweise steuerlich geltend machen. Dies natürlich unter der Voraussetzung, dass sie tatsächlich im betrieblichen und nicht im privaten Umfeld angefallen sind. Dazu zählen die folgenden Aufwendungen, wobei sich die Auflistung an der Reihenfolge im offiziellen EÜR-Formular orientiert:

▶ **Aufwendungen für Telekommunikation.** Mobilfunkvertrag, Festnetzanschluss und Internet verursachen Gebühren, die Sie hier als Betriebsaufwendungen eintragen kön-

Auch Weiterbildungskosten mindern Ihre Steuerlast.

nen. Wenn Sie einen privaten Verbrauchsanteil ansetzen, wird dieser nicht direkt von den Aufwendungen abgezogen, sondern als Umsatz bei Eigenverbrauch verbucht.

▶ **Fortbildungskosten.** Dazu zählen alle Kosten, die Sie für Seminare, Weiterbildungen und andere Qualifizierungsmaßnahmen bezahlt haben.

▶ **Kosten für Rechts- und Steuerberatung sowie Buchführung.** Dieses Eintragungsfeld ist selbsterklärend – hier finden sich die Honorare des Anwalts, des Steuerberaters und anderer Buchführungsdienstleister.

▶ **Miete / Leasing für bewegliche Wirtschaftsgüter (ohne Kfz).** Mit Ausnahme der Leasingrate für den Firmenwagen führen Sie hier Ihre Miet- und Leasingzahlungen auf, beispielsweise für Maschinen oder IT-Anlagen.

▶ **Beiträge, Gebühren, Abgaben und Versicherungen (ohne solche für Gebäude und Kfz).** In diesem Sammelposten finden sich beispielsweise die Kontogebühren der Bank, die betriebliche Rundfunkgebühr und die Prämie für die Betriebshaftpflichtversicherung. Die Krankenversicherung, Kfz-Versicherung und betriebliche Gebäudeversicherungen haben hier hingegen nichts zu suchen.

▶ **Werbekosten.** Zu den Werbekosten zählen die Aufwendungen, die fürs Marketing anfallen. So etwa für Ihre Website das Honorar des Webdesigners und die laufende Gebühr des Hosting-Anbieters, die Rechnungen von Werbeagenturen und Druckereien oder die Kosten für Anzeigen.

▶ **Schuldzinsen.** In getrennten Feldern tragen Sie die Zinsen ein, die für die Finanzierung von Anlagegütern anfallen, sowie die „sonstigen Schuldzinsen", beispielsweise für in Anspruch genommene Dispokredite oder Überbrückungskredite.

▶ **Gezahlte Vorsteuer.** Während Sie in den einzelnen Aufwendungsfeldern die Nettopreise eintragen (sofern Sie umsatzsteuerpflichtig sind), tragen Sie im dazugehörigen Vorsteuer-Eingabefeld die Summe der an Ihre Zulieferer gezahlten Vorsteuerbeträge ein.

▶ **An das Finanzamt gezahlte Umsatzsteuer.** Weil Sie die vereinnahmte Umsatzsteuer Ihren Einnahmen hinzurechnen müssen, dürfen Sie auch wieder die Umsatzsteuer, die Sie im Rahmen Ihrer Voranmeldungen an das Finanzamt gezahlt haben, als Aufwand geltend machen. Darüber hinaus tragen Sie hier eventuelle Nachzahlungen aus Umsatzsteuererklärungen von Vorjahren ein, die Sie im dazugehörigen Kalenderjahr überwiesen haben.

▶ **Übrige unbeschränkt abziehbare Betriebsausgaben.** Was Sie den anderen Feldern nicht zuordnen können, lässt sich im Sammelposten der „übrigen Betriebsausgaben" aufsummieren. Dazu gehören beispielsweise das Büromaterial oder die Abogebühren für Fachliteratur.

Beschränkt abziehbare Aufwendungen

Dazu kommen noch Aufwendungen, die das Finanzamt nur innerhalb bestimmter Grenzen akzeptiert. Folgerichtig wird die entsprechende Rubrik des EÜR-Formulars mit „Beschränkt abziehbare Betriebsausgaben und Gewerbesteuer" betitelt.

Darunter fallen Werbegeschenke, die Sie Ihren Kunden zukommen lassen. Diese sind nämlich nur dann steuerlich abzugsfähig, wenn die Zuwendung pro Kunde und Geschäftsjahr den Betrag von 35 Euro nicht übersteigt (netto ohne Vorsteuer, falls Sie vorsteuerabzugsberechtigt sind, sonst ist der Betrag als Bruttobetrag zu verstehen). Außerdem müssen Sie festhalten, welchem Kunden Sie welches Geschenk gemacht haben. Ausgenommen von der Aufzeichnungspflicht sind Streuartikel wie Kugelschreiber oder Taschenkalender, bei denen man davon ausgehen kann, dass die Freigrenze nicht überschritten wird.

Noch mehr Einschränkungen gibt es, wenn Sie mit Geschäftspartnern ins Restaurant gehen und die Kosten von der Steuer absetzen wollen. Anerkannt werden solche Ausgaben für Geschäftsessen von vornherein ausschließlich dann, wenn Sie den Ort, die Namen der teilnehmenden Personen und den Anlass der Bewirtung angeben, und zwar versehen mit Datumsangabe und Unterschrift. Die Belege müssen von einer Registrierkasse maschinell erstellt sein, von Hand ausgestellte Quittungen gelten nicht. Wenn Sie diese Hürden genommen haben, dürfen Sie die Bewirtungskosten zu 70 Prozent als Betriebsausgaben in Ihre Einnahmen-Überschuss-Rechnung aufnehmen. Kleiner Trost: Die Vorsteuer ist in vollem Umfang abzugsfähig.

AUSLANDSGESCHÄFTE

Auch bei Existenzgründern und Kleinunternehmern macht sich die zunehmende Globalisierung der Wirtschaftswelt bemerkbar. Wenn Sie als freiberuflicher Programmierer für einen dreimonatigen Einsatz in Großbritannien gebucht werden, als Fotograf Ihre Werke auch über US-amerikanische Bildagenturen vertreiben oder mit Ihrem Online-Shop auch Kunden in Österreich und in der Schweiz beliefern, stellt sich ganz schnell die Frage: Wie sind solche Umsätze mit Blick auf die Einkommen- und Umsatzsteuer zu behandeln?

Am einfachsten lässt sich dies bei der Einkommensteuer beantworten. Solange Sie überwiegend in Deutschland wohnen, sind Sie hierzulande auch unbeschränkt steuerpflichtig. Das bedeutet: Die Rechnung, die Sie Ihrem französischen oder brasilianischen Kunden schicken, erhöht genauso Ihren steuerpflichtigen Gewinn wie der Umsatz mit Ihrem Kunden aus Berlin.

Schwieriger wird es bei der Umsatzsteuer. Hier kommt es darauf an, ob Sie Waren oder Dienstleistungen exportieren, ob Sie in Länder innerhalb oder außerhalb der EU exportieren und wo sich in steuerrechtlicher Hinsicht der Leistungsort befindet – kurzum: Umsatzsteuer und Auslandsgeschäfte verwachsen zu einem Paragrafendschungel, der für Laien kaum zu durchdringen ist. Daher erläutern wir an dieser Stelle nur die wichtigsten Grundregeln. Vor allem bei Auslandsgeschäften im Bereich der Dienstleistungen ist in aller Regel die Hilfe eines Steuerberaters notwendig, um eine rechtssichere Einstufung der Geschäfte zu erhalten und das Risiko von späteren Umsatzsteuer-

Bei Waren, die ins Ausland geliefert werden, sind die Steuerregeln nicht ganz so komplex wie bei Dienstleistungen.

nachforderungen durch das Finanzamt zu minimieren.

Die einfacheren Umsatzsteuerregeln gelten bei der Ausfuhr von Waren. Hier unterscheidet der Gesetzgeber drei Konstellationen:

1 **Warenexport in Nicht-EU-Länder.** Wenn Sie in Länder außerhalb der EU liefern, dann sind die Lieferungen generell von der Umsatzsteuer befreit und der Empfänger muss in seinem Land die entsprechende Einfuhrumsatzsteuer entrichten.

2 **Warenexport an andere Unternehmen in EU-Ländern.** Wenn Sie Waren an ein Unternehmen mit Sitz in einem anderen EU-Land verkaufen und beide Geschäftspartner eine Umsatzsteuer-ID haben, dann brauchen Sie keine Umsatzsteuer auszuweisen.

3 **Warenexport an Privatpersonen in EU-Ländern.** In diesem Fall müssen Sie auf Ihrer Rechnung wie beim Verkauf im Inland die Umsatzsteuer ausweisen und ans Finanzamt abführen, wenn Sie die Lieferschwellen der einzelnen EU-Länder nicht überschreiten. Diese betragen je nach Zielland zwischen 28 000 und 100 000 Euro pro Jahr.

Weitaus unübersichtlicher wird es bei grenzüberschreitenden Dienstleistungen. Hier geht es nicht allein darum, dass Sie als Selbstständiger ein Projekt bei einem Kunden im Ausland durchführen. Im Zeitalter der Online-Plattformen kann der Dienstleistungsexport auch eintreten, ohne dass Sie Ihr Büro in Deutschland verlassen – etwa dann, wenn Sie als Grafiker über eine internationale Ausschreibungsplattform den Auftrag erhalten haben, ein Logo für ein australisches Unternehmen zu entwerfen. Oder wenn Sie ein Online-Magazin an den Start gebracht haben, das sich teilweise mit Google-Werbeeinblendungen finanziert, die über Google Inc. in den USA abgerechnet werden.

Als wichtigstes Kriterium für die Bestimmung des Orts der Leistungserbringung gilt zunächst einmal, ob der Leistungsempfänger ein Unternehmer ist oder nicht und ob er seinen Sitz im EU-Ausland oder in einem Drittlandsgebiet (Rest der Welt) hat. Dann kommt es noch auf die Art der Leistungen an. Die einschlägige Vorschrift, § 3a UStG, sollten Sie in einer ruhigen Minute durchlesen.

Wenn Sie nach Ihrer Lektüre nicht einigermaßen klar den Leistungsort und die Umsatzsteuerpflicht oder -befreiung Ihrer Dienstleistung bestimmen können, sollten Sie einen Steuerberater mit ins Boot holen. Denn: Fehler können hier richtig teuer werden. Waren Sie beispielsweise irrtümlicherweise der Ansicht, dass Ihre Auslandsrechnungen nicht der Umsatzsteuer unterliegen, kann das Finanzamt die Zahlung der Umsatzsteuer nachfordern – und Sie bleiben womöglich auf den Mehrkosten sitzen, weil Ihr Kunde im Ausland eine nachträgliche Zusatzberechnung der deutschen Umsatzsteuer nicht akzeptieren muss, sofern diese nicht vorsorglich vertraglich vereinbart war.

GEWERBESTEUER

Wenn Sie nicht als Freiberufler, Land- oder Forstwirt selbstständig sind, unterliegen Sie der Gewerbesteuerpflicht. Diese Steuer sorgt ohne den Hauch einer sachlichen Begründung zu einer Ungleichbehandlung von Agrariern und Freiberuflern auf der einen und anderen Unternehmern auf der anderen Seite. Die ziemlich einzigartige deutsche Erscheinung – eine vergleichbare Steuer gibt es in kaum einem anderen westlichen Industrieland – verlangt den Steuerpflichtigen bei der Ermittlung ihrer Steuerlast einige Rechenkünste ab.

Basis für die Ermittlung der Gewerbesteuer ist zunächst einmal der Gewinn, den Sie in Ihrer Bilanz beziehungsweise Einnahmen-Überschuss-Rechnung ausweisen. Doch damit stehen Sie erst am Beginn eines längeren Rechenweges, der Sie am Ende zum konkreten Steuerbetrag führt. Im nächsten Schritt müssen Sie nämlich einige Posten hinzurechnen, andere dürfen Sie abziehen.

Zum Gewinn hinzuzurechnen sind 25 Prozent der in Ihren Betriebsausgaben enthaltenen Zinszahlungen sowie ein Teil Ihrer Mietzahlungen, Leasingraten und Lizenzgebühren – allerdings erst dann, wenn diese zusammen einen Freibetrag von 100 000 Euro im Jahr übersteigen. Existenzgründer und kleine Unternehmen können aufgrund des hohen Freibetrags zumeist davon ausgehen, dass sie nichts hinzurechnen müssen.

Bei den Abzügen steht vor allem das betriebseigene Immobilienvermögen im Mittelpunkt. 1,2 Prozent des Einheitswertes des zum Betriebsvermögen zählenden Grundbesitzes darf abgezogen werden. Darüber hinaus sind bis zu gewissen Grenzen Spenden, die Sie getätigt haben, Gewerbeverluste aus Vorjahren und unter bestimmten Voraussetzungen auch Dividendenerträge aus Unternehmensbeteiligungen abziehbar.

Wenn Sie die einen Posten hinzugerechnet, die anderen abgezogen haben, haben Sie den Gewerbeertrag errechnet. Diesen dürfen Sie auf volle 100 Euro abrunden. Nun kommt es darauf an, ob Sie als Einzelunternehmer beziehungsweise Personengesellschaft oder als Kapitalgesellschaft firmieren:

▶ Einzelunternehmer und Personengesellschaften dürfen den Gewerbeertrag um einen Freibetrag in Höhe von 24 500 Euro kürzen.

▶ Kapitalgesellschaften wie GmbH, UG (haftungsbeschränkt) oder AG können keinen Freibetrag in Anspruch nehmen.

Der verbleibende Gewerbeertrag wird nun mit der sogenannten Steuermesszahl multipliziert. Diese beträgt bundesweit einheitlich 3,5 Prozent. Das Resultat wird dann als Messbetrag bezeichnet.

Beispiel: Wenn Sie nach Abzug Ihres Freibetrags einen Gewerbeertrag von 30 000 Euro verzeichnen, multiplizieren Sie diesen mit 3,5 Prozent. Daraus ergibt sich ein Messbetrag von 1 050 Euro.

Den Messbetrag multipliziert nun wiederum die Gemeinde, in der Ihr Betrieb ansässig ist, mit dem örtlichen Hebesatz. Diesen dürfen die Gemeinden selbst festlegen. Je nach Kommune beträgt er zwischen 200 und 500 Prozent. Die großen Differenzen ergeben sich nicht zuletzt daraus, dass die Gewerbesteuer direkt den Kommunen zugutekommt. So manche klammen Gemeinden und insbesondere auch die Großstädte (mit Ausnahme von Berlin) versuchen, mit hohen Hebesätzen ihre Steuereinnahmen aufzubessern.

Bezogen auf das obige Beispiel bedeutet das in der Praxis: Je nach Standort Ihres Unternehmens kann sich aus dem Messbetrag von 1 050 Euro eine Gewerbesteuer zwischen 2 100 und 5 250 Euro ergeben.

Einzelunternehmer und Personengesellschaften dürfen die Gewerbesteuer mit der Einkommensteuer verrechnen. Dabei werden von der Einkommensteuer 380 Prozent des Messbetrags, maximal jedoch die tatsächlich gezahlte Gewerbesteuer abgezogen. Wenn Sie diesem Kreis angehören, ergibt sich für Sie in der Gesamtbetrachtung aus der Gewerbesteuer keine erhöhte Steuerbelastung, sofern der Hebesatz Ihrer Kommune nicht mehr als 380 Prozent beträgt.

INFO

NUTZEN SIE VERLUSTVORTRÄGE
Wenn Sie in der Startphase einen Jahresverlust verbuchen, sollten Sie auf jeden Fall eine Gewerbesteuererklärung abgeben, auch wenn diese nicht sofort dazu führt, dass Sie eine Steuerrückzahlung bekommen.
Sie können nämlich die zukünftigen positiven Gewerbeerträge mit den Verlusten verrechnen, sodass sich auf diese Weise Ihre künftige Steuerbelastung reduziert.

Beispiel: Ermittlung der Gewerbesteuer in vereinfachter Form Alina G. betreibt einen Biokost-Einzelhandel, aus dem sie als Einzelunternehmerin Erträge aus einem Gewerbebetrieb erzielt. Hinzurechnungen und Abzüge fallen nicht an. Der Hebesatz ihrer Kommune beträgt in diesem Beispiel 490 Prozent (München).

Steuerlicher Jahresgewinn	40 500 €
abzüglich Freibetrag	− 24 500 €
Verbleibender Gewerbeertrag	16 000 €
mulitpliziert mit Steuermesszahl	x 3,5 Prozent
Messbetrag	560 €
mulitpliziert mit Örtlichem Hebesatz	x 490 Prozent
Zu zahlende Gewerbesteuer	2 744 €
Von der Einkommensteuer abziehbar (Messbetrag x 380 Prozent)	2 128 €
Effektive steuerliche Mehrbelastung durch Gewerbesteuer	616 €

RISIKEN
ABSICHERN

BETRIEBLICHE HAFT-PFLICHTVERSICHERUNG

Im betrieblichen wie auch im privaten Bereich gilt: Wenn es um Versicherungen geht, sollten Sie vorrangig die Risiken absichern, die im Schadensfall Ihre finanzielle Existenz bedrohen können. Zu diesen Risiken zählt die Haftpflicht. Denn der Gesetzgeber nimmt diejenigen in die Pflicht, die aus Fahrlässigkeit jemand anderem einen Schaden zufügen.

Die private Haftpflichtversicherung, die Sie zu günstigen Konditionen bei einer Vielzahl an Versicherungsanbietern abschließen können, greift in der Regel nur bei Schäden im privaten Umfeld – beispielsweise dann, wenn Sie bei Freunden eingeladen sind und aus Unachtsamkeit eine teure Vase kaputtmachen. Sind Sie jedoch als Unternehmer bei einem Kunden zu Besuch und verursachen dort einen Schaden, dann springt die private Haftpflichtversicherung nicht ein, weil das Malheur bei der Ausübung Ihrer selbstständigen Tätigkeit passiert ist.

Solange Sie bei einem Arbeitgeber angestellt waren, mussten Sie sich um diese Differenzierung nicht kümmern. Für Schäden, die Angestellte während der Arbeit verursachen, wird nämlich grundsätzlich das Unternehmen zur Rechenschaft gezogen. Was im Umkehrschluss für Sie bedeutet: Als Existenzgründer brauchen Sie eine Haftpflichtversicherung, die Sie nicht nur bei Ansprüchen aus eigenen Missgeschicken, sondern auch bei fahrlässigem Handeln Ihrer Mitarbeiter schützt.

Die Risiken sind dabei so unterschiedlich wie die Tätigkeiten, die als Unternehmer ausgeübt werden können. Dass Sie als Unternehmensberater beim Kunden versehentlich ein Notebook vom Tisch stoßen, zählt ebenso dazu wie der Behandlungsfehler einer Heilpraktike-

rin, der einen Krankenhausaufenthalt des Patienten und daraus resultierende Regressforderungen der Krankenkasse nach sich zieht.

In solchen Fällen schützt Sie die betriebliche Haftpflichtversicherung davor, dass Sie hohe Schadenersatzzahlungen leisten müssen, die unter Umständen den finanziellen Ruin verursachen können. Zuerst einmal prüft die Versicherung, ob die Forderungen des Geschädigten überhaupt berechtigt sind und Ihnen tatsächlich fahrlässiges Handeln nachgewiesen werden kann. Für Sie hat dies den Vorteil, dass Sie sich nicht selbst mit dem Geschädigten auseinandersetzen müssen, sondern zunächst einmal abwarten können, ob überhaupt ein Haftungsfall vorliegt. Ist dies der Fall, zahlt die Versicherung dem Betroffenen einen angemessenen Ausgleich für den entstandenen Schaden. Je nach Gestaltung Ihres Versicherungsvertrags brauchen Sie entweder überhaupt nichts oder nur die vereinbarte Selbstbeteiligungssumme zu übernehmen.

Die betriebliche Haftpflichtversicherung ist zwar meist deutlich teurer als die Privathaftpflichtversicherung. Dennoch zählt sie zu den Policen, auf die Sie unabhängig von Ihrer Tätigkeit als Existenzgründer niemals verzichten sollten. Konkret hängt die Höhe der jährlichen Kosten von den folgenden Faktoren ab:

▶ **Ihre Tätigkeit.** Je nachdem, in welchem Berufsfeld Sie sich selbstständig machen, können die Haftungsrisiken von den Versicherern ganz unterschiedlich eingestuft werden. Besonders kostspielig wird es für die Assekuranzen immer dann, wenn die Versicherten mit besonders wertvollem Gut hantieren oder wenn das Risiko besteht, dass im Fall einer fahrlässigen Handlung

Kostspielig kann eine Berufshaftpflicht werden, wenn Sie mit teuren Gütern hantieren, etwa als Galerist mit wertvollen Kunstwerken.

Menschen dauerhaft zu Schaden kommen können – Letzteres betrifft unter anderem einen großen Teil der medizinischen Berufe.

▶ **Der Selbstbehalt im Schadensfall.** Wenn Sie sich bereit erklären, einen gewissen Anteil im Schadensfall selbst zu übernehmen, kann sich Ihre Versicherungsprämie deutlich reduzieren. Damit bleiben Sie zwar unter Umständen bei Bagatellschäden auf den gesamten Kosten sitzen, aber bei existenzbedrohenden Schadenersatzansprüchen sind Sie weiterhin auf der sicheren Seite. Im Regelfall können Selbstbeteiligungen zwischen 150 und 1 500 Euro gewählt werden.

▶ **Umsatz und Anzahl der Mitarbeiter.** Je größer ein Unternehmen, umso höher ist das Risiko, dass aus Missgeschicken Haftungsfälle resultieren. Daher spielen sowohl Ihr Jahresumsatz wie auch die Zahl Ihrer Mitarbeiter eine wichtige Rolle bei der Ermittlung Ihrer Versicherungsprämie.

▶ **Deckungssumme.** Als Deckungssumme wird der Betrag bezeichnet, den die Versicherung im Schadensfall maximal abdeckt. Hier können Sie zwar Geld sparen, wenn Sie eine niedrigere Deckungssumme wählen. Doch dies kann sich gerade im Ernstfall als fataler Fehler erweisen: Ist der entstandene Schaden höher als die Deckungssumme, müssen Sie für den Betrag, der darüber liegt, selbst geradestehen. Daher ist davon abzuraten, wegen ein paar Euro Jahresprämie eine gefährliche Deckungslücke entstehen zu lassen. Empfehlenswert ist eine Deckungssumme von mindestens 5 Millionen Euro jeweils für Sach- und für Personenschäden.

▶ **Laufzeitrabatte.** Viele Versicherer bieten einen Rabatt auf die Jahresprämie, wenn Sie den Vertrag anstatt mit einem Jahr Laufzeit mit einer Bindung von drei bis fünf Jahren abschließen. Das hat keinen Einfluss auf Ihr Sonderkündigungsrecht im Schadensfall: Wenn ein Schaden eintritt, haben sowohl Sie als Versicherungsnehmer als auch der Versicherer trotz Bindung weiterhin ein Sonderkündigungsrecht.

Wenn Sie Mitglied eines Berufsverbandes sind, haben Sie möglicherweise Zugang zu vergünstigten Angeboten bei der betrieblichen Haftpflichtversicherung. Viele Verbände schließen mit Versicherungen sogenannte Gruppentarife ab. Weil die Versicherungen auf einen Schlag ein großes Kundenpotenzial ansprechen und die Policen auf der Basis ähnlich gelagerter Risikostrukturen erstellen kann, werden solche Gruppentarife günstiger angeboten als die herkömmlichen Tarife. Allerdings stehen sie in aller Regel nur den Mitgliedern bestimmter Verbände offen.

INFO

NEHMEN SIE DIE FRAGEBÖGEN ERNST

Die Haftpflichtversicherer verschicken an ihre Kunden meist im jährlichen Rhythmus Fragebögen, um zu ermitteln, ob sich bei den für die Tarifeinstufung maßgebenden Daten etwas geändert hat. Falls sich beispielsweise die Zahl Ihrer Mitarbeiter erhöht hat oder Sie Ihr berufliches Tätigkeitsfeld erweitert haben, passt die Versicherung die Jahresprämie an die neuen Gegebenheiten an. Das Beantworten der Fragen sollten Sie nicht auf die leichte Schulter nehmen, sondern der Versicherung gewissenhaft alle maßgebenden Veränderungen melden. Ansonsten würden Sie im schlimmsten Fall den Versicherungsschutz aufs Spiel setzen, zumindest jedoch eine teure Nachzahlung riskieren.

Die Vermögensschaden-Haftpflicht

Nicht alle Haftungsfälle im Betrieb sind von der betrieblichen Haftpflichtversicherung abgedeckt. Wenn Sie zu den Selbstständigen zählen, die überwiegend beratend tätig sind, sollten Sie unbedingt auch an Ihre Beraterhaftung denken. Für manche Berufsgruppen wie Rechtsanwälte, Steuerberater oder Notare ist der Abschluss einer Vermögensschaden-Haftpflichtversicherung bei der selbstständigen Ausübung der Tätigkeit sogar gesetzlich vorgeschrieben. Selbstständige Finanzvermittler können etwa schadenersatzpflichtig werden, wenn sie einen Kunden falsch beraten haben und

dieser dadurch Geld verliert. Ebenso Anwälte oder Steuerberater, die ihren Mandanten aufgrund fehlerhafter Beratungen finanziellen Schaden zufügen, oder Architekten, deren Kunden aufgrund eines Planungsfehlers Zusatzkosten beim Bauen entstehen. In juristischer Hinsicht handelt es sich zumeist um Haftungsansprüche aus der Verletzung vertraglicher Sorgfaltspflichten.

Diese Ansprüche werden von der herkömmlichen Haftpflichtversicherung nicht übernommen, sondern Sie benötigen dafür eine Vermögensschaden-Haftpflichtversicherung. Sie können sie entweder als eigenständige Police oder als Ergänzung zur betrieblichen Haftpflichtversicherung abschließen.

Haftpflicht bei Umweltschäden

Eine weitere Ergänzung der betrieblichen Haftpflichtversicherung stellt die Umwelthaftpflichtversicherung dar. Wer mit umweltgefährdenden Stoffen hantiert – beispielsweise auf dem Betriebsgelände Chemikalien lagert oder einen Heizöltank installiert hat –, muss für die Beseitigung der Schäden aufkommen, die durch austretende Giftstoffe verursacht werden. Vor allem dann, wenn umfangreiche Maßnahmen zur Sanierung und Entgiftung des Bodens oder von Gewässern erforderlich werden, können die Schadenssummen schnell eine bedrohliche Höhe annehmen.

Während die Umwelthaftpflicht für Freiberufler und Dienstleister meist wenig relevant ist, kann die dazugehörige Haftpflichtversicherung für Betriebe mit Produktionsanlagen oder Gefahrgutlagern einen überaus wichtigen Baustein des betrieblichen Risikoschutzes bilden. Sinnvoll ist es im Regelfall, die Umwelthaftpflicht mit der betrieblichen Haftpflichtversicherung zu kombinieren – das führt meist zu einer günstigeren Gesamtprämie als der getrennte Abschluss von zwei einzelnen Versicherungsverträgen.

WEITERE BETRIEBLICHE RISIKEN ABSICHERN

Neben der betrieblichen Haftpflichtversicherung, die für alle Freiberufler und Unternehmer ein Muss ist, empfiehlt sich unter Umständen die Absicherung von weiteren Risiken, die ein eigenes Unternehmen mit sich bringt. Gehen Sie dabei mit Augenmaß vor: Wenn Sie sich für alle Eventualitäten absichern, sind Sie zwar optimal geschützt, doch Sie zahlen Jahr für Jahr immense Summen an die Versicherer. Auf der anderen Seite sollten zumindest die Risiken abgedeckt sein, deren Eintreten schlimmstenfalls zur Zahlungsunfähigkeit führen kann.

Dabei gilt es kritisch zu prüfen, in welchem Bereich Ihres Unternehmens hohe Schäden entstehen können – nicht allein dadurch, dass wertvolle Waren oder Einrichtungsgegenstände zerstört werden, sondern auch in Form von Umsatzausfällen, wenn besonders wichtige Maschinen oder Anlagen streiken. Die Antworten auf solche Fragen können ganz unterschiedlich aussehen – so haben Berater oder freiberufliche Ingenieure einen ganz anderen Versicherungsbedarf als Betreiber von Online-Shops mit großem Warenlager oder Hightech-Unternehmen, die teure und hochmoderne Maschinen in der Produktion einsetzen.

Inventar, Maschinen und Elektronik versichern

Wenn es darum geht, die Sachwerte in Ihrem Unternehmen zu versichern, kommen die folgenden drei Policen infrage.

▶ **Betriebsinhaltsversicherung.** Bei dieser Police handelt es sich praktisch um das unternehmerische Gegenstück zur Hausratversicherung. Darin enthalten ist das Inventar Ihres Betriebs von der Büroeinrichtung über das Warenlager bis hin zur technischen Ausstattung mit Maschinen und Produktionsanlagen. Wichtig dabei ist, die Versicherungssumme möglichst passgenau festzulegen, sodass Sie einerseits keine allzu hohe Versicherungsprämie zahlen und auf der anderen Seite nicht bei der Entschädigung im Ernstfall Abschläge wegen Unterversicherung hinnehmen müssen.

▶ **Maschinenversicherung.** Die Maschinenversicherung ist – wie der Name vermuten lässt – speziell für die Absicherung des Maschinenparks konzipiert. Abgedeckt sind unter anderem Schäden durch Bedienungsfehler, Über- und Unterdruck, Kurzschluss oder Versagen von Mess- und Regeleinrichtungen. Bei einem Totalschaden ersetzt die Versicherung in der Regel den Zeitwert und nicht den Neuwert der Anlagen.

▶ **Elektronikversicherung.** Für Betriebe mit einem größeren Bestand an hochwertiger IT-Hardware gibt es eigens dafür zugeschnittene Elektronikversicherungen. Dabei sind die typischen Schadensursachen wie Bedienungsfehler, Überspannung, Blitzschlag, Wassereinbruch oder Sabotage abgedeckt.

 INFO **NICHT DOPPELT VERSICHERN**
Falls Sie die hier genannten Versicherungen miteinander kombinieren, sollten Sie darauf achten, dass Sie nicht zu hohe Versicherungskosten zahlen, weil Sie einen Teil Ihres Betriebs doppelt versichert haben. Verfügen Sie etwa über getrennte Betriebsinhalts- und Maschinenversicherungen, sollten Sie in der Betriebsinhaltsversicherung die eigenständig versicherten Maschinen explizit herausnehmen.

Betriebsunterbrechungsversicherung

Wenn der Betrieb nach einem Feuer, einem Wasserschaden oder anderen Ereignissen über Wochen oder Monate stillsteht, kann dies für das Unternehmen zur Existenzbedrohung werden. Zwar übernehmen Sachversicherungen wie die Betriebsinhalts- oder Gebäudeversicherung die Kosten für die Wiederbeschaffung der zerstörten Wirtschaftsgüter – doch für die Kompensation des Umsatzausfalls sind sie nicht zuständig.

Solche Ausfälle können über eine Betriebsunterbrechungsversicherung abgedeckt werden. Die Verträge können je nach Betrieb und Anbieter unterschiedlich ausgestaltet sein. Bei kleineren Unternehmen wird die Versicherung oft mit einer Betriebsinhalts- oder Gebäudeversicherung kombiniert, für größere Betriebe gibt es auch eigenständige Policen.

Eine Variante für Freiberufler ist die Praxisausfallversicherung. Diese greift dann, wenn die Praxis oder das Büro aufgrund einer Krankheit oder eines Unfalls des Inhabers für eine gewisse Zeit nicht weitergeführt werden kann. Sowohl bei der Betriebsunterbrechungs- wie auch bei der Praxisausfallversicherung ist der Leistungszeitraum zumeist auf maximal zwölf Monate begrenzt. In Einzelfällen können auch längere Zahlungszeiten vereinbart werden. Als Grundlage für die Ermittlung der Versicherungssumme dienen in aller Regel die betriebswirtschaftlichen Auswertungen.

INFO

NACHHAFTUNGSKLAUSEL SCHAFFT SPIELRAUM

Weil die Versicherungssumme bei der Betriebsunterbrechungsversicherung nicht immer exakt an den im Ernstfall auftretenden Bedarf angepasst werden kann, ist der Einbau einer sogenannten Nachhaftungsklausel oftmals sinnvoll. Dann übernehmen die Versicherungen im Schadensfall Leistungen, die die Versicherungssumme um bis zu 30 Prozent übersteigen können, ohne dass gleich die Prämie erhöht wird. Erst wenn sich im Folgejahr zeigt, dass die ursprünglich angesetzte Versicherungssumme zu niedrig war, wird diese und damit auch die Jahresprämie heraufgesetzt.

Gebäudeversicherung

Ob Sie bei der Existenzgründung eine Gebäudeversicherung benötigen, hängt davon ab, ob Sie über betriebliches Immobilieneigentum verfügen. Solange Sie Ihre Räumlichkeiten mieten, brauchen Sie sich darum nicht zu kümmern, weil die Versicherung der Immobilie eine Angelegenheit des Eigentümers ist.

Haben Sie hingegen für Ihr Unternehmen beispielsweise eine eigene Produktionshalle erworben, darf die dazugehörige Gebäudeversicherung nicht fehlen. Abgedeckt sind üblicherweise die folgenden Risiken:

▶ **Feuer.** Nicht nur der Brandfall fällt unter die Feuerversicherung, sondern auch Blitzschlag, Explosion, Schäden durch Flugzeugabsturz sowie die durch Löschwasser, Ruß und Rauch entstandenen Beschädigungen.

▶ **Leitungswasser.** Wenn Wasser- oder Heizungsrohre leck werden, können teure Schäden an Einrichtung und Bausubstanz entstehen. Auch Schäden am Gebäude durch geplatzte Schläuche – wie etwa bei Geschirrspül- oder Waschmaschinen – sind dadurch abgedeckt.

▶ **Sturm und Hagel.** Darunter fallen Unwetterschäden – vom abgedeckten Dach über eingedrückte Fenster bis hin zu Beschädigungen durch umstürzende Bäume.

Die Absicherung gegen Feuer-, Leitungswasser- und Sturmschäden erfolgt entweder getrennt für jede Gefahrengruppe oder im Komplettpaket. Häufig enthalten die Verträge Klauseln zur Selbstbeteiligung im Schadensfall. Damit erhalten Sie günstigere Beiträge, müssen jedoch einen Teil des Schadens selbst tragen.

Wichtig zu wissen: Die klassische Gebäudeversicherungs-Police deckt nicht alle Risiken ab. So sind Schäden durch Überschwemmungen, Erdbeben, Lawinen oder Erdrutsch darin nicht enthalten. Diese fallen unter die „Elementarschaden-Versicherung". Deren Abschluss kann jedoch je nach Standort Ihres Betriebs problematisch werden: Voraussetzung bei den meisten Versicherungen ist, dass der neue Kunde in den vergangenen zehn Jahren keinen Schaden hatte – und damit wird es schwierig

bis unmöglich, in einem überschwemmungs-
gefährdeten Gebiet eine Absicherung gegen
Hochwasserschäden zu erhalten.

 BEI MISCHNUTZUNG ANPASSEN
Wenn Sie als Existenzgründer den gewerblichen Betrieb zunächst einmal in
Ihrem Wohnhaus unterbringen, indem Sie
beispielsweise ein Nebengebäude oder die Einlie-
gerwohnung entsprechend umwidmen, sollten Sie
unbedingt Ihre Wohngebäudeversicherung anpassen. In der Regel ist nämlich bei der Versicherung
von reinen Wohngebäuden die gewerbliche Mitnutzung ausdrücklich im Vertrag ausgeschlossen.
Um Ihren Versicherungsschutz nicht zu gefährden,
sollten Sie Ihrem Versicherer mitteilen, welche
Räumlichkeiten auf welche Weise gewerblich
genutzt werden, damit Ihr Vertrag an die neuen Gegebenheiten angepasst wird. In den meisten Fällen
ist damit eine Erhöhung der Versicherungsprämie
verbunden.

Für Eigentümer von Immobilien ist eine Gebäudeversicherung ein Muss.
Sie deckt zum Beispiel Schäden durch Feuer, Blitzschlag oder Sturm ab.

Rechtsschutzversicherung

Rechtsschutzversicherungen gibt es nicht nur
für Privatpersonen, sondern auch für Selbstständige und Firmen. Ähnlich wie bei der privaten Rechtsschutzversicherung sind dort auch
je nach Police unterschiedliche Leistungen enthalten. Typische Konfliktfälle, die in juristische
Streitigkeiten münden können, sind beispielsweise Klagen von Arbeitnehmern nach einer
Kündigung oder Prozesse gegen staatliche Behörden wie Finanzamt, Gewerbeaufsicht oder
Sozialversicherungen.

Doch längst nicht alle Streitigkeiten werden auch tatsächlich von den Assekuranzen
versichert. So zählt die Absicherung von Ver-
tragsstreitigkeiten, wenn etwa ein Kunde Ihre
Rechnung nicht bezahlen will, derzeit noch zu
den exotischen Leistungen bei der betrieblichen Rechtsschutzversicherung. Andere Bereiche wie Verkehrsrecht oder Strafrecht lassen
sich nur gegen Aufpreis mit dazubuchen oder
sind nur in teureren Premium-Versicherungs-
paketen enthalten.

Außerdem sollten Sie nicht nur darauf achten, welche konkreten Rechtsgebiete die Versi-

cherung überhaupt deckt, sondern auch bedenken: Die Rechtsschutzversicherung springt
erst dann ein, wenn sie den Fall geprüft hat
und einen Prozess für aussichtsreich hält. Bevor sie diese „Deckungszusage" erteilt hat, haben Sie keine Gewähr, dass sie nach einem
verlorenen Prozess die Kosten übernimmt –
und für den Fall, dass Sie gewinnen, muss ohnehin die Gegenpartei auch Ihre Anwalts- und
Gerichtskosten tragen.

BERUFSGENOSSEN-SCHAFTEN

Der Gesetzgeber sieht für Arbeitnehmer als Sozialversicherung nicht nur die Kranken-, Pflege- und Rentenversicherung vor, sondern auch die gesetzliche Unfallversicherung. Im Gegensatz zu den anderen Sozialversicherungen erscheint dieser Posten jedoch nicht auf der Gehaltsabrechnung. Denn: Die Unfallversicherung wird ausschließlich vom Arbeitgeber finanziert.

Damit kommen Beitragszahlungen für die gesetzliche Unfallversicherung spätestens dann auf Sie als Existenzgründer zu, wenn Sie Mitarbeiter in Ihrem Betrieb einstellen. Unter Umständen sind Sie sogar selbst als Inhaber pflichtversichert und müssen auch dann Beiträge entrichten, wenn Sie keine Mitarbeiter beschäftigen.

Träger der gesetzlichen Unfallversicherung sind die Berufsgenossenschaften. Je nach Branche ist eine der neun gewerblichen Berufsgenossenschaften für Ihren Betrieb zuständig, dazu kommt für Land- und Forstwirte die Sozialversicherung für Landwirtschaft, Forsten und Gartenbau als Unfallversicherungsträger.

Grundsätzlich sind Sie verpflichtet, innerhalb einer Woche nach Aufnahme Ihrer selbstständigen Tätigkeit Ihren Betrieb bei der Berufsgenossenschaft anzumelden. Welcher Versicherungsträger für Sie zuständig ist, können Sie telefonisch unter 0 800 / 6 05 04 04 beim Spitzenverband der Deutschen Gesetzlichen Unfallversicherung erfragen. Die für Sie zuständige Berufsgenossenschaft entscheidet dann, ob beziehungsweise in welcher Höhe Beitragszahlungen zu leisten sind.

Die Höhe der Beiträge wird durch die folgenden Faktoren beeinflusst:

▶ der Summe der von Ihrem Unternehmen gezahlten Bruttolöhne,

▶ der Gefahrenklasse für Ihren Gewerbezweig und

▶ dem Beitragsfuß – auch als Umlageziffer bezeichnet –, der als Grundlage für die Beitragsberechnung in der jeweiligen Berufsgenossenschaft pro 100 Euro Lohnsumme in der Gefahrenklasse 1,0 verwendet wird.

Dazu kommen unter Umständen weitere Abrechnungsposten wie regionale Zu- oder Abschläge, Lastenverteilungen oder Beiträge für arbeitsmedizinische und sicherheitstechnische Dienste. Kurz: Die Beitragsrechnung der Berufsgenossenschaft kann für Laien durchaus ein Buch mit sieben Siegeln sein.

Über die Berufsgenossenschaft sind Mitarbeiter und Unternehmer – Letztere, sofern sie auch für sich selbst einen Beitrag zahlen – bei betrieblichen Unfällen und bei Berufskrankheiten versichert. Die Berufsgenossenschaft übernimmt nicht nur die Behandlungskosten, sondern auch die Kosten für anschließende Reha-Maßnahmen.

Wer nach 26 Wochen noch immer deutlich vermindert arbeitsfähig ist, kann mit der Zahlung einer Verletztenrente rechnen. Diese richtet sich sowohl nach dem Grad der gesundheitlichen Beeinträchtigung wie auch nach der Höhe des letzten Bruttoeinkommens.

Solange die Beeinträchtigung weiter besteht, wird auch die Verletztenrente gezahlt – selbst nach Eintritt ins Rentenalter können Betroffene zusätzlich noch Geld von der gesetzlichen Unfallversicherung erhalten. Bessert sich hingegen der Gesundheitszustand im Lauf der Zeit, kann die Verletztenrente auch nach Jahren noch gekürzt oder sogar ganz gestrichen werden.

Versichert sind nicht nur Unfälle, die sich im Betrieb ereignen. Auch der Weg zwischen Wohnung und Arbeitsplatz sowie Geschäftsreisen werden von der Unfallversicherung der Berufsgenossenschaft abgedeckt. Allerdings gilt dabei: Wer Umwege macht, indem er beispielsweise auf dem Heimweg von der Arbeit einkaufen geht, ist lediglich bei „geringfügigen Unterbrechungen" des regulären Weges zwischen Arbeitsstätte in der versicherungstechnischen Obhut der Berufsgenossenschaft. Ausnahmen von dieser Regel sind Umwege, die durch Fahrgemeinschaften bedingt sind oder notwendig werden, wenn Kinder zu einer Betreuungsstätte hingebracht oder von dort abgeholt werden.

BERUFS- UND ERWERBS-UNFÄHIGKEIT

Die private Absicherung für den Fall der Berufsunfähigkeit zählt zu den wichtigsten Vorsorgemaßnahmen, die Sie als Selbstständiger treffen sollten. Denn die gesetzliche Rentenversicherung – sofern Sie dort noch Pflichtmitglied oder auf freiwilliger Basis versichert sind – bietet bei Berufsunfähigkeit nur minimale Leistungen, die im Ernstfall zumeist bei Weitem nicht ausreichen.

Bei der gesetzlichen Rentenversicherung gilt: Wer nicht mindestens fünf Jahre lang zuvor Beiträge gezahlt hat, davon 36 Monate Pflichtbeiträge, hat nur in Ausnahmefällen Anspruch auf Zahlung einer Rente, wenn er nicht mehr arbeiten kann. Doch selbst wenn die Sozialversicherung eine Erwerbsminderungsrente bezahlt, deckt diese oft nicht einmal die allernotwendigsten Lebenshaltungskosten. Für die Rentenversicherung zählt im Fall der eingeschränkten oder vollständigen Erwerbsminderung lediglich, wie viele Stunden pro Tag ein Versicherter noch arbeiten kann.

Der bisher ausgeübte Beruf spielt dabei in der Regel keine Rolle. Das heißt, die gesetzliche Rentenversicherung zahlt beispielsweise einem freiberuflichen Drehbuchautor keine Rente, wenn dieser zwar keine Drehbücher mehr schreiben kann, aber gesundheitlich noch dazu in der Lage ist, für einen geringeren Lohn als Pförtner zu arbeiten. Für die damit verbundene Einkommensminderung sieht die gesetzliche Rentenversicherung keinen Ausgleich vor.

Und: Nur wer weniger als drei Stunden pro Tag arbeiten kann, hat Anspruch auf die volle staatliche Erwerbsminderungsrente. Bei drei bis sechs Stunden gibt es die Hälfte, und wer länger arbeiten kann, bekommt kein Geld von der gesetzlichen Rentenversicherung.

Daher sollten Sie sich gerade als Selbstständiger mit einer privaten Police für den Fall absichern, dass Sie aufgrund einer Krankheit oder eines Unfalls Ihren Beruf nicht mehr ausüben können. Versicherungsunternehmen bieten für solche Fälle die private Berufsunfähigkeitsversicherung an. Sie ist zwar im Vergleich zu anderen Versicherungen recht teuer, aber in Anbetracht des Risikos besonders sinnvoll.

Je riskanter der Beruf ist, desto teurer wird es, sich gegen Berufsunfähigkeit abzusichern.

Welche Kosten mit der Berufsunfähigkeitsversicherung verbunden sind, hängt unter anderem davon ab,

► wie hoch die im Ernstfall zu zahlende Rente sein soll,

► wie alt Sie beim Abschluss der Versicherung sind,

► bis zu welchem Alter der Versicherungsschutz gelten soll,

► welcher Berufsgruppe Sie angehören und

► ob bestimmte Risikofaktoren die Kosten verteuern.

Bei Eintrittsalter und Laufzeit gilt: Je jünger die Versicherungsnehmer beim Abschluss des Vertrags sind, umso günstiger sind die Tarife, und je länger der Versicherungsschutz gelten soll, umso teurer wird es für sie. Damit sind Versicherungen, die nur bis zum 55. Lebensjahr laufen, zwar deutlich preisgünstiger als Policen mit Endalter 67. Doch wenn Sie berufsunfähig werden, erhalten Sie dann auch nur bis 55 Rente, und es entsteht eine erhebliche finanzielle Lücke zwischen dem Ende der Versicherungszahlungen und dem Beginn einer regulären Altersrente.

Großen Einfluss auf die laufenden Versicherungskosten hat Ihre Einstufung in die berufliche Risikogruppe. Je nach Beruf resultieren dann daraus unterschiedlich hohe Versicherungsprämien. Die Anzahl der einzelnen Risikogruppen kann je nach Versicherer stark variieren – mit der Folge, dass je nach ausgeübtem Beruf mal der eine und mal der andere Anbieter die günstigere Prämie vorweisen kann.

Dazu können auch persönliche Gesundheitsfaktoren Kostensteigerungen nach sich ziehen. Wenn Sie beispielsweise Vorerkrankungen wie Allergien oder chronische Leiden haben, werden Sie von manchen Versicherungen gar nicht erst aufgenommen. Andere belegen Sie mit happigen Risikozuschlägen oder schließen die Leistung bei einer Berufsunfähigkeit aufgrund bestimmter Krankheiten aus. Die Versicherer gehen dabei ganz unterschiedlich vor: Was der eine Anbieter noch großzügig akzeptiert, kann für seinen Konkurrenten schon ein Grund für die Ablehnung des Antrags sein. Daher ist es sinnvoll, bei mehreren Versicherern Probeanträge zu stellen, am besten über einen Versicherungsberater oder -makler in Form einer „anonymen Risikovoranfrage".

Auch bei den Leistungen im Ernstfall gibt es große Unterschiede. Die private Berufsunfähigkeitsversicherung tritt nämlich nicht automatisch dann ein, wenn der Versicherte eine gesetzliche Erwerbsunfähigkeitsrente bezieht: Die Bedingungen, zu denen die einzelnen Versicherer ihre Policen anbieten, können sehr große Unterschiede aufweisen. Es lohnt sich daher, mehrere Angebote einzuholen und die Vertragsklauseln zu studieren.

Gerade für Selbstständige ist es zentral, dass der Versicherer auf die „abstrakte Verweisung" verzichtet. Manche Anbieter lassen sich so eine Hintertür offen, durch die sie ihrer Zahlungspflicht entkommen können. Wie bei der gesetzlichen Versicherung können die Kunden dann dazu verpflichtet werden, im Fall der Berufsunfähigkeit unter bestimmten Voraussetzungen auf einen geringer qualifizierten und schlechter bezahlten Job umzusatteln. Verzichtet der Anbieter auf diese Klausel, muss er schon dann bezahlen, wenn der Versicherungsnehmer seinem Beruf oder einer vergleichbaren Tätigkeit nicht mehr nachgehen kann. Die meisten neuen Verträge sind hier mittlerweile kundenfreundlich. Ihre Klauseln sehen vor, dass die Berufsunfähigkeit schon dann eintritt, wenn entweder ein konkret bezeichneter Beruf oder der „Beruf, der der bisherigen Lebensstellung entspricht", nicht mehr ausgeübt werden kann. Oder der Versicherer verzichtet auf die „Verweisung".

Sehr wichtig ist, dass der Versicherungsvertrag eine „Nachversicherungsgarantie" enthält. Dann können Sie zu einem späteren Zeitpunkt – beispielsweise bei einer Einkommenserhöhung, bei Heirat oder Geburt eines Kindes – innerhalb eines bestimmten Rahmens Ihre Versicherungssumme erhöhen, ohne dass eine erneute Gesundheitsprüfung verlangt wird.

Wird der Versicherte berufsunfähig, muss er dies innerhalb von drei Monaten der Versicherung melden. Die meisten Versicherer gewähren bei verspäteter Mitteilung die rückwirkende Rentenzahlung ab dem tatsächlichen Eintritt der Berufsunfähigkeit, und zwar bis zu drei Jahre rückwirkend. Diese kundenfreundliche Klausel schützt davor, dass wegen einer verspäteten Meldung Geld verloren geht. Es ist überdies von Vorteil, wenn die Versicherung die Beiträge zinslos stundet, bis sie über einen Antrag auf Leistung entschieden hat.

Inzwischen gibt es viele Angebote, die neben der Beitragsdynamik (vor dem Leistungsfall) eine garantierte Dynamik im Leistungsfall zulassen. Dann erhöht sich die Rente im Leistungsfall um einen vereinbarten Prozentsatz, was dem Kaufkraftverlust begegnet. Das verteuert den Beitrag, ist aber empfehlenswert, wenn Sie es sich leisten können.

Weil es bei der Berufsunfähigkeitsversicherung in erster Linie auf gute Bedingungen und nur in zweiter Linie auf die Höhe der Beiträge ankommt, sollten Sie vor dem Abschluss vorrangig die Kundenfreundlichkeit der einzelnen Klauseln prüfen. Erst wenn bei vergleichbar guten Leistungen unterschiedliche Beiträge verlangt werden, sollte die Wahl zugunsten des Anbieters mit der niedrigsten Prämie ausfallen.

Ihre Beiträge sollten Sie möglichst jährlich zahlen, da die Anbieter bei Monats- oder Quartalszahlungen teure Ratenzuschläge verlangen.

 INFO

NEHMEN SIE DIE FRAGEN ZUR GESUNDHEIT ERNST!

Achten Sie unbedingt darauf, dass beim Ausfüllen des Antrags alle Fragen zur Gesundheit lückenlos beantwortet werden. Wenn Sie beispielsweise eine Allergie verschweigen, um den Prämienzuschlag zu sparen, stellen Sie sich selbst eine Falle – denn wenn Sie aufgrund einer nicht angegebenen Vorerkrankung Ihren Beruf nicht mehr ausüben können, kann die Versicherung die Rentenzahlung verweigern.

Private Berufsunfähigkeitsversicherungen werden entweder als eigenständige Police oder in Kombination mit einer Lebens- oder Rentenversicherung angeboten. Die besten Alternativen sind entweder die eigenständige Berufsunfähigkeitsversicherung oder die Kombination mit einer Risikolebensversicherung. Mit beiden Varianten lässt sich ein umfassender und flexibler Schutz zu relativ günstigen Beiträgen erzielen.

Abzuraten ist hingegen von der Verknüpfung der Berufsunfähigkeitsversicherung mit

In manchen Fällen kann vom Versicherten erwartet werden, dass er bei gesundheitlichen Beeinträchtigungen seinen Betrieb umorganisiert.

einer kapitalbildenden Lebens- oder Rentenversicherung. Zwar zahlt der Versicherer die Vorsorgebeiträge für die Lebensversicherung weiter, falls Sie berufsunfähig werden sollten. Aber ein vernünftiger Schutz ist nur zu hohen Beiträgen möglich. Falls Sie diese hohen Sparraten wegen eines finanziellen Engpasses nicht mehr stemmen können, erlischt automatisch auch der Schutz im Fall der Berufsunfähigkeit.

Auf test.de finden Sie mit dem Suchwort „Berufsunfähigkeit" unseren aktuellen Test von Berufsunfähigkeitsversicherungen.

INFO

MUSS DER BETRIEB UMORGANISIERT WERDEN?

Im Fall der Berufsunfähigkeit kann unter bestimmten Voraussetzungen ein Versicherter dazu verpflichtet werden, seinen Betrieb so umzuorganisieren, dass er selbst eine Tätigkeit ausübt, die ihm noch zugemutet werden kann. Solche Fälle landen häufig vor Gericht, weil dann oft strittig ist, ob der für die Umorganisation notwendige Kapitaleinsatz zumutbar ist oder ob der Versicherte danach ein vergleichbares Einkommen erzielen kann.

Worauf Sie beim Angebotsvergleich und dem Ausfüllen des Antrags achten sollten

1	✓ Soll die Versicherung als eigenständige Berufsunfähigkeitspolice oder in Verbindung mit einer Risikolebensversicherung angeboten werden?
2	✓ Verzichtet die Versicherung auf die abstrakte Verweisung?
3	✓ Enthält der Versicherungsvertrag eine Nachversicherungsgarantie?
4	✓ Leistet der Versicherer im Ernstfall rückwirkende Zahlungen ab dem tatsächlichen Eintritt der Berufsunfähigkeit?
5	✓ Ist es möglich, den Vertrag mit einer Dynamik auszustatten, um so dem Inflationsrisiko zu begegnen?
6	✓ Läuft die Versicherung bis zum voraussichtlichen Beginn einer regulären Altersrente, sodass keine Versorgungslücke entsteht?
7	✓ Haben Sie im Antrag alle Fragen zu Vorerkrankungen und aktuellem Gesundheitszustand lückenlos beantwortet?

DIE ANGEHÖRIGEN ABSICHERN

Wenn es um die finanzielle Absicherung geht, sollten Sie nicht nur an sich selbst, sondern auch an Ihre Angehörigen denken. Gerade Existenzgründer gehen oftmals ein beträchtliches finanzielles Risiko ein, indem sie private Geldreserven in das eigene Unternehmen investieren und für Anlauffinanzierung und Investitionen hohe Kredite aufnehmen. Stirbt der Unternehmer dann plötzlich, stehen die Angehörigen unter Umständen vor einem Schuldenberg, der sie über Jahre hinweg finanziell belasten kann. Für diesen Fall können Sie mit einer Lebensversicherung Vorsorge treffen. Sie zahlt an die Personen, die Sie im Vertrag als Begünstigte nennen, die vereinbarte Versicherungssumme aus, wenn Sie während der Laufzeit sterben sollten.

Welche Versicherungsform wählen?

Lebensversicherungen gibt es in drei Varianten:
- **Kapitalbildende Lebensversicherung.** Die kapitalbildende Lebensversicherung verknüpft einen Sparvertrag mit der Risikoabsicherung. Stirbt der Versicherungsnehmer während der Laufzeit, wird die Versicherungssumme an die Hinterbliebenen gezahlt. Erlebt er den Ablauf des Vertrags, werden die angesparten Beträge plus Verzinsung an ihn ausgezahlt. Allerdings zieht der Versicherer vorher Kosten für die Verwaltung und die Risikoabsicherung ab.
- **Fondsgebundene Lebensversicherung.** Auch hierbei handelt es sich um eine kapitalbildende Lebensversicherung. Allerdings mit dem Unterschied, dass die Sparbeiträge in Investmentfonds angelegt werden und der Versicherer keine Kapital- oder Zinsgarantie zusagen muss.

- **Risikolebensversicherung.** Hier wird auf die Sparkomponente verzichtet. Das führt dazu, dass am Ende der Laufzeit keine Auszahlung erfolgt. Nur wenn der Versicherungsnehmer stirbt, fließt die Versicherungssumme an die Hinterbliebenen. Dafür ist bei vergleichbarer Versicherungssumme die Risikolebensversicherung weitaus kostengünstiger als eine kapitalbildende Lebensversicherung.

Generell ist bei der Existenzgründung vom Abschluss einer kapitalbildenden oder fondsgebundenen Lebensversicherung abzuraten. Weil es sich um starre und langfristige Sparverträge handelt, würden Sie durch die laufenden Einzahlungen stark in Ihrer finanziellen Flexibilität eingeschränkt werden. Und: Das Geld, das Sie

Mit einer Risikolebensversicherung können Sie Ihre Familie gut absichern. Das ist besonders wichtig, wenn Sie hohe finanzielle Risiken eingehen.

in den Sparanteil der Versicherung investieren, fehlt Ihnen bei der Finanzierung Ihrer betrieblichen Kosten und Investitionen.

Dazu kommt, dass Sie den Vertrag während der Laufzeit nur als Ganzes stilllegen oder kündigen können. Bei einer Kündigung können Sie jedoch viel Geld verlieren. Zudem verlieren Sie den Versicherungsschutz.

Deshalb gilt nicht nur für Selbstständige die Grundregel, dass Sparpläne und Versicherungsverträge getrennt abgeschlossen werden sollen. Damit können Sie Ihre Sparleistung stets flexibel an Ihre finanziellen Möglichkeiten anpassen, ohne dass Sie bei der Absicherung Ihrer Angehörigen Abstriche in Kauf nehmen müssen.

Wenn Sie bei der Existenzgründung Ihren Angehörigen finanziellen Schutz verschaffen wollen, ist daher die Risikolebensversicherung das Mittel der Wahl. Sie funktioniert denkbar einfach: Sie legen die Versicherungssumme sowie die Laufzeit fest und zahlen bis zum Ende des Vertrags regelmäßig Ihre Versicherungsprämie. Im Todesfall müssen sich die in der Police als Begünstigte genannten Personen beim Versicherer melden, um die Auszahlung zu erhalten.

Was Sie beim Abschluss einer Risikolebensversicherung beachten sollten

Wie teuer die Versicherung wird, hängt zunächst von der Höhe der Versicherungssumme ab: Je höher der Auszahlungsbetrag im Todesfall, umso mehr Prämie müssen Sie zahlen. Daher sollten Sie in aller Ruhe überlegen, wie viel Geld Ihre Angehörigen im Ernstfall benötigen, um über die Runden zu kommen.

Zuallererst gilt es, die Schulden abzusichern – und zwar sowohl die privaten wie auch die aus der Selbstständigkeit resultierenden Verbindlichkeiten. Zu dieser Summe kommt dann noch der Betrag hinzu, der Ihren Angehörigen zur Verfügung stehen sollte, um einen angemessenen Zeitraum finanziell überbrücken zu können. Wie hoch dieser ausfallen sollte, hängt von der familiären Situation, dem Einkommen des Partners und dem vorhandenen Vermögen ab. So braucht bei kinderlosen Paaren weitaus weniger kalkuliert zu werden als

Erbschaftsteuer vermeiden

Auf die Auszahlung der Lebensversicherung ist keine Abgeltungsteuer fällig – wohl aber Erbschaftsteuer. Für Ehepaare ist das meist kein Problem, da sie 500 000 Euro Freibetrag haben. Anders unverheiratete Paare: Sie haben nur einen Freibetrag von 20 000 Euro. Alles darüber ist steuerpflichtig. Die Steuer fällt aber nicht an, wenn die Partner sich über Kreuz versichern.

Beispiel: Ein Mann möchte seine Partnerin absichern. Den Vertrag schließt nicht er ab, sondern sie. Er muss aber zustimmen, dass sie einen Vertrag auf sein Leben abschließt. Sie ist dann bezugsberechtigt und zahlt die Beiträge. Die Auszahlung bleibt steuerfrei, weil es ihr Vertrag ist. Wichtig ist, dass die Frau die Beiträge wirklich selbst bezahlt, sie also nicht vom Gemeinschaftskonto fließen.

bei Familien mit kleinen Kindern, in denen sich einer der Lebenspartner in der beruflichen Erziehungspause befindet.

Als Faustformel gilt: das Drei- bis Fünffache des Jahresbruttoeinkommens. Errechnen Sie nach dieser Formel beispielsweise 120 000 Euro und möchten Sie Kredite in Höhe von 100 000 Euro absichern, ergibt sich daraus eine Versicherungssumme von 220 000 Euro.

Ob Sie männlichen oder weiblichen Geschlechts sind, spielt bei der Ermittlung der Versicherungsbeiträge keine Rolle mehr. Seit Dezember 2012 gelten für alle neu abgeschlossenen Lebensversicherungen die sogenannten Unisex-Tarife, die unterschiedliche Lebensrisiken und Lebenserwartungen von Frauen und Männern nicht mehr in der Tarifberechnung berücksichtigen.

Maßgebenden Einfluss auf die Höhe des Beitrags hat hingegen das Alter beim Abschluss des Versicherungsvertrags. Hier gilt: Je älter Sie dann sind, umso teurer wird die Police. Auch die Laufzeit spielt eine Rolle. Muss das Sterberisiko lediglich über zehn Jahre hinweg abgesichert werden, sind die jährlichen

Gefährliche Hobbys wirken sich auf die Höhe des Beitrags für eine Risikolebensversicherung aus.

Risikokosten günstiger als bei einem Vertrag mit 20 Jahren Laufzeit.

Gefahrenträchtige Berufe wie Dachdecker oder Fensterputzer kosten einen Aufpreis. Auch gesundheitliche Risiken und gefährliche Hobbys wirken sich auf die Höhe des Beitrags aus. Für Raucher, Diabetiker, Bluthochdruckpatienten und Übergewichtige werden oft ebenso Aufschläge verlangt wie für diejenigen, die in ihrer Freizeit Gleitschirm fliegen oder Motorradrennen fahren. Wer den Versicherungsschutz nicht gefährden will, sollte die entsprechenden Fragen im Versicherungsantrag wahrheitsgemäß und gewissenhaft beantworten.

Die Höhe der Beiträge richtet sich nach der statistischen Lebenserwartung. Doch um einen Sicherheitspuffer zu haben, rechnen die Versicherungsgesellschaften mit mehr Todesfällen, als statistisch zu erwarten sind. So entsteht am Jahresende ein Überschuss. Den dürfen die Versicherer nicht einfach behalten, sondern müssen ihre Kunden beteiligen. Sie können zwischen zwei Möglichkeiten wählen, in welcher Form der Versicherer Sie beteiligen soll:

▶ **Beitragsverrechnung.** Dies ist die häufigste und von Finanztest empfohlene Variante. In Tarifen mit Beitragsverrechnung ist die Versicherungssumme garantiert. Die Überschüsse des Versicherers werden auf die Beiträge angerechnet, sodass die Höhe der zu zahlenden Prämie variieren kann.

▶ **Todesfallbonus.** Wenn Sie einen Todesfallbonus wählen, haben Sie während der gesamten Laufzeit einen unveränderten Beitrag. Dafür wird auf die garantierte Versicherungssumme im Todesfall ein Bonus aufgeschlagen, dessen Höhe von den vom Versicherer erwirtschafteten Überschüssen abhängig ist.

 EINEN GUTEN VERTRAG FINDEN
Auch bei Risikolebensversicherungen lohnt ein Angebotsvergleich. Finanztest testet sie regelmäßig.
Die neuesten Testergebnisse und weitere Informationen finden Sie unter test.de, Suchwort „Risikolebensversicherung".

KRANKEN- UND PFLEGE- VERSICHERUNG

Als Selbstständiger können Sie sich in den meisten Fällen entweder als freiwilliges Mitglied bei einer gesetzlichen Krankenkasse oder bei einer privaten Kasse versichern. Dies ist eine Entscheidung, die Sie gleich am Beginn Ihrer selbstständigen Tätigkeit treffen müssen – und diese kann nicht so einfach wieder rückgängig gemacht werden.

Verabschieden Sie sich mit dem Ende Ihres Angestelltendaseins aus der gesetzlichen Krankenkasse und schließen eine private Krankenversicherung ab, können Sie nicht mehr in die gesetzliche Krankenversicherung zurückkehren. Nur wenn Sie vor dem 55. Lebensjahr Ihre hauptberufliche Selbstständigkeit aufgeben, wieder im Angestelltenverhältnis arbeiten und ein Einkommen unterhalb der Versicherungspflichtgrenze erhalten, steht Ihnen die Tür zur gesetzlichen Krankenkasse wieder offen. Im Jahr 2020 liegt diese Grenze beispielsweise bei 62 550 Euro im Jahr.

Weitaus niedrigere Hürden gibt es hingegen, wenn Sie sich zunächst für den freiwilligen Verbleib in der gesetzlichen Krankenkasse entscheiden und zu einem späteren Zeitpunkt zu einer privaten Krankenversicherung wechseln möchten. In diesem Fall können Sie Ihre freiwillige Mitgliedschaft unter der Voraussetzung kündigen, dass Sie im Anschluss daran einen Krankenversicherungsvertrag bei einem privaten Versicherer vorweisen können.

Private Krankenversicherung

Auf den ersten Blick scheint oftmals der Abschluss einer privaten Krankenversicherung die bessere Alternative zu sein – schließlich bekommen Sie dort gerade als gut verdienender Selbstständiger oft zu niedrigeren Beiträgen bessere Leistungen. Allerdings fällt die Entscheidung nur selten eindeutig zugunsten der privaten Police aus. Welche Alternative wirklich für Sie besser ist, hängt nämlich von einigen ganz individuellen Faktoren ab.

Das Argument „Bessere Leistung für weniger Geld" stimmt bei Singles und kinderlosen Doppelverdienern: Zu günstigen Einstiegstarifen gibt es Policen, die dem Versicherungsnehmer den begehrten Status des Privatpatienten sichern. Selbst wenn Sie als Selbstständiger 10 000 Euro pro Monat verdienen, hat dies keinen Einfluss auf die Prämie – denn die Prämien werden bei der Privatversicherung unabhängig vom Einkommen festgelegt. Die Beiträge der privaten Anbieter sind dennoch sehr unterschiedlich. Das ist nicht allein durch die unterschiedlichen Kostensätze der einzelnen Gesellschaften bedingt.

Im Gegensatz zur weitgehend einheitlichen Leistung der gesetzlichen Kassen stellt jede Privatversicherung ein individuell geschnürtes Versicherungspaket dar. Zwar ist darin auch die obligatorische Übernahme stationärer und ambulanter Behandlungen enthalten. Welche Leistungen der Versicherer bei Zahnersatz, Brillen, Krankentagegeld oder Heilpraktiker-Behandlungen erbringt, hängt indes vom jeweiligen Tarif ab. Je umfangreicher die Leistung, desto teurer werden die Beiträge für den Versicherten. Umgekehrt kann aber ein verminderter Leistungsumfang oder ein Selbstbehalt – beispielsweise 1 000 Euro pro Jahr – vereinbart werden, um den Beitrag niedrig zu halten.

Besonders attraktiv für Privatversicherte sind die höheren Leistungen der Versicherungen bei der Übernahme von Zahnersatzkosten oder die Chefarztbehandlung im Krankenhaus.

Dazu kommt, dass Privatpatienten bei vielen Ärzten und Therapeuten eine bevorzugte Behandlung genießen. Das liegt schlichtweg daran, dass hier weitaus höhere Honorare als gegenüber den gesetzlichen Kassen abgerechnet werden dürfen – da wird vom Gesundheits-Business so manches hehre Ideal auf den Boden des Therapeutenalltags zurückgeholt. Vor allem bei Wartezeiten oder Terminvereinbarungen ist der Unterschied zwischen „Kasse" und „Privat" vielerorts deutlich zu spüren.

Allerdings sollten Sie bedenken: Trotz günstiger Beiträge und attraktiver Leistungen ist die private Krankenversicherung auch für gut verdienende Selbstständige nicht zwangsläufig die beste Wahl. Während Kinder und Ehepartner ohne eigenes Einkommen bei der gesetzlichen Kasse zum Nulltarif mitversichert sind, kostet bei den Privatversicherern jedes zusätzlich zu versichernde Familienmitglied extra. Selbst wenn Sie als freiwilliges Kassenmitglied den maximalen Beitrag zahlen, neigt sich spätestens ab dem zweiten Kind die Waage zugunsten der gesetzlichen Kasse.

Dazu kommt, dass niedrige Einstiegsbeiträge bei privaten Krankenversicherungen nur selten von Dauer sind. In der Vergangenheit sind die Versicherungsprämien des Öfteren um jährlich 5 Prozent oder noch mehr angestiegen. Wenn Sie heute im Alter von 35 Jahren eine Police für monatlich 340 Euro angeboten bekommen, können Sie davon ausgehen, dass sich der Beitrag bis zum 65. Lebensjahr mindestens verdreifacht und Sie dann Monat für Monat womöglich mehr als 1 000 Euro allein für Ihre Krankenversicherung zahlen. Ebenso wie der Beitrag kann auch der Selbstbehalt vom Versicherer erhöht werden.

Diese Beitragskosten können Sie in schlechten Zeiten als Versicherungsnehmer einer privaten Krankenversicherung nicht einfach reduzieren – es sei denn, Sie nehmen einzelne Leistungen aus Ihrem Vertrag heraus. Freiwillige Mitglieder einer gesetzlichen Krankenkasse können dagegen in schlechten Jahren bei entsprechendem Einkommensnachweis ihren Krankenkassenbeitrag an das reduzierte Einkommen anpassen. Bei der privaten Versicherung von vornherein einen Vertrag mit geringem Leistungsumfang oder hohem Selbstbehalt abzuschließen ist nicht ratsam. Wenn Sie später erkranken und auf gute Leistungen angewiesen sind, können Sie den benötigten Versicherungsschutz nicht mehr abschließen. Sie müssen die Kosten also privat tragen oder auf medizinische Leistungen verzichten.

Sollten Sie sich für den Abschluss einer privaten Krankenversicherung entscheiden, müssen Sie bei der Antragsstellung einige Gesundheitsfragen beantworten. Auch hier zeigt sich ein Unterschied zur gesetzlichen Krankenkasse: Während die „Gesetzliche" neue Mitglieder unabhängig von deren Gesundheitszustand aufnehmen muss, können Privatversicherer sich die Rosinen herauspicken. Daher sind vor der Genehmigung des Antrags Fragen nach chronischen Krankheiten, früheren Operationen und Allergien an der Tagesordnung.

Ist Ihr Krankheitsregister zu lang, kann der Versicherer die Aufnahme verweigern oder einen Risikozuschlag verlangen. Das sollte Sie jedoch nicht zum Schummeln verleiten: Wenn Sie wichtige Krankheiten verschweigen, wird unter Umständen sogar nachträglich die Leistung verweigert, oder bestimmte Erkrankungen werden vom Versicherungsschutz ausgeschlossen. Daher ist es wichtig, alle Gesundheitsfragen lückenlos zu beantworten.

Freiwillig Mitglied in der gesetzlichen Krankenkasse

Beim Sprung in die berufliche Selbstständigkeit haben viele Existenzgründer die Möglichkeit, auch weiterhin auf freiwilliger Basis Mitglied in der gesetzlichen Krankenversicherung zu bleiben. Voraussetzung ist lediglich, dass Sie bereits zuvor Mitglied in der gesetzlichen Krankenversicherung waren.

Anerkannt wird dafür nicht nur die Versicherung mit eigenen Beiträgen, sondern auch die beitragsfreie Mitversicherung im Rahmen der Familienversicherung – damit ist auch der Sprung aus der beruflichen Erziehungspause in die Selbstständigkeit zumindest in puncto Krankenkasse kein Problem. Sofern Sie nicht innerhalb von zwei Wochen, nachdem die Krankenkasse Sie über das Ende Ihrer Versicherungspflicht informiert hat, Ihren Austritt erklären, wird die Versicherung in Form einer freiwilligen Mitgliedschaft fortgeführt.

Sowohl die Leistungen wie auch die Beiträge liegen bei den gesetzlichen Krankenkassen enger beieinander als bei den privaten Versicherern. Der einheitliche Krankenkassenbeitrag beträgt 14,6 Prozent für das Jahr 2020, dazu kommt noch der individuelle Zusatzbeitrag der Krankenkasse, der 2020 im Schnitt 1,1 Prozent beträgt. Basis für die Erhebung des Beitrags ist das Einkommen, das die Krankenkasse zugrunde legt.

Zunächst einmal gilt für freiwillig versicherte Selbstständige, dass ihr Beitrag anhand der Beitragsbemessungsgrenze ermittelt wird, die für das Jahr 2020 bei einem Monatseinkommen von 4 687,50 Euro liegt. Damit liegt der Krankenversicherungsbeitrag bei monatlich 735,94 Euro, wenn die Krankenkasse einen Beitragssatz von 15,7 Prozent (14,6 Prozent Grund- plus 1,1 Prozent Zusatzbeitrag) erhebt.

Allerdings müssen Sie nicht unbedingt diesen Beitrag entrichten, der gleichzeitig auch die Obergrenze des möglichen Krankenkassenbeitrags darstellt. So haben Sie die Möglichkeit, bei der Krankenkasse Ihren Einkommensteuerbescheid des Vorjahres einzureichen und damit Ihren Beitrag an Ihr tatsächlich erzieltes Einkommen angleichen zu lassen. Liegt dieses beispielsweise bei 3 200 Euro pro Monat, reduziert sich der Monatsbeitrag auf 502,40 Euro. Damit haben Sie die Möglichkeit, Ihre Krankenversicherungskosten zu senken, wenn in einem Geschäftsjahr der Gewinn mal nicht so gut ausgefallen ist wie erhofft.

Die Untergrenze bildet dabei die Mindestbemessungsgrundlage, die im Jahr 2020 bei 1 061,67 Euro im Monat liegt. Das bedeutet konkret: Hätten Sie ein Monatseinkommen von beispielsweise 900 Euro, würde die Krankenkasse Ihren Beitrag auf Grundlage des Mindestbemessungsbetrags von 1 061,67 Euro berechnen. Sie zahlen bei 14,6 Prozent also 155 Euro plus Zusatzbeitrag.

Weil die Mindestbemessungsgrundlage zum 1. Januar 2019 halbiert wurde, entfallen seit diesem Zeitpunkt die bisherigen Sonderregelungen für Härtefälle und Existenzgründer.

 INFO   **EXISTENZGRÜNDER DÜRFEN IHR EINKOMMEN SCHÄTZEN**

Als Existenzgründer haben Sie keine Möglichkeit, der Krankenversicherung mit Steuerbescheiden aus den Vorjahren eine Berechnungsbasis für den laufenden Beitrag zur Verfügung zu stellen. Daher dürfen Gründer bei der Krankenkasse eine Einkommensprognose abgeben, anhand derer der Monatsbeitrag vorläufig errechnet wird. Liegt der erste Einkommensteuerbescheid vor, müssen Sie diesen bei der Krankenkasse einreichen. Rückwirkend wird dann der Beitrag entsprechend korrigiert, was je nach Konstellation zu einer anteiligen Nachzahlung oder Rückerstattung führt.

In der gesetzlichen Krankenversicherung gilt für Selbstständige der „ermäßigte Beitragssatz". Dieser ist etwas günstiger als der für Arbeitnehmer geltende allgemeine Beitragssatz, sieht jedoch dafür keine Zahlung eines Krankengeldes vor.

Neben verschiedenen Optionen zur Krankengeldzahlung, die nachfolgend noch im Detail erläutert werden, können Sie als freiwilliges Mitglied einer gesetzlichen Krankenkasse auch einen der unterschiedlichen Wahltarife in Anspruch nehmen. Diese Tarife kann jede einzelne Krankenkasse innerhalb bestimmter Grenzen individuell gestalten. Verbreitet sind dabei die folgenden Spielarten:

▶ **Selbstbehalttarife.** Hier zahlen Sie einen vergünstigten Beitrag. Im Gegenzug verpflichten Sie sich, bis zu einer gewissen Höchstgrenze die Kosten aus eigener Tasche zu übernehmen, wenn Sie medizinische Kassenleistungen in Anspruch nehmen. Wenn Sie einen solchen Tarif wählen, müssen Sie sich mindestens drei Jahre daran halten, wobei ein Sonderkündigungsrecht besteht, wenn die Krankenkasse ihre Beiträge erhöht.

▶ **Prämien- oder Bonustarife.** Bei diesem Modell erhalten Sie von der Krankenkasse am Jahresende einen Teil Ihrer gezahlten Beiträge zurück, wenn Sie während des Jahres keine ärztlichen Leistungen benötigt haben. Früherkennungsuntersuchungen und weitere Vorsorgemaßnahmen dürfen Sie in der Regel dennoch in Anspruch nehmen. Bei Prämien- und Bonustarifen beträgt die Tarifbindung ein Jahr.

 FINDEN SIE DAS RICHTIGE VERSICHERUNGSPAKET

Zirka 95 Prozent der Leistungen der verschiedenen gesetzlichen Krankenkassen sind gleich. Aber in einigen Punkten unterscheiden sie sich. Hier können Sie Geld sparen, wenn Sie eine Kasse wählen, die zu Ihren Bedürfnissen passt. Beiträge und Leistungen gesetzlicher Krankenkassen können Sie entweder direkt bei den Krankenkassen oder auch auf der Website der Stiftung Warentest unter test.de/krankenkassen vergleichen. Unter test.de/pkv finden Sie einen Test von privaten Krankenversicherungen.

Verdienstausfall mit Krankentagegeld absichern

Wer als Arbeitnehmer krank wird, muss sich ums Geld keine Sorgen machen: In den ersten sechs Wochen zahlt der Arbeitgeber das Gehalt im Rahmen der Lohnfortzahlung weiter, danach gibt es Krankengeld von der Krankenkasse. Diesen Komfort haben Sie nicht, wenn Sie selbstständig tätig sind. Zwar bricht der Betrieb in aller Regel nicht zusammen, wenn Sie mal zwei oder drei Tage mit einem grippalen Infekt im Bett liegen. Doch wie sieht es aus, wenn Sie für mehrere Wochen flachliegen und der Verdienstausfall eine immer größer werdende Lücke in Ihre Finanzplanung reißt?

Sofern Sie als freiwilliges Mitglied in der gesetzlichen Krankenkasse versichert sind, können Sie im Rahmen eines Wahltarifs auch ein Krankengeld integrieren. Dann zahlen Sie statt des ermäßigten Beitragssatzes für Selbstständige den regulären Beitragssatz und erhalten ab dem 43. Krankheitstag Krankengeld. Dessen Höhe bemisst sich nach dem Einkommen, das der Berechnung des Monatsbeitrags zugrunde liegt. Wenn Sie schon zu einem früheren Zeitpunkt Krankengeld beziehen wollen, können Sie ebenfalls bei der gesetzlichen Krankenkasse einen entsprechenden Wahltarif ab-

schließen, der Ihnen die Zahlung eines Krankengeldes ab dem 22. Krankheitstag zugesteht. Oder Sie bleiben beim ermäßigten Beitragssatz und versichern das Krankengeld privat.

Für privat Versicherte kann je nach Anbieter und Tarif die Zahlung eines Krankengeldes im Versicherungsvertrag enthalten sein, einheitliche Regelungen gibt es hierzu nicht. Grundsätzlich handelt es sich bei der Krankentagegeldversicherung um eine eigenständige Versicherungsleistung mit individuell wählba-

Private und gesetzliche Krankenversicherung im Vergleich

Gesetzliche Krankenversicherung	Private Krankenversicherung
Zugang und Wechsel zwischen Systemen	
Keine Gesundheitsprüfung, Kasse muss jedes Mitglied aufnehmen.	Gesundheitsprüfung, Aufnahmeanträge können wegen gesundheitlicher Risiken abgelehnt werden.
Wechsel in die private Krankenversicherung ist für viele Selbstständige jederzeit möglich.	Wechsel in die gesetzliche Krankenkasse ist für Selbstständige in der Regel nicht möglich.
Beiträge	
Geringe Beitragsunterschiede zwischen einzelnen Anbietern.	Große Beitragsunterschiede zwischen einzelnen Anbietern.
Keine Beitragsunterschiede in Abhängigkeit vom gesundheitlichen Risiko.	Risikoaufschläge bei bereits vorhandenen gesundheitlichen Beeinträchtigungen sind üblich.
Kostenlose Mitversicherung von Kindern und Ehepartnern ohne eigenes Einkommen.	Kinder und Ehepartner ohne eigenes Einkommen zahlen zusätzliche Beiträge.
Anpassung der Beiträge an reduziertes Einkommen möglich.	Beiträge sind einkommensunabhängig, daher keine Kostenentlastung bei sinkendem Einkommen.
Leistungen	
Art und Umfang der Leistungen sind gesetzlich geregelt.	Leistungspakete können von einzelnen Anbietern individuell zusammengestellt werden.
Zusatzleistungen müssen entweder selbst bezahlt oder über eine Zusatzversicherung abgedeckt werden.	Zusatzleistungen können bei Vertragsabschluss mit eingebunden werden. Zusatzversicherungen sind nicht möglich.
Ärzte, Therapeuten und Kliniken rechnen direkt mit der Krankenkasse ab.	Ärzte, Therapeuten und Kliniken rechnen mit dem Versicherten ab, der sich die Kosten von der Versicherung erstatten lässt.

ren Beträgen und Karenzzeiten. Sie wird entweder als separate Police oder innerhalb eines Versicherungspaketes angeboten. Sowohl für gesetzlich wie auch für privat versicherte Selbstständige besteht somit die Möglichkeit, über eine eigenständige Zusatzversicherung den Verdienstausfall bei Krankheit abzusichern. Allerdings wird die Versicherung umso teurer, je früher die Zahlung des Tagegelds beginnen soll und je höher dieses ausfällt. Um im Krankheitsfall Zahlungen erhalten zu können, ist in aller Regel ein ärztliches Attest erforderlich.

INFO

BILDEN SIE RÜCKLAGEN FÜR KRANKHEITSAUSFÄLLE

Während die finanzielle Absicherung für längere Krankheiten durchaus sinnvoll ist, sollten Sie für kürzere Krankheitsphasen lieber eigene finanzielle Rücklagen bilden. Denn gerade für den Schutz bei kürzeren Krankheiten verlangen die Versicherer überproportional hohe Beiträge. Zusatzversicherungen werden deutlich günstiger, wenn sie beispielsweise anstatt ab der dritten erst ab der fünften Krankheitswoche einspringen.

Sonderregelungen für Mitglieder der Künstlersozialkasse

Selbstständig tätige Kreative wie bildende oder darstellende Künstler, Autoren, Journalisten, Grafiker oder Musiker sind in der Künstlersozialkasse kranken-, renten- und pflegeversichert. Welche Kriterien bei der Aufnahme gelten, erfahren Sie im Abschnitt „Die Künstlersozialkasse", S. 231, wo auch die Spielregeln in Bezug auf die Einkommensschätzung erläutert werden. An dieser Stelle finden Sie nun vorab die wichtigsten Informationen zur Krankenversicherung für die Mitglieder der Künstlersozialkasse.

Da die Künstlersozialkasse keine eigenständige Krankenkasse ist, sondern als treuhänderische Anstalt die Sozialversicherungsbeiträge der versicherten Selbstständigen und der abgabepflichtigen Unternehmen einsammelt, können Sie als dort versichertes Mitglied Ihre Krankenkasse frei wählen. Ob Sie bei der AOK, der Barmer, der Technikerkasse oder einer anderen Krankenkasse Mitglied sind, ist für die Künstlersozialkasse nicht von Belang – sie leitet einfach die Beiträge an die jeweilige Krankenkasse weiter.

Musiker, Maler und andere Künstler profitieren von einem Zuschuss zur Krankenversicherung, wenn sie Mitglied der Künstlersozialkasse sind.

Ebenso wie bei der Rentenversicherung haben Sie auch bei der Krankenversicherung einen „Arbeitgeberanteil", der aus den Abgaben von Verwertern kreativer Werke sowie aus staatlichen Zuschüssen finanziert wird. Damit müssen Sie selbst nur einen Anteil am Beitrag übernehmen, der mit dem Arbeitnehmeranteil von Angestellten vergleichbar ist. Grundlage für die Höhe des Beitrags ist die jährliche Einkommensschätzung, die Sie gegenüber der Künstlersozialkasse abgeben.

Als Regelfall gilt bei der Künstlersozialkasse, dass Sie Mitglied in einer gesetzlichen Krankenkasse sind – und zwar nicht als freiwilliges Mitglied wie andere Selbstständige, sondern als Pflichtmitglied. Von der Pflichtmitgliedschaft in der Krankenkasse können Sie sich zugunsten einer privaten Krankenversicherung nur befreien lassen,

▶ wenn Sie entweder Berufsanfänger sind und vor höchstens drei Jahren Ihre selbstständige Tätigkeit aufgenommen haben oder

▶ wenn Ihre Einkünfte in einem Drei-Jahres-Zeitraum die für Arbeitnehmer geltende Beitragsbemessungsgrenze der Krankenversicherung überschritten haben.

Haben Sie sich als Berufsanfänger von der Versicherungspflicht befreien lassen, besteht noch die Möglichkeit zur Rückkehr in die gesetzliche Krankenversicherung, solange der Drei-Jahres-Zeitraum nicht abgelaufen ist. Danach müssen Sie unwiderruflich bei der Privatversicherung bleiben.

Auch Privatversicherte können von der Künstlersozialkasse einen „Arbeitgeberanteil" erhalten. Der Zuschuss zur Krankenversicherung beläuft sich auf 7,3 Prozent des Einkommens, maximal jedoch auf die Hälfte der monatlichen Versicherungskosten. Im Vergleich zur gesetzlichen Krankenversicherung ist damit ein Nachteil verbunden: Wenn sich Ihr Einkommen reduziert, dann sinkt auch der Zuschuss der Künstlersozialkasse – und damit steigt Ihr Eigenanteil an der Prämie für die private Krankenversicherung. Denn die Prämie ist anders als der Beitrag bei der gesetzlichen Krankenkasse unabhängig von Ihrem Einkommen.

Beispiel: Fallendes Einkommen, steigende Kosten Maik F. ist freiberuflicher Musiker und hat sich von der gesetzlichen Krankenversicherungspflicht befreien lassen. An seine private Krankenversicherung entrichtet er einen monatlichen Beitrag von 360 Euro.

Bei einem Monatseinkommen von 3 000 Euro würde sich der Erstattungsbetrag von 7,3 Prozent auf 219 Euro belaufen. Weil jedoch die Erstattung auf maximal die Hälfte der Versicherungskosten gedeckelt ist, erhält er 180 Euro von der Künstlersozialkasse und muss die restlichen 180 Euro selbst übernehmen.

Sinkt sein Monatseinkommen auf 1 800 Euro, dann trägt die Künstlersozialkasse nur noch 131,40 Euro. Damit steigt sein monatlicher Eigenanteil auf 228,60 Euro – und zusätzlich zu den niedrigeren Einkünften muss er noch mit steigenden Versicherungskosten klarkommen.

Die Krankenversicherung der Landwirte

Im Rahmen der „Sozialversicherung für Landwirtschaft, Forsten und Gartenbau" verfügen Selbstständige, die in der Landwirtschaft tätig sind, über ein eigenes Krankenversicherungssystem – nämlich die Landwirtschaftliche Krankenkasse (LKK). Hier sind all diejenigen pflichtversichert, die zu den landwirtschaftlichen Produzenten zählen. Das sind nicht nur die klassischen Landwirte, sondern unter anderem auch Obstbauern und Teichwirte.

Innerhalb dieses Erwerbszweigs ist die Landwirtschaftliche Krankenkasse für folgende Personen zuständig:

▶ landwirtschaftliche Unternehmer,
▶ mitarbeitende Familienangehörige,
▶ Familienversicherte,
▶ freiwillig Versicherte,
▶ Rentenantragsteller,
▶ Bezieher einer Rente nach dem Gesetz über die Alterssicherung der Landwirte,
▶ sonstige Personen, die das 65. Lebensjahr vollendet haben, sowie die überlebenden Ehegatten dieser Personen sowie
▶ weitere Versicherte wie arbeitslose Landwirtschaftsmitarbeiter, Praktikanten, Studenten etc.

Bei Landwirten berechnet sich der Beitrag zur Krankenkasse nach dem Hektarwert.

Im Gegensatz zu den anderen Krankenkassen und der privaten Krankenversicherung wird der Beitrag weder in Abhängigkeit vom Einkommen noch als feste Prämie pro Versichertem berechnet, sondern auf Basis des sogenannten Flächenwertes.

Bei herkömmlichen Ackerflächen wird der Hektarwert der Gemeinde zugrunde gelegt. Sonderregelungen gibt es für Forstwirte, Imker, Fischbetriebe, Schäfer und Obst- und Gemüsebauern sowie Blumenzüchter, die ihre Pflanzen auf Freiland oder in Gewächshäusern anbauen. Dazu kommen noch diverse Korrekturfaktoren, sodass die Ermittlung des Beitrags recht kompliziert anmutet. Dabei gibt es ein Kuriosum: Ein Teil der Beträge wird noch in D-Mark ausgewiesen, obwohl schon vor zirka zwanzig Jahren der Euro in Deutschland Einzug gehalten hat. Grund dafür sind die gesetzlichen Regelungen, denn vom Finanzamt werden die Flächenwerte auch heute noch in D-Mark festgesetzt.

Je nach Betrag des korrigierten Flächenwertes werden die selbstständigen Landwirte dann in eine der insgesamt zwanzig Beitragsklassen eingestuft. Mitarbeitende Familienangehörige zahlen die Hälfte des Unternehmerbeitrags. Wenn es sich dabei um Auszubildende oder Minderjährige handelt, wird nur ein Viertel des Unternehmerbeitrags berechnet.

Im Rahmen der Härtefallregelung kann sich der Krankenkassenbeitrag reduzieren. Voraussetzung ist, dass der Hektarwert, den das Finanzamt für die Eigentumsflächen des Landwirtes festgestellt hat, um mehr als 20 Prozent unter dem durchschnittlichen Hektarwert der Gemeinde liegt. Die Härtefallregelung müssen Sie beantragen, und zwar innerhalb einer bestimmten Frist. Sie müssen den Antrag innerhalb von drei Monaten nach Beginn der Mitgliedschaft oder nachdem Sie die Berechnungswerte vom Finanzamt erhalten haben, stellen.

FÜRS ALTER VORSORGEN

PFLICHT ODER NICHT? DER ERSTE ÜBERBLICK

Bei angestellten Arbeitnehmern ist die Konstellation bei der Altersvorsorge meist recht einfach: Arbeitnehmer sind in der gesetzlichen Rentenversicherung pflichtversichert, wobei der Arbeitgeber die Hälfte der Beiträge übernimmt. Je nach Betriebsvereinbarung oder Tarifvertrag können sie unter Umständen noch eine Betriebsrente erwarten. Dieses Pflichtprogramm lässt sich noch mit eigenen Maßnahmen wie Riester-Sparplänen oder anderen Strategien zum Aufbau eines Altersvorsorgevermögens ergänzen.

Weitaus komplexer ist die Situation, wenn Sie sich selbstständig machen. Hier gilt es zuallererst die Frage zu beantworten, ob Sie noch Pflichtmitglied der gesetzlichen Rentenversicherung oder einer vergleichbaren Vorsorgeeinrichtung sind. Und es ist gar nicht so einfach, die richtige Antwort auf diese Frage zu finden. Über die gesetzliche Verpflichtung zur Altersvorsorge entscheiden unter anderem

▶ der Beruf, in dem Sie sich selbstständig gemacht haben,

▶ die Größe Ihres Unternehmens,

▶ die Anzahl Ihrer Auftraggeber und

▶ ob Sie als Freiberufler, Einzelunternehmer oder in Form einer Kapitalgesellschaft wie GmbH oder UG (haftungsbeschränkt) an den Start gehen.

Dazu kommt: Während für die allermeisten Arbeitnehmer die Deutsche Rentenversicherung als gesetzlich vorgesehene Vorsorgeeinrichtung zuständig ist, kommen für Selbstständige weitere Institutionen ins Spiel wie beispielsweise die Versorgungswerke der freien Kammerberufe. Oder die Künstlersozialkasse, die zwar letztlich zur Deutschen Rentenversicherung führt, aber für Selbstständige in kreativen Berufen ganz eigenständige Rahmenbedingungen bietet.

Die Frage nach einer möglichen Pflichtmitgliedschaft ist ganz entscheidend für Ihre weiteren Maßnahmen zur finanziellen Altersvorsorge. Denn: Sind Sie pflichtversichert, dann müssen Sie von vornherein Monat für Monat einen bestimmten Betrag für Ihre Rentenbeiträge einplanen. Dieser schmälert zwar zunächst einmal Ihr Budget, legt jedoch auch den Grundstein für Ihr Einkommen im Rentenalter, sodass Sie Ihre Sparpläne für ergänzende Vorsorgemaßnahmen reduzieren können.

Gleich zu Beginn Ihrer Selbstständigkeit sollten Sie daher prüfen, ob eine Pflichtmitgliedschaft für Sie relevant ist. Erst wenn sichergestellt ist, dass Sie die Form Ihrer Altersvorsorge frei wählen können, kommen für die Basisvorsorge weitere Alternativen ins Spiel. Dann können Sie entscheiden, ob Sie auf freiwilliger Basis in der gesetzlichen Rentenversicherung bleiben möchten oder ob Sie lieber auf private Sparpläne wie beispielsweise einen Rürup-Rentensparplan oder eine private Rentenversicherung setzen wollen.

Wenn es um eine mögliche Rentenversicherungspflicht geht, ist der ausgeübte Beruf das erste Kriterium für die Versicherungspflicht. Doch selbst innerhalb desselben Berufsbildes kann sich am Ende die Waage auf unterschiedliche Seiten neigen.

So sind beispielsweise selbstständige Pflegefachkräfte pflichtversichert, solange sie keine weiteren Arbeitnehmer beschäftigen. Stellen sie hingegen Arbeitnehmer ein, deren Einkommen insgesamt die Geringfügigkeitsgrenze von monatlich 450 Euro übersteigt, können sie eine Befreiung von der Versicherungspflicht beantragen.

Sofern Sie pflichtversichert sind, müssen Sie sich innerhalb von drei Monaten nach Aufnahme Ihrer selbstständigen Tätigkeit bei der Deutschen Rentenversicherung melden. Versäumen Sie diese Frist, kann die Rentenversicherung Nachzahlungen einfordern, wenn sich herausstellt, dass eine gesetzliche Versicherungspflicht besteht.

INFO

KLÄREN SIE DIE VERSICHERUNGS- PFLICHT SO FRÜH WIE MÖGLICH

Auf der sicheren Seite sind Sie, wenn Sie gleich mit der Aufnahme Ihrer selbstständigen Tätigkeit die Deutsche Rentenversicherung informieren und sich erkundigen, ob Sie zum Kreis der pflichtversicherten Selbstständigen zählen. Damit kann zwar das Ausfüllen eines umfangreichen Fragebogens verbunden sein. Doch immerhin haben Sie dann Klarheit über Ihren rentenrechtlichen Status und müssen nicht mit Überraschungen rechnen. Einen Termin bei der Deutschen Rentenversicherung können Sie über die kostenlose Service-Hotline unter 0 800 / 10 00 48 00 vereinbaren. Unter rentenversicherung.de finden Sie das Formular für das „Statusfeststellungsverfahren". Alternativ dazu können Sie auch einen freien Rentenberater oder einen Fachanwalt für Sozialrecht um Rat bitten.

Die Tabelle „In welchem Beruf Sie versicherungspflichtig sind" rechts gibt Ihnen in vereinfachter Form einen ersten Überblick darüber, in welchen Fällen mit einer Versicherungspflicht zu rechnen ist. Detaillierte Informationen zu den jeweiligen Konstellationen erhalten Sie auf den nachfolgenden Seiten in den Kapiteln „Versorgungswerke der Kammerberufe", S. 228, „Die Künstlersozialkasse", S. 231 sowie „Versicherungspflicht für bestimmte Berufe", S. 237.

In welchem Beruf Sie versicherungspflichtig sind

Tätigkeit	Versiche- rungspflicht	Versicherungs- träger
Selbstständig in Kammerberufen wie z. B. Architekt, Arzt, Apotheker, Ingenieur, Rechtsanwalt, Steuerberater etc.	ja	Berufsständische Versorgungswerke
Künstlerische Freiberufler wie z. B. Schriftsteller, Journalisten, Schauspieler, bildende Künstler, Musiker etc.	ja	Künstlersozialkasse / Deutsche Rentenversicherung
Sonstige Freiberufler	nein	–
Selbstständige Land- und Forstwirte	ja	Landwirtschaftliche Alterskassen
Selbstständige Lehrkräfte, Erzieher, Hebammen und Pflegekräfte ohne Angestellte	ja	Deutsche Rentenversicherung
Selbstständige Lehrkräfte, Erzieher und Pflegekräfte mit Angestellten	nein	–
Handwerker im zulassungspflichtigen Handwerk (Meisterzwang)	ja[1]	Deutsche Rentenversicherung
Geschäftsführer einer Handwerker-GmbH im zulassungspflichtigen Handwerk	nein[2]	–
Sonstige Handwerker	nein	–
Küstenschiffer und -fischer sowie Seelotsen	ja	Deutsche Rentenversicherung
Weisungsgebundene GmbH-Geschäftsführer	in der Regel ja	Deutsche Rentenversicherung
Nicht weisungsgebundene GmbH-Geschäftsführer	in der Regel nein	–
Selbstständige mit überwiegend einem einzigen Auftraggeber	ja	Deutsche Rentenversicherung
Übrige Gewerbetreibende, z. B. Händler, Dienstleister, Produzenten	in der Regel nein	–

1 Befreiung nach 18 Jahren Beitragszahlung möglich

2 sofern nicht als weisungsgebundener Geschäftsführer pflichtversichert

VERSORGUNGSWERKE DER KAMMERBERUFE

Zumindest im Hinblick auf die Altersvorsorge haben Ärzte und Architekten eines gemeinsam: Sie zählen zu den sogenannten kammerfähigen Berufen und haben das Recht, für die Alters- und Hinterbliebenenversorgung ein berufsständisches Absicherungssystem aufzubauen. Damit bleiben Sie als Selbstständiger in einer solchen Berufsgruppe bei der gesetzlichen Rentenversicherung außen vor. Im Gegenzug sind Sie verpflichtet, dem Versorgungswerk Ihrer zuständigen Kammer beizutreten. Gleiches gilt unter anderem für Steuerberater, Rechtsanwälte, Notare, Tierärzte, Apotheker und Wirtschaftsprüfer.

Damit sind die berufsständischen Versorgungswerke ein Zwitterwesen in der deutschen Altersvorsorge. In ihrer Anlagepolitik sind sie mit der privaten Renten- oder Kapitallebensversicherung vergleichbar – aber sie sind nur für diejenigen zugänglich, die den passenden Beruf ausüben. Für diese Zielgruppe jedoch haben sie denselben Status wie eine gesetzliche Pflichtversicherung. Im Gegensatz zur gesetzlichen Rentenversicherung kümmert sich allerdings nicht ein bundesweiter Versicherungsträger um die Vorsorgeleistungen, sondern je nach Beruf und Region ein ganz bestimmtes Versorgungswerk.

Entsprechend bunt ist das Mosaik der Versorgungswerke in Deutschland. Knapp 90 Mitgliedsinstitute zählt die Arbeitsgemeinschaft berufsständischer Versorgungseinrichtungen (ABV). Die Bandbreite reicht von großen Einrichtungen mit mehr als 100 000 Mitgliedern wie der berufsübergreifend tätigen Bayerischen Versorgungskammer bis hin zu kleinen Versorgungswerken, deren Mitgliederzahlen im niedrigen vierstelligen Bereich liegen.

Auch bei der Finanzpolitik suchen die Versorgungswerke den Mittelweg zwischen dem reinen Umlageverfahren der gesetzlichen Rentenversicherung und der Kapitalansammlung der privaten Vorsorgeunternehmen. Denn: Die Rentenzahlungen können je nach Finanzlage nicht nur aus den Kapitalerträgen, sondern auch direkt aus den Beiträgen der zahlenden Mitglieder finanziert werden.

Gegenüber der reinen Kapitalvorsorge wie beim Versicherungssparen haben die Versorgungseinrichtungen damit einen wichtigen Vorteil: Wenn die Renditen nicht den Erwartungen entsprechen, können die Mitglieder die Verträge weder kündigen, noch können sie sich anderen Alternativen zuwenden. Wer Mitglied der Kammer ist, wird automatisch im Versorgungswerk beitragspflichtig. Die Mitglieder bekommen später immer eine Rente ausgezahlt und können nicht die Kapitalauszahlung auf einen Schlag wählen. Das wiederum sorgt für eine Beitragsbasis, die bei renditeschwachen Kapitalmärkten nicht plötzlich zu bröckeln beginnt. Damit können Versorgungswerke im Vergleich zu privaten Versicherern mit deutlich geringeren Schwankungen bei Einzahlungen und Auszahlungen kalkulieren.

Selbst im schlimmsten Fall sind die Einrichtungen vor der Pleite geschützt, denn in der Regel handelt es sich bei den Versorgungswerken nicht um Aktiengesellschaften oder Versicherungsvereine, sondern um Körperschaften des öffentlichen Rechts. Bei einer finanziellen Schieflage würde das Wirtschafts- oder Finanzministerium des Bundeslandes als Aufsichtsbehörde eine Sanierung in Form von Beitragserhöhungen und Leistungskürzungen verordnen.

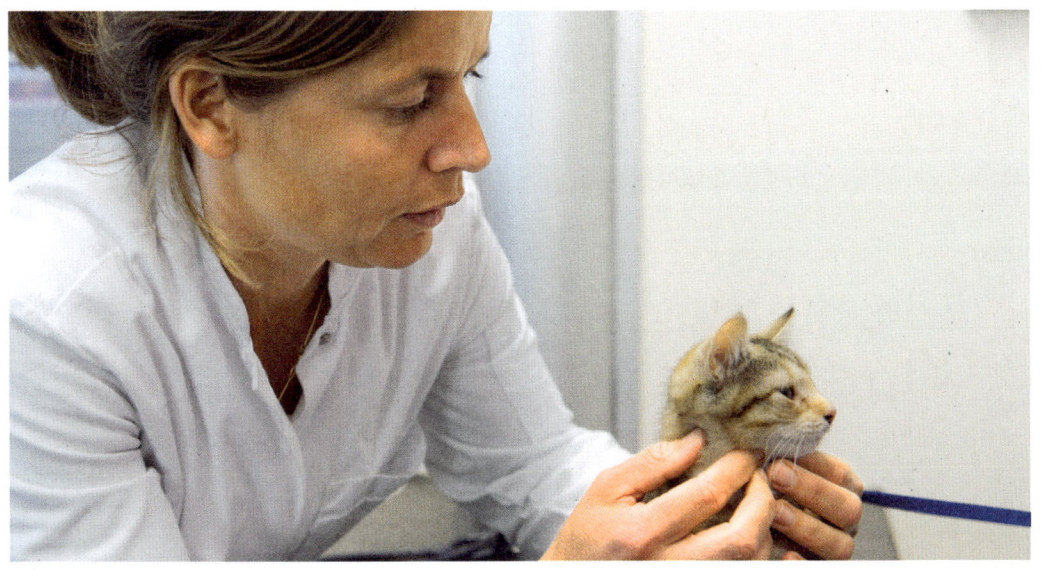

Tierärzte sind wie Apotheker, Rechtsanwälte und andere Kammerberufe in einem Versorgungswerk pflichtversichert.

Beiträge und Leistungen können unterschiedlich ausfallen

Zunächst einmal gilt für das Erlangen der Mitgliedschaft, dass neben der geforderten formalen Qualifikation wie einem entsprechenden Abschluss auch die selbstständige Tätigkeit dem jeweiligen Berufsbild entspricht. So würden Sie nicht in die Zuständigkeit des Versorgungswerks fallen, wenn Sie zwar ein Jurastudium erfolgreich absolviert haben, sich aber als Handelsvertreter für juristische Software selbstständig machen. Eine gewisse Überbrückungszeit mit fachfremden Tätigkeiten gestehen die Versorgungswerke ihren Mitgliedern zwar zu, doch auf die Dauer führen solche Konstellationen in der Regel zum Ausschluss.

Wie hoch die Beiträge ausfallen, hängt sowohl von Ihren Einkünften aus der freiberuflichen Tätigkeit wie auch von der Satzung des Versorgungswerkes ab. Häufig wird ein bestimmter Prozentsatz des Jahreseinkommens angesetzt, wobei freiwillige Zuzahlungen in der Regel problemlos möglich sind.

Die Höhe der späteren Altersrente wird mittels komplizierter Berechnungsverfahren ermittelt – und die können überdies noch je nach Versorgungswerk unterschiedlich ausfallen. Einfluss auf Ihre künftige Rente haben nicht nur die Anzahl der Mitgliedsjahre und die Höhe Ihrer eingezahlten Beiträge, sondern auch Fak-

Beiträge in schlechten Zeiten reduzieren

Wenn Ihre Praxis oder Kanzlei in wirtschaftlichen Schwierigkeiten steckt, haben Sie bei den meisten Versorgungswerken die Möglichkeit, Ihre Beitragszahlungen vorübergehend auszusetzen oder sie stunden zu lassen. Letzteres bedeutet, dass Sie die Beitragszahlungen später nachholen, wenn sich Ihre finanzielle Lage wieder entspannt hat. Weil jedes Versorgungswerk für solche Fälle eigene Regeln aufgestellt hat, sollten Sie im Ernstfall frühzeitig mit Ihrem Versorgungswerk Kontakt aufnehmen.

toren, die Sie selbst nicht beeinflussen können. So wirkt sich das Anlagegeschick des Versorgungswerks ganz direkt auf die langfristigen Rentenzahlungen aus: Je besser die Durchschnittsverzinsung, umso mehr Rente können Sie einmal erwarten. Auch die demografische Entwicklung innerhalb der Mitglieder kann die Altersrenten auf lange Sicht beeinflussen. Wird der Beruf für junge Leute weniger attraktiv, bröckelt im Lauf der Zeit die Zahl der beitragszahlenden Mitglieder, und für die Rentenauszahlungen müssen tendenziell weniger Beitragzahler aufkommen. Das führt dann womöglich nicht nur zu Beitragserhöhungen für die „Aktiven", sondern auch zu Einbußen bei den Rentenzahlungen.

Absicherung der Berufsunfähigkeit

Im Vergleich zur gesetzlichen Rentenversicherung bieten berufsständische Versorgungswerke eine deutlich bessere Absicherung für den Fall der Berufsunfähigkeit. Während Sie als gesetzlich Rentenversicherter eine Erwerbsminderungsrente erst dann erhalten, wenn Sie generell nur noch mit großen Einschränkungen eine Erwerbstätigkeit ausüben können, bezieht sich die Berufsunfähigkeitsrente der Versorgungswerke auf den ausgeübten Beruf. Das bedeutet konkret:

▶ In der gesetzlichen Rentenversicherung haben Sie grundsätzlich keine Rentenansprüche, wenn Sie aus gesundheitlichen Gründen Ihre bisherige Tätigkeit als freiberuflicher IT-Berater nicht mehr ausüben können, aber beispielsweise noch eine einfache – und damit weitaus schlechter bezahlte – Arbeit als Pförtner bewältigen könnten. Das nennt sich im Versicherungsdeutsch „abstrakte Verweisung".

▶ Sind Sie hingegen etwa als selbstständiger Apotheker über das Versorgungswerk rentenversichert, dann ist die Frage ausschlaggebend, ob Sie bei gesundheitlichen Einschränkungen in Ihrem Beruf weiterhin tätig sein können. Ist dies nicht der Fall, dann haben Sie Anspruch auf eine Berufsunfähigkeitsrente des Versorgungswerks.

Allerdings sorgt die zersplitterte Struktur der Versorgungswerke dafür, dass je nach Bundesland und Berufsbild unterschiedliche Kriterien zum Tragen kommen können. Die Arbeitsgemeinschaft berufsständischer Versorgungswerke als Dachverband der Versorgungswerke schreibt dazu auf ihrer Internetseite:

„Unter welchen Voraussetzungen Berufsunfähigkeit von Versorgungswerksmitgliedern vorliegt, welchen Grad sie erreichen muss und ob und in welchem Umfang eine Verweisung auf andere Tätigkeiten zulässig ist, bestimmt sich allein nach Landesrecht, gegebenenfalls

Absicherung von Hinterbliebenen

Die Absicherung von Hinterbliebenen fällt bei Versorgungswerken vergleichsweise komfortabel aus: Die Witwe oder der Witwer eines Freiberuflers erhält 60 Prozent der Berufsunfähigkeitsrente, die der Verstorbene zum Zeitpunkt des Todes erhalten hätte. Anders als beispielsweise bei der gesetzlichen Rente werden eigene Einkünfte des hinterbliebenen Partners nicht auf diese Rente angerechnet.

Der Anspruch auf Hinterbliebenenrente kann allerdings an Bedingungen geknüpft sein. Diese sind nicht bei allen Versorgungswerken gleich. Manche zahlen beispielsweise nicht, wenn der Hinterbliebene noch jung ist.

Fazit: Erkundigen Sie sich bei Ihrem Versorgungswerk, wenn Sie wissen möchten, welche Einschränkungen gelten. Bedenken Sie zudem: Obwohl die Hinterbliebenenrente relativ komfortabel ausfällt, reicht sie in der Regel nicht, um eine Familie zu ernähren. Auch Freiberufler sollten daher ihre Familie über eine Risikolebensversicherung zusätzlich absichern (siehe „Die Angehörigen absichern", S. 215).

unter Berücksichtigung satzungsrechtlich normierter Besonderheiten des jeweiligen Versorgungswerkes."

Daher sollten Sie bei der Aufnahme in ein Versorgungswerk die Klauseln zur Berufsunfähigkeit besonders sorgfältig lesen. Wichtige Aspekte sind dabei, ab welcher Minderung der Arbeitsleistung Versicherte als berufsunfähig gelten und innerhalb welcher Grenzen eine Verweisung auf ähnliche Tätigkeiten oder Berufe möglich ist. Anhand dieser Fakten können Sie dann entscheiden, ob die Absicherung über das Versorgungswerk eine private Berufsunfähigkeitsversicherung ersetzen kann oder ob eine ergänzende private Versicherung erforderlich ist, um Lücken zu schließen.

DIE KÜNSTLERSOZIAL-KASSE

Seit 1983 haben Künstler in Deutschland eine eigene Sozialversicherung: nämlich die Künstlersozialkasse. Angehörige der kreativen und künstlerischen Berufe sind dort pflichtversichert. Sie genießen damit besondere Privilegien gegenüber anderen Selbstständigen – weniger in Bezug auf die Leistungen als vielmehr bei der Beitragszahlung. Weil Sie in der Künstlersozialkasse (KSK) Ihre komplette Sozialversicherung praktisch zum halben Preis bekommen, ist es absolut erstrebenswert, die Aufnahme zu beantragen, wenn Ihr Berufsbild den Anforderungen entspricht.

Der Begriff des „Künstlers" ist dabei weiter gefasst, als man auf den ersten Blick vielleicht vermuten würde. Natürlich zählen auch die künstlerischen Berufe wie Kunstmaler, Bildhauer oder Schauspieler zu denen, die in die Künstlersozialkasse aufgenommen werden. Auch als freier Journalist, Werbetexter, Fotograf oder Grafikdesigner können Sie die vergünstigten Leistungen der Künstlersozialkasse zu Ihrem Vorteil nutzen.

Wer aufgenommen wird

Um in die Künstlersozialkasse aufgenommen zu werden, müssen Sie mehrere Voraussetzungen erfüllen. Zuallererst ist nachzuweisen, dass Sie in einem künstlerischen oder publizistischen Beruf tätig sind. Unter den künstlerischen Berufen werden die Berufe in der darstellenden und bildenden Kunst sowie in der Musik aufgeführt. Publizisten sind diejenigen, die journalistisch oder schriftstellerisch tätig sind. Auch diejenigen, die freiberuflich Publizistik oder künstlerische Berufe lehren, erkennt die Künstlersozialkasse als Mitglieder an.

Bei der Aufnahme in die Künstlersozialkasse müssen Sie einen Fragebogen ausfüllen, in dem Sie Ihre selbstständige Tätigkeit einem der passenden Berufsbilder zuordnen. In Grenzfällen kann dies dazu führen, dass Sie Ihre Aktivitäten detailliert beschreiben müssen, sodass die Kasse entscheiden kann, ob das Kriterium des künstlerischen oder publizistischen Berufs erfüllt ist.

Weil sich bei freien Kreativen künstlerische und technische oder beratende Leistungen oft überschneiden, beurteilt die Künstlersozialkasse bei der Aufnahme, ob der Schwerpunkt der Tätigkeit in der Kreation anzusiedeln ist. Dabei wird die Arbeitsleistung als Ganzes betrachtet. Wer beispielsweise als freier Grafiker seinen Kunden ein Komplettpaket aus Beratung, Ent-

Wer in die Künstlersozialkasse darf – die gängigsten Berufe

Bereich	Typische Berufe
Musik	Sänger, Instrumentalmusiker, Musikpädagoge, Komponist, Liedtexter, Dirigent, Chorleiter, Alleinunterhalter, Arrangeur, Musikbearbeiter, künstlerisch-technische Mitarbeiter im Bereich Musik sowie weitere Berufe
Darstellende Kunst	Schauspieler, Regisseur, Dramaturg, Regieassistent, Sprecher, Moderator, Entertainer, Kabarettist, Filmemacher, Artist, Pädagoge im Bereich der darstellenden Kunst, künstlerisch-technischer Mitarbeiter bei Film oder Theater sowie weitere Berufe
Bildende Kunst	Maler, Bildhauer, künstlerischer Fotograf, Fotodesigner, Werbefotograf, Grafiker, Industriedesigner, Layouter, Illustrator, Gold- und Silberschmied, Pädagoge im Bereich bildende Kunst sowie weitere Berufe
Wort	Autor für Bühne, Funk und Fernstehen, Journalist, Schriftsteller, Bildjournalist, Fachmann/-frau für Öffentlichkeitsarbeit oder Werbung, Redakteur, Lektor, Übersetzer, wissenschaftlicher Autor, Pädagoge im Bereich Publizistik sowie weitere Berufe

Quelle: Auszug aus dem Antragsformular der Künstlersozialkasse

Künstler wie Maler, Schriftsteller oder Musiker haben das Privileg, nur die Hälfte ihrer Rentenbeiträge selbst zahlen zu müssen, wenn sie Mitglied der Künstlersozialkasse sind.

wurf und Satz anbietet, schafft insgesamt eine künstlerische Leistung, wenn der Hauptteil des Gesamtangebots aus der kreativen Tätigkeit besteht.

Vor allem dann, wenn der Beruf mit einer handwerklichen Tätigkeit verknüpft ist oder eine zu geringe kreativ-künstlerische Komponente enthält, lehnt die Künstlersozialkasse des Öfteren Aufnahmeanträge ab. Generell gilt als Ausschlusskriterium der Eintrag in die Handwerkerrolle. Wer beispielsweise als Tischler eingetragen ist, kann nicht in die Künstlersozialkasse aufgenommen werden, auch wenn seine Kunden seine Produkte als „Kunstwerke" bezeichnen.

Wird der Aufnahmeantrag abgelehnt, haben Sie die Möglichkeit, Widerspruch einzulegen. Das Bundessozialgericht entscheidet dann in letzter Instanz über eine Aufnahme. Solche Präzedenzurteile gibt es beispielsweise zu folgenden Fällen:

► Selbstständige Tätowierer werden nicht in die Künstlersozialkasse aufgenommen, weil in ihrem Beruf die handwerkliche und nicht die gestalterische Tätigkeit überwiegt (Aktenzeichen B 3 KS 2/07).

► Betreiber von journalistischen Onlineangeboten gelten als Publizisten im Sinne der Künstlersozialkasse, auch wenn die Angebote überwiegend aus Werbeeinnahmen in

Form von Online-Anzeigen finanziert werden. Voraussetzung ist, dass ein qualitativ hochwertiges journalistisches Angebot dafür verantwortlich ist, dass eine Vielzahl an Nutzern die Website besucht und so dafür sorgt, dass eine wirtschaftliche Basis für die Erzielung der Werbeeinnahmen vorhanden ist (Aktenzeichen B 3 KS 5/10 R).

► Webdesigner können im Gegensatz zu Webmastern und -programmierern in die Künstlersozialkasse aufgenommen werden, wenn sie hauptsächlich gestalterisch tätig sind (Aktenzeichen B 3 KR 37/04 R).

Neben der ausgeübten Tätigkeit sind Umfang und Rechtsform des Unternehmens sowie das Einkommen von Belang.

So führt die Anstellung von mehr als einem Arbeitnehmer zum Ausschluss aus der Künstlersozialkasse. Ausnahme sind Auszubildende und geringfügig Beschäftigte (Minijobber), deren Einkommen eine Höhe von monatlich 450 Euro nicht übersteigt.

Bei der Rechtsform des Unternehmens ist die Freiberuflichkeit oder die Tätigkeit als Einzelunternehmer unproblematisch. Auch den Zusammenschluss in Form einer GbR beanstandet die Künstlersozialkasse nicht. Kniffliger wird es, wenn Sie eine GmbH oder eine UG (haftungsbeschränkt) gründen. Dann stellt sich

Handwerkern, die in der Handwerksrolle eingetragen sind, ist der Weg in die Künstlersozialkasse verwehrt.

zusätzlich zum künstlerischen Berufsbild die Frage, ob Sie den Status eines beherrschenden Gesellschafter-Geschäftsführers oder eines mitarbeitenden Gesellschafters haben. Wenn ja, können Sie sich über die Künstlersozialkasse kranken-, pflege- und rentenversichern. Angestellten Geschäftsführern, die der normalen Sozialversicherungspflicht unterliegen, ist hingegen der Zugang verwehrt.

Um aufgenommen zu werden, müssen Sie außerdem ein Mindesteinkommen erzielen. Dieses liegt bei jährlich 3 900 Euro, also monatlich 325 Euro. Eine Ausnahmeregelung gilt für Berufsanfänger: In den drei Jahren nach der erstmaligen Aufnahme der künstlerischen oder publizistischen Tätigkeit darf das Einkommen die Mindestgrenze unterschreiten, ohne dass damit der Ausschluss aus der Künstlersozialkasse verbunden ist. Danach darf die Grenze in einem Zeitraum von sechs Jahren maximal zweimal unterschritten werden.

Wenn Sie Ihren Aufnahmeantrag gestellt und einen positiven Bescheid erhalten haben, sind Sie als Mitglied der Künstlersozialkasse in der gesetzlichen Kranken- und Rentenversicherung pflichtversichert. Das bedeutet: Sie sind in der Regel Mitglied bei der gesetzlichen Kranken- und Pflegekasse und zahlen Rentenbeiträge an die Deutsche Rentenversicherung.

Die Einkommensschätzung

Die Künstlersozialkasse errechnet Ihre Beiträge aus der Höhe Ihres Einkommens. Dabei zählen nicht die tatsächlichen Einnahmen, sondern eigene Schätzungen. Sie müssen diese Schätzung jedes Jahr bis Anfang Dezember für das Folgejahr abgeben. Wenn sich im Lauf des Jahres Korrekturbedarf ergibt, können die Versicherten ihre Einkommensschätzungen jederzeit korrigieren. Die Beitragsanpassung erfolgt jeweils zum Folgemonat, rückwirkende Änderungen gibt es bei der Künstlersozialkasse nicht. Die unterjährige Neueinschätzung des Einkommens ist keine Muss-, sondern eine Kann-Regelung.

Die Tatsache, dass Sie Ihr Einkommen selbst schätzen dürfen, verleitet dazu, eine möglichst niedrige Schätzung abzugeben und damit Sozialversicherungsbeiträge einzusparen. Doch zwei gewichtige Gründe sprechen dagegen, das Prinzip der kaufmännischen Vorsicht so weit zu überdehnen, dass die Schätzung mit der Realität nur wenig zu tun hat.

1 Sie sollten sich darüber im Klaren sein, dass über die Künstlersozialkasse Ihre gesetzliche Altersvorsorge abgedeckt wird. Würden Sie über Jahre hinweg viel zu niedrige Einkommensschätzungen einreichen, dann würden Sie sich letzten Endes ins eigene Fleisch schneiden – denn die spätere Rente wird auf Basis der während des Arbeitslebens eingezahlten Beiträge errechnet. Weil Sie bei der Rente als Versicherter der Künstlersozialkasse nur den „Arbeitnehmerbeitrag" einzuzahlen brauchen, während diese sozusagen den Arbeitgeberanteil zuschießt, stellt dieser Vorsorgeweg eine äußerst lukrative Form der Altersvorsorge dar, die Sie sich mit einer extrem niedrigen Einkommensschätzung selbst beschneiden würden.

2 Die Künstlersozialkasse prüft Jahr für Jahr anhand von Stichproben, ob die Einkommensschätzungen der Versicherten zumindest näherungsweise den tatsächlichen Einkünften entsprechen. Wenn Ihr Name aus dem Lostopf gezogen wird, müssen Sie die Einkommensteuerbescheide der letzten vier Jahre vorlegen, sodass die Künstlersozialkasse Ihre Schätzungen mit den tatsächlichen Einnahmen vergleichen kann.

Solange sich die Abweichungen in Grenzen halten, werden daraus keine Konsequenzen zu befürchten sein. Liegt jedoch die Schätzung dauerhaft weit unter den tatsächlichen Einkünften, kann es sein, dass die Künstlersozialkasse die Schätzung des Einkommens künftig selbst übernimmt, was zu deutlich höheren Beiträgen führt. Wenn grober Missbrauch vorliegt oder der Versicherte die Kooperation verweigert, kann die Schätzung auch Bußgelder oder den Ausschluss aus der Künstlersozialkasse nach sich ziehen.

Halber Beitrag, ganze Leistung

Der wichtigste Vorteil für die Versicherten in der Künstlersozialkasse besteht darin, dass sie bei der Zahlung ihrer Sozialversicherungsbeiträge praktisch Arbeitnehmern gleichgestellt sind. Während andere Selbstständige ihre Beiträge für die Kranken-, Pflege- und Rentenversicherung komplett aus eigener Tasche entrichten müssen, kommen Künstler und Publizisten in den Genuss eines „Arbeitgeberanteils".

Heißt konkret: Als Versicherter bezahlen Sie nur die Hälfte des Pflege- und Rentenversicherungsbeitrags und den für Arbeitnehmer geltenden Anteil an der Krankenversicherung –

Versicherungsstatus ist nicht ausschlaggebend

Zuweilen werden freiberufliche Kreative von ihren Auftraggebern danach gefragt, ob sie Mitglied der Künstlersozialkasse seien – dies manchmal verbunden mit dem Hinweis, dass man wegen der Künstlersozialabgabe Auftragnehmer bevorzuge, die dort nicht versichert sind.

Hierzu sollten Sie wissen: Wenn sie künstlerische oder publizistische Leistungen regelmäßig nutzen, müssen die Auftraggeber auf die Honorare, die sie an selbstständige Künstler oder Publizisten bezahlen, die Künstlersozialabgabe abführen. Ob die Auftragnehmer bei der Künstlersozialkasse versichert sind, spielt dabei keine Rolle – was zählt, ist alleine die Art der Leistung. Daher können Sie bei solchen Fragen freundlich darauf hinweisen, dass Ihr persönlicher Versicherungsstatus bei der Abgabepflicht keine Rolle spielt.

also etwas mehr als die Hälfte. Den Rest übernimmt die Künstlersozialkasse. Diesen „Arbeitgeberanteil" finanziert die Kasse größtenteils aus der Künstlersozialabgabe, die Verlage und andere Verwerter von künstlerischen und publizistischen Leistungen an die Einrichtung bezahlen müssen. Die verbleibende Finanzierungslücke wird mit staatlichen Zuschüssen aufgefüllt.

Sonderregelungen bei Auslandsaufenthalten und gemischten Tätigkeiten

Ob Welttournee, Recherchereise oder Gastdozentur: Wer in einem kreativen Beruf selbstständig ist, der ist oft und manchmal auch länger im Ausland unterwegs.

Am einfachsten ist der Fall, wenn Sie für einen befristeten Zeitraum in den Ländern des Europäischen Wirtschaftsraums (EWR) unterwegs sind. Zum EWR gehören neben den EU-Staaten Liechtenstein, Island und Norwegen, nicht aber die Schweiz. Dann nämlich sind Sie auch während Ihres Auslandsaufenthaltes bei der Künstlersozialkasse versichert, solange dieser nicht länger als 24 Monate dauert.

Schwieriger wird es, wenn Sie dauerhaft ins Ausland übersiedeln und beispielsweise vom ausländischen Erstwohnsitz noch teilweise für deutsche Auftraggeber arbeiten. In solchen Fällen unterliegen Sie in aller Regel dem Sozialversicherungsrecht des Aufenthaltslandes, sodass dann die Mitgliedschaft in der Künstlersozialkasse erlischt.

Auch dann, wenn Sie neben Ihrer künstlerischen oder publizistischen Tätigkeit noch anderweitig Geld verdienen, gelten bei der Künstlersozialkasse spezielle Regeln.

Wenn Sie einen zusätzlichen Nebenjob auf geringfügiger Basis haben, ändert sich an Ihrem Versicherungsstatus nichts, solange damit die monatliche Einkommensgrenze von 450 Euro nicht überschritten wird. Maßgebend für Ihren Sozialversicherungsbeitrag sind dann nur die Einnahmen, die Sie mit Ihrer selbstständigen Tätigkeit erzielen.

Wird die Grenze jedoch überschritten, weil Sie einen höher bezahlten Teilzeitjob oder mehrere 450-Euro-Jobs parallel vorzuweisen haben, stuft Sie die Künstlersozialkasse als Selbstständigen mit sozialversicherungspflichtiger Zusatzbeschäftigung ein. In diesem Fall kommt es darauf an, welche Tätigkeit die größere wirtschaftliche Bedeutung hat:

▶ Verdienen Sie im Angestelltenverhältnis mehr Geld als mit Ihrer selbstständigen Tätigkeit, dann gilt die Anstellung als Hauptberuf. In der Künstlersozialkasse sind Sie in diesem Fall nur rentenversichert, während Sie von Ihrem Angestelltengehalt die dazugehörigen Beiträge an die Kranken-, Pflege- und Rentenversicherung abführen.

▶ Liegen Ihre Einnahmen aus dem Angestelltenverhältnis unter den Gewinnen aus selbstständiger Tätigkeit, verhält es sich umgekehrt: Sie führen über die Künstlersozialkasse die Beiträge an die Kranken-, Pflege- und Rentenversicherung ab, während Sie und Ihr Arbeitgeber aus Ihrem Bruttolohn nur Beiträge an die gesetzliche Rentenversicherung zu entrichten brauchen.

▶ Dann gibt es noch den Sonderfall, dass mit dem Angestelltenverhältnis ein relativ hoher Bruttolohn erzielt wird. Ist Ihr Gehalt höher als 50 Prozent der monatlichen Beitragsbemessungsgrenze in der gesetzlichen

Wenn Sie dauerhaft ins Ausland übersiedeln, können Sie in der Regel nicht Mitglied der Künstlersozialkasse bleiben.

Rentenversicherung, erhebt die Künstlersozialkasse für Einnahmen aus selbstständiger Tätigkeit keine weiteren Beiträge. 50
Prozent der Beitragsbemessungsgrenze
sind im Jahr 2020 monatlich 3 450 Euro in
den alten und 3 225 Euro in den neuen
Bundesländern.

Darüber hinaus kann es vorkommen, dass Sie
nicht nur künstlerisch oder publizistisch tätig
sind, sondern neben der kreativen Tätigkeit
noch weitere „Geschäftsbereiche" von Bedeutung sind.

Auch hier gilt: Solange die nicht ins Künstlerische oder Publizistische fallenden Einnahmen die Geringfügigkeitsgrenze für Minijobber
von monatlich 450 Euro nicht überschreiten,
haben Sie keine Konsequenzen zu befürchten.
Beim Überschreiten der Geringfügigkeitsgrenze müssen Sie jedoch damit rechnen, dass Sie
zumindest teilweise Ihren Anspruch auf die
hälftige Übernahme der Sozialversicherungsbeiträge verlieren.

Unabhängig davon, ob Ihre Haupteinnah-
men im künstlerisch-publizistischen Bereich
oder in anderen Gebieten liegen, bleiben Sie in
der Künstlersozialkasse rentenversichert. Ihre
Kranken- und Pflegeversicherung müssen Sie
jedoch in vollem Umfang aus eigener Tasche
bezahlen, weil diese nicht mehr über die Künstlersozialkasse abgedeckt sind.

Ab dem Zeitpunkt, an dem Ihre anderwei-
tigen Einkünfte die Hälfte der Beitragsbemessungsgrenze für die Rentenversicherung übersteigen, endet auch die Rentenversicherung
in der Künstlersozialkasse – konkret also ab
monatlich 3 450 Euro (West) beziehungsweise
3 225 Euro (Ost).

**Beispiel: Kochbuchautorin und Cate-
ring-Dienstleisterin** Martina T. hat sich nicht
nur als Kochbuchautorin einen Namen gemacht, sondern betreibt noch einen Catering-
Service. Aus ihrer Autorentätigkeit erzielt sie
jährliche Einkünfte von 18 000 Euro, dazu kommen weitere 14 000 Euro an gewerblichem Gewinn aus dem Catering-Service. Damit ist sie in
der Künstlersozialkasse nur rentenversichert,
wobei als Basis für die Einkommensschätzung
die Einkünfte aus der publizistischen Tätigkeit
dienen. Um ihre Kranken- und Pflegeversicherung muss sie sich selbst kümmern, wobei sie
frei entscheiden kann, ob sie als freiwilliges
Mitglied in einer gesetzlichen Krankenkasse
bleibt oder eine private Krankenversicherung
bevorzugt.

 **INFORMATIONEN ZUR
KÜNSTLERSOZIALKASSE**
Weitere Informationen rund um die
Aufnahmebedingungen und die Antragstellung sowie Merkblätter und Antragsformulare
zum Download gibt es direkt bei der Künstlersozialkasse, Gökerstraße 14, 26384 Wilhelmshaven,
Telefon: 0 44 21 / 97 34 05 15 00
kuenstlersozialkasse.de

VERSICHERUNGSPFLICHT FÜR BESTIMMTE BERUFE

Neben der Pflichtmitgliedschaft in den berufsständischen Versorgungswerken und der Sozialversicherungspflicht für Künstler und Publizisten gibt es weitere Sonderregelungen im Rentenversicherungsrecht, die für bestimmte Berufsgruppen gelten.

Versicherungspflichtig nach SGB VI

In § 2 des Sozialgesetzbuches (SGB) VI sind einige Berufe aufgeführt, bei denen die Ausübung einer selbstständigen Tätigkeit mit der Pflichtmitgliedschaft in der Deutschen Rentenversicherung verbunden ist. Die Versicherungspflicht entsteht, sobald der Gewinn die Grenze von 450 Euro pro Monat beziehungsweise 5 400 Euro pro Jahr überschreitet. Zu diesen Berufen gehören

► Lehrer und Erzieher,
► Pflegepersonen, die in der Kranken-, Wochen-, Säuglings- oder Kinderpflege tätig sind,
► Hebammen und Entbindungspfleger,
► Seelotsen, Küstenschiffer und -fischer,
► Künstler und Publizisten (siehe die Ausführungen im Abschnitt „Die Künstlersozialkasse", S. 231),
► Hausgewerbetreibende (selbstständige Heimarbeit) sowie
► ein Teil der Handwerker.

Lehrer, Erzieher und Pflegepersonen

Bei Lehrern, Erziehern und Pflegepersonen greift die Versicherungspflicht, solange sie selbst keinen versicherungspflichtigen Arbeitnehmer beschäftigen. Ausschlaggebend ist insbesondere bei Lehrern und Erziehern nicht die Ausbildung, sondern die tatsächlich ausgeübte Tätigkeit.

Beispiel: Auch selbstständige Sportlehrer sind rentenversicherungspflichtig

Die Pflichtmitgliedschaft in der gesetzlichen Rentenversicherung gilt bei Lehrern und Erziehern unabhängig davon, ob sie ausgebildete Pädagogen sind oder nicht. Michael G., der sich mit einer privaten Kampfsportschule selbstständig gemacht hat, war zuvor als angestellter Industriekaufmann tätig und hat einige Lehrgänge absolviert, um sein Hobby zum Beruf zu machen. Weil er anderen Menschen etwas beibringt, wird er als selbstständiger Lehrer eingestuft und unterliegt damit der Rentenversicherungspflicht.

Hebammen gehören zu den versicherungspflichtigen Berufsgruppen.

Um Rentenversicherungsbeiträge zu sparen, versuchte ein Tai-Chi-Lehrer, seine Tätigkeit als künstlerisch anerkennen zu lassen, um in die Künstlersozialkasse wechseln zu dürfen. Seine Argumentation: Tai Chi sei mit seinen kunstvollen Bewegungen mit Tanz und Ballett vergleichbar und zähle damit zum Bereich der darstellenden Kunst. Dieser Ansicht wollten jedoch die Richter am Sozialgericht Mainz nicht folgen und entschieden, dass der Kläger als freiberuflicher Lehrer seinen Rentenversicherungsbeitrag in voller Höhe selbst tragen muss (Urteil vom 26. März 2012, Az S 1 R 340/09).

Weiter gefasst, als viele vermuten, ist auch der Begriff der „Krankenpflege". Hierzu zählen nicht nur Tätigkeiten, die mit denen des Pflegepersonals in Krankenhäusern vergleichbar sind, sondern eine Vielzahl an therapeutischen Arbeiten. So betrifft die Versicherungspflicht auch selbstständig tätige Physiotherapeuten und Krankengymnasten, Masseure, Ergotherapeuten sowie Beschäftigungs- und Arbeitstherapeuten. Ausgenommen sind dagegen Heilpraktiker. Der Grund: Sie arbeiten nicht auf Verordnung des Arztes, sondern erstellen eigenständige Diagnosen.

Hausgewerbetreibende

Als Hausgewerbetreibende gelten nach dem Heimarbeitsgesetz diejenigen, die mit eigener Arbeitskraft und maximal zwei weiteren Hilfskräften für Unternehmen Waren herstellen, montieren oder verpacken. Sie können für mehrere Auftraggeber tätig sein und sind im Gegensatz zum „Heimarbeiter" nicht angestellt, sondern gewerblich selbstständig tätig. Solange diese Kriterien erfüllt sind, müssen Hausgewerbetreibende Beiträge in die gesetzliche Rentenversicherung einzahlen.

Sonderregelungen für Handwerker

Ob Sie als Handwerker pflichtversichert sind, hängt davon ab, in welchem Metier Sie sich selbstständig machen. Grundsätzlich gilt: Dort, wo es keinen Meisterzwang gibt, entfällt auch die Pflichtmitgliedschaft in der gesetzlichen Rentenversicherung. Im Umkehrschluss heißt das, dass die sogenannten zulassungspflichtigen Handwerksberufe die Versicherungspflicht des selbstständigen Handwerksmeisters mit sich bringen.

Im zweiten Schritt kommt es darauf an, ob Sie einen handwerklichen Haupt- oder Neben-

Tai-Chi-Lehrer sind keine Künstler, sondern wie andere Lehrer Pflichtmitglied in der gesetzlichen Rentenversicherung.

betrieb haben. In vielen Fällen ist es so, dass die Ausübung des Handwerks nur einen Teil der gesamten Selbstständigkeit ausmacht und dazu noch weitere nichthandwerkliche Tätigkeiten kommen, die jedoch fachlich mit dem Beruf verknüpft sind.

Häufig ist dies beispielsweise im Kfz-Gewerbe anzutreffen, wenn Autoreparaturwerkstatt und Fahrzeughandel unter einem Dach vereint sind. Für das Führen der Werkstatt benötigen Sie einen Meisterbrief, während der Handel mit Fahrzeugen nicht zum Handwerk zählt, sondern ein Handelsgewerbe darstellt. Ob es sich nun in rentenrechtlicher Hinsicht um ein handwerkliches Haupt- oder Nebengewerbe handelt, hängt davon ab, in welchem Unternehmensbereich der wirtschaftliche Schwerpunkt angesiedelt ist:

▶ Wird im Fahrzeughandel der Hauptteil des Gewinns erzielt, dann stellt die Reparatursparte nur einen handwerklichen Nebenbetrieb dar.

▶ Entfällt dagegen der größere Teil des Erlöses auf die Werkstatt, dann wird der handwerkliche Reparaturbetrieb zum Hauptbetrieb.

Nun kommen die sozialversicherungsrechtlichen Konsequenzen: Fungiert bei Mischbetrieben der handwerkliche Betriebsteil als Haupterlösquelle, handelt es sich um einen handwerklichen Hauptbetrieb, und Sie sind als Meister und Inhaber rentenversicherungspflichtig. Führen Sie jedoch nur einen handwerklichen Nebenbetrieb und erzielen den größeren Teil Ihres Einkommens in anderen Betriebsbereichen, zählen Sie nicht mehr zum Kreis der Pflichtversicherten.

Auch wenn Sie pflichtversichert sind, haben Sie als Handwerksmeister die Möglichkeit, später einmal wieder aus der gesetzlichen Rentenversicherung auszusteigen. Wenn Sie mindestens 216 Monate – also 18 Jahre – lang Beiträge eingezahlt haben, können Sie entscheiden, ob Sie weiterhin gesetzlich rentenversichert bleiben wollen oder nicht.

Dabei handelt es sich nicht um eine Stichtagsentscheidung, bei der Ihnen sozusagen die Pistole auf die Brust gesetzt wird. Die 216 Beitragsmonate sind eine Mindestvoraussetzung, sodass Sie sich auch zu einem späteren Zeitpunkt aus der gesetzlichen Rentenversicherung verabschieden können.

Als Handwerker pflichtversichert oder nicht? Beispielsweise bei einem Kfz-Mechaniker, der auch mit Autos handelt, ist das nicht leicht zu entscheiden.

Bevor Sie Ihre Pflichtmitgliedschaft beenden, sollten Sie sorgfältig die Vor- und Nachteile abwägen. Zunächst einmal verlieren Sie bei einem Ausstieg grundsätzlich auch den Mindestschutz für den Fall der Erwerbsminderung (siehe Abschnitt „Berufs- und Erwerbsunfähigkeit", S. 211). Das bedeutet für diejenigen, die keine private Berufsunfähigkeitsversicherung abgeschlossen haben, dass sie gänzlich ohne Versicherungsschutz dastehen.

Darüber hinaus gilt als Faustregel: Je älter Sie sind und je länger Sie bereits in die Rentenversicherung eingezahlt haben, umso genauer sollten Sie den Wechsel zu einem privaten Anbieter von Altersvorsorgeprodukten prüfen. Zwar müssen Sie nicht befürchten, dass Sie die Entgeltpunkte und damit die Rentenansprüche verlieren, die Sie bereits angesammelt haben. Doch um die zu erwartende Vorsorgelücke zu stopfen, sollten Sie einen privaten Sparvertrag abschließen.

Wenn Sie nicht mehr viel Zeit bis zur Rente haben, rechnen sich die privaten Versicherungsprodukte aber oft nicht: Die Kosten, die der Versicherer für seine Mühen berechnet, zieht er von den Beiträgen der ersten Jahre ab. Bei einer kurzen Ansparphase reicht der ohnehin derzeit geringe Zinseszinseffekt nicht aus, um diese Kosten wieder hereinzuholen. Eine Alternative können Rürup-Verträge mit kurzen Laufzeiten sein. Sie sind für gut verdienende Selbstständige interessant, die in den letzten Jahren vor ihrer Rente hohe Summen in den Vertrag einzahlen und sich damit Steuervorteile sichern wollen. Alles in allem schlägt sich die gesetzliche Rente aber so gut, dass sich ein Ausstieg derzeit für die meisten nicht lohnen dürfte (siehe „Freiwillig in der gesetzlichen Rente", S. 242).

GmbH-Geschäftsführer und die Rentenversicherung

Viele Existenzgründer gehen mit einer GmbH an den Start, sodass sich die Frage stellt, wie die Tätigkeit als GmbH-Geschäftsführer in rentenversicherungsrechtlicher Sicht einzuordnen ist. Für die Rentenversicherung ist das wichtigste Kriterium, ob der Geschäftsführer einem Angestellten gleichzusetzen ist oder ob er ei-

Lassen Sie sich die Alternativen durchrechnen

Der Ausstieg aus der gesetzlichen Rentenversicherung ist eine Entscheidung mit weitreichenden Folgen, die Sie nicht aus einem Bauchgefühl heraus, sondern nur auf Basis fundierter Fakten treffen sollten. Am besten konsultieren Sie einen Rentenberater und lassen sich von ihm beide Szenarien durchrechnen: den Verbleib in der gesetzlichen Rentenversicherung und die private Altersvorsorge auf Basis der aktuellen Garantiezinsen von Versicherungsanbietern.

Zwar lassen sich für beide Varianten nur Hochrechnungen anstellen, die mit einer gewissen Unschärfe verbunden sind. Doch zumindest verfügen Sie dann über realitätsnahes Zahlenmaterial, das Ihnen als Entscheidungshilfe dienen kann.

Rentenberater sind unabhängige gerichtlich zugelassene Fachleute, die gegen ein Honorar in Rentenfragen beraten. Adressen von Rentenberatern finden Sie zum Beispiel auf der Website des Bundesverbands der Rentenberater unter rentenberater.de, Stichwort „Adressen".

genverantwortlich – sprich: unternehmerisch – handelt.

Die Gleichsetzung mit anderen Angestellten kommt dann in Betracht, wenn es sich um einen sogenannten Fremdgeschäftsführer handelt. Dieser zeichnet sich vor allem durch zwei Eigenschaften aus:

▶ Er handelt auf Weisung der Gesellschafter der GmbH und

▶ er hält keinen beherrschenden Anteil am Unternehmen.

Wer diese Voraussetzungen erfüllt, wird in Bezug auf die Rentenversicherung wie ein Arbeitnehmer eingestuft. Es besteht ohne Wenn und Aber eine Versicherungspflicht, und die Arbeitnehmer- und Arbeitgeberbeiträge werden genauso wie beim angestellten Pförtner vom Bruttogehalt abgezogen.

Häufiger Streitpunkt bei solchen Entscheidungen ist die Frage, wie ein beherrschender Anteil am Unternehmen definiert wird. Zunächst einmal ist darunter eine Mehrheitsbeteiligung von mehr als 50 Prozent zu verstehen. Doch wie ist die Lage einzustufen, wenn sich drei Kollegen gemeinsam selbstständig machen und eine GmbH gründen, an der jeder zu einem Drittel beteiligt ist und gleichzeitig als Geschäftsführer bestellt wird?

Auf diese Frage lässt sich leider keine pauschal gültige Antwort geben. Wie so oft in juristischen Angelegenheiten kommt es auf den Einzelfall an. Ist beispielsweise die Satzung der GmbH so gefasst, dass wichtige Entscheidungen mit einer Drei-Viertel-Mehrheit gefällt werden müssen, kann unter Umständen einem Gesellschafter auch dann eine beherrschende Stellung zugesprochen werden, wenn er mit seinem Anteil über eine Sperrminorität verfügt oder maßgebliche Vetorechte ausüben kann.

Recht einfach zu beantworten ist hingegen die Frage nach der Rentenversicherungspflicht für diejenigen, die bei der Gründung alle Anteile an der GmbH halten und als geschäftsführende Gesellschafter auftreten. Bei solchen Konstellationen ist klar, dass Sie nicht gegenüber Dritten weisungsgebunden sind, weil Sie ja selbst alle Anteile an Ihrem eigenen Unternehmen halten.

Damit haben Sie gegenüber der Rentenversicherung den Status eines selbstständigen Unternehmers, der von der gesetzlichen Rentenversicherungspflicht befreit ist. Sie können dann selbst entscheiden, ob Sie auf freiwilliger Basis Mitglied in der gesetzlichen Rentenversicherung bleiben oder ob Sie Ihre Altersvorsorge auf andere Weise bewerkstelligen möchten.

Allerdings gibt es auch hier eine wichtige Ausnahme: Wenn die GmbH keine Arbeitnehmer beschäftigt und nur für einen einzigen Auftraggeber tätig ist, unterliegt der Geschäftsführer trotz seines beherrschenden Anteils der Rentenversicherungspflicht. In diesem Fall findet dieselbe Regelung wie bei arbeitnehmerähnlichen Selbstständigen Anwendung, die aufgrund ihrer wirtschaftlichen Abhängigkeit vom einzigen Auftraggeber praktisch wie ein Arbeitnehmer einzustufen sind.

Zwar besteht für Ein-Mann-GmbHs mit nur einem Auftraggeber kein Risiko, als Scheinselbstständige eingestuft zu werden. Doch bei dieser Konstellation ist der geschäftsführende Gesellschafter in aller Regel rentenversicherungspflichtig. Basis für diese Regelung ist ein Urteil des Bundessozialgerichts aus dem Jahr 2005 (Aktenzeichen B 12 RA 1/04).

 INFO

DEN STATUS BESTÄTIGEN LASSEN

Die rückwirkende Einstufung als rentenversicherungspflichtiger Geschäftsführer kann kostspielig werden, denn die Rentenversicherung darf grundsätzlich für einen Zeitraum bis zu vier Jahren Beiträge nachfordern. Wenn Sie nicht sicher sind, ob eine Rentenversicherungspflicht besteht oder nicht, sollten Sie daher frühzeitig Klarheit schaffen, indem Sie von der Deutschen Rentenversicherung eine rechtsverbindliche Auskunft über Ihren Status einholen.

FREIWILLIG IN DER GESETZLICHEN RENTE

Die Deutsche Rentenversicherung hat für viele Selbstständige den Beigeschmack eines antiquierten Systems, das in die heutige Zeit nicht mehr so recht hineinpasst und überdies aufgrund der demografischen Entwicklung auch in finanzieller Hinsicht an Attraktivität verloren hat. Doch die nähere Betrachtung zeigt: Die Rentenversicherung ist nicht so schlecht, wie es ihr Ruf vermuten lässt.

Mit der privaten und gesetzlichen Altersvorsorge stehen sich zwei grundlegen unterschiedliche Konstruktionen gegenüber.

Die private Altersvorsorge wird als „kapitalgedeckte Altersvorsorge" bezeichnet. Während der aktiven Berufszeit sparen die Vorsorgenden Geld an, das von dem Finanzdienstleister, dem sie ihre Ersparnisse anvertrauen, am Kapitalmarkt angelegt wird. Je höher die dort erzielte Rendite ist, umso besser fallen die Auszahlungen im Rentenalter aus. Die Effizienz der Märkte und das Anlagegeschick der Vorsorgeunternehmen sollen dafür sorgen, dass am Ende eine bessere Rendite erzielt wird als mit der gesetzlichen Rentenversicherung, behaupten die Verfechter der privaten Vorsorge.

Die gesetzliche Rentenversicherung betreibt dagegen – mit Ausnahme der Anlage von Reserven – keine Investments am Kapitalmarkt. Ihre wirtschaftliche Basis ist der Generationenvertrag: Die Zahlungen an die heutigen Rentner werden im Umlageverfahren aus den Beiträgen von denen finanziert, die heute als Berufstätige in die Rentenversicherung einzahlen. Mit seinen Beiträgen sammelt der Versicherte in Abhängigkeit von der Beitragshöhe und -dauer Entgeltpunkte an, die dann beim späteren Eintritt in den beruflichen Ruhestand als Basis für die Berechnung der Rente dienen.

Wenn es um die Frage geht, welches der beiden Systeme in der Vergangenheit langfristig mehr Stabilität gezeigt hat, lohnt sich ein Blick in die Geschichte der deutschen Sozialversicherung. Die ursprünglich als Ansparmodell konstruierte Rentenkasse stand seit ihrer Einführung im Jahr 1891 mehrfach vor dem finanziellen Kollaps. Die Hyperinflation der zwanziger Jahre, die wenige Jahre später einsetzende Wirtschaftskrise und die Währungsreform nach dem Zweiten Weltkrieg sorgten dafür, dass die kapitalgedeckte Rentenversicherung einen großen Teil ihres Daseins am staatlichen Tropf verbrachte und mit Zuschüssen aus Steuermitteln aufgestockt werden musste. Erst als 1957 mit der Umstellung auf das Umlageverfahren die Basis für die heutige gesetzliche Rente gelegt wurde, kehrte finanzielle Solidität ein. Der Entwurf für die Reform stammte von dem Kölner Wirtschaftstheoretiker Wilfrid Schreiber, der den Generationenvertrag im Auftrag des Bundes katholischer Unternehmer entwickelt hatte.

Zwar droht derzeit weder Krieg noch eine Hyperinflation oder Währungsreform. Doch in den Jahren nach dem Ausbruch der Finanzkrise im Herbst 2008 war es die lang anhaltende Niedrigzinsphase, die Anbieter und Sparer zwang, ihre prognostizierten Renditen für die private Altersvorsorge immer wieder aufs Neue nach unten zu korrigieren. Damit erscheint für so manchen Selbstständigen der Verbleib in der gesetzlichen Rentenversicherung attraktiver als noch vor einigen Jahren.

Diese Auffassung hat eine Untersuchung der Stiftung Warentest bestätigt, die im Januar 2014 in der Zeitschrift Finanztest veröffentlicht worden ist. In der Gesamtbetrachtung der Ein-

Für die gesetzliche Rente gilt der Generationenvertrag: Die Jungen zahlen für die Alten.

zahlungs- und Auszahlungsphase sowie unter Berücksichtigung von steuerlichen und krankenversicherungsrechtlichen Auswirkungen schneidet die gesetzliche Rentenversicherung als Vorsorgeinstrument für Selbstständige im Vergleich zu Rürup-Rente und privater Rentenversicherung gut ab.

Sofern Sie nicht von Gesetzes wegen als Selbstständiger ohnehin Pflichtmitglied sind, haben Sie zwei Möglichkeiten, wenn Sie sich für den Verbleib in der gesetzlichen Rentenversicherung entscheiden:
- ▶ die Versicherungspflicht auf Antrag oder
- ▶ freiwillige Einzahlungen in die Rentenversicherung.

Die Versicherungspflicht auf Antrag

Innerhalb von fünf Jahren nach Aufnahme Ihrer selbstständigen Tätigkeit können Sie bei der Deutschen Rentenversicherung beantragen, als Pflichtmitglied aufgenommen zu werden. Voraussetzung ist, dass Sie nicht von vornherein der Versicherungspflicht unterliegen wie beispielsweise selbstständige Lehrkräfte, Künstler oder Pflegepersonen.

Ihre Pflichtversicherung beginnt, sobald Sie Ihren Antrag bei der Deutschen Rentenversicherung gestellt haben – um es ganz genau zu sagen: einen Tag nach dem Eingang Ihres Antrags beim Rentenversicherungsträger. Diese Entscheidung hat eine große Tragweite, denn Sie können aus der Versicherungspflicht nicht einfach wieder aussteigen. Erst wenn Sie Ihre Selbstständigkeit wieder aufgeben oder für mehr als zwei Monate unterbrechen, kommen Sie aus der Rentenversicherungspflicht wieder heraus. Als Unterbrechung gilt übrigens nicht der Zeitraum, in dem Sie keine Rechnungen an Ihre Kunden ausstellen – anerkannt wird dieser Sachverhalt nur, wenn der Betrieb komplett ruht.

Ähnlich wie andere Pflichtversicherte können Sie bei dieser Variante Ihre Einzahlungen nicht nach Gutdünken festlegen. Auswählen können Sie zwischen den folgenden Optionen:
- ▶ Sie entrichten den Regelbeitrag. Dieser liegt im Jahr 2020 bei monatlich 592,41 Euro in den alten und 559,86 Euro in den neuen Bundesländern.
- ▶ Als Existenzgründer können Sie in den ersten drei Jahren den halben Regelbeitrag einzahlen.
- ▶ Alternativ zur Regelbeitragszahlung können Sie einen einkommensgerechten Rentenbeitrag festsetzen lassen. Hierzu müssen Sie bei der Deutschen Rentenversicherung Ihre Einkommensteuerbescheide einreichen, sodass im Regelfall der Beitrag auf Basis des Arbeitseinkommens im Vorjahr ermittelt wird.

Wenn Sie sich auf Antrag pflichtversichert haben, erhalten Sie nicht nur den entsprechenden Anspruch auf eine spätere Altersrente, sondern verfügen auch über den Mindestschutz für den Fall der Erwerbsminderung. Und: Als Pflichtversicherter zählen Sie zum Kreis der Berechtigten für die staatlichen Zulagen der Riester-Rente.

INFO

ERST PRÜFEN, DANN IN DIE PFLICHT

Nur wenn es in Ihrer Situation echte Vorteile bringt, sollten Sie sich für die Pflichtversicherung entscheiden. Wenn Sie sich pflichtversichern, sind Sie bei der Festlegung der Beiträge nur noch wenig flexibel. Auch können Sie dann nicht mehr einfach aussteigen. Deshalb sollten Sie am besten vor Ihrer Entscheidung einen Rentenberater konsultieren. Adressen von Rentenberatern finden Sie zum Beispiel über den Bundesverband der Rentenberater unter rentenberater.de, Stichwort „Rentenberater finden".

Freiwillige Einzahlungen

Alternativ zur Pflichtversicherung auf Antrag bietet die gesetzliche Rentenversicherung Selbstständigen auch die Möglichkeit, auf freiwilliger Basis Beiträge zu leisten. Gleich zu Beginn die beiden wichtigsten Nachteile im Vergleich zur Pflichtversicherung: Als freiwilliges Mitglied der gesetzlichen Rentenversicherung können Sie keine Zulagen für Riester-Sparpläne erhalten, und auch der Schutz für den Fall der Erwerbsminderung geht im Regelfall verloren, wenn Sie nicht schon Ende 1983 die fünfjährige Wartezeit erfüllt und seitdem lückenlos rentenversichert waren. Bei anderen Leistungen wie dem Anspruch auf Reha-Maßnahmen und Kuren oder der Hinterbliebenenrente haben freiwillig Versicherte dieselben Ansprüche wie pflichtversicherte Mitglieder.

Ansonsten bietet Ihnen die freiwillige Mitgliedschaft vor allem ein enormes Plus an Flexibilität. Zwischen dem Mindestbeitrag von 83,70 Euro und dem Höchstbeitrag von 1 283,40 Euro (Stand jeweils 2020) können Sie Ihren Zahlungsbetrag frei wählen und damit Ihre Vorsorgeleistung im Bedarfsfall schnell an eine veränderte Auftragslage anpassen. Ob Sie die Beiträge monatlich entrichten oder einmal pro Jahr als Gesamtbetrag zahlen, bleibt Ihnen überlassen. Einzige Einschränkung: Spätestens bis zum 31. März des Folgejahres müssen Sie Ihre Beiträge bezahlt haben. Damit können Sie am Jahresende in aller Ruhe entscheiden, wie viel Geld Sie für die Altersvorsorge auf die Seite legen können.

Die freiwillige Mitgliedschaft beantragen Sie mit einem eigenständigen Formular, das Sie auf der Internetseite der Deutschen Rentenversicherung (deutsche-rentenversicherung.de) herunterladen oder in den Beratungsstellen erhalten können. Wenn Sie den Antrag vor Ende März stellen, können Sie sich noch rückwirkend für das Vorjahr rentenversichern. Ansonsten sind Sie ab dem Kalenderjahr der Antragstellung als freiwilliges Mitglied versichert.

INFO

RENTENKONTO KLÄREN

Um über einen Verbleib in der gesetzlichen Rentenversicherung entscheiden zu können, sollten Sie detaillierte Fakten über Ihre bereits bestehenden Rentenansprüche vorliegen haben. Zu diesem Zweck ist es empfehlenswert, von der Rentenversicherung eine Kontenklärung durchführen zu lassen. Damit ist sichergestellt, dass nicht nur die regulären Beitragszahlungen, sondern auch rentenrelevante Phasen wie Wehr- und Zivildienst sowie Kindererziehungs- und Ausbildungszeiten korrekt berücksichtigt sind. Am besten wenden Sie sich dafür an eine Beratungsstelle der Deutschen Rentenversicherung.

RIESTERN FÜR SELBST-STÄNDIGE

Sie sei zu teuer, zu bürokratisch und zu unrentabel – die Riester-Rente wurde in den letzten Jahren mit viel Kritik bedacht, häufig durchaus zu Recht. Dennoch: Mit dem richtigen Angebot und den staatlichen Zuschüssen bleibt Riester für viele attraktiv – auch für so manche Selbstständigen.

Die Riester-Rente wurde vor allem als staatlich geförderte Privatvorsorge für Arbeitnehmer konzipiert. Doch ein genauerer Blick in die gesetzlichen Regelungen zeigt: Auch ein Teil der Selbstständigen kann einen Riester-Sparvertrag abschließen und die Zulagen in Anspruch nehmen. Förderberechtigt sind all diejenigen, die als Pflichtversicherte Mitglied in der gesetzlichen Rentenversicherung sind.

Damit profitieren die folgenden Berufsgruppen auch bei beruflicher Selbstständigkeit von der Riester-Förderung:

▶ Selbstständige und Freiberufler, die nach § 2 des Sozialgesetzbuches (SGB) VI pflichtversichert sind, wie beispielsweise Dozenten und Lehrer, Pflegepersonen und Hebammen, Künstler und Publizisten etc.,

▶ selbstständige Handwerker in zulassungspflichtigen Berufen, die der Rentenversicherungspflicht unterliegen,

▶ pflichtversicherte GmbH-Geschäftsführer und

▶ Selbstständige, die sich auf Antrag pflichtversichert haben.

Weil die Förderberechtigung an die Pflichtmitgliedschaft in der Deutschen Rentenversicherung gekoppelt ist, verfügen Sie als förderberechtigter Selbstständiger bereits über eine Basisvorsorge, die Sie nun mit einem staatlich geförderten Riester-Sparplan ergänzen können.

Riestern über den Ehepartner

Wenn Sie nicht selbst zum Kreis der Förderberechtigten zählen, können Sie unter Umständen trotzdem in den Genuss der Riester-Zulagen kommen. Voraussetzung dafür ist, dass Ihr Ehepartner beispielsweise als Arbeitnehmer Anspruch auf Riester-Förderung hat und selbst einen Riester-Vertrag abgeschlossen hat. Wenn Sie dann für sich selbst einen weiteren Riester-Sparplan eröffnen, können Sie die Zulage ebenfalls in Anspruch nehmen.

Wichtige Einschränkung: Diese Regelung gilt ausschließlich für Ehepaare, die steuerlich gemeinsam veranlagt sind, nicht jedoch für Paare mit getrennter steuerlicher Veranlagung.

Zulagen und Steuervergünstigungen

Die Riester-Förderung besteht aus unterschiedlichen Komponenten:

Zunächst einmal erhält jeder geförderte Riester-Sparer die Grundzulage von maximal 175 Euro pro Jahr. Ehepaare können von der doppelten Zulage profitieren. Dies gilt auch dann, wenn nur ein Partner berufstätig ist – allerdings nur unter der Voraussetzung, dass beide Ehepartner jeweils getrennte Sparverträge abschließen. Für jedes Kind zahlt der Staat noch eine weitere Zulage von 185 Euro. Für Kinder, die ab 2008 geboren wurden, spendiert er sogar 300 Euro.

Junge Riester-Einsteiger, die vor ihrem 25. Geburtstag einen Vertrag abschließen, erhalten

Je mehr Nachwuchs, desto mehr schießt der Staat zu: Für Familien mit Kindern lohnt sich die Riester-Förderung besonders.

zusätzlich zu den regulären Zulagen einen einmaligen Bonus von 200 Euro.

Über die Förderung in Form direkter Zulagen hinaus können Sie die Einzahlungen in einen Riester-Sparvertrag im Rahmen des Sonderausgabenabzugs steuerlich geltend machen. Maximal erkennt das Finanzamt Beträge in Höhe von 2 100 Euro im Jahr an. Sofern Sie riestern, sollten Sie daher bei der Einkommensteuererklärung die „Anlage AV" mit einreichen. Das Finanzamt prüft dann automatisch, ob die Steuerersparnis aus den Sonderausgaben höher ist als die bereits gezahlte Zulage. Ist dies der Fall, wird die Differenz im Rahmen der Steuerrückerstattung ausgezahlt.

Voraussetzung für die ungekürzte Riester-Zulage ist zunächst, dass Sie 4 Prozent des Jahreseinkommens in einen Riester-Sparvertrag investieren. Als Maßstab dient jeweils das sozialversicherungspflichtige Einkommen des Vorjahres. Einzahlungen werden bis zu einem Betrag von 2 100 Euro gefördert. Das entspricht bezogen auf die 4-Prozent-Regelung einem sozialversicherungspflichtigen Jahreseinkommen von 52 500 Euro. Liegt Ihr Einkom-

men über dieser Grenze, erhalten Sie die volle Förderung, wenn die jährliche Sparleistung 2 100 Euro beträgt.

Die Zulagen zählen dabei mit. Nur den Rest müssen Sie selbst aufbringen. Bei 50 000 Euro Einkommen müssten 2 000 Euro im Jahr in Ihren Vertrag fließen. Ihre Grundzulage von 175 Euro können Sie davon abziehen. Haben Sie Kinder, zahlen Sie noch weniger, denn auch die Kinderzulagen zählen mit.

Bei niedrigem Einkommen und mehreren förderberechtigten Kindern im Haushalt kann es vorkommen, dass Sie in der Theorie keinen einzigen Cent aus eigener Tasche einzahlen müssten, weil über die staatlichen Zulagen eigentlich alle Sparleistungen abgedeckt wären. In solchen Fällen wird von Ihnen zumindest ein symbolischer Mindesteigenanteil in Höhe von 60 Euro pro Jahr verlangt.

Die staatliche Förderung erfolgt automatisch, wenn Sie als Sparer bei Ihrem Riester-Anbieter einen Dauerzulagenantrag eingerichtet haben. Die jährlichen Einzahlungen setzen sich dann aus Ihrem Eigenanteil zuzüglich der vom Staat geleisteten Zulagen zusammen.

Welche Anlageformen infrage kommen

Nicht jede Anlageform kann mit der Riester-Zulage gefördert werden. Weil der Staat die Sparer vor Verlusten durch spekulative Geldanlagen schützen will, muss jedes Sparprodukt ein Riester-Zertifikat erhalten, bevor es unter diesem Begriff angeboten werden darf. Dabei müssen die folgenden Voraussetzungen erfüllt werden:

▶ Die Auszahlung darf frühestens mit Beginn der Altersrente oder ab dem 62. Lebensjahr erfolgen – und zwar überwiegend in Form einer regelmäßigen Rente. Maximal 30 Prozent des angesparten Kapitals können bei Renteneintritt auf einen Schlag ausgezahlt werden.

▶ Der Anbieter muss den Erhalt des eingezahlten Kapitals einschließlich der Zulagen bis zum Eintritt der Auszahlungsphase garantieren, ebenso zumindest jährlich gleichbleibende Rentenauszahlungen.

▶ Der Sparer muss vor Abschluss über die internen Kosten sowie die Fördermöglichkeiten informiert werden und während der Laufzeit jährliche Kontoauszüge erhalten.

Für die Riester-Förderung werden derzeit die folgenden Anlageprodukte angeboten: das Versicherungssparen, das Fondssparen sowie Bausparverträge und Immobilienkredite im Zuge der Wohn-Riester-Förderung. Banksparpläne gibt es hingegen so gut wie keine mehr. Die Banken bieten sie wegen der Niedrigzinsen nicht mehr an, was schade ist, denn sie waren besonders flexibel und bequem.

Welche der angebotenen Anlageformen am besten geeignet ist, hängt in erster Linie von Ihrem Alter beim Abschluss des Vertrags und Ihren persönlichen Lebenszielen ab.

Riester-Versicherungen sind wie eine private Rentenversicherung konzipiert, jedoch mit dem wichtigen Unterschied, dass beim Rentenbeginn nur maximal 30 Prozent auf einen Schlag ausgezahlt werden können und nicht die gesamte Versicherungssumme. Das Kapital der Anleger wird überwiegend konservativ angelegt. Nachteilig sind bei vielen Versicherungsprodukten die hohen Vertriebs- und Verwaltungskosten, die dazu führen, dass sich der Sparvertrag oft nur bei Laufzeiten von deutlich mehr als zehn Jahren lohnt.

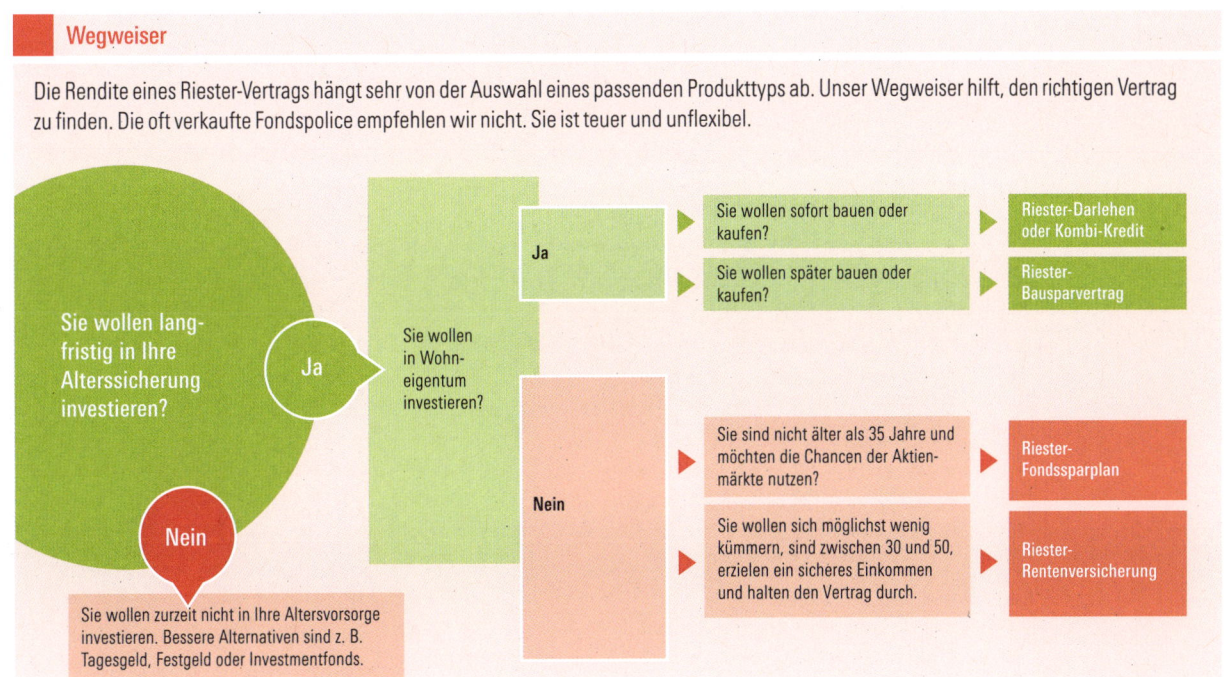

Wegweiser

Die Rendite eines Riester-Vertrags hängt sehr von der Auswahl eines passenden Produkttyps ab. Unser Wegweiser hilft, den richtigen Vertrag zu finden. Die oft verkaufte Fondspolice empfehlen wir nicht. Sie ist teuer und unflexibel.

Sie wollen langfristig in Ihre Alterssicherung investieren?

Ja → Sie wollen in Wohneigentum investieren?

Ja → Sie wollen sofort bauen oder kaufen? → Riester-Darlehen oder Kombi-Kredit

Sie wollen später bauen oder kaufen? → Riester-Bausparvertrag

Nein → Sie sind nicht älter als 35 Jahre und möchten die Chancen der Aktienmärkte nutzen? → Riester-Fondssparplan

Sie wollen sich möglichst wenig kümmern, sind zwischen 30 und 50, erzielen ein sicheres Einkommen und halten den Vertrag durch. → Riester-Rentenversicherung

Nein → Sie wollen zurzeit nicht in Ihre Altersvorsorge investieren. Bessere Alternative sind z. B. Tagesgeld, Festgeld oder Investmentfonds.

Riester-Fondssparpläne haben hingegen einen hohen Aktienanteil, dem je nach Marktlage und verbleibender Spardauer Anleihen beigemischt werden, um den Kapitalerhalt bis zum Renteneintritt sicherzustellen. Dabei gilt: Je länger die Restlaufzeit des Riester-Vertrags, umso höher kann der Aktienanteil ausfallen. Fondssparpläne eignen sich daher für Sparer, die eine geförderte Altersvorsorge mit guten Renditechancen suchen und mindestens noch 20 bis 30 Jahre Zeit bis zur Rente haben. Verluste müssen Sie dabei nicht befürchten: Dank der vom Gesetzgeber geforderten Kapitalgarantie müssen am Ende der Ansparphase zumindest die eingezahlten Beiträge plus Zulagen auf der Guthabenseite stehen.

INFO **SORGFÄLTIG AUSWÄHLEN**
Egal, für welche Form des Riesterns Sie sich entscheiden: Sie sollten das Produkt sorgfältig auswählen. Weil Sie viele Jahre einzahlen, macht sich am Ende selbst ein kleineres Mehr an Rendite deutlich bemerkbar. Finanztest testet die verschiedenen Riester-Varianten regelmäßig. Die neuesten Ergebnisse und weitere Informationen rund ums Riestern finden Sie unter test.de/riester.

Wohn-Riester

Neben den Anlageprodukten steht Ihnen auch die Förderung der Eigenheimfinanzierung im Rahmen des Wohn-Riester-Programms zur Verfügung. Dabei gibt es zwei Varianten:
- ▶ **In der Ansparphase** können Sie sich mit einem Riester-Bausparvertrag Zulagen sichern.
- ▶ **In der Finanzierungsphase** können Sie ein Riester-Darlehen abschließen, bei dem die Tilgung analog zu den Sparraten beim herkömmlichen Riestern mit Zulagen gefördert wird.

Auch hier gilt: Zulagen gibt es nur für Bausparverträge oder Immobiliendarlehen, die mit dem Riester-Zertifikat versehen sind. Darüber hinaus ist eine wichtige Voraussetzung, dass es sich

um eine selbst genutzte Wohnimmobilie handelt. Eine vermietete Wohnung können Sie ebenso wenig mit einem Riester-Darlehen finanzieren wie Ihre Räumlichkeiten für Büro, Praxis, Lager oder Produktion.

Damit kommt Wohn-Riester für Sie nur infrage, wenn Sie bereits ein selbst genutztes Eigenheim besitzen oder mittelfristig den Weg in die eigenen vier Wände planen. Ist Letzteres der Fall, sollten Sie jedoch bedenken, dass Sie als Selbstständiger Ihre finanzielle Zukunft weitaus weniger verlässlich planen können als ein Arbeitnehmer mit sicherem Arbeitsplatz und nur gering schwankendem Einkommen.

Die Besteuerung der Riester-Rente

Zwar sind die Zulagen und Steuervergünstigungen in der Ansparphase der Riester-Vorsorge durchaus attraktiv – doch der Fiskus holt sich einen Teil davon später wieder zurück. Wenn die Riester-Rente mit dem Eintritt in den beruflichen Ruhestand zur Auszahlung kommt, müssen Sie die Einkünfte in voller Höhe als Einkommen versteuern. Dieses Prinzip: Steuerfreiheit in der Ansparphase und volle Besteuerung in der Auszahlungsphase, nennt sich nachgelagerte Besteuerung. Bei der gesetzlichen Rente und der Rürup-Rente wird bis 2040 auf diese nachgelagerte Besteuerung umgestellt. Bis dahin ist in der Einzahlungsphase ein jährlich steigender Anteil der Zahlungen steuerfrei, entsprechend steigt jährlich auch der Anteil, der von der gesetzlichen oder der Rürup-Rente besteuert wird.

Die Besteuerung für Riester-Renten gilt auch in vollem Umfang für Beträge, die Sie sich bei Rentenbeginn innerhalb der 30-Prozent-Grenze auf einen Schlag auszahlen lassen. Haben Sie beispielsweise ein Riester-Guthaben von 100 000 Euro angesammelt und lassen sich davon 30 000 Euro bei Renteneintritt auszahlen, dann erhöht sich im Jahr der Auszahlung Ihr steuerpflichtiges Einkommen um 30 000 Euro.

Weil beim Wohn-Riester keine Rentenauszahlung erfolgt, holt sich der Staat die Steuern im Rentenalter über ein fiktives Zulagenkonto, das sogenannte Wohnförderkonto. Darauf werden alle geförderten Eigenbeiträge, die erhaltenen staatlichen Zulagen und auch die eventuell aus anderen Riester-Verträgen für den Immobilienerwerb entnommenen Beträge verbucht. Dazu kommen zusätzlich pro Jahr fiktive Zinsen in Höhe von 2 Prozent – sozusagen als Preis für die eingesparte Tilgung. Bei Rentenbeginn liefert der Kontostand des Wohnförderkontos die Berechnungsbasis für die im Rahmen der nachgelagerten Besteuerung zu ermittelnde Steuerlast des Immobilieneigners.

Dabei wird der auf dem Wohnförderkonto aufgelaufene Betrag durch die Anzahl der Jahre vom Renteneintrittsalter bis zum 85. Geburtstag geteilt. Dieser Teilbetrag muss dann jährlich versteuert werden. Alternativ dazu können auch 70 Prozent des Kontostands sofort im Jahr des Renteneintritts versteuert werden.

Es müssen also Steuern gezahlt werden, obwohl zu dem Zeitpunkt keine Einkünfte aus dem Vertrag fließen.

Trotz der auf den ersten Blick kompliziert anmutenden Steuerregeln ist das Riestern grundsätzlich attraktiv. Denn: Die Zulagen und Steuervergünstigungen, die Sie während der Sparphase erhalten, erhöhen die Rendite des Riester-Sparens und erweitern den finanziellen Spielraum für die Altersvorsorge. Weil später im Rentenalter oftmals der Steuersatz aufgrund des geringeren steuerpflichtigen Einkommens deutlich niedriger ist als in der aktiven Erwerbsphase, hält sich in vielen Fällen die künftige Steuerbelastung durch Riester-Einkünfte in Grenzen. Und: Die eher niedrigen und flexiblen Sparraten sind auch für Gründer zu stemmen.

DIE RÜRUP-RENTE

Für Selbstständige, die nicht Riester-berechtigt sind, ist die Rürup-Rente die einzige Möglichkeit, mithilfe staatlicher Förderung für das Rentenalter vorzusorgen. Die Rürup-Rente – im offiziellen Sprachgebrauch auch als Basis-Rente bezeichnet – verdankt ihre Bezeichnung dem Wirtschafts- und Sozialexperten Bert Rürup, der an der Entwicklung des im Jahr 2005 eingeführten Vorsorgemodells maßgeblich beteiligt war. Im Gegensatz zur Riester-Rente steht die Rürup-Rente nicht nur Arbeitnehmern und Beamten, sondern ohne Einschränkung auch allen Selbstständigen offen.

Um in den Genuss der steuerlichen Förderung in der Ansparphase zu kommen, muss Ihr Vorsorgevertrag die vom Gesetzgeber aufgestellten Kriterien der Rürup-Rente erfüllen. Zu diesen Kriterien zählt in erster Linie, dass Sie

sich das Kapital nicht vor Renteneintritt auszahlen lassen dürfen und dass bei Rentenbeginn nur die Umwandlung in eine regelmäßige Rente und nicht die Auszahlung des Kapitals auf einen Schlag erlaubt ist.

Die Produktkonzepte

Neben der reinen finanziellen Altersvorsorge für sich selbst können Sie im Rahmen eines steuerbegünstigten Rürup-Sparvertrags weitere Komponenten einbauen. So kann die Absicherung des Ehepartners durch die Weiterzahlung der Rente nach dem Tod des Versicherten und wahlweise auch der Schutz für den Fall der Berufsunfähigkeit integriert werden. Beide Varianten schmälern aber die spätere Rente.

Bei der Kapitalanlage gibt es unterschiedliche Varianten:

1 **Die klassische Rürup-Rente:** Diese Versicherungssparpläne in Form einer Rürup-Rente entsprechen in Bezug auf Sicherheit, Kosten und Flexibilität der privaten Rentenversicherung. Bei der klassischen Rürup-Rente wird während der Ansparphase das Kapital nach Abzug der Verwaltungskosten von der Versicherungsgesellschaft vorrangig in sichere Anlagen wie Anleihen und Immobilien investiert, ein kleiner Teil kann auch in Aktien und Fonds fließen.

2 **Die fondsgebundene Rürup-Rente:** Es existieren auch fondsgebundene Sparpläne, bei denen es im Gegensatz zur Versicherungsvariante keinen Garantiezins gibt. Je nach Anbieter gibt es Fondspolicen entweder mit der Zusicherung des Kapitalerhalts oder als reine Fondsanlage, bei der die Anleger das volle Kapitalmarktrisiko tragen. Mit solchen Produkten sollten Sie jedoch vorsichtig sein, denn die Höhe Ihrer späteren Rente hängt dann in hohem Maße von der Entwicklung an den weltweiten Aktienbörsen ab.

Im Gegensatz zu Riester-Fonds sind Anbieter von fondsgebundenen Rürup-Verträgen nicht verpflichtet, ihren Anlegern den Erhalt des Kapitals bis zum Renteneintritt zu garantieren. Im schlimmsten Fall bedeutet das: Tritt zum Zeitpunkt des Rentenbeginns ein Börsencrash ein, lösen sich damit Ihre Vorsorgeberechnungen in Rauch auf. Daher eignen sich Rürup-Sparpläne auf Fondsbasis allenfalls als Ergänzung für diejenigen, die schon freiwillig oder als Pflichtmitglied Beiträge in die staatliche Rentenkasse einzahlen oder bereits über einen versicherungsgebundenen Rürup-Sparplan als Basisvorsorge verfügen.

Alle Rürup-Sparpläne sind mit zwei wichtigen Nachteilen verbunden, die Sie nicht außer Acht lassen sollten:

▶ **Hohe Vertriebskosten.** Ähnlich wie bei Lebens- und Privatrentenversicherungen werden die hohen Provisionen für die Versicherungsvermittler auch bei der Rürup-Rente auf die ersten Vertragsjahre umgelegt. Das führt dazu, dass sich in der Anfangsphase kaum Guthaben ansammelt.

Wenn Sie aufgrund finanzieller Engpässe Ihren Vertrag beitragsfrei stellen lassen müssen, kann es je nach Spardauer vorkommen dass die eingezahlten Beiträge teilweise oder sogar ganz verloren sind. Zwar ermöglichen manche Anbieter ihren Kunden den Wechsel des Vertragspartners während der Laufzeit – doch dieser ist unter Umständen mit neuen Kosten verbunden, die an der Rendite zehren.

▶ **Starre Verträge.** Ähnlich wie bei Kapitallebens- und Privatrentenversicherungen ist auch bei Rürup-Sparplänen ein fester Monats- oder Jahresbeitrag vorgesehen. Für Selbstständige mit stark schwankendem Einkommen ist dies sehr ungünstig, weil in schlechten Zeiten die Einzahlungen nicht einfach reduziert werden können. Auch die Option, in besonders guten Jahren Extra-Zahlungen zu leisten, ist eher die Ausnahme als die Regel. In einer Untersuchung der Stiftung Warentest im Herbst 2016 hat sich gezeigt, dass von 18 getesteten Angeboten nur 11 Rürup-Produkte außerplanmäßige Zuzahlungen ermöglichen.

Steuerregeln in der Anspar- und Rentenphase

Hinsichtlich der Besteuerung ist die Rürup-Rente der gesetzlichen Rentenversicherung gleichgestellt – das gilt sowohl für die Einzahlungsphase wie auch für die späteren Rentenzahlungen.

Ihre Einzahlungen können Sie im Rahmen der Sonderausgaben als Vorsorgeaufwendungen steuerlich geltend machen. Zunächst einmal gilt: Der Höchstbetrag für steuerlich geförderte Rürup-Sparleistungen beträgt 20 000 Euro für Ledige und 40 000 Euro für Verheiratete. Innerhalb dieser Grenzen dürfen Sie einen jährlich ansteigenden Prozentsatz Ihrer Einzahlungen in einen Rürup-Sparplan als Sonderausgaben ansetzen. Der Satz liegt für das Jahr 2020 bei 90 Prozent und steigt in 2-Prozent-Schritten jährlich an, bis ab 2025 die Einzahlungen in voller Höhe steuerlich geltend gemacht werden können.

Wie hoch dann die konkrete Steuerersparnis ausfällt, hängt nicht nur von der Höhe der jährlichen Sparraten ab, sondern auch vom persönlichen Steuersatz: Je höher der Steuersatz, umso mehr zahlt das Finanzamt nach der Abgabe der Einkommensteuererklärung zurück. Damit ist bei Gutverdienenden der Förderanteil höher als bei Steuerzahlern mit niedrigem Einkommen.

Beispiel: Jahr für Jahr steigende Abzugsmöglichkeiten Sylvia L. hat sich dazu entschlossen, ergänzend zu ihren freiwilligen Einzahlungen in die Deutsche Rentenversicherung einen Rürup-Sparplan abzuschließen, in den sie jährlich 3 600 Euro einzahlt. Damit kann sie bei den Sonderausgaben die folgenden Beträge für Vorsorgeaufwendungen geltend machen:

- Im Jahr 2020: 3 240 Euro (90 Prozent)
- Im Jahr 2021: 3 312 Euro (92 Prozent)
- Im Jahr 2022: 3 384 Euro (94 Prozent)

Die Auszahlungen im Rentenalter werden vom Finanzamt genauso wie die Altersrente aus einem berufsständischen Versorgungswerk oder aus der gesetzlichen Rentenversicherung eingestuft. Je nachdem, in welchem Jahr Sie in den beruflichen Ruhestand treten und die Auszahlungen beginnen lassen, müssen Sie für den Rest Ihres Lebens einen bestimmten Prozentsatz der Renteneinkünfte versteuern. Bei Renteneintritt im Jahr 2020 sind Renteneinkünfte zu 80 Prozent steuerpflichtig, bei Rentenbeginn im Jahr 2025 sind es 85 Prozent, und die Neurentner ab dem Jahr 2040 müssen ihre Rente in voller Höhe versteuern.

Diese Steuerregelungen gelten auch, wenn Sie eine Berufsunfähigkeitsversicherung in Ihren Rürup-Sparplan integriert haben und diese aus gesundheitlichen Gründen in Anspruch nehmen müssen. Beginnt beispielsweise die Berufsunfähigkeitsrente im Jahr 2020, dann gelten 80 Prozent der Rentenzahlungen als steuerpflichtiges Einkommen. Weitaus weniger Steuerbelastung haben Sie dagegen bei Einkünften aus einer herkömmlichen privaten Berufsunfähigkeitsversicherung – denn hier greift das sogenannte Ertragswertverfahren. Dabei gilt: Je kürzer die Dauer der Rentenzah-

lung, umso geringer ist der steuerlich relevante Anteil der Rente. Wenn Sie beispielsweise mit 50 Jahren berufsunfähig werden und bis 65 eine private Rente erhalten, gelten nur 16 Prozent der ausgezahlten Rente als steuerpflichtiges Einkommen.

INFO

BESSER FREIWILLIG IN DIE GESETZLICHE RENTE EINZAHLEN
Im Vergleich zu den freiwilligen Einzahlungen in die gesetzliche Rentenversicherung bringt Ihnen die Rürup-Rente keine zusätzlichen steuerlichen Vorteile – und ob am Ende die Rendite der privaten oder der staatlichen Vorsorge besser ausfällt, lässt sich auf lange Sicht kaum vorhersagen. Klare Vorteile bieten jedoch die freiwilligen Einzahlungen in die gesetzliche Rente bei der Flexibilität, denn hier können Sie Jahr für Jahr den einzuzahlenden Beitrag neu festlegen. Da bei Selbstständigen die Einkünfte oft stark schwanken, ist die freiwillige Einzahlung in die Deutsche Rentenversicherung häufig sinnvoller als eine Rürup-Rente. Zudem bietet die gesetzliche Rente eine Hinterbliebenenabsicherung. Sie fällt zwar sehr mager aus. Aber bei der Rürup-Rente fehlt die Hinterbliebenenabsicherung komplett, wenn sie nicht zusätzlich vereinbart wird. Eine solche Vereinbarung schmälert dann allerdings die Altersrente.

STRATEGIEN FÜR DIE ALTERSVORSORGE

Mit dem Wechsel von einem Angestelltenverhältnis in die berufliche Selbstständigkeit verändert sich die Strategie, wenn es um die Altersvorsorge geht. Während Angestellte auf eine gesetzliche Rente bauen können, die sie mit betrieblicher oder privater Altersvorsorge ergänzen, müssen Sie nun das komplette Vorsorgepuzzle eigenverantwortlich zusammenfügen.

Die oftmals großen Einkommensschwankungen bei Selbstständigen machen die Planung nicht unbedingt leichter. Gefordert sind daher Konzepte, die Ihnen einen flexiblen finanziellen Spielraum bieten und Sie nicht an starre Zahlungspläne binden. Sinnvoll ist es daher, die Altersvorsorge in zwei Segmente aufzuteilen:

1 **Die Basisvorsorge,** die Ihren Lebensunterhalt im Rentenalter sichert. Hier hat die Sicherheit absoluten Vorrang.
2 **Die zusätzliche Vorsorge** und der Vermögensaufbau als ergänzende Maßnahmen zur Basisvorsorge. In diesem Bereich können Sie auch ein gewisses Marktrisiko eingehen.

Den Bedarf ermitteln

Als Unternehmer sind Sie es gewohnt, die Preise für Ihre Leistungen möglichst gründlich zu kalkulieren, anstatt Ihre Einnahmen dem Zufall zu überlassen. Genauso sollten Sie es auch bei Ihrer privaten Altersvorsorge halten: Zuerst kommt die detaillierte Analyse, und auf dieser Basis können Sie entscheiden, wie viel Geld Sie in welche Vorsorgemaßnahmen investieren sollten. Was Sie brauchen, ist eine verlässliche Kalkulationsbasis – und deshalb sollten Sie bei der Ermittlung Ihres Vorsorgebedarfs strukturiert und planvoll vorgehen.

Zunächst einmal gilt es, die bereits bestehenden Ansprüche aus der gesetzlichen Rente zu ermitteln und am besten gleich eine Kontenklärung bei der Deutschen Rentenversicherung durchführen zu lassen. Wie hoch Ihre Rente einmal voraussichtlich ausfallen wird, können Sie sich in einer Beratungsstelle der Deutschen Rentenversicherung ausrechnen lassen. Dazu kommen noch die Beträge, die Sie aus früheren betrieblichen Vorsorgemaßnahmen oder aus einer bereits bestehenden privaten Rentenversicherung erwarten können. All dies zusammen summiert sich zu den Einnahmen, die Sie aufgrund Ihrer bisherigen Altersvorsorge im Rentenalter erwarten können.

Wenn Sie später in Rente gehen, brauchen Sie ein regelmäßiges Einkommen, um Ihre Lebenshaltungskosten abdecken zu können. Dabei sollten Sie die Inflation nicht vergessen – und die kann sich bei längeren Zeiträumen in spürbaren Steigerungsraten bemerkbar machen. Beträgt etwa die durchschnittliche Inflationsrate 1,5 Prozent im Jahr, müssen Sie im Lauf von 20 Jahren mit einem Anstieg der Lebenshaltungskosten um 34,7 Prozent kalkulieren. Klettert indes die Inflationsrate auf 2,5 Prozent, brauchen Sie in 20 Jahren bereits einen Einkommenszuwachs von 63,9 Prozent, um den heutigen Standard zu halten.

Auch persönliche Gesichtspunkte fließen in Ihre Prognoserechnungen mit ein. So sollten Sie als Eigenheimbesitzer berücksichtigen, dass Sie im Rentenalter keine Darlehensraten mehr zu bezahlen brauchen, weil Ihre Immobilie schuldenfrei ist. Voraussetzung dafür ist allerdings, dass Sie Ihr Finanzierungskonzept entsprechend ausgelegt haben. Ebenso werden in Familien die gesamten Lebenshaltungs-

Auch die eigene Immobilie kann Teil Ihrer Altersvorsorge sein.

kosten zurückgehen, sobald die Ausbildung der Kinder abgeschlossen ist und sie finanziell auf eigenen Füßen stehen.

Im Gegenzug sollten Sie jedoch bedenken, dass im Rentenalter so mancher Ausgabenposten stärker zu Buche schlägt. Beispiel Gesundheitsausgaben: Auch rüstige Rentner müssen öfter zum Arzt oder zum Heilpraktiker und brauchen mehr Medikamente als junge Leute. Außerdem wollen Sie sich dann sicherlich auch ab und zu etwas Gutes tun und sich vielleicht mal eine längere Reise gönnen oder ab und zu ins Kino, Theater oder Konzert gehen– für solche Investitionen ins eigene Wohlbefinden sollte im Rentenalter nach Möglichkeit genügend Geld vorhanden sein.

Wenn Sie solche Hochrechnungen anstellen, wird sich möglicherweise schnell zeigen: Um den Lebensstandard im Rentenalter aufrechtzuerhalten, müssten Sie vielleicht 500 oder sogar 1 000 Euro pro Monat allein für die Altersvorsorge zur Seite legen. Insbesondere in der Anfangsphase ist es aber häufig schwierig, überhaupt einen nennenswerten Betrag in einen Sparplan zu investieren. Und: Mit Blick auf die Ebbe auf dem Konto und die für die Überbrückung der Startphase aufgenommenen Kredite stellt sich die Frage, ob die Rückzahlung der Verbindlichkeiten und das Bilden von

unternehmerischem Eigenkapital nicht erst einmal Vorrang haben.

In der Tat gilt zumindest für die ersten zwei bis drei Jahre der Selbstständigkeit, dass die Investitionen ins eigene Unternehmen und vor allem auch die Rückzahlung von Überbrückungskrediten Vorrang haben. Während dieser Zeit sollten Sie nach Möglichkeit Ihre Altersvorsorge zumindest auf Sparflamme weiterlaufen lassen. Nur wenn es die finanzielle Situation wirklich nicht zulässt, ist es sinnvoll, in den ersten maximal drei Jahren nach dem Start in die Selbstständigkeit das Vorsorgesparen auszusetzen. Ohnehin ist das nur dann möglich, wenn Sie nicht von Gesetzes wegen Pflichtmitglied in der Rentenversicherung oder in einem Versorgungswerk sind.

Was sich für die Basisvorsorge eignet

Ziel der Basisvorsorge ist es, den Lebensunterhalt auch im Rentenalter zu sichern – wenn auch vielleicht auf zunächst einmal bescheidenem Niveau. Doch schon hier zeigen sich bei vielen Selbstständigen bedrohliche Lücken. So ergab eine Umfrage der Quirin Bank unter Selbstständigen und Freiberuflern im Jahr 2019, dass sich 58 Prozent der befragten Frauen und 59 Prozent der befragten Männer Sorgen über ihre Altersvorsorge machen.

Insolvenzschutz bei Altersvorsorge-Sparverträgen

Wenn ein Unternehmen zahlungsunfähig wird und Insolvenz anmeldet, dürfen die Gläubiger ihre Ansprüche aus der Verwertung des Unternehmenseigentums befriedigen. Für Einzelunternehmer bedeutet dies in aller Regel, dass damit im Rahmen einer Pfändung auch der Zugriff auf private Vermögenswerte wie Bankguthaben, Wertpapiere oder Immobilien erfolgen darf. Ausgenommen sind davon nur Vermögenswerte, die unwiderruflich für die Altersvorsorge gebildet worden sind.

Zum pfändungs- und insolvenzgeschützten Vorsorgevermögen zählen

▶ bereits erworbene Ansprüche an die gesetzliche Rentenversicherung,

▶ bestehende Ansprüche aus Einzahlungen in berufsständische Versorgungswerke,

▶ Guthaben auf Riester-Sparverträgen,

▶ Guthaben auf Rürup-Sparverträgen sowie

▶ Guthaben auf privaten Rentenversicherungen – dies jedoch nur unter der Voraussetzung, dass der Versicherte kein Kapitalauszahlungsrecht am Ende der Ansparphase hat. Dies trifft im Regelfall allerdings nur auf Rürup-Versicherungssparpläne zu.

Spätestens drei Jahre nach der Existenzgründung sollten Sie in der Lage sein, zumindest die Grundversorgung im Rentenalter zu sichern. Wenn dies nicht gelingt, ist das ein ernst zu nehmendes Alarmsignal und Anlass für die Überlegung, ob Ihnen Ihr Unternehmenskonzept bei allem Bemühen keine ausreichende Basis für die nachhaltige Sicherung Ihres Lebensunterhalts bieten kann.

Wenn Sie zu den pflichtversicherten Selbstständigen zählen, können Sie die Basisvorsorge als erfüllt betrachten. Je nach Einkommen erwerben Sie dadurch eine Anwartschaft für den beruflichen Ruhestand, die zusammen mit bereits erworbenen Rentenansprüchen aus der Angestelltenzeit wenigstens die Mindestversorgung gewährleisten sollte.

Ohne Versicherungspflicht stellt sich die Frage, wie Sie Ihre Basisvorsorge gestalten sollten. Ein wichtiger Aspekt für Selbstständige ist dabei die Insolvenzsicherheit (siehe links „Insolvenzschutz bei Altersvorsorge-Sparverträgen"): Sollte Ihr Gründungsvorhaben scheitern und in einer Insolvenz enden, ist es von existenzieller Bedeutung, dass die Gläubiger keinen Zugriff auf die für die Altersvorsorge gebildeten Rücklagen haben.

Sowohl mit Blick auf den Insolvenzschutz wie auch unter dem Aspekt der Anlagesicherheit kommen damit für die Basisvorsorge vor allem freiwillige Einzahlungen in die gesetzliche Rentenversicherung und Rürup-Sparverträge in Betracht. Zwar erfüllen auch Riester-Sparpläne die Kriterien der Insolvenzsicherheit. Doch berechtigt zum Riester-Sparen sind nur diejenigen, die bereits in der gesetzlichen Rentenversicherung pflichtversichert sind. Daher kann für Selbstständige ohne Versicherungspflicht ein Riester-Sparvertrag nicht die Grundlage für die Altersvorsorge bilden, sondern ist eine sinnvolle Ergänzung für Pflichtversicherte.

Wie bereits dargestellt, bieten freiwillige Einzahlungen in die gesetzliche Rentenversicherung weitaus mehr Flexibilität als ein Großteil der Rürup-Sparpläne. Damit ist die Deutsche Rentenversicherung für viele Existenzgründer und Selbstständige als erste Anlaufstelle geeignet, um die Grundlage für die Sicherung des Lebensstandards im Rentenalter zu legen.

Ergänzende Altersvorsorge und privater Vermögensaufbau

Nach der Startphase, die oft geprägt ist durch Kreditaufnahmen und geringe Einkünfte, sollte sich die finanzielle Situation für Existenzgründer schon bald entspannen. Dann eröffnet sich auch Spielraum für die ergänzende Altersvorsorge und den privaten Vermögensaufbau.

Bevor Sie damit beginnen, sollten Sie jedoch einen kritischen Blick auf Ihre unternehmerischen Kredite werfen. Solange Sie nämlich einen teuren Dispokredit beanspruchen oder

Ihre Überbrückungskredite noch nicht getilgt haben, gilt die Devise, dass Schuldentilgung die rentabelste und sicherste Form der Kapitalanlage ist. Etwas anders sieht es bei Investitionskrediten aus, die meist langfristig getilgt werden und vor allem in Wachstumsphasen eine gängige Komponente der Unternehmensfinanzierung sind. Wenn die flüssigen Geldmittel ausreichen, um Zins und Tilgung der Investitionskredite zu bedienen, steht dem parallelen Aufbau privaten Vermögens nichts im Wege.

Dabei sollten Sie auf gar keinen Fall das Pferd von hinten aufzäumen: Viele Selbstständige schließen ein Anlageprodukt ab, nur weil es ihnen gerade von einer Bank oder einem Anlagevermittler angeboten wird – und haben dabei noch überhaupt keine grundlegende Strategie für ihren langfristigen Vermögensaufbau ausgearbeitet. Auf den ersten Blick scheint die strategische Vorarbeit für sie einen zusätzlichen Aufwand zu bedeuten. Doch eher ist das Gegenteil der Fall: Wenn Sie sich einmal die Mühe gemacht haben und Ihre Anlagestrategie skizzieren, können Sie mit vergleichsweise geringem Aufwand die infrage kommenden Anlageprodukte herausfiltern und den Rest einfach links liegenlassen. Das spart Zeit, entlastet Sie von den provisionsfinanzierten „Beratungen" der Banken und Finanzvertriebe – die in Wirklichkeit immer nur Verkaufsgespräche sind –

und verhindert auf lange Sicht herbe Verluste mit teuren Anlageflops.

Natürlich wünscht sich jeder Anleger ein Produkt mit hoher Rendite, das keine Verlustrisiken mit sich bringt und jederzeit kurzfristig gekündigt werden kann. Aber solche Kapitalanlagen gibt es nicht. Will Ihnen jemand das Gegenteil weismachen, können Sie davon ausgehen, dass Sie angelogen werden. Irgendeinen Kompromiss müssen Sie immer eingehen: Entweder Sie verzichten zugunsten der Sicherheit oder schnellen Verfügbarkeit auf Rendite, oder Sie zahlen für eine höhere Renditechance den Preis in Form größerer Verlustrisiken oder einer langen Bindung an den Anbieter.

INFO BEACHTEN SIE DAS „MAGISCHE DREIECK"

Jedes Anlageprodukt zeichnet sich durch drei Eigenschaften aus: die Rentabilität, die Sicherheit und die Flexibilität. Diese drei Eigenschaften werden auch als „magisches Dreieck" bezeichnet – und so wie die Ecken eines Dreiecks weit auseinanderliegen, können Sie niemals alle drei Kriterien komplett unter einen Hut bringen. Daher gilt es bei jeder Anlageentscheidung zu überlegen, in welcher Rangfolge die Eigenschaften zu erfüllen sind.

Magisches Dreieck der Geldanlage

Um herauszufinden, welche Anlageprodukte überhaupt zu Ihren langfristigen Zielen passen, sollten Sie sich überlegen, welche Grundvoraussetzungen die Kapitalanlagen oder Sparpläne erfüllen sollten. Die Ergebnisse können dabei ganz unterschiedlich ausfallen, denn jeder hat andere Lebensziele, andere Risikoneigungen und andere finanzielle Möglichkeiten und Verpflichtungen. Die Checkliste „Überlegungen zur Altersvorsorgestrategie" unten soll Ihnen dabei helfen, Ihre Vorstellungen zu strukturieren.

Aus diesen Überlegungen ergeben sich dann die konkreten Anlagegattungen, die für Ihren Bedarf infrage kommen. Wenn Sie beispielsweise erst Mitte 30 sind, Ihre Basisvorsorge unter Dach und Fach gebracht haben

und beim Vermögensaufbau Schwankungsrisiken nicht scheuen, bietet sich das Sparen mit Investmentfonds an.

Meist ist es sinnvoll, sich beim Vermögensaufbau auf wenige Produkte zu konzentrieren, die einfach strukturiert, transparent, mit geringen Nebenkosten behaftet und flexibel zu handhaben sind. Wenn Sie diese vier Eigenschaften als Auswahlfilter einsetzen, können Sie schon mal einen großen Teil der angebotenen Produkte links liegenlassen – so etwa

- ▶ Anlagezertifikate,
- ▶ geschlossene Fonds sowie
- ▶ Kapitallebensversicherungen und fondsgebundene Versicherungssparpläne.

Zwar sind diese Anlageprodukte nicht allesamt von vornherein unseriös. Doch oft sind sie schwer zu durchschauen, mit hohen Vertriebs- und Verwaltungskosten verbunden oder sie bringen finanzielle Nachteile, wenn Sie vorzeitig auf Ihr Geld zugreifen oder die Höhe von regelmäßigen Sparraten verändern wollen. Auch die Direktanlage in Aktien oder Anleihen ist eher selten sinnvoll, da für eine vernünftige Risikostreuung meist höhere fünfstellige Anlagesummen erforderlich sind und Sie viel Zeit investieren müssten, um die passenden Wertpapiere auszuwählen.

Damit bleibt die Zahl der geeigneten Anlageprodukte überschaubar. Mit verzinsten Anlagen bei Banken können Sie Ihren kurz- und mittelfristigen Anlagebedarf decken, während für den längerfristigen Vermögensaufbau Investmentfonds gut geeignet sind. Je nach Ihrer persönlichen Einkommenssituation kann auch das selbst genutzte Eigenheim ein sinnvoller Bestandteil der Altersvorsorge sein. Vermietete Immobilien kommen erst dann in Betracht, wenn Ihr Einkommen stetig auf hohem Niveau fließt und ihre Finanzierung kein Risiko darstellt.

Überlegungen zur Altersvorsorgestrategie

Zeithorizont	✓ Wie viel Jahre bleiben bis zum geplanten Renteneintritt?
Finanzieller Spielraum	✓ Welche Betragsspanne (z. B. zwischen 100 und 300 Euro pro Monat) steht voraussichtlich für Altersvorsorge-Sparpläne zur Verfügung?
	✓ Habe ich Überbrückungs-, Konsumenten- und Dispokredite vollständig zurückgezahlt?
	✓ Habe ich eine ausreichende Geldreserve für Einkommensschwankungen und ungeplante Ausgaben?
Wohneigentum	✓ Bediene ich eine laufende Baufinanzierung, deren Tilgung in aller Regel Vorrang vor dem anderweitigen Vermögensaufbau hat?
	✓ Plane ich mittelfristig den Erwerb von Wohneigentum, sodass Kapitalanlagen entsprechend sicher und verfügbar sein sollten?
Risikobereitschaft	✓ Welche Schwankungs- oder Verlustrisiken möchte ich aufgrund meiner Persönlichkeit grundsätzlich eingehen?
	✓ Welche Risiken kann ich aufgrund der Rahmenbedingungen eingehen – vor allem mit Blick auf die verbleibende Zeit bis zu Rentenbeginn und die vergleichsweise hohen Einkommensrisiken von Selbstständigen?
Eigeninitiative	✓ Möchte ich mich intensiv mit Wirtschafts- und Finanzthemen auseinandersetzen, um auch bei komplexeren Anlageprodukten eine fundierte Entscheidung treffen zu können?
	✓ Möchte ich lieber meine Zeit und Energie auf die Selbstständigkeit konzentrieren und daher ausschließlich einfach strukturierte Anlageprodukte wählen, mit denen ich wenig Aufwand habe?

Geldanlage bei Banken

Die Geldanlage bei Banken bringt zwar eher bescheidene Renditen, hat jedoch den Vorzug, dass Sie kein Verlust- oder Wertschwankungsrisiko einzugehen brauchen. Schon über die gesetzliche Einlagensicherung sind pro Anleger und Bank Guthaben bis zu einer Höhe von 100 000 Euro geschützt. Darüber hinaus gehören die allermeisten Banken und Sparkassen in Deutschland den Sicherungssystemen der Sparkassen, Genossenschaftsbanken oder Privatbanken an, die eine Absicherung der Kundengelder weit über die gesetzliche Sicherungsgrenze hinaus bieten.

Auch auf der Kostenseite sieht es für die Anleger zumeist günstig aus. Mit den meisten Spar- und Anlageprodukten von Banken sind keine Nebenkosten verbunden, sodass Sie den Zins im Regelfall ungeschmälert einstreichen können. Bei Banken sind im Allgemeinen die folgenden Anlageprodukte zu finden:

► **Sparbücher.** Kleinere Beträge können ohne Kündigungsfrist abgehoben werden, bei größeren Verfügungen gilt meist eine dreimonatige Kündigungsfrist. Aufgrund der extrem geringen Verzinsung lohnen sich Sparbücher in aller Regel nicht.

► **Tagesgeldkonten.** Diese Anlageform ist wegen des uneingeschränkten Zugriffs nicht nur flexibler als ein Sparbuch, sondern oft auch etwas besser verzinst. Allerdings taugt das Tagesgeld wegen der im Vergleich zu längerfristigen Anlagen doch sehr niedrigen Zinsen eher für die kurzfristige Geldreserve als für die langfristige Altersvorsorge.

► **Festgeldkonten und Sparbriefe.** Bei diesen Anlageformen ist eine vorzeitige Verfügung nicht möglich, doch dafür gibt es je nach Laufzeit meistens höhere Zinsen als für Tagesgeld- oder Sparkonten. Allerdings sind beide Gattungen nur für die Einmalanlage geeignet, Sparpläne gibt es nicht. In Bezug auf die Altersvorsorge können Festgelder oder Sparbriefe zum Einsatz kommen, um mittelfristig eine größere Summe bis zum Rentenbeginn sicher zu parken.

► **Anlagen mit steigender Verzinsung.** Bei dieser Anlageform steigt der Zins Jahr für Jahr an, während nach Ablauf einer meist mehrmonatigen Sperrfrist die Kündigung mit dreimonatiger Frist möglich ist. Ob zusätzlich zur Einmalanlage weitere Zuzahlungen möglich sind, hängt von den Konditionen des Anbieters ab.

► **Ratensparpläne.** Banken und Sparkasse bieten eine Vielzahl an Ratensparplänen an, die oft ganz unterschiedlich gestaltet sind. Manche haben eine feste Verzinsung, andere sind mit variablen Zinsen ausgestattet. Auch die laufzeitabhängigen Ertragssteigerungen können unterschiedlich konzipiert sein. Die Bandbreite reicht von jährlich ansteigenden Zinsen über Bonuszahlungen auf das Guthaben bis hin zu nachträglichen Bonuszahlungen auf die bereits gutgeschriebenen Zinsen. Je nach Anbieter kann eine vorübergehende oder dauerhafte Aussetzung der Sparraten mit Ertragseinbußen verbunden sein.

Das größte Manko der verzinsten Anlagen bei Banken ist der geringe Ertrag, der vor allem in Niedrigzinsphasen das Kapital allenfalls in Zeitlupe anwachsen lässt. Deshalb bietet es sich vor allem bei einer längeren Anlagedauer von deutlich über zehn Jahren an, einen Teil Ihrer Sparleistungen in risikoreichere Anlagen wie Fonds zu investieren. Denn die Verlustrisiken von Fonds nehmen mit zunehmender Anlagedauer ab.

 INFO

BANKANLAGEN EHER ALS BEIMISCHUNG

Nur wenn Sie weniger als zehn Jahre bis zum geplanten Renteneintritt zur Verfügung haben, sollten Sie schwerpunktmäßig auf die private Altersvorsorge mit Banksparplänen setzen. Ansonsten sind Geldanlagen bei Banken eher als Beimischung interessant, um beispielsweise bei einem Aktienfondssparplan die Schwankungen an den weltweiten Aktienbörsen abzufedern.

Investmentfonds

Investmentfonds, kurz Fonds genannt, bieten Anlegern auch mit kleinen Beträgen den Zugang zum Wertpapiergeschäft. Das funktioniert denkbar einfach: Die Fondsgesellschaft, die den Fonds aufgelegt hat, verkauft den Anlegern Anteile am Fonds. Die Anlegergelder, die sie auf diese Weise einnimmt, sammelt sie in einem großen gemeinschaftlichen Topf. Dann versuchen die Fondsmanager, dieses Geld möglichst gewinnbringend anzulegen.

In welche Wertpapiere oder Anlageobjekte das Fondskapital investiert wird, entscheidet sich aus der Art des Fonds. So gibt es Investmentfonds, die das Geld ihrer Kunden in sichere Staatsanleihen aus den westlichen Industrienationen stecken – aber es gibt auch Fonds, deren Kapital an den stark schwankenden Aktienmärkten investiert ist. Dazu kommen noch Immobilienfonds, Rohstofffonds, Mischfonds sowie diverse Spezialfonds. Als Anleger haben Sie in Deutschland die Wahl zwischen mehreren Tausend Fondsprodukten.

Dabei können Sie im Vergleich zum direkten Erwerb von Wertpapieren von mehreren Vorteilen profitieren. So müssen Sie die Auswahl der einzelnen Papiere nicht selbst treffen, sondern überlassen dies dem Fondsmanagement. Dieses verteilt das Gesamtvermögen nach einer bestimmten Strategie, und der einzelne private Geldgeber erhält seinen genau berechneten Anteil daran. Auf diese Weise können schon 50 Euro auf mehrere Hundert Aktien verteilt werden. Diese breite Streuung senkt das Risiko der Aktienanlage: Geht eine Firma pleite, sorgt diese Streuung dafür, dass das nicht so stark ins Gewicht fällt.

Ein weiterer Pluspunkt ist die finanzielle Flexibilität. Sie können Investmentfonds jederzeit kaufen – egal, ob es sich um eine Einmalanlage oder um einen Sparplan handelt. Oft können Sie bei Sparplänen schon mit Monatsraten ab 25 Euro einsteigen. Der Verkauf ist ebenfalls jederzeit möglich, indem Sie die Anteile einfach an die Investmentgesellschaft zurückgeben. Der tagesaktuelle Wert der Anteile wird dann auf Ihrem Girokonto gutgeschrieben. Allerdings sind Fonds wegen ihrer Wertschwankungsrisiken eher für langfristige Anlagezeiträume von über zehn Jahren geeignet.

Zudem sind Fonds mit Nebenkosten verbunden. Bei jedem Kauf zahlen Sie eine Gebühr in Form des Ausgabeaufschlags, die bis zu 6 Prozent der Anlagesumme betragen kann. Dazu kommen jährliche Verwaltungsgebühren für die Fondsgesellschaft sowie die Depotgebühr für die Bank, bei der Sie Ihre Fondsanteile verwalten lassen.

Schutz gegen Anbieter-Insolvenz

Fondsgesellschaften verwalten das Vermögen ihrer Kunden immer nur treuhänderisch. Das bedeutet: Sie dürfen zwar Wertpapiere kaufen und verkaufen, aber außer der vertraglich vereinbarten Verwaltungsgebühr dürfen die Fondsanbieter keine Beträge aus dem Anlagevermögen für sich selbst verwenden. Dies wird auch als „geschütztes Sondervermögen" bezeichnet.

Damit sind Fondsguthaben nicht nur gegen Veruntreuung geschützt, sondern werden selbst im Fall einer Pleite der Fondsgesellschaft nicht angetastet.

 BEI DEN FONDSKOSTEN SPAREN
Wenn Sie Fonds bei einer Direktbank erwerben und das Depot dort verwalten lassen, können Sie im Vergleich zur Fondsanlage bei Filialbanken Kosten sparen. Direktbanken verzichten auf das teure Filialnetz und sind nur über Telefon oder Internet zu erreichen. Häufig geben Direktbanken einen Rabatt auf den Ausgabeaufschlag und bieten ihren Kunden eine preisgünstige und teilweise sogar gebührenfreie Depotverwaltung.

Bei Tausenden Fondsprodukten, die hierzulande zum Vertrieb zugelassen sind, ist es für Laien oft schwer, sich einen Überblick zu verschaffen. Die meisten können Sie jedoch für Ihre Altersvorsorge links liegenlassen. Mit einer Mischung aus Aktienfonds und Zinsanlagen sind Sie in der Regel gut bedient.

Aktienfonds

Mit Aktienfonds können Sie schon kleine Beträge an den weltweiten Aktienbörsen investieren. Dabei sollte Ihnen jedoch klar sein, dass je nach Börsenstimmung und konjunktureller Lage die Aktienkurse und damit der Wert Ihrer Fondsanteile stark schwanken können. Dieses Risiko ist je nach Anlageschwerpunkt des einzelnen Fonds unterschiedlich stark ausgeprägt. Während die einen versuchen, mit breit gestreuten Investments in Aktien von global aufgestellten Unternehmen die Marktschwankungen abzufedern, fokussieren sich andere auf ganz bestimmte Branchen oder Regionen, was sowohl zu überdurchschnittlichen Gewinnen wie auch zu überdurchschnittlichen Verlusten führen kann. Generell lassen sich die Anlageschwerpunkte durch die folgenden Kriterien kennzeichnen:

▶ **Regionale Ausrichtung.** Hier unterscheiden sich weltweit ausgerichtete Fonds von solchen, die nur in bestimmten Regionen wie etwa den Euro-Ländern investieren oder sich voll und ganz auf einzelne Länder wie die USA, Japan oder China konzentrieren.

▶ **Branchenausrichtung.** Manche Fonds decken viele verschiedene Branchen ab, damit die konjunkturellen Sonderfaktoren in den einzelnen Wirtschaftssektoren einander so gut wie möglich ausgleichen. Konkretes Beispiel: Wenn vielleicht die Automobilaktien schwächeln, könnte eine besonders gute Entwicklung in der Nahrungsmittelindustrie die Verluste kompensieren. Andere Fonds spezialisieren sich auf bestimmte Branchen wie etwa Medizintechnik oder Internet.

Für die langfristige Altersvorsorge und den Vermögensaufbau sollte die möglichst breite Risikostreuung im Mittelpunkt stehen. Bei Fonds, die sich auf bestimmte Regionen oder Branchen konzentrieren, ist oft zu beobachten, dass ihre Renditen stark von den Modetrends am Kapitalmarkt abhängig sind. Wird ein bestimmtes Land oder eine Branche in der Finanzpresse hochgejubelt, erzielen die Fonds aufgrund der steigenden Nachfrage nach den entsprechenden Aktien hohe Gewinne – doch wenn der

Bulle und Bär symbolisieren das Auf und Ab an den Aktienmärkten.

Höhenflug vorbei ist, können schnell wieder herbe Verluste folgen.

Wenn Sie schwerpunktmäßig auf Aktienfonds setzen, sollte der Löwenanteil in einen Fonds fließen, der über alle Branchen und Regionen hinweg investiert und vorrangig auf Aktien von großen Unternehmen setzt. Regionen- oder Branchenfonds sind nur als Beimischung geeignet und sollten bei Vorsorge und Vermögensaufbau allenfalls einen kleinen Teil des gesamten Fondsvermögens ausmachen.

Rentenfonds

Rentenfonds investieren in Anleihen. Der Name kommt nicht, wie man vermuten könnte, von der Rente in Form des beruflichen Ruhestands. Er stammt vielmehr von der früheren Bezeichnung der Zinskupons von festverzinslichen Anleihen, die den Anlegern regelmäßige Zinseinnahmen als „Rente" boten.

Die Chancen und Risiken der Rentenfonds sind von ihrer jeweiligen Ausrichtung abhängig. Investiert der Fonds in sichere Staatsanleihen von Industrieländern, dann sind die Renditechancen eher bescheiden und die Risiken gering. Noch mehr Sicherheit bieten die Fonds, wenn nur in Euro lautende Anleihen enthalten oder Anleihen in fremden Währungen gegen Kursschwankungen abgesichert sind.

Weitaus höher ist hingegen das Schwankungsrisiko, wenn der Fonds Anleihen von Staaten oder Unternehmen mit geringer Bonität enthält, die zwar hohe Zinsen vorweisen können, aber mit nicht zu vernachlässigenden Ausfallrisiken behaftet sind. Auch Rentenfonds, die in hohem Maß Anleihen in fremden Währungen enthalten, können je nach Entwicklung an den internationalen Devisenmärkten stärker im Wert schwanken als Euro-Rentenfonds.

Gebühren sparen mit Indexfonds (ETF)

Bei Aktienfonds, die ein Fondsmanagement aktiv managt, können Sie sich als Anleger nie ganz sicher sein, ob die Manager es schaffen, dank eines glücklichen Händchens bei der Wertpapierauswahl besser als der Marktdurchschnitt abzuschneiden. Die Praxis zeigt hier ein ernüchterndes Bild: Gut drei Viertel der Fonds schneiden nach Abzug der Verwaltungsgebühren schlechter ab als ein vergleichbarer Wertpapierindex.

Wenn Sie zu den Anlegern zählen, die hoch bezahlten Fondsmanagern nicht trauen, gibt es mit Indexfonds die passende Alternative. Die Zusammensetzung dieser Fonds bildet immer möglichst genau den Inhalt eines Wertpapierindex wie den Dax ab, die Überwachung der Fondsmischung erfolgt weitgehend automatisiert. Als Gegenleistung für den Verzicht auf eine aktive Aktienauswahl bekommt der Anleger Vergünstigungen bei der jährlichen Verwaltungsgebühr. Zum Vergleich: Während ein Aktienfonds mit aktivem Fondsmanagement schon mal 1,5 Prozent an jährlichen Verwaltungsgebühren kosten kann, schlagen die jährlichen Gebühren bei Indexfonds je nach Anbieter und zugrunde liegendem Index im Regelfall mit 0,1 bis 0,5 Prozent zu Buche.

Indexfonds werden auch als „Exchange Traded Funds" oder kurz als „ETF" bezeichnet, weil sie in der Regel nicht über die Vertriebspartner der Fondsgesellschaften, sondern wie Aktien an der Börse (Englisch: Exchange) gekauft und verkauft werden.

Besonders kostengünstig sind börsengehandelte Indexfonds bei der Einmalanlage größerer Beträge. Wenn Sie Ihr Wertpapierdepot bei einer Direktbank führen und 10 000 Euro in Indexfonds investieren, bezahlen Sie bei günstigen Anbietern rund 250 Euro an Ordergebühren – das entspricht 0,25 Prozent des Anlagebetrags und ist nur ein Zwanzigstel des bei Aktienfonds üblichen Ausgabeaufschlags. Etwas dünner gesät ist das Angebot beim regelmäßigen Sparen. Günstige Angebote sind hier vor allem bei Direktbanken zu finden. Sie ermöglichen teils Sparpläne ab 25 Euro pro Monat. Die Konditionen reichen vom gebührenfreien Sparplan bis zu rund 2,5 Prozent pro Sparrate.

Auch bei Indexfonds sollten Sie Fonds wählen, die die Anlegergelder möglichst breit streuen. Daher ist beispielsweise ein Fonds, der sich auf den deutschen Aktienindex Dax bezieht, weniger geeignet. Denn er enthält nur deutsche Aktien.

Gut geeignet für das kostengünstige Sparen mit ETF sind beispielsweise die folgenden Indizes:

- ▶ **MSCI World Index.** Mit dem weltweiten Aktienindex haben Sie die breiteste Streuung über alle wichtigen Länder und Branchen.
- ▶ **Stoxx.** Der europäische Aktienindex umfasst die wichtigsten Großunternehmen Europas, auch diejenigen aus Ländern wie Großbritannien oder der Schweiz, die nicht zur Euro-Zone gehören.
- ▶ **Euro Stoxx.** Die Euro-Variante des europäischen Aktienindex enthält die bedeutendsten börsennotierten Unternehmen aus den Euro-Ländern. Vorteil: Es müssen keine Aktienkurse in Euro umgerechnet werden, sodass das Wechselkursrisiko entfällt. Im Vergleich zum deutschen Aktienindex Dax ist der Euro Stoxx aufgrund der breiteren regionalen Streuung die empfehlenswertere Alternative.
- ▶ **Anleihenindizes** (auch Rentenindizes genannt). Neben Aktien können auch Anleihen die Basis für einen Indexfonds bilden. Für sicherheitsorientierte Anleger bieten sich Indexprodukte auf europäische Staatsanleihen mit unterschiedlichen Laufzeiten an. Sind Sie etwas risikofreudiger, können

Sie einen Index mit internationalen Staats- oder Unternehmensanleihen wählen. Allerdings sind Anleihen-ETF bei steigenden Zinsen keine gute Wahl, weil sie dann ins Minus rutschen können.

Bequem mit dem Pantoffel-Portfolio

Eine einfache und zeitsparende Möglichkeit für den Aufbau von Wertpapiervermögen bietet das „Pantoffel-Portfolio", das Finanztest entwickelt hat. Es wird aus wenigen ETF zusammengesetzt. Dabei entscheiden Sie zunächst, ob Sie sicherheitsorientiert, ausgewogen oder risikofreudig investieren wollen. Beim sicherheitsorientierten Portfolio liegt der Anteil an Aktien-ETF bei 25 Prozent, beim ausgewogenen Portfolio bei 50 Prozent und beim risikofreudigen Portfolio bei 75 Prozent. Der Rest wird jeweils in Tages- oder Festgelder investiert und dient somit als Risikopuffer. Da Sie als Selbstständiger aufgrund der Einkommensschwankungen von vornherein ein erhöhtes finanzielles Risiko tragen, sind im Regelfall sicherheitsorientierte oder ausgewogene Portfolios empfehlenswert.

Gut geeignet für den langfristigen Vermögensaufbau ist das „Pantoffel-Portfolio Welt", das aus einem ETF auf einen Weltaktienindex und Tages- und Festgeldern besteht. Zweimal pro Jahr prüfen Sie, ob durch die unterschiedliche Wertentwicklung die Zusammensetzung um mehr als ein Fünftel vom ursprünglichen Mischungsverhältnis abweicht. Falls ja, nehmen Sie eine Umschichtung vor, mit der Sie das Verhältnis wieder neu justieren. Dank der einfachen Handhabung, des geringen Aufwands und der transparenten Aufteilung der Anlageklassen eignet sich das Pantoffel-Portfolio auch für Einsteiger.

 INFO

RUND UM FONDS
Die weiteren Pantoffel-Portfolios und zusätzliche Beispiele für Fonds, die Sie in Ihr Portfolio aufnehmen können, finden Sie auf test.de/pantoffel-portfolio.
Auf unserer Internetseite test.de können Sie außerdem ständig aktualisierte Bewertungen von etwa 8 000 ETF und aktiv gemanagten Fonds abrufen.

Der Welt-Pantoffel

Wie stelle ich ein Pantoffel-Portfolio ganz praktisch zusammen, werden Sie sich jetzt vielleicht fragen. Ganz einfach: Für den Welt-Pantoffel benötigen Sie nur zwei Bausteine:

1 Einen Aktienfonds

Der Fonds (ETF) sollte sich auf den MSCI-World-Index beziehen. Denn damit erzielen Sie eine breite Streuung. Solche Fonds gibt es von verschiedenen Anbietern. Hier eine Auswahl:

► Comstage (Isin: LU 039 249 456 2)
► Lyxor (Isin: FR 001 031 577 0)
► UBS (Isin: LU 034 028 516 1)
► Xtrackers (Isin: LU 027 420 869 2)

In Klammern finden Sie die Isin. Das ist eine Kennzahl, die Sie beim Fondskauf angeben sollten.

2 Zinsanlagen

Zinsanlagen dienen als Risikopuffer. In einer Niedrigzinsphase eignen sich vor allem Tages- und Festgelder. Geeignete Produkte finden Sie unter test.de/zinsen. Rentenfonds auf einen sicheren Euro-Staatsanleihen-Index kommen infrage, wenn die Zinsen wieder gestiegen sind.

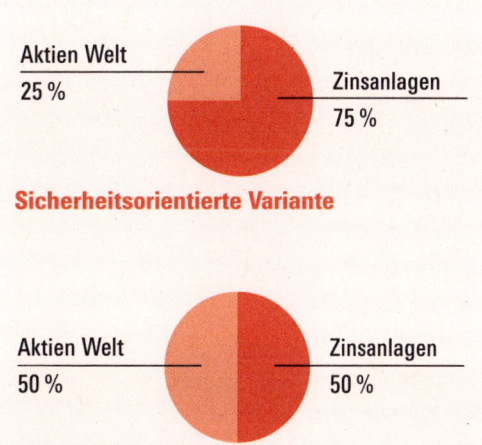

Aktien Welt 25 %   **Zinsanlagen** 75 %

Sicherheitsorientierte Variante

Aktien Welt 50 %   **Zinsanlagen** 50 %

Ausgewogene Variante

Das eigene Unternehmen als Baustein für die Altersvorsorge?

Manche Unternehmer betrachten die gesetzliche Rentenversicherung mit Skepsis und halten auch von privater Altersvorsorge nicht allzu viel. Ihre Devise lautet: Jeder übrige Euro wird in die eigene Firma investiert, damit der Betrieb rasch wachsen kann. Wenn irgendwann einmal der berufliche Ruhestand naht, soll dann der Erlös aus dem Verkauf des florierenden Unternehmens für das notwendige Polster sorgen, das im Rentenalter die Freiheit von finanziellen Sorgen garantiert.

Auf den ersten Blick erscheint die Argumentation plausibel, denn alles, was ins eigene Unternehmen investiert wird, stärkt zunächst einmal die Kapitaldecke. Dennoch sollten Sie bei der Altersvorsorge nicht alles auf eine Karte setzen, auch wenn erst einmal die Investition in die eigenen Geschäftsideen mit besonders guten Renditechancen verbunden scheint.

Eine solche Strategie, bei der ein späterer Verkauf des Unternehmens die Basis für die Altersvorsorge bilden soll, wäre mit hohen Risiken behaftet:

▶ Sie wissen nicht, ob sich Ihre Geschäftsidee langfristig am Markt durchsetzen wird. Sollte dies nicht der Fall sein, wäre im schlimmsten Fall nicht nur die selbstständige Existenz, sondern auch die finanzielle Basis im Rentenalter gefährdet.

▶ Auch wenn sich Ihr Unternehmen am Markt etabliert, können Sie nicht abschätzen, wie viel Geld Sie bei einem Verkauf in 20 oder 30 Jahren erhalten werden. Dies hängt nicht nur von Ihrem persönlichen unternehmerischen Erfolg ab, sondern auch von der allgemeinen konjunkturellen Lage zum Zeitpunkt des Verkaufs.

▶ Selbst in dem Fall, dass Sie einen Käufer für Ihr Unternehmen finden, ist Ihre „Betriebsrente" noch nicht in trockenen Tüchern. Häufig wird der Kaufpreis über mehrere Jahre hinweg in Raten beglichen – und wenn Ihr Nachfolger in dieser Phase scheitern sollte, wäre ein Teil des erhofften Verkaufserlöses verloren.

Dazu kommt, dass nicht jedes Geschäftsmodell dafür geschaffen ist, nach einiger Zeit das Unternehmen zu einem hohen Preis zu verkaufen – und bei realistischer Betrachtung sollte der Verkaufspreis deutlich im siebenstelligen Bereich liegen, wenn daraus der Hauptanteil Ihrer Ruhestandsbezüge zu bestreiten ist. Bei Unternehmen, deren Erfolg sehr stark von der Persönlichkeit des Inhabers abhängig ist, kann der Verkauf an einen externen Nachfolger zum schwierigen Unterfangen werden. Vor allem bei Freiberuflern oder im Bereich hoch qualifizierter Beratungs- und Dienstleistungen kann es durchaus vorkommen, dass die Existenz des Unternehmens endet, wenn sich der Inhaber zur Ruhe setzt.

NUR EINE ERGÄNZUNG

Zumindest die Basisvorsorge sollten Sie über unternehmensunabhängige Maßnahmen wie die gesetzliche Rentenversicherung oder eine Rürup-Rente sichern. Damit ist Ihre Altersvorsorge selbst dann geschützt, wenn Sie nach einem Scheitern Ihres Gründungsvorhabens Insolvenz anmelden müssten.

Wenn später einmal der Unternehmensverkauf ein ordentliches Zubrot zur Rente einbringt, ist es umso erfreulicher – aber ausschließlich davon abhängig machen sollten Sie Ihre Geschicke im Alter auf gar keinen Fall.

FINANZEN IM GESCHÄFTLICHEN ALLTAG

GESCHÄFTSVORGÄNGE ZEITNAH BUCHEN

Um die Profitabilität Ihres Unternehmens einschätzen zu können, brauchen Sie in regelmäßigen Abständen eine Auswertung der wichtigsten Kennzahlen in Form einer betriebswirtschaftlichen Auswertung (BWA). Wenn Sie mit Ihrem Unternehmen buchführungspflichtig sind (siehe „Wer eine Bilanz erstellen muss", S. 168) und die Buchführung ausgelagert haben, erhalten Sie die BWA regelmäßig von Ihrem Steuerberater oder Ihrem Buchhaltungsservice. Auch die einfachere Gewinnermittlungsart der Einnahmen-Überschuss-Rechnung ermöglicht eine BWA, die allerdings etwas weniger aussagekräftig ist. Auf den folgenden Seiten lesen Sie, wie Sie dieses Zahlenwerk verstehen und interpretieren können. Doch jede Auswertung ist nur so verlässlich wie das Datenmaterial, auf dem sie beruht. Hier ist Ihre Vorarbeit gefordert, wenn es um die Erfassung, Buchung und Dokumentation von Geschäftsvorgängen geht.

Egal, ob Sie Ihre Buchhaltung selbst erledigen oder einen externen Dienstleister damit beauftragen: Was noch zu buchen ist, sollte auf gar keinen Fall auf die lange Bank geschoben werden. Das mag vielleicht dem Selbstverständnis mancher Selbstständiger nicht so ganz entsprechen, die viel lieber auf Kundenakquise unterwegs sind, im Betrieb die Späne fliegen lassen oder auf den Baustellen ihrer Kunden aktiv sind, als sich im Büro mit dem Rechnungswesen zu befassen. Doch wer den Papierkram vernachlässigt, der läuft Gefahr, bei ungünstigen Entwicklungen nicht mehr rechtzeitig gegensteuern zu können.

Daher sollten Sie darauf achten, dass alle Ereignisse, die sich auf Ihre Unternehmensfinanzen auswirken, so schnell wie möglich in Ihre Buchhaltung eingepflegt werden. Dazu zählen insbesondere:

▶ **Ausgangsrechnungen.** Hier gilt es zuallererst, die Rechnung möglichst rasch nach dem Abschluss der Leistung zu erstellen – allein schon deshalb, weil die Zahlungsfrist für den Kunden erst mit dem Rechnungsdatum zu laufen beginnt und jede selbstverursachte Verzögerung teure Dispozinsen kosten kann, wenn das Konto im Minus ist. Ist die Rechnung ausgestellt, sollte sie innerhalb weniger Tage verbucht werden, damit Sie auch den dazugehörigen Zahlungseingang überwachen können.

▶ **Eingangsrechnungen.** Die noch nicht bezahlten eingegangenen Rechnungen sollten Sie ebenfalls stets zeitnah verbuchen. Die erfreulichste Monatsauswertung ist Makulatur, wenn Sie nicht berücksichtigt haben, dass noch hohe Beträge für bereits vorliegende Rechnungen anfallen.

▶ **Zahlungsein- und -ausgänge.** Lassen Sie Veränderungen auf Ihrem Geschäftskonto möglichst unverzüglich in Ihr Rechnungswesen einfließen. Dazu zählen neben den Zahlungen von Ein- und Ausgangsrechnungen auch andere finanzielle Bewegungen wie beispielsweise Umsatz- oder Einkommensteuerzahlungen.

▶ **Abschreibungen.** Wenn Sie die Abschreibungen immer erst am Jahresende berücksichtigen, sind Ihre monatlichen oder vierteljährlichen Erfolgsrechnungen wenig aussagekräftig. Dann würde der Ertrag in den Monaten von Januar bis November zu hoch ausgewiesen, weil die anteiligen Abschreibungen fehlen. Dafür würde dann im Dezember, wenn die Abschreibungen für das

Die Buchhaltung sollten Sie nie auf die lange Bank schieben.

Gesamtjahr verbucht werden, womöglich ein hoher Verlust anfallen. Um solche Verzerrungen zu vermeiden, sollten Sie die jährlichen Abschreibungen für Ihre betriebswirtschaftlichen Auswertungen mit jeweils einem Zwölftel monatlich ansetzen. Wenn Sie aus Kostengründen keine unterjährige Anlagenbuchführung erstellen, können Sie vereinfachend auch monatlich ein Zwölftel der Vorjahres-AfA ansetzen.

▶ **Veränderungen im Lagerbestand.** Neben den Finanzströmen sollten auch die Warenbewegungen ohne Zeitverzögerung verbucht werden. So führen bei einem Handelsunternehmen Verkäufe nicht nur zu Umsatzerlösen, sondern auch zu einer Bestandsverminderung im Lager, wo die Waren zum Einkaufspreis eingebucht werden. Wenn Sie beispielsweise Waren im Wert von 50 000 Euro eingekauft haben und diese zu einem Gesamterlös von 80 000 Euro wieder verkaufen konnten, würde daraus ohne Berücksichtigung der Lagerveränderung ein Gewinn von 80 000 Euro resultieren. In Wirklichkeit beträgt Ihr Gewinn jedoch nur 30 000 Euro, weil Sie noch die Bestandsverminderung zum Einkaufspreis von 50 000 Euro vom Umsatzerlös abziehen müssen.

Ideal ist es, wenn Ihr Rechnungswesen mit maximal einer Woche Verzögerung immer auf dem aktuellen Stand ist. Können Sie dies aus irgendwelchen Gründen nicht realisieren, dann sollten zumindest sämtliche im Vormonat angefallenen Geschäftsvorgänge in den ersten zehn Tagen des Folgemonats verbucht und erfasst sein.

Bedingt durch die Vereinfachungen bei der Einnahmen-Überschuss-Rechnung entfallen bei der freiwilligen Erfassung der Geschäftsvorfälle durch ein Buchhaltungsprogramm die Posten Ausgangs- und Eingangsrechnungen sowie Veränderungen im Warenbestand. Die Reduzierung des Buchhaltungsaufwands bedeutet aber, dass das Buchführungsergebnis nichts darüber aussagt, welche Außenstände Sie noch haben und welche Eingangsrechnungen Sie noch bezahlen müssen. Sie sollten daher stets eine speziell gekennzeichnete Kopie jeder Ausgangsrechnung anfertigen, die erst bei Zahlungseingang beim entsprechenden Kontoauszug abgelegt wird. Ihr Ablagesystem muss es Ihnen ermöglichen, dass Sie jederzeit mit einem Blick Ihre noch nicht bezahlten Ausgangs- und Eingangsrechnungen ersehen können.

PREISE KALKULIEREN

Für Heike B. ist die Kalkulation ihrer Preise schnell abgehakt: Die selbstständige Physiotherapeutin rechnet mit den Krankenkassen oder ihren privat versicherten Patienten für ihre Leistungen Preise ab, die in einer berufsbezogenen Gebührenordnung beziehungsweise in Form der Erstattungssätze der gesetzlichen Krankenkassen festgelegt sind. Doch die allermeisten Selbstständigen verfügen bei der Rechnungsstellung für ihre Leistungen oder Produkte nicht über feste Vorgaben und müssen sich daher überlegen, welchen Preis sie dem Kunden in Rechnung stellen sollen.

Bei diesen Überlegungen kristallisieren sich schon rasch zwei Kernfragen heraus:

1 Welchen Verkaufspreis benötige ich, damit ich nicht nur Gewinn erwirtschafte, sondern damit der Gewinn so hoch ist, dass ich gut davon leben kann?

2 Welchen Verkaufspreis betrachten existierende und potenzielle Kunden als angemessen, sodass die Bereitschaft besteht, meine Produkte oder Dienstleistungen zu kaufen?

Im Idealfall ist der von Ihrer Zielgruppe akzeptierte Preis höher als der Preis, den Sie benötigen, um einen angemessenen Gewinn zu erzielen. Dann haben Sie sogar einen gewissen Spielraum, um Preiserhöhungen auszutesten oder um mit befristeten Preisnachlässen neue Kunden zu gewinnen. Schwieriger wird es, wenn beide Preisvarianten sehr eng beieinander liegen oder wenn Sie Ihrer Zielgruppe erst mühsam erklären müssen, warum Sie Ihre Angebote nicht zu Billigpreisen verschleudern.

Um nicht erst im Nachhinein Klarheit über Ihr Ertragspotenzial zu erhalten und für Preisverhandlungen gewappnet zu sein, sollten Sie die Verkaufspreise für Ihre Produkte oder Dienstleistungen sorgfältig kalkulieren. Das verschafft Ihnen nicht nur eine sichere Basis

für Ihre Gewinnprognosen, sondern hilft Ihnen auch, in Preisverhandlungen konsequente Grenzen zu setzen – das ist gerade bei unerfahrenen Existenzgründern oft ein Schwachpunkt. Aus Angst davor, dass die Konkurrenz den Auftrag erhält, akzeptieren sie einen Dumpingpreis. Doch dieser bringt am Ende neben herben finanziellen Verlusten allenfalls noch die Einsicht, dass die Zeit mit dem Gewinnen von weniger geizigen Neukunden wahrscheinlich besser investiert gewesen wäre.

Je nachdem, welches Geschäftsmodell Sie umsetzen, gelten beim Kalkulieren teils allgemein gültige, teils branchenspezifische Regeln. Zwar können im Rahmen dieses Buches nicht alle Feinheiten für bestimmte Berufe oder Branchen erläutert werden. Doch zumindest sollten Sie die Grundlagen kennen, die bei der Kalkulation zum Einsatz kommen. Dabei sind im Groben drei verschiedene Modelle zu unterscheiden: die Kalkulation von Honoraren für Dienstleistungen, die Ermittlung von Verkaufspreisen im Handel und die Preisermittlung von Produkten, die im eigenen Betrieb hergestellt werden.

Die Kalkulation von Honoraren

Wenn Sie eine Dienstleistung anbieten, können Sie mit Ihren Kunden auf unterschiedliche Weise abrechnen: Sie können Tages- und Stundensätze anwenden oder für einzelne Projekte einen Festpreis vereinbaren. Doch in beiden Fällen müssen Sie sich überlegen, wie viel Geld Sie im Monat oder übers Jahr einnehmen müssen, um von Ihrer selbstständigen Tätigkeit leben zu können.

Dabei kann das Gehalt für eine vergleichbare Tätigkeit als Angestellter zwar oft eine erste Orientierungshilfe sein. Aber wenn Sie den Jahresumsatz eines Selbstständigen mit dem Angestelltengehalt vergleichen, werden Sie schnell feststellen: Ein selbstständiger Unternehmer oder Freiberufler, der einen jährlichen Umsatz von 50 000 Euro verbucht, hat nach Abzug aller Kosten und Abgaben weitaus weniger Geld in der Tasche als ein Angestellter mit einem Jahresgehalt von 50 000 Euro.

Zunächst einmal ist zu berücksichtigen, dass bei einem Anstellungsverhältnis der Arbeitgeber nicht nur das Gehalt zahlt, sondern auch einen Teil der Kranken- und Rentenversicherung. Berücksichtigt man noch Sonderzahlungen wie Weihnachts- und Urlaubsgeld oder Zuschüsse zur betrieblichen Altersvorsorge, kann damit ein Angestellten-Monatsgehalt in Höhe von 3 000 Euro so viel wert sein wie ein Selbstständigen-Monatsumsatz von 4 500 bis 5 000 Euro.

Doch das ist längst noch nicht alles. Wenn Angestellte sechs Wochen Jahresurlaub in Anspruch nehmen, überweist ihnen der Arbeitgeber ihr Gehalt ohne Abzug weiter, während Selbstständige immer unbezahlten Urlaub nehmen. Ähnliches gilt auch im Krankheitsfall, wo Arbeitnehmer von Lohnfortzahlung und Krankengeld profitieren, während Selbstständige diese Leistungen entweder zu hohen Kosten extra versichern oder im Krankheitsfall entsprechende Umsatzausfälle verbuchen müssen. Um nicht schlechter abzuschneiden als Angestellte, sollten Sie in Ihren Honorarkalkulationen davon ausgehen, dass Sie Ihren Jahresumsatz innerhalb von gut zehn Monaten erwirtschaften sollten.

Auch ist es im Regelfall für Selbstständige nicht möglich, sich von den Kunden alle tatsächlich angefallenen Arbeitsstunden bezahlen zu lassen. Wenn Sie Ihre Buchhaltung erledigen, bei der Neukundenakquise unterwegs sind, sich fortbilden oder sich neue Marketingstrategien ausdenken, können Sie die dafür investierte Arbeitszeit niemandem in Rechnung stellen. In der Realität gehören meist 10 bis 20 Prozent der wöchentlichen oder monatlichen Arbeitszeit in diese Kategorie.

Darüber hinaus sollten Sie bedenken, dass Ihnen als Selbstständigem kein fix und fertig eingerichteter Arbeitsplatz zur Verfügung gestellt wird und auch niemand für die Raum- und Mietkosten aufkommt. Auch wenn es sich nur um ein häusliches Arbeitszimmer handelt, sollten Sie die anteiligen Miet- und Raumkosten in Ihrer Preisfindung berücksichtigen. Gleiches gilt für die Kosten, die beispielsweise für IT-Ausstattung, Telefon, Internet, Fachliteratur, Berufshaftpflicht, Pflichtbeiträge zur IHK, Büromaterial, Weiterbildung und Geschäftsreisen zu Buche schlagen.

Damit ist die Liste der Aufschläge noch nicht zu Ende. Auch wenn sie oft nur schwer in Form konkreter Geldbeträge zu beziffern sind, sollten Sie Ihre unternehmerischen Risiken in der Honorarkalkulation nicht vernachlässigen. So sind Arbeitnehmer gegen Arbeitslosigkeit versichert und können sich auf ein festes Gehalt verlassen, während Selbstständige oft nur geringe Planungssicherheit haben und bei Auftragseinbrüchen keine Sozialversicherung in Anspruch nehmen können.

Selbst wenn der Umsatz erzielt ist, sind Sie noch nicht hundertprozentig auf der sicheren Seite, solange der Kunde Ihre Rechnung noch nicht bezahlt hat. Auch hier sind Sie im Vergleich zu Arbeitnehmern deutlich schlechter gestellt: Während Angestellte bei der Zahlungsunfähigkeit ihres Arbeitgebers Insolvenzgeld vom Arbeitsamt erhalten, müssen die Auftragnehmer ihre Forderungen größtenteils in den Wind schreiben. Deshalb sollte die Honorarkalkulation einen Aufschlag für das unternehmerische Risiko enthalten.

LASSEN SIE SICH NICHT VERUNSICHERN

Um Preise zu drücken, versuchen manche Auftraggeber, selbstständigen Auftragnehmern mit Vergleichsrechnungen mit Angestelltengehältern ein schlechtes Gewissen zu machen. Typisches Beispiel: „Wenn ich Ihnen 25 Euro pro Stunde bezahle, entspricht das einem Monatsgehalt von 4 200 Euro, und damit verdienen Sie viel mehr als meine Angestellten." Auch wenn es meist wenig zielführend ist, sich in detaillierte Vergleichsrechnungen zu verstricken, sollten Sie Ihr Gegenüber freundlich darauf hinweisen, dass hier Äpfel mit Birnen verglichen werden.

Beispiel: Honorarkalkulation für einen Web-Entwickler Michael E. macht sich nach erfolgreich absolviertem Informatikstudium und ersten Berufserfahrungen als freier Web-Entwickler selbstständig. Für Agenturen und Unternehmen programmiert er spezielle Anwendungen für Internetauftritte und Onlineshops. Bei der Ermittlung eines angemessenen Stunden- und Tagessatzes legt er die nachfolgenden Einflussfaktoren zugrunde:

Vergleichbares Jahresgehalt als Angestellter	50 000 €
+ selbst zu tragende Kranken- und Rentenversicherung	9 000 €
+ Miet- und Raumkosten für Raum in Bürogemeinschaft	4 000 €
+ jährliche Kosten für Weiterbildung	2 000 €
+ jährliche Kosten für IT-Ausstattung, Software, Bürobedarf, Telefon, Internet	3 000 €
+ Aufschlag für unternehmerisches Risiko	6 000 €
Erforderlicher Jahresumsatz ohne USt.	**74 000 €**
Erforderlicher Monatsumsatz auf Basis von 10 Monaten pro Jahr (Berücksichtigung von Urlaubszeiten und Reserve für Krankheitsfälle)	7 400 €
Stundensatz umgelegt auf 125 abrechenbare Arbeitsstunden pro Monat (7 400 : 125 =) 59,20 €, aufgerundet auf	60 €
Daraus resultierender Tagessatz	**480 €**

Verkaufspreise im Handel ermitteln

Im Vergleich zur Honorarkalkulation eines Dienstleisters gestaltet sich die Ermittlung des optimalen Kaufpreises im Handel deutlich komplexer. Hier kommt ein Faktor hinzu, den Sie nur schwer einschätzen können: Weil schon geringe Veränderungen am Verkaufspreis den Vertriebserfolg und damit den Umsatz maßgeblich beeinflussen können, haben Preisänderungen oft eine enorme Hebelwirkung auf den Gewinn. Dabei kann es sogar vorkommen, dass sich mit niedrigen Preisen höhere Gewinne erzielen lassen, weil sich weitaus mehr Ware verkaufen lässt als zu einem höheren Preis – in solchen Fällen kommt die alte Kaufmannsweisheit zum Tragen: „Die Masse macht's."

Bei der Kalkulation von Handelswaren sollten Sie daher nicht nur Ihre Kosten und den erhofften Gewinn, sondern auch die Planungen zum Umsatz und den verkauften Stückzahlen betrachten. Denn: Je höher Ihr Umsatz ist, umso mehr Spielraum haben Sie bei der Preisgestaltung, um am Ende einen angemessenen Gewinn erzielen zu können.

Eine wichtige Kennzahl ist hierbei der sogenannte Deckungsbeitrag. Darunter versteht man den Verkaufspreis nach Abzug der variablen Kosten – dies sind bei Handelswaren neben dem Einkaufspreis alle Kosten, die einem einzelnen Produkt zugeordnet werden können, wie etwa

▶ der Lagerzins, der daraus resultiert, dass Sie den Einkaufspreis über eine gewisse Zeit vorfinanzieren müssen, bis Sie aus dem Verkaufserlös den dazugehörigen Zahlungseingang verbuchen können, oder

▶ die Aufwendungen für Verpackung und Versand.

Dazu eine vereinfachte Rechnung: Ein Einzelhändler für Bekleidung verkauft nur eine einzige Sorte Jeanshosen, deren Einkaufspreis inklusive Versandkosten bei 25 Euro pro Stück liegt. Wenn nun eine Jeans im Durchschnitt drei Monate im Regal liegt, bis sie verkauft wird, käme noch der Lagerzins hinzu. Bei einem angenommen Zinssatz von 12 Prozent pro Jahr wären dies 3 Prozent des Einkaufspreises, also 0,75 Euro pro Stück. Damit wären die variablen Kosten ab einem Verkaufspreis von 25,75 Euro gedeckt.

Allerdings kommen jetzt noch als Fixkosten betriebliche Aufwendungen hinzu, die unabhängig von der verkauften Stückzahl anfallen. Dazu zählen beispielsweise Ladenmiete und Raumkosten, Werbekosten, Personalaufwendungen, Unternehmerlohn, Risikokosten für Zahlungsausfälle sowie weitere pauschal anfallende Kosten. Damit stellt sich nun die Frage: Wie viele Jeans müssen zu welchem Preis verkauft werden, damit am Ende ein Gewinn übrig bleibt?

Liegen die jährlichen Fixkosten bei 100 000 Euro, lassen sich verschiedene Prognoserechnungen aufstellen:

▶ Werden pro Jahr 4 000 Jeans verkauft, muss jedes Stück einen Deckungsbeitrag von 25 Euro einbringen, damit die fixen Kosten gedeckt sind. Der Verkaufspreis muss – ohne Berücksichtigung der Umsatzsteuer – dann mindestens 50,75 Euro betragen.

▶ Wenn pro Jahr 10 000 Stück über die Ladentheke wandern, wird pro verkaufter Jeans nur noch ein Deckungsbeitrag von 10 Euro benötigt, sodass der Verkaufspreis mit 35,75 Euro angesetzt werden könnte. Allerdings: Wenn zu diesem Verkaufspreis nur 4 000 Stück veräußert werden, dann bleiben für die Deckung der Fixkosten nur noch 40 000 Euro übrig, sodass der Ladeninhaber am Ende auf einem Verlust von 60 000 Euro sitzenbleibt. Noch höher wird der Verlust, wenn der Händler keine Möglichkeit hat, zu viel georderte Ware wieder zum Einstandspreis an den Lieferanten zurückzugeben.

Daraus ersehen Sie, dass die Preiskalkulation im Handel mit einem ganz erheblichen Unsicherheitsfaktor behaftet ist. Vor allem im stationären Einzelhandel, wo durch Ladenmiete und Personalkosten eine großer Fixkostenblock vorhanden ist, können schnell Verluste entstehen, wenn die Umsatzerwartungen nicht erfüllt werden. Etwas geringer ist die Hebelwirkung bei Versand- und Onlinehändlern, die in aller Regel bezogen auf den Umsatz einen niedrigeren Fixkostenanteil vorzuweisen haben.

Erschwerend kommt hinzu, dass Sie bei einem breit gefächerten Sortiment nicht für jedes einzelne Produkt eine detaillierte Kostenanalyse und Umsatzprognose ausarbeiten können. Das würde einen viel zu großen zeitlichen Aufwand verursachen. Viele Händler verwenden daher ein Kalkulationsverfahren, bei dem pauschale Aufschläge – entweder als Prozentsatz oder als fester Betrag – für die Deckung der Fixkosten und den Gewinnanteil des einzelnen Produkts zum Einsatz kommen.

Wie diese Berechnung funktioniert, zeigt folgendes Beispiel einer Laserdrucker-Tonerkartusche.

Vereinfachte Handelskalkulation für eine Laserdrucker-Tonerkartusche

Selbstkostenpreis

Einkaufspreis inklusive Versand und weiterer Nebenkosten (Einstandspreis)	25,00 €
Lagerzins 12 % p.a. für 3 Monate	+ 0,75 €
zuzüglich 60 % als Anteil zur Deckung der Fixkosten	+ 15,45 €
Selbstkostenpreis	**41,20 €**

Netto-Verkaufspreis

Selbstkostenpreis	41,20 €
zuzüglich 20 % Gewinnaufschlag	+ 8,24 €
Netto-Verkaufspreis	**49,44 €**

Brutto-Verkaufspreis

Netto-Verkaufspreis	49,44 €
zuzüglich 19 % USt.	+ 9,39 €
Brutto-Verkaufspreis	**58,83 €**

Im Einzelhandel spielen Lagerzinsen eine wichtige Rolle.

Bei diesem vereinfachten Modell sind Kundenrabatte oder Skonti nicht berücksichtigt. Wenn Sie Ihren Kunden beispielsweise 3 Prozent Skonto gewähren, müssen Sie diesen Betrag „im Hundert" aus dem Netto-Verkaufspreis herausrechnen und ihn anschließend auf den Preis aufschlagen. Im obigen Beispiel würde sich dann der Netto-Verkaufspreis der Tonerkartusche von 49,44 Euro auf 50,97 Euro erhöhen. Genauso gehen Sie vor, wenn Sie Ihren Kunden einen Rabatt auf den Verkaufspreis gewähren.

Die Differenz zwischen dem Netto-Verkaufspreis und dem Einstandspreis wird im Groß- und Einzelhandel auch als Handelsspanne oder Rohertrag bezeichnet, die als Prozentsatz des Verkaufspreises ausgedrückt wird. Wenn beispielsweise wie im obigen Beispiel ein Artikel zum Preis von 25 Euro eingekauft und für netto 49,44 Euro weiterverkauft wird, beträgt die Handelsspanne 49,4 Prozent.

Wie hoch die Handelsspanne im konkreten Fall sein sollte, hängt stark von der Branche, der Betriebsgröße, der Art der angebotenen Produkte und einigen individuellen Faktoren ab. So haben Großhändler in aller Regel eine weitaus niedrigere Handelsspanne als Einzelhändler, weil ihr Umsatz im Verhältnis zum Fixkostenblock meist deutlich höher ist. Auch innerhalb des Einzelhandels können die typischen Handelsspannen je nach Art des Geschäfts unterschiedlich hoch ausfallen. Häufig kalkulieren Einzelhändler mit Handelsspannen zwischen 30 und 50 Prozent.

Preiskalkulation im produzierenden Gewerbe

Die nächste Stufe in der Kunst des Kalkulierens erklimmen Sie, wenn es um die Preisfindung für selbst hergestellte Produkte geht. Hier gilt es die folgenden Faktoren mit einzubeziehen:

▶ Kosten für Rohstoffe und Zulieferteile,
▶ Aufwendungen für Fremdleistungen, wenn Sie Produkte von externen Dienstleistern bearbeiten oder veredeln lassen,
▶ Lohnkosten pro Stück für die eigene Herstellung und Bearbeitung,
▶ allgemeine Produktionskosten wie beispielsweise Abschreibungen für Maschinen, Betriebsstoffe und Energiekosten, Miete und Raumkosten für die Produktionsräume etc.,

Im Maschinenstundensatz werden die Abschreibungen für Maschinen berücksichtigt.

► Verwaltungskosten für den kaufmännischen Bereich des Betriebs,
► Aufwendungen für Werbung und Vertrieb,
► Wagniskosten für eventuelle Zahlungsausfälle oder Reklamationen wegen Produkt-
mängeln und zu guter Letzt
► den Gewinn, den Sie als Unternehmer mit
Ihren Produkten erzielen wollen.

Damit finden Sie im produzierenden Gewerbe
sowohl Elemente aus der Preiskalkulation für
Dienstleistungen wie auch aus der Handelskalkulation, weil Sie in Ihre Berechnungen sowohl
Arbeitsleistungen wie auch Material- und Wa-
renkosten einbeziehen. Ähnlich wie im Handel
fallen auch in der Produktion variable Kosten
an, die auf das einzelne Produkt bezogen sind,
und fixe Kosten, die Sie über eine Pauschale in
den Produktpreisen berücksichtigen. Und analog zur Dienstleistungskalkulation sollten Sie
überlegen, mit welchen Stundensätzen Sie die
Arbeitszeiten in der Produktion veranschlagen.

Eine wichtige Rolle bei der Preisfindung
spielen in vielen Betrieben die Maschinenstundensätze. Je nachdem, auf welcher Maschine
Bearbeitungen durchgeführt werden, finden
unterschiedliche Stundensätze Verwendung.
Grund dafür sind die oft höchst unterschiedlichen Anschaffungskosten der einzelnen Maschinen: Von einfachen Maschinen für wenige
Tausend Euro bis hin zum hochmodernen Be-
arbeitungszentrum im Millionenwert ist in den
industriellen und handwerklichen Produktions-
betrieben eine höchst unterschiedliche Ausstattung zu finden.

Welche Kosten eine Maschine pro Be-
triebsstunde verursacht, hängt zunächst einmal
von ihrem Wert und von ihrer Lebensdauer ab.
Angesetzt wird hier übrigens nicht der ursprüngliche Anschaffungspreis, sondern der
Preis, der voraussichtlich nach dem Ende der
Lebensdauer für den Kauf einer neuen Maschine anfallen wird. Aus diesem Grund wird die in
der Kalkulation verwendete Abschreibung auch
als „kalkulatorische Abschreibung" bezeichnet,
die Sie errechnen können, wenn Sie die zukünftigen Anschaffungskosten durch die Jahre
der Nutzung teilen.

Dazu kommen noch die laufenden Be-
triebskosten, zu denen unter anderem die Aufwendungen für den Energieverbrauch, Wartung, Hilfs- und Betriebsstoffe wie beispielsweise Schmiermittel oder die Kosten für die
Abnutzung von Dreh-, Fräs- oder Schleifwerk-
zeugen zählen.

Wie sich die jährlichen Kosten auf den Maschinenstundensatz auswirken, wird nun von
der Zahl der jährlichen Einsatzstunden beeinflusst. Bei einer Maschine, die während der
Hälfte der Zeit nicht in Betrieb ist, ist die Aus-
wirkung größer als bei einer Maschine, die
praktisch Tag und Nacht durchläuft.

So ermitteln Sie einen Maschinenstundensatz

Jährliche kalkulatorische Abschreibung

Kalkulierter Preis für Wiederanschaffung	300 000 €
Nutzungsdauer der Maschine	10 Jahre
Jährliche kalkulatorische Abschreibung	**30 000 €**

Gesamtkosten pro Jahr

Jährliche kalkulatorische Abschreibung	30 000 €
Jährliche Betriebskosten	+ 10 000 €
Gesamtkosten pro Jahr	**40 000 €**

Stundensatz

Gesamtkosten pro Jahr	40 000 €
Betriebsstunden pro Jahr	1 000 Stunden
Maschinenstundensatz (ohne Arbeitslohn für den Bediener)	**40 €**

Wenn Sie für einen Auftrag oder die Fertigung
einer Produktserie die Maschinenstunden ermitteln, sollten Sie die dazugehörigen Rüstzei-
ten nicht vergessen. Diese Zeiten fallen für das
Einrichten der Maschine vor der Produktion
und nach dem Produktionsdurchlauf für das
Entnehmen der Werkzeuge und die Reinigung
an. Benötigen Sie etwa für eine Serie von 100
Werkstücken 18 Maschinenstunden zuzüglich
2 Stunden Rüstzeit, müssen Sie für jedes
Werkstück 0,2 Stunden – das sind exakt 12 Minuten – in Ihre Kostenrechnung einplanen.

Für die Ermittlung der Verkaufspreise in produzierenden Unternehmen kommt häufig die Zuschlagskalkulation zum Einsatz. Ausgehend vom Materialpreis arbeiten Sie dabei mit unterschiedlichen Zuschlägen für die fixen sowie für die variablen Kosten. Je nach Größe und Struktur des Betriebs kann eine vereinfachte oder eine mehrstufige Variante Verwendung finden.

Die einfache Zuschlagskalkulation ist für Kleinbetriebe geeignet, bei denen sich dank einer überschaubaren Kostenstruktur die Fixkosten in einem einzigen Pauschalaufschlag darstellen lassen. Sie funktioniert denkbar einfach: Zu den Materialkosten werden die variablen Kosten für die Bearbeitung addiert. Im nächsten Schritt erfolgt ein pauschaler Zuschlag für die betrieblichen Fixkosten sowie ein Gewinnaufschlag.

Damit sieht die Kalkulation wie folgt aus:

Materialkosten

+ variable Fertigungskosten (Arbeitslohn, Maschinenstunden, Fremdbearbeitung etc.)

= **Fertigungseinzelkosten**

+ prozentualer Zuschlag für die betrieblichen Fixkosten (z.B. 40 %)

= **Selbstkostenpreis**

+ prozentualer Aufschlag für den Gewinn (z.B. 20 %)

= **Netto-Verkaufspreis**

Dieses Modell lässt sich in weiteren Stufen ausbauen, indem die einzelnen Kostenblöcke weiter ausdifferenziert werden. Dies ist vor allem in mittelständischen und großen Unternehmen sinnvoll, wo sich die Kosten einzelnen Betriebsbereichen wie Wareneingangslager, Produktion, Verwaltung oder Vertrieb zuordnen lassen. Man spricht dann von einer mehrstufigen Zuschlagskalkulation.

Die mehrstufige Zuschlagskalkulation kann beispielsweise wie folgt aussehen:

Einkaufspreis des Materials

+ auf das Material anrechenbare Fixkosten (z.B. Lagerverwaltung)

= **Materialkosten**

+ Lohnkosten für die Fertigung

+ Maschinenstundensätze

+ weitere variable Kosten in der Fertigung (z.B. externe Bearbeitung / Veredlung

+ Fixkosten im Fertigungsbereich (z.B. Raumkosten für Produktionsgebäude)

= **Herstellungskosten der Produktion**

+ Fixkosten für die Verwaltung

+ Fixkosten für den Vertrieb (können auch in die Verwaltungs-Fixkosten integriert werden)

= **Selbstkostenpreis**

+ Gewinnzuschlag

= **Barverkaufspreis**

+ Rabatt, Skonto und andere Preisnachlässe für Kunden

= **Netto-Verkaufspreis**

+ Umsatzsteuer

= **Brutto-Verkaufspreis**

Unter Umständen ist es erforderlich, die Zuschlagssätze für die fixen Kosten individuell anzupassen. Dies ist häufig dann der Fall, wenn ein Betrieb sehr unterschiedliche Waren produziert. Typisches Beispiel: Ein metallbearbeitender Betrieb stellt sowohl Großserienteile als Automobilzulieferer wie auch größere individuelle Sonderanfertigungen als Werkzeugbauer her. Da die Serienfertigung bezogen auf das einzelne Stück geringere Verwaltungskosten verursacht, sollte dann der Zuschlag niedriger ausfallen als bei komplexen Sonderanfertigungen, die einen hohen organisatorischen Aufwand mit sich bringen.

KOSTENRECHNUNG UND CONTROLLING

In großen Unternehmen beschäftigen sich ganze Abteilungen mit nichts anderem, als in regelmäßigen Abständen die im Unternehmen anfallenden Kosten zu erfassen, zu analysieren und auszuwerten. Auch wenn die damit beschäftigten Mitarbeiter keinen direkten Beitrag zur Produktion oder zum Vertrieb der Produkte leisten, ist ihr Gehalt dennoch gut angelegtes Geld. Mithilfe einer gut organisierten Controlling-Abteilung lässt sich nämlich frühzeitig erkennen, wie sich die Kosten in einzelnen Unternehmensbereichen entwickeln und ob die tatsächlichen Zahlen mit den ursprünglichen Planungen deckungsgleich sind. Damit kann die Geschäftsführung rechtzeitig gegensteuern, bevor im schlimmsten Fall die Existenz des Unternehmens gefährdet ist, weil Kosten aus dem Ruder laufen.

Natürlich können Sie es sich als Existenzgründer nicht leisten, eine Arbeitskraft ausschließlich mit der Kostenkontrolle zu beschäftigen. Das ist in kleineren Unternehmen auch gar nicht notwendig, weil sich die Kosten meist in einem überschaubaren Rahmen halten und mit der richtigen Systematik recht schnell geprüft und ausgewertet werden können.

Für das Controlling und die Kostenrechnung gibt es zahlreiche betriebswirtschaftliche Instrumente, die teilweise auf bestimmte Unternehmensgrößen und -strukturen zugeschnitten sind. Oft handelt es sich dabei um komplex aufgebaute Rechen- und Analysemodelle, die spezielle Software benötigen oder umfassende betriebswirtschaftliche Fachkenntnisse erfordern. Doch was für größere Unternehmen durchaus sinnvoll sein mag, ist häufig für Existenzgründer schlichtweg eine Nummer zu groß.

Vor diesem Hintergrund ist es empfehlenswert, wenn Sie als Freiberufler oder Inhaber eines kleineren Unternehmens eine vereinfachte Form der Kostenrechnung einsetzen. Eine Methode, die für diesen Zweck gut geeignet ist, ist die Kostenrechnung in Form eines Betriebsabrechnungsbogens (BAB).

Dabei handelt es sich um ein Formular in Tabellenform, das die Kosten in zwei Dimensionen abbildet:

▶ **Kostenarten.** Jede Zeile enthält eine bestimmte Kostenart, die zeigt, was die Kosten verursacht hat. Klassische Kostenarten sind beispielsweise Energiekosten, Abschreibungen für Maschinen oder Gebäude, Mietaufwendungen, Fahrzeugkosten, Aufwendungen für Büromaterial, Beratungskosten oder Personalkosten. Je nach Bedarf können miteinander verwandte Kostenarten auch gruppiert und in Zwischensummen zusammengefasst werden.

▶ **Kostenstellen.** In den einzelnen Spalten werden nun die Kostenstellen in Ihrem Unternehmen definiert, beispielsweise in Form jeweils einer Kostenstelle für die Produktion und die Verwaltung. Größere Betriebe können die Kostenstellen feiner aufgliedern, wenn beispielsweise unterschiedliche Produktionsbereiche vorhanden sind. Dann können bei der Preiskalkulation die Kosten des jeweiligen Bereichs in den Produktpreisen berücksichtigt werden.

Mithilfe dieser Matrix können Sie nun über einen Verteilerschlüssel festlegen, wie die Kostenarten auf die einzelnen Kostenstellen umgelegt werden sollen. Dabei muss nicht für jede Kostenart derselbe Schlüssel gelten. So können Sie beispielsweise festlegen, dass die Kosten für Büromaterial zu 80 Prozent auf die Verwaltung und zu 20 Prozent auf die Produktion umgelegt werden, während Sie die Energiekosten zu 75 Prozent der Produktion und zu 25 Prozent der Verwaltung zurechnen.

Der Betriebsabrechnungsbogen ermöglicht es Ihnen, auf einfache Weise die Kosten übersichtlich darzustellen, sodass Sie prüfen können, ob die Entwicklung der tatsächlichen Kosten mit Ihren Planungen übereinstimmt. Überdies können Sie anhand der tabellarischen Übersicht Ihre Zuschläge für die Umlage der Fixkosten in der Preiskalkulation ermitteln.

Wenn Sie den Betriebsabrechnungsbogen als Basis für Ihre Preiskalkulation einsetzen, sollten Sie die fixen und variablen Kosten trennen, bevor Sie mit dem Kalkulieren beginnen. Grund dafür ist, dass die variablen Kosten dem Produkt anhand der Bearbeitungszeit und der konkreten Materialkosten direkt zugeordnet werden, während Sie die fixen Kosten über einen prozentualen Zuschlag umlegen.

Bezogen auf das „Beispiel für einen einfachen Betriebsabrechnungsbogen" bedeutet dies, dass Sie die Maschinenabschreibung aus dem Fixkostenzuschlag herausnehmen, wenn Sie sie im Maschinenstundensatz berücksichtigt haben. Andernfalls würden Sie die Abschreibung doppelt einrechnen – einmal über die Maschinenstundensätze als variable Kosten und einmal über den Fixkostenzuschlag. Gleiches gilt für Lohnkosten, die der Produktbearbeitung direkt als variable Kosten zugeordnet werden können.

Ein Betriebsabrechnungsbogen kann mit entsprechender Software automatisch aus Ihren Buchhaltungsdaten generiert werden. Voraussetzung dafür ist, dass Sie bei der Buchung der Kosten die jeweiligen Kostenstellen mit angeben. Jährliche Aufwendungen wie beispielsweise Abschreibungen müssen zudem auf die einzelnen Monate heruntergerechnet werden, damit Sie eine stets aktuelle Auswertung erhalten.

Alternativ dazu können Sie den Betriebsabrechnungsbogen recht unkompliziert in einem Tabellenkalkulationsprogramm wie Excel, OpenOffice oder LibreOffice anlegen. In kleinen Betrieben ist diese Variante manchmal sogar praktischer, weil Sie die Tabelle stark vereinfachen und damit die Übersichtlichkeit verbessern können. Nachteil ist, dass Sie die Gesamtbeträge der einzelnen Kostenarten aus Ihrer Buchhaltung nochmals manuell eingeben müssen. Wenig empfehlenswert ist es hingegen, den Betriebsabrechnungsbogen als Papierformular anzulegen und ihn von Hand auszufüllen – sowohl der Aufwand wie auch die Fehleranfälligkeit sind hierbei recht hoch.

Beispiel für einen einfachen Betriebsabrechnungsbogen

Die nachfolgende Tabelle zeigt auszugsweise und in vereinfachter Form, wie sich Kosten im Betriebsabrechnungsbogen darstellen lassen. Die Verteilung der Kosten zwischen Produktion und Verwaltung erfolgt pauschal je zur Hälfte – mit Ausnahme der Abschreibungen für die Maschinen und der Lohnkosten in der Produktion, die komplett der Produktion zugeordnet werden.

Kostenart	Gesamtbetrag (Euro)	Anteil Produktion (Euro)	Anteil Verwaltung (Euro)
Energiekosten	10 000	5 000	5 000
Lohnkosten allgemein	150 000	75 000	75 000
Lohnkosten in der Produktion	150 000	150 000	0
Miete	24 000	12 000	12 000
Abschreibung Maschinen	30 000	30 000	0
Fahrzeugkosten	12 000	6 000	6 000
Bürobedarf	2 000	1 000	1 000
Summe	378 000	279 000	99 000

WAS DIE AUSWERTUNG (BWA) SAGT

Wenn Sie Ihre Buchhaltung von einem Steuerberater oder einem Buchführungsdienstleister durchführen lassen, erhalten Sie meist im monatlichen Rhythmus eine betriebswirtschaftliche Auswertung (BWA). Dieses Analyseinstrument wurde Ende der sechziger Jahre von der DATEV, einem genossenschaftlich organisierten IT-Dienstleister für Steuerberater und Wirtschaftsprüfer, entwickelt. Seitdem hat sich die BWA praktisch zu einem Standard für die unterjährige Kosten- und Ertragsanalyse entwickelt. Monat für Monat erstellen alleine die Steuerberater, die für die Buchhaltung ihrer Mandanten die DATEV-Programme nutzen, für kleinere und mittelständische Unternehmen mehr als zwei Millionen Auswertungen. Diese dienen sowohl den Unternehmern als Controlling-Instrument wie auch den Banken als Hilfsmittel zur Einschätzung der Finanz- und Ertragskraft des Unternehmens bei Kreditentscheidungen.

Dazu kommen betriebswirtschaftliche Auswertungen, die von den einzelnen Unternehmen selbst erstellt werden. Viele Buchhaltungsprogramme verfügen über eine Funktion, die im Anschluss an die monatliche Erfassung der Geschäftsvorgänge eine Auswertung in digitaler oder gedruckter Form bereitstellt. Häufig orientieren sich die Softwareanbieter dabei an der Struktur, die von der DATEV sozusagen als Blaupause entwickelt worden ist.

Wichtig zu wissen: Die BWA gibt es in einer Vielzahl an unterschiedlichen Varianten, die für die Erfordernisse einzelner Branchen optimiert worden sind. So ist es beispielsweise für Handelsbetriebe wichtig, dass in der BWA nicht nur Umsätze und Kosten, sondern auch Veränderungen im Warenbestand angezeigt

und ausgewertet werden. Bei Dienstleistern spielt diese Funktion hingegen eine eher untergeordnete Rolle. Überdies bieten manche BWA-Lösungen einen Branchenvergleich an, bei dem die Daten von den im gleichen Wirtschaftssektor tätigen Unternehmen in anonymisierter Form als Messlatte dienen. Die folgenden Ausführungen gelten uneingeschränkt nur für die Gewinnermittlung durch Bestandsvergleich (Bilanzierung). Auch wenn Sie die Gewinne durch Einnahmen-Überschuss-Rechnung ermitteln, können Sie eine BWA erstellen, die allerdings weniger aussagekräftig ist (siehe dazu „Geschäftsvorgänge zeitnah buchen", S. 264).

Die kurzfristige Erfolgsrechnung

Kern der BWA ist die „kurzfristige Erfolgsrechnung", die im Prinzip der bilanziellen Gewinn- und Verlustrechnung (GuV) entspricht – nur eben mit dem Unterschied, dass sie auf monatlicher Basis erstellt wird. Angereichert wird die kurzfristige Erfolgsrechnung mit den Vergleichswerten aus Vormonaten und Vorjahren sowie als Option mit einem Soll-Ist-Vergleich, in dem die Planzahlen den tatsächlich verbuchten Werten gegenübergestellt werden.

Daraus resultiert zunächst einmal eine recht komplex anmutende Tabelle, die jedoch einiges über die laufende Ertragskraft des Unternehmens aussagen kann. Besonders lohnenswert ist der Blick auf die folgenden Zahlenwerte:

▶ **Umsatz beziehungsweise Gesamtleistung.** Der Umsatz gibt Auskunft über Ihren monatlichen Vertriebserfolg. Für Unternehmen die ihre Produkte auf Lager produzieren, kommen bei der Ermittlung der Gesamtleistung noch die aktivierten Eigenleistungen hinzu. Damit erhöht sich die Gesamtleistung, wenn die Waren fertig produziert, aber noch nicht verkauft sind. Gleiches gilt für Bestandsveränderungen, wenn sich im Lager der Bestand an Handelswaren erhöht oder verringert.

▶ **Personalaufwendungen.** In vielen Betrieben verkörpern die Personalaufwendungen den größten Kostenfaktor. Daher sollten Sie regelmäßig prüfen, welchen prozentualen Anteil die Personalkosten an der Gesamtleistung ausmachen – sprich: wie viel Euro Sie für Ihr Personal ausgeben, um 100 Euro Umsatz zu erzielen.

▶ **Gesamtkosten.** Ebenso sollten Sie im Blick behalten, wie sich der prozentuale Anteil der Gesamtkosten an der Gesamtleistung entwickelt. Bei größeren Abweichungen sollten Sie detailliert analysieren, woher die Kostensteigerungen kommen und ob es sich um einmalige Sondereffekte oder um einen nachhaltigen Kostenanstieg handelt.

▶ **Betriebsergebnis.** Das Betriebsergebnis zeigt den wirtschaftlichen Erfolg in den Kernbereichen des Unternehmens. Die Aufwendungen für Zinsen sowie außerordentliche Erträge oder Verluste bleiben dabei unberücksichtigt.

▶ **Vorläufiges Ergebnis.** Diese Zahl sagt Ihnen unter Berücksichtigung aller regulären und außerordentlichen Erlöse und Aufwendungen, ob Sie im Betrachtungszeitraum einen Gewinn oder einen Verlust erwirtschaftet haben. Zu unterscheiden sind dabei das Ergebnis vor Steuern sowie das Ergebnis nach Steuern, das im Betrachtungszeitraum anfallende Steuerzahlungen berücksichtigt. Das vorläufige Ergebnis entspricht von der Berechnungsweise her dem Gewinn, der im Jahresabschluss ausgewiesen wird.

Weitere Auswertungen und Kennzahlen

Zusätzlich zur kurzfristigen Erfolgsrechnung stellt Ihnen Ihr Steuerberater oder Ihre Buchhaltungssoftware noch weitere Auswertungen zur Verfügung. Oft handelt es sich dabei um grafisch aufbereitete Zahlen, die Ihnen Aufschluss über die Entwicklung einzelner Kennzahlen geben.

So zeigt Ihnen beispielsweise die Analyse der offenen Posten, wie sich der Bestand der noch nicht bezahlten Ausgangsrechnungen verändert. Erhöht sich der Wert, kann dies unterschiedliche Ursachen haben. Mögliche Ursachen sind eine nachlassende Zahlungsbereitschaft oder -fähigkeit im Kundenkreis, ein einzelnes Zahlungsproblem bei einem Kunden mit einem überdurchschnittlich hohen Umsatzanteil oder aber auch nur eine deutliche Umsatzsteigerung in der jüngsten Vergangenheit, die sich bei einem längeren Zahlungsziel zunächst einmal in Form eines starken Anstiegs bei den offenen Posten bemerkbar macht. Sie sehen also: Weil die Zahlen unterschiedliche Aussagen enthalten können, kommen Sie an einer sorgfältigen Interpretation der Auswertungen nicht vorbei.

Aufschlussreich ist auch die Auswertung der Liquidität, wenn sie bei der BWA ins Verhältnis zu den Verbindlichkeiten des Unternehmens gesetzt wird. Auf der einen Seite werden die verfügbaren Kontoguthaben addiert. Dazu kommen die Kontokorrentkredite, die Sie sich bei der Bank haben einrichten lassen. Und auf der anderen Seite werden die Verbindlichkeiten, die in naher Zukunft bezahlt werden müssen zusammengezählt. Daraus ist ersichtlich, ob Ihr Guthaben zusammen mit dem Kreditrahmen ausreicht, um Ihren Zahlungsverpflichtungen nachzukommen.

Eine wichtige Kennzahl für die Finanzkraft eines Unternehmens ist der Cashflow – der Begriff lässt sich mit „Geldfluss" übersetzen. Während bei der Ermittlung des Ertrags auch Vorgänge wie gewinnmindernde Abschreibungen oder eine ertragserhöhende Steigerung beim Bestand der offenen Forderungen enthalten sind, klammert der Cashflow alles aus, was sich nicht in einem Zu- oder Abfluss von Geldmitteln niederschlägt. Damit konzentriert sich die Betrachtung allein auf die Geldströme, die dem Firmenkonto zufließen oder davon abfließen. Ist der Cashflow positiv, dann baut das Unternehmen frei verfügbare Geldmittel auf. Ist er negativ, dann verschlechtert sich nach und nach die Zahlungsfähigkeit des Unternehmens, was in aller Regel ein ernst zu nehmendes Alarmsignal ist.

Wenn Sie einen Kredit bei der Bank oder Sparkasse beantragen, leitet das Geldinstitut aus dem Cashflow die Kapitaldienstfähigkeit Ihres Unternehmens ab. Dabei wird geprüft, ob nachhaltig genügend frei verfügbare Geldmittel erwirtschaftet werden, um die Zins- und Tilgungsrate des Kredits dauerhaft tragen zu können. Wäre dies nicht der Fall, würde im Lauf der Zeit das Girokonto des Unternehmens immer tiefer in die roten Zahlen rutschen, weil in der Summe die Geldabflüsse höher sind als die Zuflüsse.

Für die Bewertung der Rentabilität des Unternehmens stellt die Umsatzrendite eine aussagekräftige Messzahl dar. Hierbei wird dargestellt, welcher prozentuale Anteil an der Gesamtleistung als Gewinn übrig bleibt. Wenn Sie die Zahl interpretieren, sollten Sie jedoch zuvor prüfen, ob Ihr Unternehmerlohn bereits in den Personalaufwendungen enthalten ist oder nicht. Wenn Sie sich als geschäftsführender Gesellschafter einer GmbH ein monatliches Gehalt auszahlen lassen, das bereits in der Kostenrechnung enthalten ist, kommen Sie mit einer niedrigeren Umsatzrendite aus als ein Einzelunternehmer, dessen „Gehalt" sich erst aus dem Gewinn seines Betriebs ergibt.

Auch bei der betriebswirtschaftlichen Auswertung gilt: Zahlen sagen viel, aber sie sagen nicht immer alles. Manchmal gibt es im Unternehmen Konstellationen, bei denen die BWA fehlinterpretiert werden kann, wenn alleine das Zahlenwerk betrachtet wird.

So sind die Umsätze in Handelsbetrieben häufig von starken saisonalen Schwankungen betroffen – typische Beispiele wären die Eisdiele, die ihren Hauptumsatz in den Sommermonaten erzielt, oder das Geschenkartikelgeschäft, das in hohem Maße von einem florierenden Vorweihnachtsgeschäft abhängig ist. Auch in der Baubranche oder im Garten- und Landschaftsbau können die Erlöse je nach Jahreszeit ganz unterschiedlich ausfallen.

Auch Unternehmen, die stark in größeren Projektgeschäften engagiert sind, müssen übers Jahr gesehen große Umsatzschwankungen verbuchen. Da kann es vorkommen, dass vielleicht zwei Monate lang fast kein Geldeingang zu verzeichnen ist, während nach Abschluss eines Großprojekts ein Drittel des Jahresumsatzes in einem einzigen Monat abgerechnet wird.

In solchen Fällen gilt es, über den einzelnen Monat hinaus die finanzielle Entwicklung des Betriebs im Blick zu behalten und die unternehmens- oder branchentypischen Schwankungen bei der Interpretation der Auswertungen mit zu berücksichtigen.

Im Handel gibt es oft starke saisonale Schwankungen, etwa in Eisdielen.

Muster BWA der DATEV

Kanzlei-Rechnungswesen pro V.4.3A
Kurzfristige Erfolgsrechnung März 2014 – Handelsrecht
SKR 03 BWA-Nr.1 BWA-Form DATEV-BWA Wareneinsatz KG3

29098/55003/2014
Musterholz GmbH

Bezeichnung	Mrz/2015	% Ges.-Leistg.	% Ges.-Kosten
Umsatzerlöse	401.465,75	99,85	
Best.Verdg. FE/UE	613,97	0,15	
Akt.Eigenleistungen	0,00		
Gesamtleistung	402.079,72	100,00	230,09
Mat./Wareneinkauf	192.716,93	47,93	110,28
Rohertrag	209.362,79	52,07	119,81
So. betr. Erlöse	294,12	0,07	0,17
Betriebl. Rohertrag	209.656,91	52,14	119,98
Kostenarten:			
Personalkosten	117.900,70	29,32	67,47
Raumkosten	15.843,98	3,94	9,07
Betriebl. Steuern	568,00	0,14	0,33
Versich./Beiträge	3.371,52	0,84	1,93
Besondere Kosten	0,00		
Kfz-Kosten (o. St.)	8.000,98	1,99	4,58
Werbe-/Reisekosten	3.964,38	0,99	2,27
Kosten Warenabgabe	2.096,75	0,52	1,20
Abschreibungen	8.564,40	2,13	4,90
Reparatur/Instandh.	2.796,54	0,70	1,60
Sonstige Kosten	11.642,70	2,90	6,66
Gesamtkosten	174.749,95	43,46	100,00
Betriebsergebnis	34.906,96	8,68	
Zinsaufwand	6.362,75	1,58	
Sonst. neutr. Aufw	0,00		
Neutraler Aufwand	6.362,75	1,58	
Zinserträge	49,96	0,01	
Sonst. neutr. Ertr	0,00		
Verr. kalk. Kosten	0,00		
Neutraler Ertrag	49,96	0,01	
Kontenkl. unbesetzt	0,00		
Ergebnis vor Steuern	28.594,17	7,11	
Steuern Eink.u.Ertr	12.810,00	3,19	
Vorläufiges Ergebnis	15.784,17	3,93	

Betrieblicher Rohertrag:
Nur Erlöse abzüglich Materialkosten

Betriebsergebnis:
Hier sind noch keine Zinsaufwendungen und -erträge berücksichtigt

Steuern Einkommen + Ertrag:
1 x jährlich anfallende Steuern können das Monats- bzw. Quartalsergebnis verfälschen

Das vorläufige Ergebnis entspricht dem derzeitigen Stand der Buchführung. Abschluss-/Abgrenzungsbuchungen können es noch verändern.

% Pers.-Kosten	Auf-schlag	Jan/2015 - Mrz/2015	% Ges.-Leistg.	% Ges.-Kosten	% Pers.-Kosten	Auf-schlag
		1.098.665,08	100,01			
		-54,99	-0,01			
		0,00				
341,03		1.098.610,09	100,00	203,14	309,39	
163,46	100,00	522.648,09	47,57	96,64	147,19	100,00
177,58	108,64	575.962,00	52,43	106,50	162,20	110,20
0,25		882,36	0,08	0,16	0,25	
177,82	108,79	576.844,36	52,51	106,66	162,45	110,37
100,00		355.085,90	32,32	65,66	100,00	
13,44		46.878,71	4,27	8,67	13,20	
0,48		2.110,00	0,19	0,39	0,59	
2,86		17.275,56	1,57	3,19	4,87	
		0,00				
6,79		33.771,13	3,07	6,24	9,51	
3,36		11.442,02	1,04	2,12	3,22	
1,78		5.232,16	0,48	0,97	1,47	
7,26		25.614,96	2,33	4,74	7,21	
2,37		7.976,83	0,73	1,47	2,25	
9,88		35.433,48	3,23	6,55	9,98	
148,22		540.820,75	49,23	100,00	152,31	
		36.023,61	3,28			
		10.929,00	0,99			
		410,00	0,04			
		11.339,00	1,03			
		49,96				
		0,00				
		0,00				
		49,96				
		0,00				
		24.734,57	2,25			
		25.570,00	2,33			
		-835,43	-0,08			

Die Bewegungsbilanz als Ergänzung zur BWA

Manchmal kommt es auch vor, dass die Standard-BWA einen Ertrag ausweist und dennoch die Situation auf dem Girokonto immer angespannter wird, weil die Geldmittel nicht zu-, sondern abnehmen. In solchen Fällen sind oft Einflussfaktoren für die Geldabflüsse verantwortlich, die aus der BWA nicht ersichtlich sind. Denn: Die BWA zeigt – ähnlich wie die Gewinn- und Verlustrechnung in der Bilanz – ausschließlich die Entwicklung der Aufwendungen und Erlöse, nicht aber Veränderungen bei den Vermögenswerten und Schulden des Unternehmens.

Ob und in welcher Weise sich die Struktur des Betriebsvermögens verändert hat, können Sie aus der sogenannten Bewegungsbilanz ablesen, die im Rahmen der BWA mit erstellt werden kann. Die Bewegungsbilanz enthält dieselben Posten wie eine herkömmliche Jahresbilanz – allerdings mit dem Unterschied, dass darin die Werte von zwei Bilanzen einander gegenübergestellt werden. So lässt sich feststellen, wie sich die einzelnen Bilanzposten im Lauf eines Monats, Quartals oder Jahres entwickelt haben.

Weil zwei Bilanzen in einer einzigen Aufstellung miteinander verknüpft werden, hat eine Bewegungsbilanz einen anderen Aufbau als die Jahresbilanz. In der Jahresbilanz sind auf der linken Aktivseite die Vermögenswerte wie Bankguthaben, Warenbestände, Gebäude, Maschinen und Forderungen gegenüber Kunden aufgelistet und auf der rechten Seite die Finanzierungsmittel wie Eigenkapital, Bankschulden und Verbindlichkeiten gegenüber Lieferanten. Wie eine Bewegungsbilanz aufgebaut ist, zeigt das Beispiel „Struktur einer Bewegungsbilanz" unten.

Wenn Sie beispielsweise einem Kunden eine hohe Rechnung ausgestellt haben, die noch nicht bezahlt ist, und gleichzeitig den daraus resultierenden Gewinn als Privatentnahme aus dem Unternehmen herausgezogen haben, zeigt sich folgendes Bild in der Bewegungsbilanz: Die Erhöhung der Aktivseite weist einen positiven Wert bei den offenen Forderungen auf. Gleichzeitig wird die Passivseite aufgrund der Privatentnahme gemindert, und in der rechten Spalte reduziert sich die Aktivseite durch die Abbuchung der Entnahme vom Unternehmenskonto. Damit ist aus der Bewegungsbilanz klar ersichtlich, dass Geld aus dem Unternehmen abgezogen wird.

Auch über die internen Veränderungen der Finanzierungsstruktur des Unternehmens liefert die Bewegungsbilanz nützliche Informationen. So wird unter anderem erkennbar, ob sich der Bestand an offenen Forderungen zu Lasten des Guthabens auf dem Girokonto erhöht hat, ob eine Zunahme Ihrer flüssigen Geldmittel aus einer Erhöhung der Bankschulden resultiert oder in welchem Ausmaß eine größere Investition Ihre verfügbaren Geldmittel belastet.

Struktur einer Bewegungsbilanz

Bilanzposten	Erhöhung Aktivseite / Minderung Passivseite (Wo ist das Geld hin?)	Minderung Aktivseite / Erhöhung Passivseite (Wo kam das Geld her?)
Aktivposten	z. B. Erhöhung des Anlagevermögens durch Maschinenkauf oder Zunahme der offenen Forderungen	z. B. Reduzierung von Warenbeständen, Abflüsse vom Girokonto
Anlagevermögen		
Umlaufvermögen		
Bankguthaben		
Forderungen an Kunden		
Passivposten	z. B. Privatentnahmen oder Schuldentilgung	z. B. Zunahme der Bankschulden
Verbindlichkeiten		
Bankschulden		
Eigenkapital		
Gewinn- oder Verlustvorträge		

FORDERUNGS-
UND LIQUIDITÄTS-
MANAGEMENT

Auch wenn Sie das innovativste Produkt der Welt entwickelt hätten, das bei den Abnehmern reißenden Absatz findet, würden Sie dennoch innerhalb kürzester Zeit pleitegehen, wenn Ihre Kunden die Rechnungen nicht begleichen. Anders ausgedrückt: Erfolgreich sind Sie nicht, wenn Sie Ihre Leistungen oder Produkte verkauft haben, sondern erst dann, wenn die Rechnungen bezahlt sind.

Studien und Untersuchungen zeigen in regelmäßigen Abständen, dass viele Unternehmen länger auf ihr Geld warten müssen, als ihnen lieb ist. Dass private, unternehmerische und öffentliche Kunden oftmals die Rechnungen unpünktlich begleichen, nicht abgesprochene Abschläge vornehmen oder einfach überhaupt nicht zahlen, liegt längst nicht immer an ihrer mangelnden Zahlungsfähigkeit. Zuweilen werden Zahlungsziele nur deshalb überzogen, damit die eigenen flüssigen Mittel geschont werden. Und so mancher Abzug beim Begleichen der Rechnung erfolgt nicht wegen eines objektiven Mangels bei der gelieferten Leistung, sondern aus dem Kalkül heraus, dass der Lieferant einen teuren Gerichtsprozess mit ungewissem Ausgang scheut und deshalb den Abzug zähneknirschend in Kauf nehmen wird.

Vor diesem Hintergrund ist ein professionelles Forderungsmanagement Dreh- und Angelpunkt für den betriebswirtschaftlichen Erfolg des Unternehmens. Beginnen sollten Sie damit nicht erst dann, wenn offene Forderungen gegenüber Kunden in größerem Umfang überfällig werden. Insgesamt gilt es

► mit klaren und eindeutigen Preisabsprachen Konflikten und Nachverhandlungen nach dem Ausstellen der Rechnung vorzubeugen,
► mit einem zügigen Ausstellen der Rechnungen nach Abschluss der Leistungen beziehungsweise nach Lieferung der Produkte selbst verschuldete Verzögerungen beim Zahlungseingang zu vermeiden und
► die offenen Posten zu überwachen, um im Fall eines Zahlungsverzugs schnell reagieren zu können.

Preisvereinbarungen und Abrechnung

Je unmissverständlicher Sie die Preise für Ihre Leistungen und Produkte mit Ihren Kunden vereinbaren, umso geringer ist das Risiko, dass es hinterher an der Rechnung etwas auszusetzen gibt. Das gilt vor allem dann, wenn Sie keine Produkte zu von Ihnen festgelegten Preisen beispielsweise als Groß- oder Einzelhändler anbieten, sondern wenn Sie die Preise für Sonderanfertigungen oder Dienstleistungen individuell mit Ihren Kunden vereinbaren.

Vor allem bei größeren Kundenprojekten sollten Sie nicht nur der eigentlichen Preisverhandlung, sondern auch der Festlegung der weiteren Modalitäten des Auftrags gebührende Aufmerksamkeit schenken. So ist es empfehlenswert, nach Möglichkeit die Zahlung in mehreren Etappen zu vereinbaren, wenn Sie das Projekt über mehrere Wochen oder gar Monate hinweg auslastet.

Beispiel: Für einen dreimonatigen Projekteinsatz vereinbaren Sie mit Ihrem Kunden,

Klare Preisangaben und -vereinbarungen sind wichtig.

dass 30 Prozent der Auftragssumme nach 30 Tagen, weitere 30 Prozent nach 60 Tagen und die restlichen 40 Prozent nach Abschluss und Abnahme des Projekts bezahlt werden.

Damit vermeiden Sie nicht nur eine Finanzierungslücke bis zur Beendigung des Auftrags, sondern reduzieren zudem das Ausfallrisiko: Wird Ihr Kunde nach Abschluss des Projekts zahlungsunfähig, haben Sie zumindest die Anzahlungen in der Tasche und müssen nicht im schlimmsten Fall den kompletten Auftragswert als uneinbringliche Forderung abschreiben.

Ein häufiger Streitpunkt zwischen Auftraggeber und -nehmer ist die Frage, ob die in der Rechnung aufgeführten Leistungen mit den Vereinbarungen im Auftrag übereinstimmen. Unstimmigkeiten können sich daraus ergeben, wenn zwar zum vereinbarten Preis abgerechnet wird, aber nach Meinung des Kunden bestimmte Leistungen noch nicht erbracht wurden, oder wenn die Rechnung zusätzliche Posten enthält, die nach Ansicht des Auftraggebers im angebotenen Pauschalpreis hätten enthalten sein müssen.

Auch scheinbare Kleinigkeiten wie die Frage nach der Zahlungsfrist oder einem Skontoabzug sollten Sie gleich zu Beginn klären. Wenn Sie frühzeitig wissen, dass der Kunde bei schneller Zahlung regelmäßig 3 Prozent Skonto abzieht, können Sie diesen Betrag vorher bereits in Ihrer Kalkulation berücksichtigen und den Grundpreis entsprechend höher ansetzen. Im Kurz-Check „Was Sie schon bei der Auftragserteilung klären sollten" haben wir die wichtigsten Punkte zusammengefasst.

Wenn der Auftrag abgeschlossen oder die Ware ausgeliefert ist, sollten Sie so schnell wie möglich die Rechnung ausstellen. Denn: Je länger Sie auf Ihr Geld warten, desto höher wird der Gesamtbetrag Ihrer Vorfinanzierung. Falls noch geleistete Stunden zusammengestellt werden müssen oder ausnahmsweise Preise oder Konditionen mit dem Abnehmer zu klären sind, weil kein ausreichend detailliertes Angebot bestätigt wurde, sollten Sie diese Aufgaben – auch wenn sie Ihnen unangenehm sein sollten – nicht vor sich herschieben. Wenn Sie Ihre Arbeit erledigt, aber noch nicht abgerechnet haben, müssen Sie dies in wirtschaft-

Kurz-Check: Was Sie schon bei der Auftragserteilung klären sollten

1	✓ Soll der Preis in Form eines Festpreises, eines Preisrahmens oder der Abrechnung nach Aufwand mit vereinbarten Stunden- beziehungsweise Tagessätzen vereinbart werden?
2	✓ Ist klar definiert, welche Leistungen im Preis enthalten sind und welche nicht?
3	✓ Wurde festgelegt, in welchem Umfang und zu welchem Preis zusätzliche Leistungen abgerechnet werden können, wenn diese vom Kunden gewünscht werden?
4	✓ Sind eventuell notwendige Reise- und Übernachtungskosten vom Auftragnehmer oder vom Auftraggeber zu tragen?
5	✓ Kann bei größeren Projekten eine Zahlung in mehreren Abschnitten vereinbart werden, damit für den Auftragnehmer keine allzu große Finanzierungslücke entsteht?
6	✓ Falls die Rechnungsstellung erst nach Abnahme der Arbeiten durch den Kunden erfolgen kann: Innerhalb welcher Frist nach Fertigstellung muss die Abnahme durchgeführt werden?
7	✓ Innerhalb welcher Frist nach Rechnungsstellung muss bezahlt werden?
8	✓ Wird ein Skonto vereinbart – und wenn ja: in welcher Höhe und bei Zahlung innerhalb von wie vielen Tagen?
9	✓ Wurden alle wichtigen Fakten in einer Auftragsbestätigung zusammengefasst, die dem Kunden schriftlich oder per E-Mail geschickt wurde?

licher Hinsicht schon als offene Forderung bewerten. Immerhin sind Sie mit Ihrer Arbeit, den Rohstoffen und den sonstigen Kosten bereits in Vorleistung getreten. Dazu kommt, dass der absolute Betrag an Zahlungsausfällen steigt, je höher der Stand Ihrer offenen Forderungen ist.

Schließlich: Wenn Sie das Abrechnen Ihrer Leistungen auf die lange Bank schieben, kostet jeder verlorene Tag aufgrund des Zinsausfalls bares Geld – dann schaffen Sie es möglicherweise nicht, Ihr Girokonto ins Haben zu bringen oder einen Kredit mal schneller als geplant zu tilgen.

Beispiel: Verzögerte Rechnungserstellung kostet fast 1 000 Euro pro Jahr

Michael B. erwirtschaftet als selbstständiger IT-Trainer einen jährlichen Umsatz von 100 000 Euro. Weil er sehr stark ausgelastet ist, kommt er nur alle paar Wochen dazu, seinen Kunden die Rechnungen für die geleistete Arbeit auszustellen. Im Schnitt braucht er 30 Tage, bis er es schafft, eine Rechnung auszustellen. Sein Girokonto ist im Schnitt mit 7 500 Euro in den roten Zahlen – was nicht der Fall wäre, wenn er seine Rechnungen direkt nach dem Abschluss des jeweiligen Auftrags schreiben würde. Wenn der Dispo-Zinssatz bei 13 Prozent liegt, entsteht ihm durch die verzögerte Rechnungserstellung ein jährlicher Zinsaufwand von 975 Euro.

Wenn der Kunde nicht pünktlich zahlt

Wenn Sie Ihre Rechnungen ausgestellt haben, sollten Sie auch die dazugehörigen Zahlungseingänge überwachen. Dabei werden Sie schnell feststellen, dass Ihre Kunden höchst unterschiedliche Vorstellungen von der Zahlungsmoral haben: Während beim einen schon am übernächsten Tag der Rechnungsbetrag auf dem Konto gutgeschrieben ist, zahlt der andere vielleicht prinzipiell erst nach der ersten oder zweiten Mahnung. Dann stellt sich die Frage, wie Sie Ihre Kunden zum zügigen Zahlen motivieren.

Zunächst einmal sollten Sie von vornherein Ihr Zahlungsziel nicht allzu großzügig auslegen. Nirgendwo steht geschrieben, dass man beim Kauf auf Rechnung das Recht hat, erst nach 30 Tagen zahlen zu müssen. Eine Zahlungsfrist zwischen 7 und 14 Tagen ist vollkommen ausreichend. Geben Sie dabei den von Ihnen selbst berechneten Tag der Zahlungsfrist an. Dann beginnt der gesetzlich angeordnete Verzug schon am nächsten Tag und nicht erst nach einer Mahnung oder 30 Tage nach Fälligkeit und Zugang einer Rechnung.

Wenn der Kunde diese Frist nicht einhält, sollten Sie zunächst ein paar Tage abwarten. Ist das Zahlungsziel jedoch um eine Woche überzogen, können Sie davon ausgehen, dass der Kunde entweder Ihre Rechnung verbummelt hat, knapp bei Kasse ist oder ganz einfach mal austesten will, ob man Ihre Rechnungen ohne weitere Konsequenzen ein paar Wochen liegen lassen kann.

Ab welchem Zeitpunkt und in welcher Form Sie die Zahlung einer überfälligen Rechnung anmahnen, müssen Sie selbst entscheiden – und dabei ist ein wenig Fingerspitzengefühl gefordert. Hat der Kunde tatsächlich nur die Rechnung verschlampt oder ist sie während seines Urlaubs eingetroffen, ist er vielleicht verärgert, wenn gleich eine Mahnung mit harschen Formulierungen eintrudelt. Auf der anderen Seite ist es Ihr gutes Recht, für eine pünktlich erbrachte Leistung auch ebenso pünktlich bezahlt zu werden. Üblich ist es, beim Mahnen in drei „Eskalationsstufen" vorzugehen:

▶ **Die 1. Mahnung** sollte zwischen einer und zwei Wochen nach dem Ende der Zahlungsfrist als „Zahlungserinnerung" tituliert werden. Weisen Sie den Kunden in höflichem Ton auf die Fälligkeit der Rechnung hin und bitten Sie ihn, diese innerhalb einer Woche zu bezahlen. Alternativ zur schriftlichen Mahnung können Sie bei Firmenkunden auch telefonisch Kontakt aufnehmen.

▶ **Die 2. Mahnung** folgt, wenn zirka zwei Wochen nach der ersten Mahnung noch kein Zahlungseingang zu verzeichnen ist. Hier können Sie Ihren Formulierungen etwas mehr Nachdruck verleihen als bei der ersten Zahlungserinnerung. Immerhin ist es nicht sehr wahrscheinlich, dass Ihr Kunde sowohl Ihre Rechnung als auch die erste Mahnung nicht erhalten hat – sofern nicht gerade die Post streikt. Auch bei der zweiten Mahnung sollten Sie dem säumigen Zahler zum Begleichen Ihrer Forderung eine Woche Zeit geben.

▶ **In der 3. Mahnung** ist Klartext gefragt. Weisen Sie Ihren Kunden darauf hin, dass Sie ihn bereits zwei Mal erfolglos gemahnt haben, setzen Sie ihm eine letzte Frist von einer Woche und kündigen Sie an, im Falle des weiteren Verzugs gerichtliche Schritte einzuleiten, deren Kosten er zu tragen hat.

1. Zahlungserinnerung

Zahlungserinnerung vom 22.09.2019

Sehr geehrter Herr Mustermann,

die nachfolgende Rechnung ist am 15 .09.2019 fällig geworden. Sicherlich haben Sie übersehen, sie zu begleichen:

Rechnung Nr. 0819 vom 30.08.2019 über 935,00 Euro
Bitte überweisen Sie den Gesamtbetrag bis zum 30.09.2019 auf mein Konto bei der Sparkasse Musterstadt, IBAN DE75 6664 0082 0000 4800 10.

Sollte sich dieses Schreiben mit Ihrer Zahlung überschnitten haben, betrachten Sie es bitte als gegenstandslos.

Besten Dank im Voraus
und freundliche Grüße

2. Mahnung

2. Mahnung vom 07.10.2019

Sehr geehrter Herr Mustermann,

trotz meiner Zahlungserinnerung vom 22.09.2019 haben Sie die nachfolgende, am 15.09.2019 fällig gewordene Rechnung noch nicht beglichen:

Rechnung Nr. 0819 vom 30.08.2019 über 935,00 Euro
Um weitere Kosten und Verzugszinsen zu vermeiden, überweisen Sie bitte den Gesamtbetrag bis zum 14.10.2019 auf mein Konto bei der Sparkasse Musterstadt, IBAN DE75 6664 0082 0000 4800 10.

Sollte sich dieses Schreiben mit Ihrer Zahlung überschnitten haben, betrachten Sie es bitte als gegenstandslos.

Mit freundlichen Grüßen

3. Mahnung

Letzte außergerichtliche Mahnung vom 21.10.2019

Sehr geehrter Herr Mustermann,

trotz wiederholter Mahnung haben Sie die nachfolgende, am 15.09.2019 fällig gewordene Rechnung noch nicht beglichen:

Rechnung Nr. 0819 vom 30.08.2019 über 935,00 Euro
Überweisen Sie bitte den Gesamtbetrag bis zum 28.10.2019 auf mein Konto bei der Sparkasse Musterstadt, IBAN DE75 6664 0082 0000 4800 10. Ansonsten werde ich unverzüglich rechtliche Schritte einleiten, deren Kosten Sie zusätzlich zum überfälligen Rechnungsbetrag zu tragen haben.

Sollte sich dieses Schreiben mit Ihrer Zahlung überschnitten haben, betrachten Sie es bitte als gegenstandslos.

Mit freundlichen Grüßen

Nun stellt sich die spannende Frage: Was tun, wenn auch nach der dritten Mahnung kein Geldeingang erfolgt? Immerhin haben Sie dem säumigen Zahler rechtliche Konsequenzen angedroht – doch wenn Sie nun einen Anwalt einschalten, bleiben Sie auf dessen Gebühren sitzen, falls der Kunde tatsächlich zahlungsunfähig ist. Letzten Endes müssen Sie einschätzen, ob Ihr Kunde nicht zahlen kann oder nicht zahlen will. Das können Sie mit etwas Glück mit einem Anruf herausfinden, denn diejenigen, die knapp bei Kasse sind, bitten dann oftmals um einen weiteren Aufschub – schließlich haben sie im Regelfall kein Interesse daran, sich noch mit zusätzlichen Anwalts- oder Gerichtskosten zu belasten.

Solchen Kunden können Sie mit einer teilweisen Stundung der Schulden oder einer Ratenzahlung die Möglichkeit bieten, die Verbindlichkeiten nach und nach abzustottern. Das bringt natürlich auch Ihnen selbst einen Vorteil: Würden Sie dem säumigen Zahler den Gerichtsvollzieher ins Haus schicken und ihn zur Eröffnung eines Insolvenzverfahrens zwingen, könnten Sie mit vielleicht 10 oder 20 Prozent der ursprünglichen Forderung rechnen. Zahlt der Kunde dagegen wenigstens schon mal die Hälfte der Rechnung, ist zumindest dieser Anteil in trockenen Tüchern.

Will sich der Kunde jedoch nur seinen Zahlungspflichten entziehen, sollten Sie hart bleiben. Typische Zeichen dafür sind, dass plötzlich nach der dritten Mahnung angebliche Mängel reklamiert oder Vereinbarungen infrage gestellt werden. Gut, wenn Sie dann anhand klarer Vereinbarungen bei der Auftragserteilung nachweisen können, dass Ihre Forderung uneingeschränkt berechtigt ist. Sollte die vom Kunden vorgebrachte Reklamation in der Sache berechtigt sein, bieten Sie einen angemessenen Forderungsnachlass an – allerdings nur unter der Voraussetzung, dass der unstrittige Teil der Rechnung sofort beglichen wird.

Will der Kunde diesen Vorschlag nicht akzeptieren, lohnt sich auf jeden Fall der Gang zum Rechtsanwalt, der gemeinsam mit Ihnen die weiteren Schritte in Form von Mahnbescheid und Pfändung veranlasst und Sie bei einem eventuell fälligen Gerichtsverfahren ver-

Was ist ein Eigentumsvorbehalt?

Häufig findet sich auf Rechnungen ein Hinweis auf den Eigentumsvorbehalt, der beispielsweise so formuliert ist: „Die gelieferte Ware bleibt bis zur vollständigen Bezahlung unser Eigentum." Meistens ist er verbunden mit dem Hinweis auf weitere Ausführungen in den Allgemeinen Geschäftsbedingungen (AGB).

Der Eigentumsvorbehalt ist eine Maßnahme der Kreditsicherung und greift im Regelfall dann, wenn der Abnehmer der Ware zahlungsunfähig wird. Dabei hat der Lieferant die Möglichkeit, sich je nach Art des Vorbehalts im Insolvenzfall die gelieferte und noch nicht bezahlte Ware wieder herausgeben zu lassen oder sich vom Insolvenzverwalter den Erlös aus der Verwertung der Ware bezahlen zu lassen. Voraussetzung ist, dass der Auftragnehmer zuvor vom Vertrag zurücktritt, weil er seine Rechnung trotz angemessener Mahnungen und Nachfristen nicht bezahlt hat. Wichtig dabei: Den Eigentumsvorbehalt sollten Sie schon bei der Bestellung beziehungsweise Auftragserteilung mit dem Kunden vereinbaren und ihn nicht erst auf dem Lieferschein vermerken (das ist rechtlich zu unsicher) oder gar erst auf der Rechnung ins Spiel bringen.

Sinnvoll ist der Eigentumsvorbehalt dann, wenn Sie Ihre Kunden mit Waren beliefern. Bei Dienstleistungen ist er grundsätzlich nicht möglich, weil es keine materiellen Wirtschaftsgüter gibt, die der Kunde zurückgeben könnte.

tritt. Wenn der Prozess für Sie erfolgreich ausgeht, muss Ihnen der Prozessgegner nicht nur die volle Forderung, sondern auch die daraus entstandenen Verzugszinsen, Anwalts- und Gerichtskosten erstatten.

Bonitätsauskunft, Kreditversicherung und Factoring

Um das Ausfallrisiko bei Ihren offenen Forderungen zu senken, können Sie neben dem bereits beschriebenen Forderungsmanagement weitere Maßnahmen ergreifen. So ist es ratsam, bei Neukunden vor der Annahme des ersten größeren Auftrags deren Bonität zu prüfen. Dazu stehen Ihnen unterschiedliche Instrumente zur Verfügung:

▶ Wenn es sich beim Neukunden um ein im Handelsregister eingetragenes Unternehmen handelt, können Sie die im Handelsregister eingetragenen Daten ansehen. So betreiben Bund und Länder auf der Seite handelsregister.de ein gemeinschaftliches Online-Verzeichnis, in dem man Pflichtveröffentlichungen einsehen und gegen eine geringe Gebühr aktuelle Handelsregisterauszüge abrufen kann. Die beim Registergericht hinterlegten Jahresabschlüsse von Unternehmen können Sie kostenlos unter bundesanzeiger.de auf der Website des Bundesanzeigers einsehen.

▶ Wirtschaftsauskunfteien wie die Schufa, Creditreform oder andere Anbieter sammeln Daten von Privatpersonen und Unternehmen, aus denen sich Vorhersagen zum Zahlungsverhalten ableiten lassen. Als Unternehmer können Sie solche gebührenpflichtigen Auskünfte nutzen – allerdings im Regelfall unter der Voraussetzung, dass ein berechtigtes Interesse vorliegt. Dies ist meist dann gegeben, wenn der Kunde eine größere Bestellung aufgibt und diese auf offene Rechnung oder gegen Ratenzahlung geliefert bekommen möchte.

Natürlich können Ihnen Bonitätsauskünfte, Jahresabschlüsse und Registerauszüge keine Garantie dafür bieten, dass Ihr Kunde seinen Verpflichtungen wirklich nachkommt. Dennoch können die dafür anfallenden Kosten eine gute Investition sein, wenn Ihnen ein bislang unbekannter Neukunde einen größeren Auftrag erteilen will.

Um sich vor größeren Verlusten aufgrund von Zahlungsunfähigkeit im Kundenkreis zu schützen, können Sie Forderungen auch gegen einen Zahlungsausfall versichern. Angeboten werden solche Policen von spezialisierten Kreditversicherern. Abgedeckt wird meist pauschal der jährlich erzielte Umsatz. Dabei behält sich die Versicherung vor, bei einzelnen Kunden mit schlechter Bonität eine Zusatzprämie zu verlangen oder diese aus der Versicherung auszuklammern – was wiederum ein klares Signal dafür sein sollte, den Auftrag des betreffenden Kunden besser abzulehnen. Nicht abgedeckt sind strittige Forderungen, bei denen aufgrund von Reklamationen oder unklaren Absprachen Uneinigkeit zwischen Kunde und Lieferant über den Rechnungsbetrag besteht.

Die Versicherung springt dann ein, wenn der Kunde nach einer vertraglich vereinbarten Mahnprozedur seine Rechnung nicht bezahlt hat. Zunächst übernimmt die Assekuranz das Inkasso – sprich: das Eintreiben der offenen Forderung. Führt dies nicht zum Erfolg, erhält der Gläubiger die Forderung abzüglich eines Selbstbehalts zwischen 10 und 30 Prozent von der Versicherung ausgezahlt.

Während Sie bei der Kreditversicherung Ihr Mahnwesen noch in Eigenregie betreiben müssen, können Sie beim Factoring praktisch das komplette Forderungsmanagement auslagern. Der Factoring-Anbieter erwirbt Ihre Forderungen und zahlt Ihnen die Rechnungsbeträge unter Berücksichtigung eines Abschlags für eventuelle Mängelrügen und Forderungsausfälle aus. Der Kunde wiederum überweist den Rechnungsbetrag nicht an Sie, sondern an das Factoring-Unternehmen. Dieses übernimmt auch das Mahnwesen und das Eintreiben von offenen Forderungen bei zahlungsunwilligen Kunden.

Factoring bringt für Sie den Vorteil, dass Sie sich voll und ganz auf Ihr Geschäft konzentrieren können und sich nicht darum kümmern müssen, ausstehende Forderungen einzutreiben. Weil Sie den größten Teil Ihrer Rechnungen sofort bezahlt bekommen, gibt es weniger finanzielle Engpässe auf dem Firmenkonto. Und: Mit Ausnahme des Selbstbehalts haben Sie kein Ausfallrisiko. Factoring kann dann zu einer interessanten Alternative werden, wenn Sie weitgehend standardisierte Produkte oder Dienstleistungen an einen breit gefächerten

Wer als Fahrschulinhaber Factoring nutzt, kann sich ganz auf Kundenbetreuung und Unterricht konzentrieren.

Kundenkreis verkaufen und die einzelnen Rechnungsbeträge im Schnitt mehr als 200 Euro ausmachen. Weniger geeignet ist hingegen der Verkauf von Forderungen bei komplexen Dienstleistungen.

Allerdings ist das Factoring mit Kosten verbunden, die sich aus dem Zins für die Vorfinanzierung, einem Aufschlag für das Ausfallrisiko und dem Aufwand für die Verwaltung zusammensetzen. Ein weiterer Nachteil besteht darin, dass Sie keinen Einfluss mehr darauf haben, wie rigide das Factoring-Unternehmen bei Zahlungsverzug vorgeht – und dies birgt die Gefahr, dass Kunden verärgert werden, wenn sie vorübergehend Zahlungsschwierigkeiten haben und keinen Aufschub auf Kulanzbasis erhalten. Auch geben Sie mit der Entscheidung für das Factoring in der Regel den kompletten Forderungsbestand aus der Hand. Sie können nicht einen bestimmten Teil Ihrer Forderungen auslagern und den Rest selbst bearbeiten.

Beispiel: Factoring für eine Fahrschule Wiebke A. betreibt eine Fahrschule und hat immer wieder damit zu kämpfen, dass manche ihrer Fahrschüler ihre Rechnungen nicht pünktlich bezahlen. Deshalb muss sie viel Zeit mit dem Prüfen der Zahlungseingänge, dem Schreiben von Mahnungen und Telefonaten mit säumigen Zahlern verbringen. Um mehr Zeit für ihre eigentlichen Aufgaben als Fahrlehrerin zu gewinnen, entscheidet sie sich, ihr komplettes Forderungs- und Mahnwesen an einen Factoring-Anbieter auszulagern. Ihre Fahrschüler werden gleich zu Beginn darauf hingewiesen, dass die Abrechnung über einen externen Partner erfolgt. Wiebke A. muss jetzt nur noch die geleisteten Unterrichts- und Fahrstunden dem Factoring-Anbieter melden, der ihr den Hauptanteil der Forderungen sofort überweist, den Versand der Rechnungen übernimmt und sich um die Überwachung der Zahlungseingänge kümmert.

Einkommensschwankungen abfedern

Auch wenn Sie Ihre Kosten im Griff haben und sich über pünktlich zahlende Kunden freuen können: Als Selbstständiger haben Sie nicht das geregelte Einkommen eines Arbeitnehmers, und entsprechend unruhig sind die Bewegungen auf Ihrem Girokonto. Da kann es schon einmal vorkommen, dass über einige Monate hinweg im Schnitt nur ein paar hundert Euro eintrudeln und dann nach Abschluss eines großen Projekts eine Rechnung über 25 000 Euro ausgestellt werden kann.

Neben den üblichen Einkommensschwankungen, mit denen Sie als Unternehmer leben müssen, können je nach Branche die Einnahmen darüber hinaus stark von saisonalen Einflussfaktoren abhängen. So machen viele Einzelhändler einen Großteil ihres Umsatzes im November und Dezember, wenn die Kunden auf der Suche nach Weihnachtsgeschenken in besonders guter Kauflaune sind. Auch bei Gastronomiebetrieben sind oftmals jahreszeit- und wetterabhängige Umsatzschwankungen zu beobachten.

Für Sie bedeutet das konkret: Je stärker die Schwankungen bei Ihrem Einkommen ausfallen, desto großzügiger sollten die finanziellen Pufferzonen bemessen sein, mit deren Hilfe Sie diese ausgleichen. Am besten ermitteln Sie das monatliche Durchschnittseinkommen sowie die durchschnittliche Abweichung vom Mittelwert. Anhand dieser Auswertung können Sie feststellen, wie stark Ihr monatliches Einkommen vom langfristigen Durchschnittseinkommen abweicht.

Nicht nur die monatlichen Einnahmen, sondern auch Ihre Ausgaben können starken Schwankungen unterworfen sein. Zu den großen Ausgabenposten, die in mehr oder weniger regelmäßigen Abständen auftauchen, zählen unter anderem monatliche oder vierteljährliche Umsatzsteuer-Vorauszahlungen, vierteljährliche Einkommensteuer-Vorauszahlungen, jährlich anfallende Versicherungsbeiträge oder einmalige Ausgaben für besonders umfangreiche Projekte. Zusätzliche Schwankungen bei den Ausgaben kommen bei Handelsunternehmen hinzu, wenn größere Warenmengen eingekauft werden und vorfinanziert werden müs-

Beispielrechnung: So ermitteln Sie die durchschnittliche Abweichung.

Im ersten Schritt errechnen Sie Ihr monatliches Durchschnittseinkommen.
Im zweiten Schritt ermitteln Sie für jeden Monat die Differenz zwischen Ihrem monatlichen Durchschnittseinkommen und Ihrem tatsächlichen Einkommen. Dann addieren Sie das Ergebnis und teilen es durch zwölf.

Monat	Einkommen (Euro)	Abweichung vom Mittelwert (Euro)
Januar	5 000	500
Februar	2 000	3 500
März	8 000	2 500
April	4 000	1 500
Mai	7 000	1 500
Juni	3 000	2 500
Juli	9 000	3 500
August	2 000	3 500
September	1 000	4 500
Oktober	8 000	2 500
November	7 000	1 500
Dezember	10 000	4 500
Durchschnitt	5 500	2 667

Ergebnis: Im Schnitt verdienen Sie 5 500 Euro pro Monat, aber Ihr tatsächliches Monatseinkommen weicht im Schnitt um 2 667 Euro von diesem Mittelwert nach oben oder unten ab. Sie brauchen also genügend finanziellen Spielraum, um diese Schwankungen ausgleichen zu können.

sen, bis die damit erzielten Umsätze die Einkaufskosten wieder ausgeglichen haben.

Um das Auf und Ab bei Ihrem Einkommen und Ihren Ausgaben abzufedern, benötigen Sie finanzielle Reserven, die bei Bedarf schnell verfügbar sind. Dabei sollten Sie mehrere Maßnahmen miteinander kombinieren:

▶ Beginnen Sie so früh wie möglich damit, auf einem Tagesgeldkonto Guthaben aufzubauen. Als Faustregel gilt: Bei stetigem Einkommen sollten Sie zwei Monats-Bruttoeinnahmen auf der Seite haben, bei stark schwankendem Einkommen sollte es doppelt so viel sein.

▶ Lassen Sie sich auf dem Girokonto einen Kontokorrentkredit einräumen, den Sie im Bedarfsfall in Anspruch nehmen können. Damit vermeiden Sie, dass Sie schon bei einem kleinen Minus auf dem Konto teure Überziehungszinsen zahlen müssen und Lastschriften oder Überweisungen nicht ausgeführt werden.

▶ Kalkulieren Sie nicht zu eng, wenn es um die Tilgung von Krediten geht. Zwar ist es grundsätzlich sinnvoll, Schulden so schnell wie möglich abzubauen. Doch wenn die Kreditraten zu hoch angesetzt sind, kann die finanzielle Verpflichtung allzu schnell zu Geldproblemen führen. Bessere Alternative: Lassen Sie sich ein angemessenes Kontingent an Sondertilgungsoptionen einräumen, um so bei der Rückzahlung flexibler zu sein.

▶ Gleichen Sie regelmäßig den aktuellen Stand bei Kosten und Umsatz mit Ihren Planzahlen ab und prüfen Sie, ob bei einer Fortsetzung der Entwicklung Änderungen am Finanzierungskonzept erforderlich sind. Falls ja, sollten Sie frühzeitig den Kontakt zur Hausbank suchen, um zu vermeiden, dass Sie unter Zeitdruck auf die Suche nach einem zusätzlichem Kredit gehen müssen.

RECHT IM GESCHÄFTLICHEN ALLTAG

GESCHÄFTSRÄUME IN DEN EIGENEN VIER WÄNDEN

Wenn Sie ein Ladenlokal oder ein in einem Gewerbegebiet gelegenes Produktionsgebäude mieten oder kaufen, ist von vornherein klar, dass Sie die Räumlichkeiten als Gewerbetreibender oder Freiberufler nutzen. Sowohl die baurechtlichen Rahmenbedingungen wie auch die Konditionen der Mietverträge sind dann auf den Nutzungszweck abgestimmt.

Anders ist der Fall hingegen gelagert, wenn Sie als Existenzgründer zunächst einmal in den eigenen vier Wänden oder innerhalb Ihrer gemieteten Wohnung an den Start gehen. Das bringt natürlich Kostenvorteile, weil Sie keine Miete für zusätzliche Räumlichkeiten einkalkulieren müssen. Doch gleichzeitig stellt sich die Frage, wie viel Gewerbe oder Freiberuflichkeit innerhalb einer Wohnung oder eines Wohnhauses möglich ist.

Baurechtliche Fragen

Beim Start in den eigenen vier Wänden könnte der Gedanke aufkommen, dass man im eigenen Haus oder in der Eigentumswohnung eigentlich tun und lassen kann, was man will. Doch dies ist ein Trugschluss: Generell gilt in Deutschland zunächst einmal der Grundsatz, dass für Wohnzwecke bestimmte Räumlichkeiten nicht ohne weiteres in Gewerberäume umgewandelt werden dürfen.

Maßgebend ist dabei die Frage, ob eine Zweckentfremdung vorliegt. Wenn ja, müssen Sie ein Bußgeld zahlen und möglicherweise die Geschäftsräume im Haus wieder in Wohnraum umwandeln. Wenn die Antwort „Nein" lautet, dürfen Sie innerhalb eines bestimmten Rahmens eine freiberufliche oder gewerbliche Tätigkeit innerhalb Ihrer Wohnräume ausüben. Mit entscheidend ist dabei, ob sich Ihr Standort in einem reinen Wohngebiet oder in einem Mischgebiet befindet.

In reinen Wohngebieten sind die Vorgaben deutlich restriktiver, denn hier sind grundsätzlich nur freiberufliche und keine gewerblichen Tätigkeiten erlaubt. Nur wenn die gewerbliche Tätigkeit öffentlich praktisch nicht wahrnehmbar ist, kann sie auch im Wohngebiet ausgeübt werden. Ein Beispiel hierfür wäre etwa die Tätigkeit eines selbstständigen Programmierers im Home-Office.

Wenn die Baubehörde prüft, ob Räume zweckentfremdet werden, achtet sie insbesondere darauf,

▶ in welchem Verhältnis die gewerblich oder freiberuflich genutzte Fläche zur gesamten Wohnfläche steht,

▶ wie viele Mitarbeiter Sie in Ihren Räumlichkeiten beschäftigen,

▶ welche Emissionen in Form von Lärm oder anderen Belastungen für die Nachbarschaft entstehen und

▶ ob durch Ihre unternehmerische Tätigkeit zusätzlicher Publikumsverkehr verursacht wird.

Vor diesem Hintergrund ist hierzulande auch der oftmals zitierte „Start-up in der Garage" von Beginn an mit einigen bürokratischen und baurechtlichen Hürden verbunden. Eine Garage soll in erster Linie der Unterbringung des Fahrzeugs dienen und wird zu diesem Zweck genehmigt. Wenn Sie künftig Ihr Auto im Freien parken und Ihre Garage zum Auslieferungslager für Ihren neuen Online-Shop umfunktionieren wollen, brauchen Sie für diese Umwidmung erst einmal grünes Licht von der örtlichen Baubehörde.

Zusätzlichen Klärungsbedarf haben Sie, wenn Sie Ihre Geschäftsräume innerhalb einer Eigentumswohnung unterbringen wollen. In diesem Fall hat die Eigentümergemeinschaft ein Wort mitzureden – denn wenn durch Ihre Selbstständigkeit der Geräuschpegel innerhalb des Hauses ansteigt oder eine Vielzahl an Besuchern die gemeinschaftlichen Eingangsbereiche und Treppenhäuser frequentieren, ist die Hausgemeinschaft als Ganze betroffen.

INFO **FRÜHZEITIG KLÄREN**

Auf der sicheren Seite sind Sie, wenn Sie schon vor dem Start die zuständige Baubehörde informieren. Sofern sich Ihre Geschäftsräume innerhalb einer Eigentumswohnung befinden, sollten Sie sich darüber hinaus mit der Eigentümergemeinschaft in Verbindung setzen. Wenn Sie von diesen Stellen grünes Licht bekommen, brauchen Sie hinterher keine Streitigkeiten oder gar teure Bußgelder und Rückbauaktionen zu befürchten.

In welchem Maß darf der Vermieter mitbestimmen?

Für Mieter kommt noch eine weitere Instanz hinzu, wenn sie sich innerhalb der gemieteten Wohnung selbstständig machen: Hier sind nicht nur die baurechtlichen Vorschriften und eventuelle Mitspracherechte der Eigentümergemeinschaft zu beachten – auch der Vermieter kann in gewissem Umfang Einspruchsrechte geltend machen.

Während es bei bau- und gemeinschaftsrechtlichen Fragen um mögliche Beeinträchtigungen für Nachbarschaft und Öffentlichkeit geht, hat der Vermieter ein durchaus berechtigtes Interesse daran, dass seine Wohnung durch eine gewerbliche Umwidmung nicht über Gebühr abgenutzt wird. Aus diesem Grund enthalten viele Mietverträge einen Pas-sus, nach dem der Gebrauch der Wohnung ausschließlich zu Wohnzwecken erlaubt und jede andere Nutzung untersagt ist.

Wie so oft im juristischen Alltag kommt diese Klausel jedoch in der Praxis nicht einem Generalverbot gleich. So prüfen Gerichte im Streitfall meist, ob die Wohnung trotz der freiberuflichen oder gewerblichen Tätigkeit auch weiterhin überwiegend zu Wohnzwecken genutzt wird. Und sie schauen, ob durch die be-

Gerichtsurteile zur gewerblichen oder freiberuflichen Nutzung von Wohnungen

▶ Die Tätigkeit als selbstständige Tagesmutter für fünf Kinder erfordert sowohl eine Genehmigung des Vermieters wie auch in Gebäuden, die in Wohnungseigentum aufgeteilt sind, die Zustimmung der Eigentümergemeinschaft (Bundesgerichtshof, Urteil vom 13.07.2012, Aktenzeichen V ZR 204/11).

▶ Einem Mieter, der ohne Zustimmung des Vermieters seine Wohnung als Büro für seine gewerbliche Tätigkeit als Immobilienmakler nutzt und dort angestellte Mitarbeiter beschäftigt, kann der Mietvertrag gekündigt werden, wenn dieser die ausschließliche Nutzung zu Wohnzwecken vorsieht (Bundesgerichtshof, Urteil vom 14.07.2009, Aktenzeichen VIII ZR 165/08).

▶ Wird im Schlafzimmer eine Ecke für die selbstständige Erledigung von Buchführungsarbeiten eingerichtet, liegt keine unerlaubte gewerbliche Nutzung der Wohnung vor (Landgericht Frankfurt am Main, Urteil vom 28.07.1995, Aktenzeichen 2/17 S 42/95).

▶ Eine Gemeinde darf die Genehmigung zur Einrichtung eines Gebrauchtwagenhandels verweigern, wenn sich die Betriebsstätte in einem Wohngebiet befinden soll (Verwaltungsgericht Würzburg, Urteil vom 08.01.2013 – Aktenzeichen W 4 K 12.838).

Die Tätigkeit als Tagesmutter von fünf Kindern in einer Mietwohnung erfordert nach einem Gerichtsurteil die Zustimmung des Vermieters und der Eigentümergemeinschaft.

rufliche Tätigkeit in der Wohnung keine für den Vermieter unzumutbare Abnutzung entsteht. Schließlich ist es für den Vermieter unerheblich, ob Sie sich ein Arbeitszimmer einrichten, um als Arbeitnehmer einen Teil Ihrer Arbeit zu Hause erledigen zu können, oder ob Sie die gleiche Arbeit als selbstständige Tätigkeit durchführen.

Einschreiten kann der Vermieter jedoch dann, wenn er aufgrund der Art Ihrer selbstständigen Tätigkeit von einer schnelleren Abnutzung der Wohnung als üblich ausgehen kann oder wenn sie zu einem überwiegenden Teil zu betrieblichen Zwecken umgewidmet werden soll.

Ähnlich wie beim Umgang mit Baubehörden und Hausgemeinschaften gilt auch hier: Suchen Sie rechtzeitig das Gespräch mit Ihrem Vermieter und legen Sie ihm dar, auf welche Weise Sie einen Teil Ihrer Mietwohnung für Ihre selbstständige Tätigkeit nutzen möchten. Solange Sie keine Angestellten beschäftigen, kein Publikumsverkehr zu erwarten ist und sich Ihre Tätigkeit auf Büroarbeiten beschränkt, sind im Regelfall keine Einwände zu erwarten.

FREIE MITARBEIT UND SCHEINSELBST- STÄNDIGKEIT

Die Tätigkeit als freier Mitarbeiter, der gerne neudeutsch als „Freelancer" bezeichnet wird, kann für Existenzgründer aus zwei Blickwinkeln interessant sein: Zum einen bietet die freie Mitarbeit in Projekten für viele Selbstständige eine aussichtsreiche Geschäftsbasis, und zum anderen bilden freie Mitarbeiter gerade in der Gründungsphase eine flexible Alternative zur Festeinstellung von Mitarbeitern.

Solange freie Mitarbeiter für unterschiedliche Kunden arbeiten, kommt diese Form der Selbstständigkeit nicht mit gesetzlichen Regelungen in Konflikt. Doch je ähnlicher die Zusammenarbeit einem regulären Arbeitsverhältnis wird, umso größer ist die Wahrscheinlichkeit, dass eine Scheinselbstständigkeit vorliegt. Das hat für den freien Mitarbeiter selbst, insbesondere aber für die Auftraggeber weitreichende Konsequenzen.

Kriterien für Scheinselbstständigkeit

Die Arbeitskonstellationen von Selbstständigen bewegen sich irgendwo zwischen der völligen Unabhängigkeit und dem Angestelltenverhältnis. Da gibt es „feste Freie", deren regelmäßige Anwesenheit fast schon einen flexiblen Teilzeit-Arbeitsvertrag rechtfertigen könnte. Dann gibt es Projekt-Freelancer, die oft ein halbes oder ein ganzes Jahr beim gleichen Unternehmen an Entwicklungsprojekten mitarbeiten. Und man findet natürlich auch jede Menge Selbstständige, die parallel für mehrere Auftraggeber tätig sind.

In diesem Zusammenhang fällt häufig der Begriff der Scheinselbstständigkeit. Hierbei handelt es sich um einen staatlichen Eingriff ins Vertragsverhältnis: Wenn die Sozialversicherung bei einer Betriebsprüfung zu dem Ergebnis kommt, dass freie Mitarbeiter praktisch die gleichen Tätigkeiten verrichten wie Arbeitnehmer, wird das Vertragsverhältnis als sozialversicherungspflichtiges Arbeitsverhältnis eingestuft.

Als Maßgabe dafür, ob jemand als Selbstständiger oder Arbeitnehmer eingeordnet wird, dient Paragraf 7 des Sozialgesetzbuches VI. Dort werden die Weisungsabhängigkeit und die Eingliederung in die betriebliche Organisation als wichtigste Merkmale eines Arbeitnehmers genannt.

Was bedeutet das nun für Sie? Anhand dieser beiden Oberbegriffe haben sich einige Kriterien herauskristallisiert, die als Indizien bei der Trennung von Selbstständigkeit und Arbeitnehmerstatus dienen:

▶ **Wirtschaftliche Abhängigkeit.** Wenn Sie mehr als fünf Sechstel Ihres Gesamtumsatzes mit einem einzigen Auftraggeber erzielen, ist das ein Hinweis auf eine abhängige Beschäftigung – allerdings nicht zwingend.

▶ **Arbeitszeiten.** Feste Arbeitszeiten sprechen für eine abhängige Beschäftigung, freie Zeiteinteilung für Selbstständigkeit.

▶ **Einbindung.** Eine eigene Telefon-Durchwahl, das Auftreten gegenüber Geschäftspartnern des Auftraggebers als Mitarbeiter, die Einbindung in Dienst- und Urlaubspläne, die Anwesenheitspflicht bei jedem Abteilungs-Meeting: Das sind klare Merkmale eines Arbeitnehmers.

▶ **Persönliche Leistung.** Wenn Sie berechtigt sind, bei Bedarf Leistungen auch durch qualifizierte Dritte erbringen zu lassen, spricht das für eine echte Selbstständigkeit.

▶ **Verbote.** Verbietet der Auftraggeber seinem Dienstleister, für andere Firmen tätig zu werden? Dann wird er womöglich schneller als Arbeitgeber eingestuft, als ihm lieb ist.

Dabei kommt es nicht darauf an, dass eine bestimmte Anzahl der Kriterien erfüllt wird – entscheidend ist das Gesamtbild. So kann unter Umständen eine Grafikerin scheinselbstständig sein, wenn sie jeden Montag und Dienstag in der Werbeagentur erscheinen und nach Weisung des Abteilungsleiters arbeiten muss. Das wäre dann eine Teilzeitbeschäftigung, auch wenn sie die restlichen drei Arbeitstage Umsätze mit anderen Auftraggebern erwirtschaftet.

Umgekehrt zieht die Einbindung in ein langfristiges Projekt nicht zwangsläufig die Arbeitnehmerschaft nach sich. Wenn Sie als IT-Entwickler an einem Ein-Jahres-Projekt mitarbeiten, aber innerhalb der fachlichen Vorgaben Ihre eigene Arbeitsweise bestimmen können, sind Sie trotz der wirtschaftlichen Abhängigkeit während des Projektzeitraums selbstständig.

INFO

BESSER NICHT ABHÄNGIG MACHEN
Unabhängig von der rechtlichen Frage der Scheinselbstständigkeit ist es natürlich sinnvoll, eine wirtschaftliche Abhängigkeit von einem einzelnen Kunden zu vermeiden. Je mehr Sie vom Auftraggeber abhängig sind, umso größer wird für ihn die Versuchung, die Daumenschrauben anzuziehen und Ihr Honorar zu drücken. Dieses Risiko können Sie reduzieren, wenn Sie genügend Ausweichmöglichkeiten haben.

Konsequenzen für Auftraggeber und Auftragnehmer

Besonders gravierend sind die Folgen für den Auftraggeber, wenn dieser nach einer Prüfung durch den Sozialversicherungsträger als Arbeitgeber eingestuft wird, weil er arbeitnehmertypische Arbeiten von freien Mitarbeitern durchführen lässt.

Stellen die Rentenversicherungsprüfer fest, dass in Wirklichkeit ein abhängiges Beschäftigungsverhältnis vorliegt, werden automatisch die dazugehörigen Sozialversicherungsbeiträge in Form von Renten-, Kranken-, Pflege- und Arbeitslosenversicherung fällig – und das nicht ab dem Zeitpunkt des Bescheids, sondern rückwirkend bis zu einem Zeitraum von vier Jahren. Die Beitragsforderung wird dabei nicht wie im Anstellungsverhältnis üblich zwischen Arbeitgeber und Arbeitnehmer aufgeteilt. Vielmehr gilt der Arbeitgeber in diesem Fall als Alleinschuldner, der für die gesamten Sozialversicherungsbeiträge geradestehen muss. Wer beispielsweise vier Jahre lang einen scheinselbstständigen freien Mitarbeiter im Auftragsvolumen von jährlich 40 000 Euro beschäftigt hat, muss damit rund 67 000 Euro an Sozialversicherungsbeiträgen nachzahlen.

Dazu kommt, dass der bislang als selbstständiger Dienstleister beauftragte Mitarbeiter nun einen Rechtsanspruch auf Umwandlung des Werkvertrags in einen Arbeitsvertrag hat. Häufig enden diese Fälle vor dem Arbeitsgericht, wenn sich Arbeitgeber und Arbeitnehmer nicht über die Modalitäten des Arbeitsvertrags einig werden. Will der Arbeitgeber den freien Mitarbeiter nicht als Arbeitnehmer weiterbeschäftigen, muss er sich dessen Ausscheiden oftmals mit einer hohen Abfindungszahlung erkaufen. Aber nicht nur die Kosten können schmerzhaft sein: Ein zuvor gutes Arbeitsverhältnis ist durch diesen Streit womöglich mittlerweile zerrüttet. Im schlimmsten Fall muss ein neuer Dienstleister oder Arbeitnehmer gesucht werden, der die anfallenden Aufgaben erledigt – auch wenn der Arbeitgeber seinen Mitarbeiter gerne weiter beschäftigt hätte.

Angesichts dieser Risiken sollten Sie als Existenzgründer bei der Beschäftigung freier Mitarbeiter Vorsicht walten lassen. Zwar ist das Einbinden freier Mitarbeiter gerade in der Gründungsphase ein flexibles und einfach zu handhabendes Instrument, um externe Expertise und Arbeitskraft zuzukaufen. Doch sollten Sie dabei immer darauf achten, dass das Dienstleistungsverhältnis nicht allzu viel Ähnlichkeit mit einem herkömmlichen Arbeitnehmerverhältnis aufweist.

Reduzieren Sie Ihr Risiko

Auf der sicheren Seite sind Sie, wenn Sie freie Mitarbeiter gezielt in einzelnen Projekten beschäftigen, ihnen übers Jahr gesehen genügend zeitlichen Spielraum für die Akquise zusätzlicher Auftraggeber lassen, ausreichend Freiraum für die Gestaltung der Arbeit einräumen und Ihren Geschäftspartnern nicht suggerieren, dass es sich um angestellte Mitarbeiter handelt. Im Zweifelsfall sollten Sie lieber die Aufgaben auf mehrere freie Mitarbeiter verteilen, um die Gefahr der „Vollbeschäftigung" abzuwenden.

Wenn Sie als freier Mitarbeiter tätig sind und aufgrund Ihrer arbeitnehmertypischen Beschäftigung als Arbeitnehmer eingestuft werden, hält sich Ihre Haftung für die Sozialversicherungsbeiträge in Grenzen: Für maximal drei Monate können von Ihnen die Beiträge nachgefordert werden. Der Auftraggeber hat keinen darüber hinausgehenden Regressanspruch gegenüber dem Freelancer.

Dennoch sollten Sie die möglichen Konsequenzen nicht auf die leichte Schulter nehmen, denn neben den Streitigkeiten mit dem bisherigen Auftraggeber sind die unvermeidlichen steuerrechtlichen Folgen des Statuswechsels zu berücksichtigen. Diese sind sehr verwickelt: Die Umsatzsteuer, die Sie als Auftragnehmer Ihrem Kunden in Rechnung gestellt haben, kann dieser gegenüber dem Finanzamt nicht abziehen, weil Sie nun kein Unternehmer mehr und daher nicht zum Umsatzsteuerausweis berechtigt sind. Da das Finanzamt also die Vorsteuer vom Auftraggeber zurückverlangt, wird dieser mit Recht darauf bestehen, dass Sie die Rechnungen korrigieren. Das heißt, Sie müssen sie ohne Umsatzsteuer ausstellen und den Differenzbetrag zurückzahlen.

Doch damit nicht genug: Sie selbst können die an das Finanzamt abgeführte Umsatzsteuer erst zurückverlangen, wenn Sie nachgewiesen haben, dass der Auftraggeber dem Finanzamt die Vorsteuer erstattet hat. Darüber hinaus endet mit der Feststellung einer Scheinselbstständigkeit auch die unternehmerische Tätigkeit, sodass Sie Ihr Gewerbe wieder abmelden müssen.

Das Statusfeststellungsverfahren

Sowohl der Auftraggeber wie auch der Auftragnehmer sollten in Grenzfällen daran interessiert sein, die Art des Beschäftigungsverhältnisses rechtssicher zu klären. Zu diesem Zweck können beide Parteien unabhängig voneinander bei der Deutschen Rentenversicherung das sogenannte Statusfeststellungsverfahren einleiten. Dazu muss ein umfangreicher Fragebogen ausgefüllt werden. Sie können ihn entweder bei der Deutschen Rentenversicherung anfordern oder ihn von deren Website deutsche-rentenversicherung.de herunterladen.

Auf Basis der detaillierten Beschreibung Ihrer Tätigkeit entscheidet dann die Deutsche Rentenversicherung, ob der freie Mitarbeiter als Selbstständiger oder als Arbeitnehmer einzustufen ist.

Dabei kann sich eine der drei folgenden Varianten ergeben:

▶ **Selbstständige Tätigkeit.** Der Auftragnehmer ist selbstständig tätig und wird damit je nach ausgeübter Tätigkeit entweder als Freiberufler oder als gewerblicher Unternehmer eingestuft.

▶ **Unselbstständige Tätigkeit.** Der Auftragnehmer erfüllt die Anforderungen eines selbstständigen Unternehmers nicht und wird daher als sozialversicherungspflichtiger Arbeitnehmer eingestuft.

▶ **Arbeitnehmerähnliche Selbstständigkeit.** Der Auftragnehmer erfüllt zwar die Kriterien der Selbstständigkeit, ist jedoch nur für einen einzigen Auftraggeber tätig. Damit ist er in der Rentenversicherung Pflichtmitglied und muss seine Rentenbeiträge selbst entrichten. Ob er sich privat krankenversichert oder freiwilliges Mitglied in der gesetzlichen Krankenversicherung wird, kann er selbst entscheiden. Ausnahme: Er ist als Künstler in der Künstlersozialkasse versicherungspflichtig.

Vorteilhaft ist dabei, dass nachträgliche Beitragsforderungen vermieden werden können.

Wenn der Antrag auf Statusfeststellung innerhalb eines Monats nach Aufnahme der freien Mitarbeit gestellt wird, dann werden eventuelle Sozialversicherungsbeiträge erst ab dem Termin fällig, an dem der Bescheid ausgestellt wird. Das Statusfeststellungsverfahren können Sie zwar noch einleiten, wenn die Sozialversicherung eine Betriebsprüfung angekündigt hat, nicht aber, wenn im Rahmen einer Prüfung bereits eine Entscheidung über die Sozialversicherungspflicht getroffen wurde und sich die Verhältnisse nicht geändert haben. Gegen den Bescheid kann innerhalb eines Monats Widerspruch eingelegt werden.

MEIN ERSTER ARBEITNEHMER

Mit der Einstellung des ersten Arbeitnehmers betreten Sie als Selbstständiger neues Terrain – und das nicht nur wegen der gesetzlichen Rahmenbedingungen. Gerade der erste Arbeitnehmer erhöht Ihre Lohnkosten prozentual gesehen am stärksten. Denn das hat in Bezug auf Ihre Kosten und Kapazitäten praktisch denselben Effekt, wie wenn ein 20-Mann-Betrieb auf einen Schlag 20 neue Mitarbeiter einstellen würde. Grund genug also, diesen Schritt sorgfältig vorzubereiten.

Zunächst einmal sollten Sie überlegen, ob schon im ersten Schritt die Einstellung eines Vollzeit Arbeitnehmers wirklich erforderlich ist. Unter Berücksichtigung der Nebenkosten für die Sozialabgaben und die Einrichtung eines eigenen Arbeitsplatzes können Sie dabei schnell auf jährliche Gesamtkosten in Höhe von 40 000 Euro kommen. Prüfen Sie daher kritisch, ob Sie diesen finanziellen Kraftakt stemmen können. Oftmals ist es so, dass die erste Kapazitätserweiterung nicht gleich einen in Vollzeit tätigen und fest angestellten Mitarbeiter erfordert. Alternativ dazu haben Sie verschiedene Möglichkeiten:

▶ **Teilzeitbeschäftigung.** Mit einem fest angestellten Mitarbeiter in Teilzeit können Sie Ihre jährlichen Lohnkosten im Vergleich zur Vollzeitbeschäftigung anteilig senken. Allerdings haben Sie in rechtlicher Hinsicht dieselben Pflichten wie bei der Einstellung eines Vollzeit-Arbeitnehmers.

▶ **Minijobs.** Einfache Tätigkeiten können Sie häufig über Minijobs an Arbeitnehmer delegieren. Solange der Arbeitnehmer nicht mehr als 450 Euro pro Monat verdient, gelten vergünstigte Abgaben bei der Steuer und Sozialversicherung. Wichtig zu wissen: Auch Minijobber haben Anspruch auf bezahlten Urlaub und Lohnfortzahlung im Krankheitsfall. Zudem gelten dieselben gesetzlichen Kündigungsfristen wie bei einer Festanstellung.

▶ **Freie Mitarbeit.** Diese Beschäftigungsform ist vor allem für projektbezogene Arbeiten geeignet oder für Tätigkeiten, die der Auftragnehmer auch in seinen Räumen durchführen kann. Achten Sie darauf, dass Sie Ihre freien Mitarbeiter nicht so stark auslasten oder so eng in Ihren Betrieb einbinden, dass daraus eine Scheinselbstständigkeit resultieren könnte.

▶ **Arbeitnehmerüberlassung.** Von Dienstleistern, die sich auf die Überlassung von Arbeitnehmern spezialisiert haben, können Sie Arbeitskräfte „ausleihen". Dabei besteht der Arbeitsvertrag zwischen dem Arbeitnehmer und dem Dienstleistungsunternehmen, das Ihnen wiederum den dort angestellten Beschäftigten für einen vertraglich vereinbarten Zeitraum überlässt. Vorteil ist, dass Sie die Überlassungsverträge flexibel gestalten können und sich selbst nur sehr eingeschränkt um sozialversicherungs- und steuerrechtliche Fragen kümmern müssen, nämlich nur soweit dies im Arbeitnehmerüberlassungsgesetz für den Entleiher vorgesehen ist. Allerdings sind die Gesamtkosten meist deutlich höher als bei der Einstellung eines Mitarbeiters, weil Sie zusätzlich noch den Verwaltungsaufwand und Gewinn des Dienstleisters mitbezahlen.

Mitarbeiter auswählen und einstellen

Um passende Mitarbeiter zu finden, müssen Sie sich in aller Regel aktiv auf die Suche begeben. Dabei stehen Ihnen unterschiedliche Wege offen: Sie können eine Stellenanzeige in der Zeitung schalten, auf Online-Stellenbörsen eine Suchanzeige aufgeben, Ihre offene Stelle bei der Agentur für Arbeit melden oder soziale Netzwerke wie Xing oder Facebook nutzen, um potenzielle künftige Mitarbeiter anzusprechen.

Schon bei der Formulierung der Stellenanzeige können erste juristische Fallen lauern. Der Name des Stolpersteins lautet „Diskriminierung". Nach dem Gesetz dürfen Arbeitnehmer nicht wegen ihres Geschlechts, ihrer religiösen oder politischen Ansichten, ihrer Herkunft, einer Behinderung oder ihres Alters benachteiligt werden – und das gilt schon bei den Stellenanzeigen. Wenn Sie in Ihrer Stellenanzeige „Mitarbeiter bis maximal 35 Jahre" suchen, laufen Sie Gefahr, sich eine Klage wegen Diskriminierung älterer Stellensuchender einzuhandeln.

Ähnliches gilt, wenn sich Annoncen ausschließlich an männliche oder ausschließlich an weibliche Bewerber richten. Seit 2019 sind Stellenanzeigen nur gesetzeskonform, wenn sie sich auch an das dritte Geschlecht wenden. Ihre Stellenanzeige muss daher beispielsweise lauten „Suche Mitarbeiter im Vertrieb (w/m/d)". Das „d" steht für divers.

Je nach Sachlage riskieren Sie, klagenden Bewerbern Schadenersatz in Höhe von einem bis mehreren Monatsgehältern zahlen zu müssen. Achten Sie deshalb darauf, dass Sie die Anzeige so neutral wie möglich formulieren und sich beim Anforderungsprofil auf die fachlichen Kompetenzen und allgemeingültige Charaktereigenschaften wie beispielsweise „selbstständig arbeitend" oder „verhandlungssicher" beschränken.

Die Kandidaten, die in die engere Auswahl kommen, werden in aller Regel zu einem persönlichen Vorstellungsgespräch eingeladen. Als künftiger Arbeitgeber möchten Sie natürlich diese Gelegenheit nutzen, um zum einen ein Bild von der Persönlichkeit des möglichen Mitarbeiters zu gewinnen und zum anderen mit gezielten Fragen die fachliche und soziale Kompetenz einzuschätzen.

Allerdings sind nicht alle Fragen zulässig. So dürfen Sie im Vorstellungsgespräch beispielsweise nicht fragen,

▶ ob eine Schwangerschaft besteht,

▶ ob eine Schwerbehinderung oder Krankheiten vorliegen,

▶ ob in naher Zukunft eine Heirat geplant ist,

▶ wie die Vermögensverhältnisse aussehen und

Reisekosten erstatten?

Wer einen Bewerber zu einem persönlichen Vorstellungsgespräch einlädt, hat die dafür anfallenden Kosten zu erstatten – und dazu zählen auch die Reisekosten. Dies gilt auch dann, wenn hinterher kein Arbeitsvertrag geschlossen wird. Erstattungsfähig sind üblicherweise die Kosten für eine Bahnfahrkarte zweiter Klasse. Übernachtungskosten müssen nur in Ausnahmefällen übernommen werden.

Vorsicht: Beim Vorstellungsgespräch sind nicht alle Fragen erlaubt.

► ob eine Zugehörigkeit zu bestimmten Parteien, Gewerkschaften oder Kirchen besteht.

Wenn Sie den Kandidaten solche Fragen stellen, dürfen diese darauf falsche Antworten geben, ohne dass Sie deshalb später den Arbeitsvertrag wegen arglistiger Täuschung anfechten dürfen. Bei zulässigen Fragen wie beispielsweise der Frage nach bestimmten Qualifikationsnachweisen gilt hingegen, dass eine falsche Antwort zu einer späteren Anfechtung des Arbeitsvertrags führen kann. Dies wäre beispielsweise dann der Fall, wenn sich ein Kandidat als Diplom-Ingenieur ausgibt, obwohl er in Wahrheit sein Studium vorzeitig abgebrochen hat und keinen Abschluss besitzt.

Wenn Sie sich nach Abschluss der Vorstellungsrunde für einen bestimmten Kandidaten entschieden haben, geht es an die Ausgestaltung des Arbeitsvertrags. Dabei sind die gesetzlichen Bestimmungen zu beachten wie beispielsweise der Mindesturlaub und der Mindestlohn von 9,38 Euro (Stand: 2020). Tarifverträge kommen nur dann zur Anwendung, wenn Sie einem Arbeitgeberverband angehören, sich im Arbeitsvertrag auf einen Tarifvertrag beziehen oder wenn das Bundesarbeitsministerium für Ihre Branche die Allgemeinverbindlichkeit der geltenden Tarifverträge

ausgesprochen hat. Eine aktuelle Liste der allgemein verbindlichen Tarifverträge finden Sie auf der Internetseite des Bundesministeriums für Arbeit und Soziales unter bmas.de.

Zwar können Arbeitsverträge immer noch mündlich geschlossen werden. Das Nachweisgesetz verlangt aber, dass der Arbeitgeber die wesentlichen Bedingungen des Arbeitsvertrages innerhalb eines Monats nach Beginn des Arbeitsverhältnisses schriftlich verfasst, unterschreibt und dem Arbeitnehmer aushändigt. Da die Folgen bei einem Verstoß gravierend sind, empfiehlt es sich, von vornherein einen schriftlichen Arbeitsvertrag abzuschließen.

Bei den Industrie- und Handelskammern sowie den Handwerkskammern erhalten Sie Musterverträge, die Sie bei etlichen Kammern auf deren Internetseiten als PDF- oder Word Dokument herunterladen können. Neben dem monatlichen Gehalt vereinbaren Sie im Arbeitsvertrag unter anderem die regelmäßige wöchentliche Arbeitszeit, die Abgeltung von Überstunden, den Jahresurlaub, den Beginn des Arbeitsverhältnisses, die Dauer der Probezeit sowie vertragliche Kündigungsfristen, soweit sie von den zwingenden gesetzlichen Vorschriften abweichen dürfen.

Sie benötigen von Ihren Arbeitnehmern die folgenden Unterlagen, um sie ordnungsgemäß anmelden zu können:

▶ die Steueridentifikationsnummer, die Sozialversicherungsnummer,

▶ die Angabe der Krankenkasse,

▶ eine Urlaubsbescheinigung des vorigen Arbeitgebers sowie

▶ bei ausländischen Arbeitnehmern, die nicht aus einem EU-Staat stammen, eine gültige Aufenthalts- und Arbeitserlaubnis.

Sofern Sie zuvor noch keine Arbeitnehmer beschäftigt haben, beantragen Sie für Ihren Betrieb bei der Agentur für Arbeit eine Betriebsnummer.

Darüber hinaus sind Sie als Arbeitgeber dafür zuständig, dass der Abzug von Lohnsteuer und Sozialabgaben für Ihre Mitarbeiter funktioniert. Daher müssen Sie entweder über Ihre Lohnbuchhaltungs-Software oder über das offizielle Programm „Elster" der Steuerbehörde neue Mitarbeiter beim Finanzamt anmelden. Dazu kommt die Anmeldung bei der Sozialversicherung zum Beispiel über svnet.info. Die Krankenkasse fungiert als zentrale Meldestelle für die Sozialversicherung. Spätestens mit der ersten Entgeltabrechnung benötigt sie die Daten von neuen Mitarbeitern, damit sie für die Kranken-, Pflege-, Arbeitslosen- und Rentenversicherung ordnungsgemäß abführen kann. Die Entgeltabrechnung können Sie nur mit einem Lohnabrechnungsprogramm erstellen.

Dann ist noch die für Ihren Betrieb zuständige Berufsgenossenschaft über Neueinstellungen zu informieren, damit Ihre Mitarbeiter bei Betriebsunfällen versichert sind. Der Beitrag dafür richtet sich nach den Gefahrenklassen der ausgeübten Tätigkeit. Als Arbeitgeber bezahlen sie ihn in voller Höhe.

Rechtliche Rahmenbedingungen während des Arbeitsverhältnisses

Als Arbeitgeber haben Sie gegenüber Ihren Beschäftigten eine Fürsorgepflicht. Es ist somit Ihre Aufgabe, die Arbeitsbedingungen so zu gestalten, dass Ihre Mitarbeiter keinen vermeidbaren Gefahren oder gesundheitlichen Beeinträchtigungen ausgesetzt sind.

Zunächst einmal ist der Arbeitsplatz so einzurichten, dass die Arbeitssicherheit gewährleistet ist. Insbesondere müssen Sie darauf

Schritt für Schritt zum ersten Mitarbeiter

1	✓ Soll der Mitarbeiter in Voll- oder Teilzeit angestellt werden?
2	✓ Welche Qualifikationen sind unabdingbar, welche sind wünschenswert?
3	✓ Welche Medien wie zum Beispiel Tageszeitungen, Fachmedien, Datenbank der Agentur für Arbeit oder Online-Stellenportale kommen für die Ausschreibung der Stelle infrage?
4	✓ Ist die Stellenanzeige so formuliert, dass keine Klage wegen Diskriminierung droht?
5	✓ Welche der Bewerber kommen für ein persönliches Vorstellungsgespräch infrage?
6	✓ Wenn Sie sich für einen Kandidaten entschieden haben: Besteht Einigkeit über Gehalt, Arbeitszeit, Dauer der Probezeit oder Befristung des Arbeitsverhältnisses, Urlaubstage und Beginn der Tätigkeit?
7	✓ Liegen alle Unterlagen des Arbeitnehmers vor, die Sie für die Anmeldung bei Finanzamt und Sozialversicherung benötigen?
8	✓ Verfügen Sie über die erforderliche Software, um das Gehalt mit allen gesetzlichen Abzügen korrekt abrechnen zu können?

achten, dass Maschinen und Anlagen den aktuellen Sicherheitsvorschriften entsprechen und der Arbeitsplatz ergonomisch eingerichtet und ausreichend ausgeleuchtet ist. Im Bedarfsfall müssen den Mitarbeitern sicherheitsrelevante Utensilien wie Lärmschützer, Helme, Schutzbrillen oder Schutzkleidung zur Verfügung stehen.

Auch die tägliche Arbeitszeit kann der Arbeitgeber nicht nach Belieben festlegen. Zunächst einmal sieht das Arbeitszeitgesetz vor, dass die tägliche Arbeitszeit in einer Vollzeitbeschäftigung acht Stunden beträgt. Es ist möglich, sie auf zehn Stunden auszudehnen, allerdings muss dann ein Freizeitausgleich vorgesehen werden. Sie noch weiter auszudehnen ist nur dann statthaft, wenn ein angemessener Teil der Arbeitszeit aus einem Bereitschaftsdienst besteht.

Nicht zu kurz geraten dürfen dabei die Pausen. Solange die Arbeitszeit maximal neun

Stunden beträgt, ist eine mindestens 30-minütige Ruhepause vorzusehen. Bei mehr als neun Stunden täglicher Arbeitszeit erweitert sich das Mindestmaß für die Pause auf 45 Minuten. Eine Aufteilung in mindestens 15-minütige kleinere Pausen ist dabei zulässig. Geschäftsführer, Inhaber und leitende Angestellte fallen übrigens nicht unter diese Regelungen.

Für die Erholung steht Arbeitnehmern nach dem Bundesurlaubsgesetz bezahlter Urlaub zu. Der Mindesturlaub beträgt 24 Werktage, dies jedoch bezogen auf einen Zeitraum von sechs Tagen von Montag bis Samstag. Wenn Ihre Arbeitnehmer regelmäßig fünf Tage pro Woche arbeiten, haben sie mindestens Anspruch auf fünf Sechstel des Mindesturlaubs – also auf 20 Arbeitstage pro Jahr. Auch bei Teilzeitbeschäftigten, die nur an bestimmten Wochentagen arbeiten, wird der Jahresurlaub nach diesem Schema anteilig ermittelt. Grundsätzlich sollte der Urlaub zusammenhängend genommen werden. Nicht in Anspruch genommene Urlaubstage verfallen am Jahresende. Davon abweichend können Arbeitgeber und Arbeitnehmer jedoch auch vereinbaren, dass überschüssiger Urlaub innerhalb einer bestimmten Frist im Folgejahr, beispielsweise

Welche Fristen bei einer Kündigung zu beachten sind

Die nachfolgenden Fristen gelten für die ordentliche Kündigung durch den Arbeitgeber. Arbeitnehmer können mit einer Frist von einem Monat zum Monatsende oder zum 15. des Monats kündigen, soweit im Arbeitsvertrag nichts anderes vereinbart ist. Grundsätzlich dürfen die Kündigungsfristen für Arbeitnehmer nicht länger sein als diejenigen für den Arbeitgeber.

Betriebszugehörigkeit	Kündigungsfrist zum Monatsende
Probezeit (maximal 6 Monate)	2 Wochen (taggenau, nicht zum Monatsende)
weniger als 2 Jahre	1 Monat zum Monatsende oder zum 15. des Monats
2 Jahre	1 Monat
5 Jahre	2 Monate
8 Jahre	3 Monate
10 Jahre	4 Monate
12 Jahre	5 Monate
15 Jahre	6 Monate
20 Jahre	7 Monate

im Lauf der ersten drei Monate, noch in Anspruch genommen werden kann.

Erkrankt der Arbeitnehmer, hat er bis zu sechs Wochen Anspruch auf Lohnfortzahlung in voller Höhe durch den Arbeitgeber. Erst danach springt die Krankenkasse mit der Zahlung des Krankengelds ein. Die Lohnfortzahlung leisten Sie jedoch als Arbeitgeber in der Regel nicht vollständig aus eigener Tasche. Betriebe mit bis zu 30 Mitarbeitern sind über die „U1-Umlage" bei den Krankenkassen pflichtversichert. Sie leisten zusätzlich zu ihrem Arbeitgeberbeitrag zur Krankenversicherung einen Beitrag und erhalten bei Krankheit des versicherten Arbeitnehmers einen Zuschuss zur Lohnfortzahlung. Der Satz dafür macht je nach Kasse und gewählter Variante 50 bis 80 Prozent aus. Mit dieser obligatorischen Versicherung soll vermieden werden, dass Kleinbetriebe durch die Lohnfortzahlung bei einer längeren Krankheit von Mitarbeitern finanziell überlastet werden.

Nicht immer können Beschäftigungsverhältnisse auf Dauer erfolgreich fortgeführt werden – sei es weil die Leistungen des Arbeitnehmers nicht den Anforderungen entsprechen oder weil sich vielleicht die wirtschaftliche Situation des Betriebs schlechter als geplant entwickelt. Zwar sieht der Gesetzgeber einen Kündigungsschutz vor, der es oftmals erschwert, sich von Arbeitnehmern zu trennen. Doch Kleinbetriebe mit weniger als zehn Mitarbeitern unterliegen nicht den strengeren Regeln des Kündigungsschutzgesetzes, sondern müssen bei Kündigungen nur bestimmte Anforderungen beachten. Dazu zählt beispielsweise, dass

▶ bei einer ordentlichen Kündigung die Kündigungsfrist eingehalten wird,

▶ die Kündigung dem Arbeitnehmer schriftlich – also auch nicht per E-Mail oder Fax – zugestellt oder überreicht wird und

▶ bei außerordentlichen fristlosen Kündigungen ein wichtiger Grund vorliegt. Er muss in der Kündigung mitgeteilt werden und nachgewiesen werden können.

Im Gegensatz zu größeren Unternehmen sind Kleinbetriebe nicht verpflichtet, eine ordentliche Kündigung zu begründen.

WIE SIE SICH VOR AB-
MAHNUNGEN SCHÜTZEN

Thomas G. hat sich als Energieberater selbstständig gemacht. Um Öffentlichkeitsarbeit in eigener Sache zu betreiben, hat er im Internet einen Blog eingerichtet, auf dem er in regelmäßigen Abständen über neue Entwicklungen im Bereich der Energieeffizienz berichtet. Gelegentlich illustriert er seine Beiträge mit Fotos. So einen Artikel über Wärmedämmung, dem er zwei Fotos beigestellt hat, die ein großes Unternehmen in seiner Pressedatenbank kostenlos zur Verfügung stellt. Er gibt am Ende des Artikels den Namen des Unternehmens als Quellennachweis für die Bilder an und geht davon aus, dass dies rechtlich in Ordnung ist.

Allerdings hat er in den Nutzungsbedingungen des Unternehmens einen Passus nicht gelesen, der in der Quellenangabe nicht nur die Nennung des Unternehmens, sondern auch des Fotografen vorschreibt. Ein teurer Fehler: Einige Wochen später erhält er vom Anwalt des Fotografen eine Abmahnung, in der dieser wegen unerlaubter Nutzung die Abgabe einer Unterlassungserklärung sowie Schadenersatz in Höhe von 2 800 Euro plus 900 Euro Anwaltskosten fordert. Er übergibt die Angelegenheit zwar umgehend selbst einem Anwalt, um sich gegen die hohe Forderung zu wehren. Doch weil er formal gegen die Nutzungsbedingungen verstoßen hat, ist die Abmahnung im Kern berechtigt – strittig ist lediglich, ob ein solch hoher Schadenersatz verlangt werden darf. Um die Unwägbarkeiten eines Gerichtsprozesses zu vermeiden, einigt er sich schließlich mit der Gegenpartei auf die Zahlung von 1 600 Euro.

Solche Aktionen sind leider gang und gäbe, seit sich das Internet zu einem Massenmedium entwickelt hat. Findige Anwälte und deren Mandanten scheffeln auf Kosten rechtlich nicht versierter Internetnutzer viel Geld, indem sie Internetseiten systematisch nach abmahnfähigen Fehlern durchforsten und anschließend versuchen, mit teuren Abmahnungen hohe Beträge herauszupressen. Dabei geht es längst nicht immer um den geistigen Diebstahl von urheberrechtlich geschütztem Material mit einem konkreten finanziellen Schaden für den Urheber oder um eine wirtschaftliche Benachteiligung von Wettbewerbern. Häufig sind es Formfehler, die aus Unachtsamkeit begangen werden und eine juristische Grundlage für Schadenersatzforderungen darstellen, selbst wenn sie wirtschaftlich bedeutungslos sind.

Daher sollten Sie immer dann, wenn Sie sich in der Öffentlichkeit präsentieren – ganz besonders im Internet –, Abmahnrisiken rechtzeitig erkennen und ausschalten. Besonders abmahngefährdet sind

► die Nutzung von fremdem Bild-, Video- und Textmaterial, sofern nicht eine ausdrückliche Erlaubnis des Berechtigten vorliegt,
► der Versand einer Werbe-E-Mail, wenn nicht eine ausdrückliche Erlaubnis des Adressaten eingeholt wurde,
► Unternehmensname und -logo, wenn eine Verwechslungsgefahr mit bestehenden markenrechtlich geschützten Namen und Logos vorliegt,
► Preisangaben, Widerrufsbelehrungen, unlautere Geschäftsbedingungen und irreführende Unternehmens- und Produktbeschreibungen in Werbeanzeigen, Prospekten und Onlineshops,
► unvollständige Angaben im Impressum von Internetseiten sowie
► fehlende oder fehlerhafte Datenschutzerklärungen.

Was ist eine Abmahnung?

Das Wettbewerbsrecht geht davon aus, dass die Marktteilnehmer untereinander kontrollieren, ob sich wirklich alle an die vorgegebenen Regeln halten. Eine Abmahnung bei Regelverstoß wird nicht von einem Gericht verschickt, sondern entweder von einem Unternehmer, einem zugelassenen Wettbewerbsverein oder einem Anwalt, der im Auftrag seines Mandanten handelt. Damit wird schon einmal klar: Der Inhalt einer Abmahnung ist nicht zwangsläufig in juristischer Hinsicht rechtens, auch wenn mit abschreckenden Formulierungen jede Menge Paragrafen und Präzedenzurteile zitiert werden.

Dennoch sollten Sie eine Abmahnung nicht auf die leichte Schulter nehmen. Denn: Wenn Sie nicht innerhalb der in der Abmahnung genannten Frist reagieren, kann der Abmahner Klage erheben und in Ausnahmefällen besonderer Dringlichkeit eine gerichtliche einstweilige Verfügung gegen Sie erwirken. Dann verteuern sich nicht nur die Anwaltskosten, sondern es kommen auch noch Gerichtskosten hinzu, wenn Sie den Prozess verlieren. Doch zunächst werden Sie aufgefordert, ein rechtswidriges Verhalten zu beenden und eine verbindliche Unterlassungserklärung abzugeben. Wichtig zu wissen: Sie dürfen die Unterlassungserklärung erst abgeben, wenn Sie den Fehler korrigiert und im Rahmen Ihrer Möglichkeiten alles versucht haben, dass dieser im Internet nicht mehr erscheint. Denn mit der Abgabe der Erklärung akzeptieren Sie im Regelfall eine darin definierte Vertragsstrafe, auf die Sie der Abmahnende bei fortgesetzter Zuwiderhandlung verklagen kann.

Zusätzlich zur Unterlassungserklärung fordert der anwaltlich vertretene Abmahner ein Anwaltshonorar, das im Verhältnis zum Schaden ärgerlich hoch ausfällt. Grund: Der Gegenstandswert der Unterlassungserklärung wird von den Gerichten in der Regel mit 10 000 Euro und darüber angesetzt. Und dieser Gegenstandswert ist die Grundlage für die Berechnung des Anwaltshonorars. Dazu kommt eine Entschädigung für den vermeintlich oder tatsächlich entstandenen Schaden. Hier besteht unter Umständen Verhandlungsspielraum, denn Wettbewerbsanwälte gehen mit ihren Forderungen zuweilen über die Grenze des Erlaubten hinaus. Das Kalkül dabei: Wenn ein Teil der Betroffenen aus Angst oder Bequemlichkeit gleich den vollen Betrag überweist und der andere Teil eine Reduzierung heraushandelt, bleibt immer noch ein auskömmlicher Gewinn.

Ist eine Abmahnung rechtlich unbegründet und verfolgt sie der Abmahnende nicht weiter, können Sie negative Feststellungsklage erheben. Hat diese Klage Erfolg, wird der Abmahner dazu verurteilt, auch Ihre Anwalts- und Ge-

Fotografen und abgebildete Personen haben ein Recht am Bild.

richtskosten zu tragen. Allerdings läuft die Klage gegen unseriöse Abmahnanwälte ins Leere, da sich diese mittelloser Kleinunternehmer aus dem Milieu bedienen und sie selbst nur haften, wenn sie sich nachweisbar betrügerisch verhalten haben.

Als juristischer Laie können Sie kaum beurteilen, ob eine Abmahnung im Ernstfall gerichtsfest ist oder nicht. Damit stellt sich die Frage, ob Sie selbst einen Anwalt einschalten sollten oder nicht. Weil es in aller Regel auf einen außergerichtlichen Vergleich hinausläuft, sollten Sie dabei bedenken, dass Sie dann das Honorar Ihres Anwalts aus eigener Tasche bezahlen müssen – es sei denn, Sie können im Rahmen einer Verbandsmitgliedschaft eine kostenlose Rechtsberatung in Anspruch nehmen. Für das Prüfen der Abmahnung und das Führen von Vergleichsverhandlungen sollten Sie einige Hundert Euro als Anwaltshonorar veranschlagen. Dieses Geld ist gut angelegt, weil der Anwalt oft den Unterlassungstext modifizieren und so das Risiko mindern kann, dass Sie die hohe Vertragsstrafe bezahlen müssen. Der Fachmann kann Ihnen auch genaue Anweisungen geben, wie Sie ähnliche Fehler in Zukunft vermeiden. Bei der Beratung sollten Sie darauf drängen, dass er dies tut. Bei überzogenen Forderungen der Gegenseite gelingt es einem guten Anwalt auch, die Forderung so weit herunterzuhandeln, dass dadurch zumindest die Kosten für ihn gedeckt sind. Bei Gesamtforderungen von weniger als 1 000 Euro ist unterm Strich der Schaden allerdings oftmals geringer, wenn die Rechnung bezahlt wird, auch wenn die Ansprüche mit juristischen Fragezeichen zu versehen sind.

INFO

VERLIEREN SIE KEINE ZEIT!
In Abmahnungen ist häufig eine sehr enge Frist zur Abgabe der Unterlassungserklärung gesetzt. Nicht selten haben Sie nur eine Woche Zeit, um zu reagieren. Daher sollten Sie im Bedarfsfall sofort nach Erhalt der Abmahnung einen Anwalt beauftragen, damit zumindest ein paar Tage Zeit für die juristische Prüfung bleiben.

Worauf Sie bei der Nutzung von Bild- und Textmaterial achten sollten

Dass man nicht einfach Bilder oder Texte aus dem Internet herunterladen und für eigene Werbemedien verwenden darf, zählt mittlerweile zum Allgemeinwissen. Generell gilt: Jede kreative Leistung in Bild oder Text ist urheberrechtlich geschützt und darf nur mit dem Einverständnis des Urhebers von Dritten genutzt werden. Die Grenze zwischen erlaubter und unerlaubter Nutzung ist dabei klar definiert: Alle Rechte liegen immer beim Urheber, solange er dem Nutzer die konkrete Verwendung des geschützten Materials nicht erlaubt hat.

Nehmen wir an, die lokale Tageszeitung hat einen Bericht samt Foto von der Eröffnung Ihres Unternehmens veröffentlicht. Natürlich würden Sie nun gerne den Bericht einscannen und auf Ihrer Website veröffentlichen – und schon lauert die erste Falle. Wenn die Bilder und Texte nicht von Ihnen stammen, liegen die Rechte beim jeweiligen Fotografen beziehungsweise Reporter. Daher ist es erforderlich, die Urheber von Texten und Bildern zuvor um Erlaubnis zu fragen, wenn Sie deren Werke auf Ihrer Website veröffentlichen möchten.

Vorsicht ist auch dann geboten, wenn Sie Bildmaterial aus externen Quellen beziehen. Und zwar unabhängig davon, ob es sich um kostenpflichtige Bildagenturen, kostenlos nutzbare Fotodatenbanken oder um Werke eines von Ihnen beauftragten Fotografen handelt. Unabhängig davon, woher die Bilder stammen und ob Sie Geld für Nutzungsrechte bezahlt haben, müssen Sie klären,

▶ ob Sie die Bilder in dem vorgesehenen Medium nutzen dürfen und

▶ auf welche Weise der Urheber des Materials zu nennen ist.

Wenn Sie einen Fotografen oder Grafiker mit der Erstellung von Bildmaterial beauftragen, sollten Sie sich nicht nur das zeitlich und räumlich unbeschränkte Nutzungsrecht sichern, sondern auch das Recht, anderen die Nutzung zu erlauben. Letzteres ist beispielsweise wichtig, wenn Sie ein Foto in einer Pressemitteilung verwenden, die später in verschiedenen Print- oder Onlinemedien veröffentlicht werden soll.

Bei Bildern aus Datenbanken oder von Agenturen sollten Sie sorgfältig prüfen, welche Nutzungsrechte Ihnen eingeräumt werden. Wenn Sie das einfache Nutzungsrecht für ein Bild von einer Agentur käuflich erwerben, erhalten Sie je nach Lizenz das Recht, das Bild einmal oder mehrmals für Ihre Medien zu verwenden. Ausgeschlossen ist bei den kostengünstigen Lizenzen im Regelfall die Weiterlizenzierung an Dritte, sodass für die Verwendung solcher Werke in Pressemitteilungen eine erweiterte Lizenz erforderlich ist. Bei Fotodatenbanken, in denen Bilder zur kostenlosen Verwendung angeboten werden, sind die Rechte häufig noch weiter eingeschränkt. Hier kann es sein, dass Fotos nur für private Zwecke verwendet werden dürfen.

Zuweilen wird auch nach „redaktioneller" und „werblicher" beziehungsweise „kommerzieller" Verwendung unterschieden: Ist ein Bild nur für redaktionelle Zwecke freigegeben, darf es nur zur Illustration journalistischer Beiträge, nicht jedoch für Werbezwecke eingesetzt werden. Zur Werbung gehört selbstverständlich auch die Eigenwerbung.

Ob Sie einen Quellennachweis zum Bild anbringen müssen, hängt sowohl vom Lizenzierungsvertrag wie auch von dem Medium ab, in dem das Bild veröffentlicht werden soll. Setzen Sie das Bild in einem gedruckten Werbeflyer ein, brauchen Sie bei den meisten käuflich zu erwerbenden Lizenzen keinen Hinweis auf den Urheber anzubringen. Viele Lizenzbedingungen sehen jedoch bei der Veröffentlichung auf einer Internetseite vor, dass der Hinweis auf den Urheber und die Bildagentur auf der Seite angebracht wird, auf der das Bild gezeigt wird. Ein pauschaler Hinweis allein auf die Bildagentur oder eine Auflistung der Bildnachweise auf der Impressumsseite kann dann unter Umständen eine Abmahnung nach sich ziehen.

Das Recht am Bild der eigenen Person

Wenn Sie Fotos verwenden, auf denen Menschen abgebildet sind, benötigen Sie für deren Veröffentlichung das ausdrückliche Einverständnis aller Personen, die darauf erkennbar sind. Bei Fotos, die Sie über eine kommerzielle Fotodatenbank erwerben, ist dies üblicherweise sichergestellt, weil diese Anbieter entsprechende Fotos nur akzeptieren, wenn die Fotografen eine schriftlich erteilte Einverständniserklärung vorweisen können. Bei Datenbanken mit kostenlos verfügbarem Bildmaterial können Sie hingegen nicht davon ausgehen, dass der Schutz der Persönlichkeitsrechte vor dem Hochladen geprüft wird. Bei einem Fotoshooting, das Sie selbst in Auftrag geben, sollten Sie darauf achten, dass sich alle abgelichteten Personen schriftlich damit einverstanden erklären, dass Sie die Fotos sowohl für redaktionelle wie auch für werbliche Zwecke ohne räumliche und zeitliche Einschränkung verwenden dürfen.

Fehler beim Datenschutz vermeiden

Unter dem sperrigen Namen „Datenschutz-Grundverordnung" (DSGVO) sind im Mai 2018 neue Regelungen zum Datenschutz in Kraft getreten. Mit dieser Verordnung gelten nun EU-weit einheitliche rechtliche Vorgaben beim Umgang mit personenbezogenen Daten. Die bereits bestehenden Vorschriften zum Datenschutz wurden damit präzisiert und teilweise verschärft. Als Unternehmer müssen Sie unter anderem auf die folgenden Regeln achten:

▶ **Dokumentation.** Sie müssen dokumentieren, auf welche Weise Sie welche Art von personenbezogenen Daten speichern oder verarbeiten.

▶ **Einwilligung.** Sofern Sie nicht von Gesetzes wegen zur Speicherung bestimmter Daten verpflichtet sind, dürfen Sie persönliche Daten nur speichern, wenn die Betroffenen ausdrücklich eingewilligt haben.

▶ **Recht auf Vergessenwerden.** Die Personen, deren Daten Sie speichern, können von Ihnen verlangen, dass diese restlos gelöscht werden.

▶ **Sicherheit.** Die Daten müssen gegen Missbrauch durch Hacker geschützt werden.

▶ **Online-Datenschutzerklärung.** Betreiber von Internetseiten müssen in einer Datenschutzerklärung darlegen, welche Nutzerdaten sie speichern oder verarbeiten – etwa bei der Nutzerregistrierung, dem Ausfüllen von Kontaktformularen, einer Bestellung im Onlineshop oder beim Verwenden von Nutzerstatistik-Tools wie Google Analytics.

Dazu kommen weitere Pflichten wie das Gewährleisten der Datenportabilität oder Sonderregelungen für Unternehmer, die im Auftrag Dritter deren Daten verarbeiten.

 INFO   **DSGVO GILT AUCH OFFLINE**
Viele Selbstständige gehen davon aus, dass die Regeln zum Datenschutz nur für ihre Online-Präsenz gelten. Das ist ein Trugschluss, denn sie betreffen auch analog erhobene Daten wie Kunden- und Interessentenkarteien in Papierform. Achten Sie daher beim Sammeln von persönlichen Daten außerhalb Ihrer Online-Aktivitäten darauf, dass zu jedem Datensatz die Einwilligung der jeweiligen Person vorliegt.

Verstöße gegen die DSGVO können mit Bußgeldern belegt werden, deren Höhe je nach Schwere des Vergehens und Größe des Unternehmens bis zu 20 Millionen Euro betragen können. Darüber hinaus waren schon Abmahnaktionen zu beobachten, bei denen Betreiber von Internetseiten aufgrund fehlender oder fehlerhafter Datenschutzerklärungen wettbewerbsrechtlich abgemahnt wurden. Ob solche Abmahnungen zulässig sind, ist jedoch derzeit umstritten, da es noch keine höchstrichterliche Entscheidung des BGH gibt.

Für Offline-Einwilligungen zur Datenerfassung und Online-Datenschutzerklärungen gibt es im Internet Mustervorlagen und -texte, die Sie verwenden können, wenn Ihre geschäftliche Situation den standardisierten Vorgaben entspricht. Bei spezialisierten Anforderungen sollten Sie hingegen lieber einen Anwalt mit der Formulierung rechtssicherer Einverständnis- und Datenschutzerklärungen beauftragen.

Wettbewerbsrechtlichen Abmahnungen vorbeugen

Abmahnungen wegen wettbewerbsrechtlicher Verstöße sind dann möglich, wenn durch rechtswidriges Verhalten ein Konkurrent benachteiligt wird. Wer beispielsweise versucht, mit falschen Preisangaben Kunden in sein Geschäft zu locken und ihnen dann die zu niedrigen Preisen beworbenen Waren teurer zu verkaufen, verhält sich nicht nur gegenüber den Kunden rechtswidrig, sondern auch gegenüber den mit ihm im Wettbewerb stehenden Unternehmen. Schließlich werden durch solche Manöver Konkurrenten benachteiligt, die mit ehrlichen Mitteln Kunden gewinnen wollen.

Abmahnungen haben dann häufig eine der folgenden Ursachen:

▶ **Unzulässige Werbung.** Wer mit unwahren Angaben in den Produktbeschreibungen oder mit fehlerhaften Preisangaben wirbt, riskiert eine Abmahnung. Auch wenn Sie E-Mail-Werbung ohne ausdrückliches Einverständnis der Empfänger betreiben, können Sie nicht nur von den Betroffenen, sondern auch von Wettbewerbern belangt werden. Denn: Mit dem unzulässigen Versand von unerwünschten E-Mails an potenzielle Kunden, gleich ob Verbraucher oder Unternehmer, verschaffen Sie sich einen illegalen Kostenvorteil gegenüber denen, die bei der Gewinnung von Neukunden auf zulässige, aber teurere Werbemittel wie beispielsweise postalische Werbesendungen setzen.

▶ **Falsche Preisangaben.** Wenn Endverbraucher Ihre Produkte oder Dienstleistungen bestellen können, ist das Einrechnen der Umsatzsteuer in den Preis zwingend vorgeschrieben. Dies gilt auch dann, wenn private Verbraucher lediglich einen kleinen Teil Ihrer Kundschaft ausmachen. Nur wenn Sie ausschließlich an Unternehmen verkaufen und vor einer Bestellung dafür einen entsprechenden Nachweis – beispielsweise in Form einer Kopie der Gewerbeanmeldung – verlangen, können Sie Nettopreise angeben. Allerdings ist dann ein Hinweis erforderlich, dass die Umsatzsteuer im Preis nicht enthalten ist.

▶ **Verstöße gegen die Vorschriften zum Fernabsatz.** Wer Verbrauchern seine Leistungen und Produkte in Online-Shops oder als Versandhändler anbietet, muss die gesetzlichen Regelungen zu Fernabsatzverträgen beachten. So müssen die Kunden vor dem Kauf über die Allgemeinen Geschäftsbedingungen (AGB), die Verwendung ihrer Daten, ihre Rechte zum Widerruf der Bestellung innerhalb einer Frist von 14 Tagen und über die Höhe der Versandkosten aufgeklärt werden.

▶ **Fehler bei Impressum und Datenschutzerklärung auf Internetseiten.** Das Impressum und die Datenschutzerklärung von gewerblichen Internetseiten sind beliebte Ziele bei Abmahnungsaktionen. Wenn Ihnen hier Formfehler unterlaufen, kann die Nachlässigkeit teuer werden. Das Impressum muss Ihren Vor- und Zunamen sowie die vollständige Anschrift, Ihre Telefonnummer und Ihre E-Mail-Adresse enthalten. Sofern vorhanden, müssen auch der Handelsregistereintrag und die Umsatzsteuer-Identnummer aufgeführt werden. Bei juristischen Personen wie GmbH, AG oder UG (haftungsbeschränkt) ist neben der vollständigen Firmierung der Name des vertretungsberechtigten Geschäftsführers beziehungsweise Vorstands zu nennen. Die Datenschutzerklärung muss akribisch aufführen, welche Nutzerdaten Sie speichern oder weiterverarbeiten. Je nachdem, ob Sie eine reine Informationsseite oder einen Onlineshop betreiben, können die Anforderungen sehr unterschiedlich ausfallen. Am besten lassen Sie die Formulierungen von einem Anwalt erstellen, um rechtssicher vor Ärger geschützt zu sein.

 NUTZLOSE KLAUSEL

Auf zahlriechen Internetseiten findet sich im Impressum der Hinweis „Keine Abmahnung ohne vorherigen Kontakt" mit der Aufforderung, beim Feststellen von Rechtsverstößen keine kostenpflichtige Abmahnung, sondern einen Korrekturhinweis zu versenden. Die Betreiber der Seiten hoffen, dass eine Abmahnung dann keine rechtliche Grundlage hat und sie die Gebühren dafür nicht zahlen müssen. Dies ist ein Trugschluss: Wenn eine Abmahnung juristisch begründet ist, muss der Empfänger die Kosten übernehmen und kann sich nicht mit einer pauschalen Abwehrklausel auf seiner Internetseite aus der Affäre ziehen. Umgekehrt ist eine Abmahnung unzulässig, wenn der Abmahnende seine Ansprüche nicht begründen kann. Dies lässt sich jedoch meist erst in einem Gerichtsprozess und nicht über eine allgemeine Formulierung im Impressum klären.

GEWÄHRLEISTUNG UND PRODUKTHAFTUNG

Wenn sich ein Kunde an Sie wendet und die Behebung eines Mangels verlangt, stellt sich die Frage, ob die Reklamation berechtigt ist oder nicht. Dazu gleich vorab eine wichtige Differenzierung: Gewährleistung und Garantie sind zweierlei. Während die zweijährige Gewährleistung gesetzlich verankert ist, verkörpern Garantieversprechen freiwillige Zusagen, die über die Gewährleistungspflicht hinausgehen. Umgekehrt ist es nicht möglich, mit besonders kurzen Garantiezeiträumen die gesetzlichen Gewährleistungsfristen von zwei Jahren einfach abzukürzen.

Nacherfüllung, Minderung, Rücktritt und Schadenersatz

„Ich will mein Geld zurück" – das ist bei vielen Käufern die erste Reaktion, wenn sie feststellen, dass die gelieferte Ware nicht ihren Vorstellungen entspricht. Doch zur Rücknahme und Erstattung des Kaufpreises sind Sie nur verpflichtet, wenn Sie einem Verbraucher im Rahmen des Fernabsatzes – also etwa bei Online- oder Katalogbestellung – Ware geliefert haben und er von seinem 14-tägigen Widerrufsrecht Gebrauch macht. Dann ist es egal, ob eine Reklamation vorliegt, weil er fristgerecht ohne konkrete Begründung widerrufen kann.

In allen anderen Fällen können Käufer nicht einfach auf eine Rückabwicklung des Vertrags pochen, sondern müssen Ihnen zunächst die Gelegenheit geben, den Mangel zu beseitigen. Dies wird in der Fachsprache der Juristen als „Nacherfüllung des Vertrags" bezeichnet. Je nach Grund der Reklamation sind Sie zunächst verpflichtet, falsch gelieferte Ware umzutauschen oder einen Defekt innerhalb einer angemessenen Frist zu beheben.

Erst wenn Sie dieser Pflicht nicht nachgekommen sind und eine vom Kunden gesetzte Nachfrist verstrichen ist, kann dieser weitere Rechte beanspruchen. So kann er etwa die mangelhafte Ware behalten und als Gegenleistung eine nachträgliche Minderung des Kaufpreises verlangen. Alternativ kann er vom Vertrag zurücktreten, Ihnen die Ware überlassen und die Rückzahlung des Kaufpreises fordern. Unter Umständen sind Sie darüber hinaus sogar zum Schadenersatz verpflichtet, wenn der Kunde nachweisen kann, dass er durch den Mangel finanzielle Verluste erlitten hat.

Umgang mit Reklamationen

Ob eine Reklamation berechtigt ist oder nicht, sorgt oft für Streitigkeiten zwischen Abnehmer und Lieferanten. Gerade bei Beschädigungen stellt sich die Frage, ob diese bereits beim Verkäufer entstanden sind oder vom Kunden verursacht wurden. Bei Defekten wäre unter Umständen zu prüfen, ob diese aus einem erhöhten Verschleiß wegen übermäßigen Gebrauchs oder aus Qualitätsmängeln resultieren.

Nicht immer lässt sich jedoch ein eindeutiger Beweis finden, und dann müssen Sie entscheiden, wie Sie sich weiter verhalten. Zwar können Sie es auf eine gerichtliche Auseinandersetzung ankommen lassen. Doch das empfiehlt sich nur, wenn Sie sich Ihrer Sache sicher sind und es um eine bedeutende Summe geht. Auch müssen Sie davon ausgehen, dass Sie zwar einen Prozess gewinnen, aber einen Kunden verlieren können – und wenn er in seinem Umfeld über seine Erfahrungen berichtet, leidet der Ruf Ihres Unternehmens. Meist ist es sinnvoller, gemeinsam mit dem Kunden nach einer Lösung zu suchen, mit der beide Seiten

sen, dass die Ware bei der Auslieferung frei von Fehlern war. Erst danach kehrt sich die Beweislast um. Bei späteren Reklamationen muss der Käufer nachweisen, dass der Mangel von vornherein bestanden hat. Nach Ablauf von zwei Jahren endet die gesetzliche Gewährleistungspflicht gegenüber Verbrauchern.

Beispiel: Reklamation vor und nach Ablauf der Sechs-Monats-Frist Andreas G. betreibt eine Computerwerkstatt und baut für geschäftliche und private Kunden maßgeschneiderte PCs aus vorgefertigten Komponenten. Vier Monate nach dem Kauf bringt ein Privatkunde seinen PC und verlangt den kostenlosen Austausch des DVD-Laufwerks. Ob der Defekt aus einem Produktionsfehler oder aus unsachgemäßer Handhabung resultiert, ist nicht zweifelsfrei zu ermitteln. Daher muss Andreas G. das Laufwerk kostenlos austauschen. Würde der Kunde erst nach sieben Monaten reklamieren, ohne einen bereits beim Verkauf bestehenden Mangel zweifelsfrei nachweisen zu können, dürfte der PC-Fachmann die kostenlose Reparatur verweigern. In der Praxis werden solche Reparaturen oft dennoch auf Kulanzbasis kostenlos durchgeführt, solange sich der Aufwand in Grenzen hält. Schließlich sind zufriedene Kunden einer der besten Werbeträger, sodass sich dafür auch mal ein Einsatz lohnt, zu dem man juristisch eigentlich nicht verpflichtet wäre.

Wenn verkaufte PCs nicht funktionieren, müssen Händler oder Hersteller nachbessern.

leben können. Dies kann beispielsweise eine Minderung des Kaufpreises sein, aber je nach Situation können auch eine kostenlose Zusatzleistung oder ein Gutschein infrage kommen.

Darüber hinaus kommt es darauf an, ob der Kunde den Mangel innerhalb der ihm zustehenden Frist reklamiert. Je nachdem, ob es sich beim Kunden um einen privaten Verbraucher oder um ein Unternehmen handelt, gelten dabei unterschiedliche Regelungen.

Unternehmerische Kunden sind verpflichtet, die Ware gleich nach dem Erhalt auf ihre Fehlerfreiheit hin zu kontrollieren. Treten Mängel erst zu einem späteren Zeitpunkt zutage, beträgt die Gewährleistungsfrist im Regelfall ein Jahr nach dem Erwerb.

Deutlich großzügiger sind die Gewährleistungsregelungen für private Verbraucher. Für sie gilt zunächst eine sechsmonatige Frist, innerhalb derer der Verkäufer die Beweislast trägt. Das heißt: Reklamiert der Kunde innerhalb von sechs Monaten einen Mangel, müssen im Zweifelsfall Sie als Verkäufer nachwei-

Wenn Sie die Produkte nicht selbst hergestellt haben, sondern als Händler auftreten, stellt sich für Sie die Frage: Kann ich den durch Reklamationen verursachten finanziellen Aufwand an den Hersteller weitergeben? Hier kommt es darauf an, ob es sich um einen versteckten Mangel handelt, den Sie bei der Wareneingangskontrolle nicht entdecken konnten. Wenn ja, dann können Sie Ihren Lieferanten dafür zur Verantwortung ziehen, indem Sie ihn beispielsweise zum Umtausch der defekten Ware oder zur kostenlosen Reparatur verpflichten. Haben Sie beim Einkauf jedoch offensichtliche Mängel übersehen und diese nicht umgehend beanstandet, bleiben Sie als Händler auf den Gewährleistungsverpflichtungen sitzen.

Was ist die Produkthaftung?

Während sich die Gewährleistung auf die Behebung eines Mangels bei fehlerhaften Produkten oder Dienstleistungen bezieht, umfasst die Produkthaftung die Verantwortung für Schäden, die durch den Einsatz eines fehlerhaften Produktes verursacht werden.

Gegenüber dem Anwender haftet dann der Hersteller und nicht der Händler. Ausnahme: Kann der Hersteller nicht benannt werden oder sind die Produkte von einem Staat außerhalb der EU importiert worden, stehen Händler oder Importeur in der Verantwortung. Voraussetzung für das Eintreten der Haftung ist, dass ein nachweisbarer Fehler am Produkt dafür ursächlich ist, dass andere Sachen beschädigt oder Menschen verletzt oder gar getötet wurden. Dies gilt im Regelfall als erwiesen, wenn Sicherheitsbestimmungen nicht eingehalten wurden, die gesetzlich vorgeschrieben sind oder mit dem Abnehmer vereinbart wurden.

Produkthaftungsfälle sind vor allem in der Industrie vorzufinden, wo mangelhafte Zulieferteile am Endprodukt große Schäden anrichten können. Entspricht etwa das Netzteil der Steuerung einer CNC-Maschine nicht den Bestimmungen und zerstört die gesamte Steuerung, haftet der Hersteller des Netzteils für deren Austausch und einen Produktionsausfall.

 INFO

PRODUKTHAFTUNG SOLLTE VERSICHERT WERDEN

Der Schutz bei Produkthaftung ist oft ein Bestandteil der betrieblichen Haftpflichtversicherung. Sowohl die Deckungssummen wie auch der Umfang der Haftung können aber sehr unterschiedlich gestaltet sein. Daher sollten Sie beim Abschluss einer solchen Versicherung darauf achten, dass Ansprüche aus Produkthaftung in einem für Sie sinnvollen Umfang mit abgedeckt sind.

AGB: ALLGEMEINE GESCHÄFTSBEDINGUNGEN

Gleich vorweg: Allgemeine Geschäftsbedingungen (AGB) sind nicht, wie man meinen könnte, Pflicht für Unternehmen, sondern bieten auf freiwilliger Basis die Möglichkeit, bestimmte Vertragskonditionen zu standardisieren, anstatt sie jedes Mal aufs Neue individuell mit dem Vertragspartner zu vereinbaren. Ob Sie AGB einsetzen sollten, hängt in erster Linie davon ab, welche Art von Dienstleistungen oder Produkten Sie anbieten und wie Sie Ihre

Verträge mit Ihren Kunden und Lieferanten gestalten. Generell gilt: Je größer die Anzahl an Geschäftspartnern und je stärker die Standardisierung von Leistungen und Produkten, umso empfehlenswerter ist es, einzelne Vertragsbedingungen in die AGB auszulagern und damit die Einzelverträge zu vereinfachen.

Klauseln und Bedingungen, die für alle Geschäftspartner gleichermaßen gelten sollen, können so über die AGB standardisiert werden.

Um die Betroffenen vor bösen Überraschungen im „Kleingedruckten" zu schützen, müssen jedoch bestimmte Spielregeln eingehalten werden:

▶ Wenn es sich beim Geschäftspartner um eine Privatperson handelt, muss vor Vertragsabschluss ausdrücklich auf die AGB hingewiesen werden. Diese müssen dem Verbraucher bekannt gemacht werden und so formuliert sein, dass ein Laie sie verstehen kann.

▶ Individuelle Vertragsvereinbarungen haben immer Vorrang vor den AGB, falls sie diesen widersprechen.

▶ AGB dürfen Verbrauchern keine Rechte absprechen, die ihnen dem Gesetz nach zustehen. Damit wären beispielsweise Verkürzungen der gesetzlichen Gewährleistungsfrist oder der Ausschluss des Widerrufsrechts im Online- und Versandhandel über die AGB unzulässig.

▶ Überraschende AGB-Klauseln, die den Geschäftspartner in unangemessener Weise benachteiligen, sind unwirksam.

▶ Wenn Zweifel daran bestehen, wie AGB-Klauseln zu verstehen sind, werden sie immer zu Lasten des Verfassers ausgelegt.

Als Grundregel gilt: Sind einzelne Klauseln unwirksam, gelten stattdessen die gesetzlichen Regelungen. Der eigentliche Vertrag bleibt jedoch trotz unwirksamer AGB-Formulierungen gültig. Darüber hinaus gibt es in der Praxis häufig den Fall, dass Lieferant und Abnehmer unterschiedliche AGB verwenden – schließlich will sich jede der beiden Vertragsparteien eine möglichst günstige Rechtsposition sichern. Dabei handelt es sich im Regelfall um zwei Unternehmen. Bei solchen Konstellationen wird zunächst einmal davon ausgegangen, dass über den eigentlichen Vertrag – sprich: Produkt, Stückzahl und Preis – Einigkeit besteht. Die übereinstimmenden AGB-Klauseln werden dann Bestandteil des Vertrags, die einander widersprechenden Formulierungen hingegen nicht. Letztere werden in solchen Fällen automatisch durch die allgemeinen gesetzlichen Regelungen ersetzt.

 EIGENE AGB KÖNNEN NACHTEILIGE KLAUSELN ABSCHWÄCHEN

Wenn Ihre Geschäftspartner vorrangig Unternehmen sind, die in ihren AGB rigide Formulierungen verwenden und die Verwendung anderer AGB ausschließen, können Sie Ihre Position verbessern, indem Sie eigene AGB einsetzen und selbst die Verwendung anderer AGB ausschließen. Weil damit einander widersprechende Formulierungen programmiert sind, gelten bei den strittigen Klauseln im Streitfall die gesetzlichen Regelungen, die dann meist für Sie günstiger ausfallen.

Besondere Regelungen gelten für AGB, die Sie im Zusammenhang mit einem Online-Shop verwenden. Hier sind nicht nur die allgemeinen Vorschriften nach den Paragrafen 305 ff. im Bürgerlichen Gesetzbuch (BGB) zu beachten, sondern auch die des Fernabsatzgesetzes. So müssen beim Online-Handel AGB ausgedruckt werden können, und private Kunden müssen vor dem Abschluss einer Bestellung ausdrücklich bestätigen, dass sie die AGB gelesen und verstanden haben. Wenn die Widerrufsbelehrung in die AGB aufgenommen wird, muss der entsprechende Passus optisch hervorgehoben sein.

Wenn Sie eigene AGB verwenden, sollten diese auf Ihr Geschäftsmodell abgestimmt sein. Je nachdem, in welcher Branche Sie aktiv sind, wie Sie Ihre Leistungen und Produkte gestalten und ob Sie an private oder unternehmerische Abnehmer liefern, können die Anforderungen an das „Kleingedruckte" ganz unterschiedlich ausfallen. Am besten listen Sie Ihre Anforderungen stichwortartig auf und beauftragen einen Rechtsanwalt, daraus rechtssichere AGB zu formulieren. Auch manche Branchen- und Berufsverbände bieten Muster-AGB an, die ihre Mitglieder verwenden können. Selbstgestrickte Klauseln bergen hingegen nicht nur das Risiko, dass sie im Ernstfall unwirksam sind, sondern können unter Umständen teure Abmahnungen durch Wettbewerber nach sich ziehen.

VORSICHT: SCHWARZE SCHAFE

Eigentlich sollten Unternehmer weniger gefährdet sein als unbedarfte Verbraucher, wenn es um unseriöse Kapitalanlagen, Abo-Fallen oder andere Formen der Abzocke geht – so könnte man es zumindest meinen. Immerhin stehen sie mitten im Wirtschaftsleben und müssen in ihren geschäftlichen Verhandlungen auf Details achten. Doch dies ist ein Trugschluss: Auch Unternehmer geraten häufig ins Visier diverser Abzocker und verlieren dabei oftmals hohe Geldbeträge.

Dass Unternehmer eine beliebte Zielgruppe sind, wenn es um halbseidene oder gar betrügerische Geschäfte geht, hat mehrere Gründe. Zunächst einmal ist bei vielen Selbstständigen mehr Geld zu holen als bei einem angestellten Durchschnittsverdiener. Damit wird aus Sicht der unseriösen Geschäftemacher auch ein höherer Aufwand bei der Gewinnung von „Kunden" lohnenswert.

Gerade bei der Kapitalanlage kommt ein weiterer Faktor hinzu: Viele Selbstständige sind nicht in der gesetzlichen Rentenversicherung pflichtversichert und zahlen auch keine freiwilligen Beiträge in die gesetzliche Rente ein. Daraus ergibt sich ein erhöhter Bedarf für die private Altersvorsorge. Sowohl bei Sparplänen wie auch bei der Einmalanlage geht es daher zumeist um höhere Summen, als dies bei Arbeitnehmern gängig ist. Und je mehr Geld im Spiel ist, umso größer ist erfahrungsgemäß die Anziehungskraft für dubiose Anbieter.

Auch typische Einstellungen und Verhaltensweisen von Unternehmern spielen den schwarzen Schafen oftmals in die Hände. Wer einen eigenen Betrieb führt oder freiberuflich tätig ist, hat weniger Scheu vor Risiken als ein Angestellter oder Beamter – schließlich gilt es Tag für Tag Entscheidungen zu treffen, deren Ausgang mit so manchen Unwägbarkeiten verbunden ist. Damit einher geht häufig eine erhöhte Aufgeschlossenheit gegenüber Kapitalanlagen, die mit höheren Risiken verbunden sind, wie beispielsweise Börsengeschäfte oder unternehmerische Beteiligungen. Gerade in diesem Segment ist jedoch ein großer Teil der unseriösen Kapitalmarktakteure unterwegs. Auch die bei Selbstständigen weit verbreitete Abneigung gegen Steuern dient häufig als Verkaufsargument: Wer die Aussicht hat, angeblich einen Teil seiner Ersparnisse vor dem Fiskus in Sicherheit zu bringen, setzt in der Hoffnung auf niedrigere Steuerlasten seine Unterschrift unter ein Steuersparmodell – und am Ende droht statt einer Steuerersparnis der Totalverlust.

Ein weiterer Risikofaktor, der Sie im Schadensfall teuer zu stehen kommen kann, ist der Zeitmangel. Weil Selbstständige mit ihrer täglichen Arbeit ausgelastet sind, bleibt oft wenig Zeit, um Angebote detailliert zu prüfen. Genau das kalkulieren viele unseriöse Geschäftemacher ganz gezielt mit ein und setzen die Interessenten gerne noch zusätzlich unter Zeitdruck. Daher sollten bei Ihnen die Alarmglocken schrillen, wenn es sich um ein mit engen Fristen versehenes „Sonderangebot" handelt.

Nicht zuletzt sollten Sie bedenken, dass Sie nicht die gesetzlichen Regelungen des Verbraucherschutzes in Anspruch nehmen können, wenn Sie ein Geschäft für unternehmerische Zwecke abschließen. Dies gilt zwar meist nicht für Kapitalanlagen. Diese werden auch dann als private Verbrauchergeschäfte betrachtet, wenn Selbstständige sie abschließen – es sei denn, Sie schließen ein Anlage- oder Kreditgeschäft im Namen Ihrer GmbH oder UG (haftungsbeschränkt) ab. Doch beispielsweise beim Abschluss von Abonnements für Einträge in Unternehmensverzeichnisse greifen die in den Verbraucherschutzgesetzen verankerten Widerrufsrechte nicht.

UNSERIÖSE GELDGESCHÄFTE

Schon bald nach Ihrer Existenzgründung werden Sie feststellen, dass längst nicht jeder Anrufer ein potenzieller Kunde ist oder ein Lieferant, der Ihnen ein neues Produkt vorstellen will. Stattdessen versuchen die Anrufer, Ihnen einen Beratungstermin schmackhaft zu machen, bei dem Sie erfahren, wie Sie mit Kapitalanlagen Traumrenditen erzielen oder Steuern sparen können. Wer sich darauf einlässt, erhält dann Besuch von einem smarten Verkäufer, der die Vorzüge des vermeintlich einzigartigen Finanzprodukts in den rosigsten Farben schildert. Die Nachteile und Risiken bleiben selbstverständlich unerwähnt, denn diese darf der geneigte Kunde nach dem Abschluss des Vertrags selbst herausfinden.

Geschlossene Fonds

Bei geschlossenen Fonds handelt es sich um unternehmerische Beteiligungsmodelle, bei denen für ein bestimmtes Investitionsprojekt Geldgeber geworben werden. Wenn die erforderliche Summe hereingeholt wurde, schließt der Fondsinitiator den Fonds und es werden keine weiteren Investoren mehr aufgenommen. Sie sollten geschlossene Fonds keinesfalls mit Investmentfonds (siehe „Investmentfonds", S. 258) verwechseln. Denn sie sind hoch riskant und anders als Investmentfonds für Kleinanleger in der Regel nicht geeignet. Geschlossene Fonds bilden keinen einheitlichen Markt, sondern können je nach Investitionsziel sehr unterschiedlich konzipiert sein.

Hier ein kurzer Überblick über die gängigsten Fondsinhalte:

▶ **Immobilien.** Bei dieser Fondskonstruktion fließt das Geld der Anleger in eine oder mehrere Großimmobilien. Im Gegensatz zu offenen Immobilienfonds wird die Investition jedoch nicht breit gestreut – vor allem auch deshalb, weil das eingesammelte Kapital viel geringer ist als bei offenen Immobilienfonds. Je nach Fondsstrategie kann es sich um Immobilien im Inland oder Ausland handeln, die Art der Nutzung reicht von Büroimmobilien über Hotels und Einkaufszentren bis hin zu Seniorenresidenzen und Studentenwohnheimen.

▶ **Schiffe.** Hier investieren die Anleger in Schiffe, wobei es sich meist um Containerschiffe oder Tanker handelt. Die Schiffe werden dann an eine Chartergesellschaft weitervermietet, und nach Abzug der Betriebs- und Verwaltungskosten wird die Charterrate unter den Anlegern aufgeteilt.

▶ **Erneuerbare Energien.** Investitionsziel sind hier meist Windkraftwerke oder große Photovoltaik-Anlagen. Hier bieten die Energieversorger zwar meist fest kalkulierbare Einspeisungspreise. Allerdings können die Erträge je nach Sonnen- beziehungsweise Windintensität stark schwanken, und auch bei den Wartungskosten brachte so mancher Fonds seinen Investoren schon unangenehme Überraschungen.

▶ **Private Equity.** Hinter diesem Fachbegriff verbirgt sich die Investition in nicht börsennotierte und zumeist mittelständische Unternehmen. Die Risiken sind bei solchen Beteiligungsmodellen meist sehr hoch, weil der unternehmerische Erfolg stark schwanken kann. Zusätzliche Risiken kommen noch hinzu, wenn über einen solchen Fonds Forschungs- und Entwicklungsvorhaben von noch jungen Firmen finanziert werden.

Geschlossene Fonds sind mit unkalkulierbaren Risiken verbunden – auch wenn ein ökologisches Projekt wie ein Windpark finanziert wird.

▶ **Leasing.** Bei Leasingfonds werden die Investoren Eigentümer von Wirtschaftsgütern, die an unternehmerische Nutzer verleast werden. Die Palette erstreckt sich über unterschiedliche Güter wie Flugzeuge, Eisenbahnwaggons, Transportcontainer oder Fahrzeugflotten von Autovermietern.

Eine Kontrolle durch staatliche Aufsichtsbehörden wie bei Investmentfonds oder Banken gibt es für die Initiatoren geschlossener Fonds nicht. Daher zählen diese Produkte zum grauen Kapitalmarkt. Zwar gibt es auch seriöse und solide kalkulierte Angebote, aber mangels einer rechtlichen Kontrollinstanz ist in diesem Anlagesegment der Anteil schwarzer Schafe recht hoch. Überdies können Sie als Laie kaum beurteilen, ob es sich bei einem Fondsmodell um eine seriöse Offerte handelt oder nicht.

Wer einem geschlossenen Fonds beitritt, bindet sich meist über zehn bis fünfzehn Jahre an die Beteiligung. Während dieser Zeit erhalten die Anleger Ausschüttungen aus laufenden Erträgen wie beispielsweise Miet- oder Leasingeinnahmen. Nach Ablauf der Frist wird üblicherweise das Investitionsobjekt veräußert

und der Erlös auf die Fondsteilhaber aufgeteilt. Eine vorzeitige Rückgabe der Fondsanteile ist nicht vorgesehen.

Zu der langen Bindung kommen die hohen internen Kosten und die Risiken hinzu. Für Vertriebsprovisionen und Verwaltung gehen bei solchen Anlagemodellen oft 20 bis 30 Prozent der Anlagesumme drauf, weshalb diese Produktgattung bei Finanzvermittlern überaus beliebt ist. Umso schlechter für den Anleger, denn es braucht dann lange Zeit, bis die Erträge die Kosten übersteigen. Ob das Vorhaben langfristig von Erfolg gekrönt ist, hängt davon ab, ob die Prognoserechnungen plausibel sind und das Management kompetent und verantwortungsbewusst wirtschaftet. Wie die zahlreichen Fondspleiten in den vergangenen Jahren zeigen, ist dies alles andere als selbstverständlich. Bei einer Pleite können Anleger ihre Einlage komplett verlieren.

Weitere typische Produkte des grauen Kapitalmarktes

Der sogenannte graue Kapitalmarkt stellt das Segment bei der Geldanlage dar, das von staatlichen oder öffentlichen Kontrollstellen kaum überwacht wird. Während Banken, Versicherungen und Investmentgesellschaften einer recht strengen öffentlichen Kontrolle unterliegen, gelten für andere Finanzanbieter weit weniger rigide Regeln. Das machen sich unseriöse Anbieter zunutze, um intransparente und mit hohen Risiken behaftete Anlageprodukte unters Volk zu bringen.

Neben den geschlossenen Fonds sind die folgenden Produkte verbreitet:

▶ **Spekulation mit Derivaten.** Mit der Aussicht auf Traumrenditen werden Anleger in hochriskante Spekulationsgeschäfte gelockt. Je nach Lust und Laune des Anbieters handelt es sich dabei meist um Wetten auf Währungskurse, Zinsentwicklungen oder die Preise von Rohstoffen. Auch die Anbieter von Managed Accounts sind in diesen Bereich einzuordnen. Oft werden die Kundengelder in ausländischen Steueroasen verwaltet – mit dem Risiko, dass Sie im Betrugsfall kaum eine Chance haben, jemals wieder an Ihr Geld zu kommen.

▶ **Außerbörsliche Wertpapiere.** Eine weitere beliebte Spielwiese am grauen Kapitalmarkt sind unternehmerische Beteiligungen mit oft fragwürdigem Hintergrund in Form von außerbörslich gehandelten Genussscheinen oder Aktien. Die Wertpapiere werden ohne Zuhilfenahme der Börse und ihrer Kursmakler als Handelsplattform direkt an Anleger ausgegeben. Wegen der oftmals dürftigen Informationen über die meist eher kleinen und jungen Unternehmen können Sie jedoch kaum abschätzen, welches Verlustrisiko Sie bei einer solchen Investition eingehen. Ähnliches gilt auch bei Anleihen, die nicht an der Börse gehandelt werden. Hier geben Unternehmen Schuldverschreibungen direkt an die Anleger aus und werben damit, dass sie im Vergleich zu börsennotierten Unternehmensanleihen oder Bundeswertpapieren meist um einiges höhere Zinsen bieten. Allerdings ist auch das Ausfallrisiko meist drastisch höher, und mangels einer neutralen Bonitätsbewertung in Form eines Ratings können Sie das Ausmaß der Verlustgefahr nicht verlässlich einschätzen.

▶ **Anlagediamanten.** Vorsicht ist auch bei Diamanten geboten, wenn die edlen Steine als vermeintlich lukrative Sachwertanlage angeboten werden. Unseriöse Finanzverkäufer versuchen immer wieder, mit angeblichen „Anlagediamanten" Anleger in das Diamanten-Investment zu locken. Verheißen werden dabei Wertstabilität und eine vermeintlich erstklassige Ersatzwährung in Krisenzeiten. Doch selbst wenn es sich um Qualitätsdiamanten handelt, ist ein späterer Verkauf oft mit Verlusten verbunden, da Juweliere Edelsteine nur mit Einkäufer-Abschlag erwerben. Aber in vielen Fällen kommt es noch schlimmer, weil sich die fachlich unbedarften Anleger auf die Angaben unseriöser Anbieter verlassen und statt des aufgeschwatzten Diamanten in Top-Qualität einen minderwertigen Diamanten erworben haben – und solche drittklassigen Steine bringen beim Verkauf allenfalls einen winzigen Bruchteil des völlig überhöhten Kaufpreises.

INFO

NUTZEN SIE DIE WARNLISTE DER STIFTUNG WARENTEST

Die Stiftung Warentest beobachtet den grauen Kapitalmarkt und prüft regelmäßig Anbieter und Finanzprodukte auf Seriosität. Besonders fragwürdige Anlageangebote kommen auf die „Warnliste Geldanlage". Sie können die Liste auf der Internetseite der Stiftung Warentest unter test.de/warnliste herunterladen.

UNTERNEHMER IN DER ABO-FALLE

Vor einiger Zeit standen Abo-Fallen für Verbraucher im Blickpunkt der Öffentlichkeit. Wer sich im Internet auf bestimmten Seiten für Schnäppchenführer, Online-Stellenmärkte, Hausaufgabenhilfe oder andere vermeintlich kostenlose Angebote registrierte, erhielt wenige Tage später eine Rechnung über ein teures Abonnement. Gut versteckt im Kleingedruckten war ein Hinweis darauf zu finden, dass mit der Registrierung ein kostenpflichtiges Abonnement abgeschlossen wird.

Diesen Machenschaften hat der Gesetzgeber mittlerweile einen Riegel vorgeschoben, denn die Zahl der Opfer erreichte Besorgnis erregende Dimensionen: Allein in den Jahren 2009 bis 2011 wurden nach einer Umfrage des Marktforschungsinstituts infas mehr als fünf Millionen Bundesbürger Opfer einer Abo-Falle. Seit Anfang August 2012 gilt deshalb die „Button-Regelung", nach der ein im Internet abgeschlossener Vertrag zwischen einem Unternehmer und einem Verbraucher erst wirksam wird, wenn der Verbraucher einen deutlich gekennzeichneten Button angeklickt hat, der darauf hinweist, dass das Angebot kostenpflichtig ist.

Allerdings schützen die gesetzlichen Regelungen nur private Verbraucher davor, mit einer unbedachten Registrierung einen teuren Vertrag abzuschließen. Für Freiberufler und Gewerbetreibende gilt die Button-Regelung dagegen nicht. Ebenso wenig können Sie sich als Selbstständiger auf das 14-tägige Widerrufsrecht berufen, das Privatleuten bei Online-Vertragsabschlüssen im Rahmen der gesetzlichen Regelungen zu Fernabsatzgeschäften zusteht.

Die Abo-Fallen-Geschäftemacher setzen meist ganz gezielt darauf, dass in der Eile entweder ein schwer zu findender Passus über die

Kostenpflicht überlesen oder das Angebot mit dem eines anderen Unternehmens verwechselt wird. So gibt es Anbieter, deren Briefbogen auf den ersten Blick vermuten lassen, dass das Anschreiben von der Deutschen Telekom stammt und der Empfänger lediglich die Richtigkeit seiner Adressdaten und Telefonnummern für den kostenlosen Basiseintrag in den Gelben Seiten bestätigen soll. Andere Offerten lassen beim flüchtigen Lesen den Schluss zu, dass einem behördlichen Meldeamt Daten über den Gewerbebetrieb zur Verfügung gestellt werden sollen – in Wahrheit handelt es sich jedoch nur um eine Online-Datenbank, die Firmeneinträge zu völlig überteuerten Preisen verkaufen will.

Eine andere beliebte Masche besteht darin, angebliche Schnäppchenangebote aus Firmenauflösungen oder Insolvenzen zu verhökern und für das Einsehen der Angebote eine Registrierung zu verlangen. Natürlich merkt der unbedarfte Nutzer erst hinterher, dass er mit der Registrierung einen ebenso teuren wie nutzlosen Newsletter mit Ramschangeboten abonniert hat.

Wenn dann einige Tage später die Rechnung eintrifft, machen die halbseidenen Anbieter nicht viel Federlesens. Wer nicht pünktlich zahlt, bekommt oft schon eine Woche später statt einer freundlichen Zahlungserinnerung Drohbriefe von einem Inkassobüro, das noch zusätzliche Kosten für seine Dienstleistungen verlangt. Erfolgt darauf keine Reaktion, flattert ein gerichtlicher Mahnbescheid ins Haus, dem im schlimmsten Fall ein Pfändungsbeschluss folgt – und daraus resultiert in der Regel ein Negativvermerk bei der Schufa, der beispielsweise zu einem späteren Zeitpunkt einen Kreditabschluss vereiteln kann.

Wegen Irrtums oder Täuschung anfechten

Die schlechteste Taktik ist, die Rechnung einfach zu ignorieren und damit zusätzliche Kosten für Inkasso und Mahnverfahren oder unter Umständen sogar eine Pfändung zu riskieren. Wenn Sie in eine Abo-Falle getappt sind, sollten Sie lieber so schnell wie möglich versuchen, aus der finanziellen Verpflichtung wieder herauszukommen.

Eine Möglichkeit besteht darin, den Vertrag wegen Irrtums anzufechten. Gesetzliche Grundlage ist § 119 im Bürgerlichen Gesetzbuch (BGB): Jede der Vertragsparteien kann sich vom Vertrag lösen, wenn der Vertrag irrtümlich zustande gekommen ist. Dies wäre der Fall, wenn Sie nachweisen können, dass Sie fälschlicherweise davon ausgegangen wären, mit der Rücksendung des ausgefüllten Formulars wäre kein kostenpflichtiger Vertrag verbunden gewesen. Wenn die Abo-Falle entsprechend aufgemacht ist, wird der Nachweis in der Regel gelingen. Allerdings müssen Sie den Vertrag unverzüglich anfechten, sobald Ihnen der Irrtum bewusst geworden ist – also allerspätestens direkt nachdem Sie die Rechnung erhalten haben.

Zwar ist eine Anfechtung wegen Irrtums hinsichtlich der Nachweispflicht eine recht einfache Lösung. Allerdings ist damit neben der kurzen Frist ein weiterer Nachteil verbunden: Mit der Anfechtung des Vertrags sind Sie zu Schadenersatz verpflichtet. Diesen darf jedoch die Gegenpartei nur in Höhe der entstandenen Kosten einfordern, einen entgangenen Gewinn darf sie nicht geltend machen. Damit könnten Ihnen bei einer Abo-Falle die Kosten für Porto und Verwaltung berechnet werden, was im Regelfall jedoch immer noch weitaus günstiger ist als die volle Abo-Gebühr. Überdies kann der Anspruch auf Schadenersatz ausgeschlossen werden, wenn der Irrtum von der Gegenpartei mitverschuldet wurde. Im Beispiel der Abo-Falle könnte dies bedeuten: Baut der Anbieter sein Formular mit voller Absicht so auf, dass die Kostenpflicht übersehen werden soll, begründet sein Verhalten die irrtümlichen Abschlüsse, und er verwirkt damit sein Recht auf Schadenersatz.

Eine Anfechtung sollten Sie immer als Einschreiben verschicken.

Einen weiteren Lösungsansatz bietet die Anfechtung wegen arglistiger Täuschung gemäß § 123 BGB. Hier kann der Täuschende keinen Schadenersatz verlangen, und im Gegensatz zur Anfechtung wegen Irrtums können Sie als Getäuschter Ihr Recht innerhalb eines Jahres geltend machen. Allerdings sind Sie ebenfalls zum Beweis der Voraussetzungen ver-

Sicher zustellen lassen

Eine Anfechtung wird erst dann wirksam, wenn sie dem Empfänger zugestellt worden ist. Daher sollten Sie die Anfechtungserklärung mit einer detaillierten Beschreibung des Anfechtungsgrundes per Einschreiben mit Rückschein versenden. Parallel dazu sollten Sie dem Empfänger die Erklärung per Fax oder E-Mail zukommen lassen. Damit ist sichergestellt, dass er sich nicht mehr mit der Behauptung, er hätte die Erklärung gar nicht erhalten, aus der Affäre ziehen kann.

Gerichte haben schon zugunsten von Abo-Fallen-Geschädigten entschieden.

pflichtet, wenn Sie sich wegen arglistiger Täuschung nachträglich vom Vertrag lösen wollen. Und dieser Beweis ist schwieriger zu führen als bei einer Irrtumsanfechtung. Ob die arglistige Täuschung nachgewiesen werden kann, hängt insbesondere davon ab, wie stark die Kostenpflicht beim Vertragsabschluss verschleiert worden ist.

Befinden sich die Kostenhinweise im Kleingedruckten, kann es sich auch um eine unzulässige AGB-Klausel handeln. AGB-Bestandteile, die für den Vertragspartner völlig überraschend kommen oder ihn unangemessen benachteiligen, sind nämlich auch gegenüber Unternehmern unwirksam. Wenn der gesamte Vertrag auf solch einem Überraschungsei im Kleingedruckten aufbaut, kann dies zur Folge haben, dass letztlich überhaupt kein Vertrag zustande gekommen ist.

Urteil des Berliner Landgerichts

In einem einschlägigen Urteil hat das Landgericht Berlin einem Unternehmer, der in eine Abo-Falle getappt war, Recht gegeben. Der Gewerbetreibende hatte sich auf einem Einkaufsportal registriert, um Zugang zu Produktangeboten zu erhalten, die ausschließlich für gewerbliche Käufer bestimmt waren. Daraufhin sollte er eine hohe Abo-Gebühr für die Nutzung des Portals entrichten, wogegen er sich gerichtlich zur Wehr setzte.

In zweiter Instanz entschied das Landgericht, dass kein rechtskräftiger Vertrag zustande gekommen sei. Begründet wurde dies damit, dass eine klare Beschreibung der Gegenleistung für die Abo-Gebühr fehle und die Gebührenklausel in den AGB versteckt und somit als überraschende Klausel zu werten sei (Urteil vom 30.04.2014, Aktenzeichen 84 S 132/13).

BERATEN UND ABKASSIERT

Unternehmensberater sollen eigentlich dabei helfen, den Erfolg des Betriebs zu verbessern. Doch nicht jeder Berater ist das Geld wert, das ihm seine Kunden als Honorar überweisen. Mehr noch: In der Branche tummeln sich auch zahlreiche schwarze Schafe, die ihren Kunden mit dubiosen Offerten das Geld aus der Tasche ziehen wollen.

Weil der Beruf des Unternehmensberaters nicht geschützt ist, zeigt die Branche eine schillernde Vielfalt – nicht nur in Bezug auf die angebotenen Beratungsleistungen, die von IT- und Strategieberatung über die Finanzierungs-, Personal- oder Organisationsberatung bis hin zu Erfolgs- oder Verkaufscoaching reicht. Auch bei der Qualität der Beratung und der Qualifikation der Berater sind praktisch alle Extreme zu finden. Da gibt es Hochschulprofessoren, die nebenberuflich Unternehmensberatung betreiben, ebenso wie erfahrene Praktiker, die ihr Fachwissen gegen Honorar weitergeben. Aber es finden sich auch windige Geschäftemacher, die außer markigen Sprüchen und dicken Rechnungen keine nennenswerten Ergebnisse produzieren.

Subventionsbetrug

Wer an öffentliche Fördergelder kommen will, muss findig sein und die richtigen Wege kennen. Doch zuweilen schießen Unternehmensberater bei der Förderberatung über das Ziel hinaus und verlassen das legale Terrain: Sie stiften ihre Klienten an, mit Schummeleien und Betrug Subventionen abzugreifen.

So warb ein Unternehmensberater auf Veranstaltungen damit, seinen Kunden kostenlose Beratungen und Analysen anzubieten. Zielgruppe waren in erster Linie Besitzer von

kleinen Ladengeschäften und Kiosken. Zahlen sollte für die Beratungen am Ende das Bundesamt für Wirtschaft und Ausfuhrkontrolle, indem im Rahmen der geförderten Unternehmensberatungen fingierte Rechnungen ausgestellt wurden.

Die Masche des betrügerischen Beraters: Die Kleinunternehmer zahlten für Beratungen, die nie stattgefunden hatten, ein Honorar und reichten die dazugehörige Rechnung beim BAFA ein, um die 50-prozentige Förderung zu erhalten. Zu einem späteren Zeitpunkt stellten sie dem Berater für die angebliche Überlassung von Kundendaten – die es in Wirklichkeit ebenfalls nicht gab – eine Rechnung, deren Höhe 50 Prozent der Beraterrechnung plus eine Provision umfasste. Damit teilten sich unterm Strich Berater und Kunde die erschlichene Subvention. Als die Geschichte aufflog, wurden sowohl gegen den Berater als auch gegen die beteiligten Kunden Strafverfahren eingeleitet.

INFO

FINGER WEG VON DUBIOSEN SUBVENTIONSDEALS
Schummeleien bei Föderanträgen sind kein Kavaliersdelikt, sondern erfüllen den Tatbestand des Subventionsbetrugs. Wenn das dubiose Geschäft auffliegt, müssen Sie nicht nur die erhaltenen Fördermittel zurückzahlen, sondern darüber hinaus noch eine schmerzhafte Geldstrafe berappen.
Lassen Sie sich daher unter keinen Umständen auf halbseidene Subventionsgeschäfte ein.

Unseriöse Krisenberater und Firmenbestatter

Wenn Betriebe in Not geraten, begeben sich die Inhaber oftmals auf die Suche nach einem Berater, der ihnen mit den richtigen Impulsen von außen dabei hilft, das Unternehmen wieder auf die Erfolgsspur zu bringen. Den Berater müssen Unternehmer häufig unter großem Zeitdruck auswählen, denn schließlich sitzen ihnen bereits die Banken und andere Gläubiger im Nacken. Wer in solchen Situationen in Werbeanzeigen Überschriften wie „Ihre GmbH ist überschuldet? – Wir helfen!" liest, erhofft sich von den Absendern der Werbebotschaft kompetente Unterstützung bei der Suche nach einem Ausweg aus der unternehmerischen Schuldenfalle.

Doch statt eines fundierten Sanierungskonzepts wird dann plötzlich ein dubioser Vorschlag für die Liquidierung des Unternehmens vorgelegt. Die Anteile an der GmbH sollen an einen neuen Gesellschafter übertragen werden, der dann einen anderen Geschäftsführer einsetzt. Rechnungen und Kreditraten werden nicht mehr bezahlt, und was noch irgendwie Erträge bringen kann, wird innerhalb kürzester Zeit verkauft. Um den Zugriff für Gläubiger und Gerichtsvollzieher zu erschweren, wird der Firmensitz mehrfach verlegt. Der bisherige Gesellschafter und Geschäftsführer, so die Verheißung, gehe dabei kein Haftungsrisiko ein, weil ihm das Unternehmen ja nicht mehr gehöre. Und: Weil zum Zeitpunkt der unausweichlichen Insolvenz andere Gesellschafter und Geschäftsführer am Ruder seien, müsse er um seine persönliche Bonität und seinen guten Ruf nicht fürchten. Dies soll dann natürlich etliche Tausend Euro an „Mitgift" wert sein, die aus den privaten Mitteln zu zahlen sind.

Die Hoffnung, sich mit diesem Kniff aus der Verantwortung ziehen zu können, erweist sich als trügerisch. Wenn Sie beispielsweise bei der Finanzierung von Maschinen eine persönliche Bürgschaft für die GmbH abgegeben haben, bleibt diese so lange bestehen, bis Sie von der finanzierenden Bank aus der Haftung entlassen werden – unabhängig davon, ob das Unternehmen zwischenzeitlich den Besitzer wechselt.

Dazu kommt, dass sich Unternehmer, die in ihrer Not auf den scheinbar todsicheren Ausweg aus der Insolvenzfalle setzen, mit hoher Wahrscheinlichkeit strafbar machen. Die Gerichte gehen überwiegend davon aus, dass der Verkauf eines Unternehmens an einen Firmenbestatter den Tatbestand der Insolvenzverschleppung erfüllt. Für die betroffenen Unternehmer bedeutet dies: Sie müssen nicht nur über die Geschäftsführerhaftung als Privatperson für die Verbindlichkeiten des veräußerten Unternehmens geradestehen, sondern haben im Regelfall ein Strafverfahren mit anschließender Geld- oder gar Haftstrafe zu erwarten.

Beratungsangebote nutzen

Sowohl die Industrie- und Handelskammern (IHK) wie auch die Handwerkskammern bieten Beratung für Unternehmen an, die in eine finanzielle Krise geraten sind. Die Berater leisten Hilfe in betriebswirtschaftlichen Fragen und begleiten auf Wunsch die Betroffenen zu den Verhandlungsgesprächen mit den finanzierenden Banken.

Die Beratung über die Kammern kann mit Zuschüssen der KfW gefördert werden. Im Rahmen des Förderprogramms „Runder Tisch" bekommt die beratende Kammer für bis zu zehn Beratungstage ein Honorar in Höhe von 160 Euro pro Tag, die Beratungskunden müssen nur die Mehrwertsteuer und die Reisekosten übernehmen.

Ergänzend oder alternativ dazu steht das Förderprogramm „Turn-around-Beratung" zur Verfügung. Hier sollen von der KfW zertifizierte Berater helfen, Schwachstellen im Unternehmen auszuschalten und dessen Ertragsfähigkeit wiederherzustellen.

Die Förderung beträgt in den alten Bundesländern 50 Prozent von maximal 8 000 Euro Beratungskosten, in den neuen Bundesländern und der Region Lüneburg erhöht sich der Satz auf 75 Prozent. Voraussetzung ist, dass der Berater nicht mehr als 800 Euro netto als Tageshonorar in Rechnung stellt.

Die beste Vorbeugung gegen Krisen ist damit nicht die Hoffnung auf fragwürdige Unternehmensberater, sondern die regelmäßige Kontrolle der Ertrags- und Finanzlage sowie das frühzeitige Gegensteuern. Warten Sie nicht, bis Ihnen die Bank damit droht, den Geldhahn zuzudrehen, oder bis Ihnen Ihre Lieferanten die dritte Mahnung schicken. Ergreifen Sie rechtzeitig Maßnahmen zur Verringerung Ihrer laufenden Kosten und zur Verbesserung der flüssigen Geldmittel, auch wenn es wehtut. Legen Sie gegenüber den finanzierenden Banken die Karten auf den Tisch und versuchen Sie, eine einvernehmliche Lösung beispielsweise in Form einer Stundung von Kreditraten zu finden – schließlich hat die Bank ein wirtschaftliches Interesse daran, dass Ihr Unternehmen weitergeführt wird und dem Kreditinstitut als Kunde erhalten bleibt. Und im schlimmsten Fall ist ein geordnetes Insolvenzverfahren immer noch die bessere Alternative zu dem Versuch, mithilfe rechtswidriger Mittel aus der Schuldenfalle herauszukommen.

Wann Sie hellhörig werden sollten

Auch in anderen Bereichen sind Sie als Gründer nicht gegen Unternehmensberater gefeit, die nur eine mangelhafte Qualifikation vorzuweisen haben, mit dubiosen Methoden vorgehen oder schlicht und einfach den Bedarf der unerfahrenen Gründer dazu nutzen, um ihnen das Geld aus der Tasche zu ziehen.

So werben manche Gründungsberater damit, im Anschluss an den Beratungsauftrag Kontakte zu Investoren herzustellen, die dem Unternehmen frisches Kapital zur Verfügung stellen. Dies kann der Wahrheit entsprechen, muss es aber nicht. Wenn sich die Aussicht auf den Einstieg weiterer Geldgeber als Luftnummer erweist, haben Sie viel Geld für eine Beratung ausgegeben, deren Ergebnisse Sie möglicherweise keinen Deut weiterbringen. Schließlich sind die ambitioniertesten Expansionspläne das Papier nicht wert, wenn dafür die Geldmittel nicht reichen. Ähnlich sieht es aus, wenn Berater gleichzeitig als Kreditvermittler agieren und mit ihren Expertisen das Unternehmen angeblich so darstellen können, dass Ihnen der Zugang zu weiteren Krediten ermöglicht wird.

Der 10-Punkte-Seriositäts-Check für Beratungsangebote

Hundertprozentige Garantien gibt es bei der Unternehmensberatung nicht, denn neben der Seriosität und Qualifikation des Beraters beeinflussen weitere Faktoren wie Ihre Veränderungsbereitschaft und die Ihrer Mitarbeiter und eventuelle unabänderliche Gegebenheiten im Unternehmen das Endergebnis. Dennoch sollten Sie die Beraterauswahl nicht dem Zufall überlassen, sondern die Offerten sorgfältig prüfen. Je mehr der folgenden zehn Fragen mit „Ja" beantwortet werden können, desto wahrscheinlicher ist es, dass eine fundierte und seriöse Unternehmensberatung angeboten wird.

1	✓	Verzichtet der Berater auf aggressive Kundengewinnungsmethoden wie beispielsweise unverlangte Telefonanrufe bei potenziellen Neukunden?
2	✓	Sind eventuelle Fördermittel, die Ihnen der Berater in Aussicht stellt, wirklich vorhanden und in Ihrer persönlichen Situation für Ihr Unternehmen zugänglich?
3	✓	Kann Ihnen der Berater zusichern, dass er weder Kapitalanlagen, Kredite noch andere Produkte auf Provisionsbasis vermittelt?
4	✓	Funktioniert das Beratungskonzept unabhängig vom Erwerb weiterer Leistungen oder Produkte?
5	✓	Kann Ihnen der Berater einen persönlichen Lebenslauf vorlegen, aus dem sein beruflicher Werdegang ersichtlich wird?
6	✓	Gibt es ein kostenloses persönliches Orientierungsgespräch, in dem der Berater den Umfang seiner Leistungen und seine Vorgehensweise erläutert?
7	✓	Erhalten Sie im Anschluss an dieses Gespräch ein Festpreisangebot, in dem die Leistungen und die Anzahl der Beratungstage klar definiert sind?
8	✓	Kann der Berater konkrete Referenzkunden aus Ihrer Branche nennen?
9	✓	Zeigt der Berater konkretes Interesse an Ihrem Geschäftsmodell und stellt er hierzu detaillierte Fragen, die darauf schließen lassen, dass er für Sie ein individuelles Konzept entwickelt und Ihnen keine Standardlösung von der Stange überstülpen will?
10	✓	Ist der Berater Mitglied im Bundesverband Deutscher Unternehmensberater (BDU)?

Im Bereich der unternehmerischen Finanzberatung entpuppt sich der zu teurem Honorar gebuchte Berater zuweilen als Versicherungsvermittler, dessen Hauptinteresse darin besteht, Ihnen Versicherungspolicen zu verkaufen. Hier wird dann gleich zweimal abkassiert, weil zum Beratungshonorar noch die Vertriebsprovision aus dem Verkauf der Versicherungen kommt. Gleiches gilt natürlich für Finanzberater, die angeblich auf Honorarbasis arbeiten und dann für die verkauften Finanzprodukte nochmals Provision erhalten.

Recht schillernd geht es in der Beraterszene zu, die sich dem Marketing- und Verkaufscoaching widmet. So manche Methoden beruhen weniger auf betriebswirtschaftlich fundierten Fakten als eher auf einer bunten Mischung aus Psychologie und Esoterik. Da fällt es frischgebackenen Unternehmern oft schwer, beim Prüfen der Angebote die Spreu vom Weizen zu trennen. Besonders hellhörig sollten Sie werden, wenn mit einer angeblich garantierten Umsatzsteigerung geworben wird, deren späteres Nichteintreffen Sie natürlich selbst zu verantworten haben, weil Sie die todsicheren Erfolgstipps nicht mit Ihrem ganzen Engagement umgesetzt haben. Auch so manches Motivationsseminar, das zu teuren Preisen gebucht wird, hinterlässt nach einem kurzfristigen Strohfeuer allenfalls noch die Erkenntnis, dass nachhaltiger Erfolg kein Resultat trickreicher Verkaufsmethoden ist, sondern mit Qualität, Verlässlichkeit und Vertrauenswürdigkeit hart erarbeitet werden muss.

Letztlich müssen Sie selbst entscheiden, welchem Berater Sie vertrauen. „Der 10-Punkte-Seriositäts-Check" auf S. 323 hilft Ihnen dabei, dafür eine möglichst fundierte Basis zu schaffen. Womöglich erweist sich der Berater Ihrer Wahl nicht als derjenige mit dem billigsten Tagessatz. Doch hier gilt nicht nur das alte Sprichwort, dass guter Rat teuer sein kann. Fakt ist: Schlechter Rat kommt den Ratsuchenden am Ende meist noch teurer zu stehen.

SERVICE

NÜTZLICHE ADRESSEN

Verbände und Kammern

DIHK | Deutscher Industrie-
und Handelskammertag e. V.
Breite Straße 29
10178 Berlin
Telefon: 030 2 03 08-0
E-Mail: info@dihk.de
dihk.de

Zentralverband des Deutschen
Handwerks e. V. (ZDH)
Mohrenstraße 20/21
10117 Berlin
Telefon: 030 2 06 19-0
E-Mail: info@zdh.de
zdh.de

Bundesverband der Freien Berufe
Reinhardtstraße 34
10117 Berlin
Telefon: 030 28 44 44-0
E-Mail: info-bfb@freie-berufe.de
freie-berufe.de

Verband deutscher
Unternehmerinnen e. V. (VdU)
Glinkastraße 32
10117 Berlin
Telefon 030 20 05 91-90
E-Mail: info@vdu.de
vdu.de

Deutscher Franchise-Verband e. V.
(DFV)
Luisenstraße 41
10117 Berlin
Telefon: 030 27 89 02-0
E-Mail: info@franchiseverband.com
franchiseverband.com

Finanzierung und Fördermittel

KfW
Palmengartenstraße 5 – 9
60325 Frankfurt am Main
Telefon: 069 74 31-0
E-Mail: info@kfw.de
kfw.de

Verband Deutscher
Bürgschaftsbanken e. V.
Schützenstraße 6a
10117 Berlin
Telefon: 030 2 63 96 54-0
E-Mail: info@vdb-info.de
vdb-info.de

Bundesverband Öffentlicher
Banken Deutschlands, VÖB, e. V.
Lennéstraße 11
10785 Berlin
Telefon: 030 81 92-0
E-Mail: info@voeb.de
voeb.de

Deutscher Sparkassen- und
Giroverband e. V.
Charlottenstraße 47
10117 Berlin
Telefon: 030 2 02 25-0
E-Mail: info@dsgv.de
dsgv.de

Bundesverband der Deutschen
Volksbanken und Raiffeisenbanken
e. V. (BVR)
Schellingstraße 4
10785 Berlin
Telefon: 030 20 21-0
E-Mail: info@bvr.de
bvr.de

Bundesverband deutscher Banken
Burgstraße 28
10178 Berlin
Telefon: 030 16 63-0
E-Mail: bankenverband@bdb.de
bankenverband.de

Deutsches Mikrofinanz Institut e. V.
Lietzenburger Straße 94
10719 Berlin
Telefon 030 4 36 59 45-1
E-Mail: info@mikrofinanz.net
mikrofinanz.net

Bundesverband Deutscher Kapital-
beteiligungsgesellschaften
Residenz am Deutschen Theater
Reinhardtstraße 29b
10117 Berlin
Telefon: 030 30 69 82-0
E-Mail: bvk@bvkap.de
bvkap.de

Unternehmens-, Rechts- und Steuerberatung

Bundesverband Deutscher Unternehmensberater, BDU e.V.
Joseph-Schumpeter-Allee 29
53227 Bonn
Vereinsregister Bonn, 20VR6924
Telefon: 0228 91 61-0
E-Mail: info@bdu.de
bdu.de

Die KMU-Berater – Bundesverband
freier Berater e.V.
Auf'm Tetelberg
40221 Düsseldorf
Telefon: 0211 30 15 63 33
E-Mail: info@kmu-berater.de
kmu-berater.de

Deutscher Anwaltverein e.V.
Littenstraße 11
10179 Berlin
Telefon: 030 72 61 52-0
E-Mail: dav@anwaltverein.de
anwaltverein.de

Deutscher Steuerberater-
Verband DStV e.V.
Littenstraße 10
10179 Berlin
Telefon: 030 2 78 76-2
E-Mail: dstv.berlin@dstv.de
dstv.de

Informationsportale im Internet

existenzgruender.de
Informationsportal des Bundeswirtschaftsministeriums für Gründer.

existenzgruenderinnen.de
Ein weiteres Informationsportal des Bundeswirtschaftsministeriums, das sich speziell an Gründerinnen richtet.

exist.de
Informationssammlung für Gründer aus dem wissenschaftlichen Bereich, Herausgeber ist das Bundeswirtschaftsministerium.

fuer-gruender.de
Kommerzielles Informationsportal mit Vermittlung von Beratungsangeboten.

foerderland.de
Informationsangebot eines Fachverlags mit Nachrichten aus der Gründerszene, Tipps für Gründer sowie Hinweisen auf aktuelle Fördermittel.

selbststaendigen.info
Informationsseite der Gewerkschaft ver.di für Selbstständige in Medienberufen.

dpma.de
Deutsches Patent- und Markenamt mit Onlinesuche und -registrierung.

destatis.de
Website des Statistischen Bundesamtes mit umfangreicher Datensammlung.

test.de
Website der Stiftung Warentest mit Informationen und Tests zu Versicherungen und Altersvorsorge-Produkten.

Überregionale Gründerwettbewerbe

deutscher-gruenderpreis.de
Mit Sponsoren wie den Sparkassen, Porsche, ZDF und dem Stern-Magazin zählt der Deutsche Gründerpreis zu den begehrtesten Trophäen für junge Entrepreneure.

gruenderwettbewerb.de
Mit dem „Gründerwettbewerb – IKT Innovativ" prämiert das Bundesministerium für Wirtschaft und Energie (BMWi) innovative Unternehmensgründungen im Bereich der Informations- und Kommunikationstechnologien (IKT).

award.wiwo.de/gwb
„Neumacher" ist der Gründerwettbewerb des Wirtschaftsmagazins WirtschaftsWoche. Der Wettbewerb ist branchenübergreifend ausgerichtet, sodass sich Gründer aus allen Wirtschaftszweigen bewerben können.

nexteconomyaward.de
In Zusammenarbeit mit dem Bundeswirtschaftsministerium, dem Nachhaltigkeitsrat und der DIHK vergibt die Stiftung Deutscher Nachhaltigkeitspreis Auszeichnungen für Start-ups, die mit innovativen Geschäftsmodellen für ökologische Verbesserungen sorgen.

WEITERFÜHRENDE LITERATUR

Betriebswirtschaft

Einführung in die allgemeine
Betriebswirtschaftslehre
Günter Wöhe
Vahlen Verlag
ISBN 978–3800650002

Marketing und Vertrieb

Marketing: Grundlagen markt-
orientierter Unternehmensführung
Konzepte – Instrumente –
Praxisbeispiele
Heribert Meffert
Springer Gabler Verlag
ISBN 978–3658211950

Schlankes Marketing für den Mittel-
stand: Effizient, nachhaltig und
zielgruppengerecht
Wolfgang Vogt
Springer Gabler Verlag
ISBN 978–3658167318

Mehr Kunden für Kleinunternehmen
und Solopreneure: Klare Positionie-
rung, gezielte Kommunikation, mo-
dernes Marketing und erfolgreicher
Verkauf
Robert Flachenäcker
Springer Gabler Verlag
ISBN 978–3658259082

Selbstmanagement und Mitarbeiterführung

Selbstcoaching für Führungskräfte
Stefanie Demann
Gabal Verlag
ISBN 978–3869366036

Alltagsintelligenz:
24 Tools für Ihren täglichen Erfolg
Marion Lemper-Pychlau
Springer Gabler Verlag
ISBN 978–3658024802

Einstieg in die Führungsrolle:
Praxisbuch für die ersten 100 Tage
Helmut Hofbauer, Alois Kauer
Hanser Verlag
ISBN 978–3446448964

Controlling und Finanzen

Kostenrechnung
Gunther Friedl, Christian Hofmann,
Burkhard Pedell
Vahlen Verlag
ISBN 978–3800653720

Excel im Controlling: Zuverlässige
und erprobte Praxislösungen für
Controller
Stephan Nelles
Rheinwerk Computing
ISBN 978–3836264006

STICHWORTVERZEICHNIS

Bildnachweis: Josephine Rank (Titelillustration); fotolia (S. 14, 21, 36, 40, 47, 53, 61, 64, 70, 72, 83, 85, 86, 89, 92, 109, 112, 116, 129, 132, 133, 134, 136, 141, 145, 161,166,175,177,180,180,182,186,187,193,194,196, 197,199, 205, 209, 212, 214, 215, 217, 222, 224, 229, 232, 233, 235, 237, 238, 239, 243, 246, 253, 259, 265, 269, 270, 277, 282, 288, 294, 300, 304, 309, 316, 319, 320); KERNenergie GmbH (S. 13); Audi AG (S. 16); Apple Inc. (S. 27, links); apfelkind (S. 26); Rhein-Voreifel Touristik e.V. (S. 26, unten) ACADEMY Holding AG (S. 31, 1. Reihe links); Fressnapf Tiernahrungs GmbH (S. 31, 1. Reihe Mitte); Apollo-Optik Holding GmbH & Co. KG (S. 31, 1. Reihe rechts); VOM FASS AG (S. 31, 2. Reihe links); Dr. Klein & Co. AG (S. 31, 2. Reihe Mitte); clean-park GmbH (S. 31, 2. Reihe rechts); NORDSEE GmbH (S. 31, 3. Reihe); Reno Schuh GmbH (S. 31, 4. Reihe links); ZGS Bildungs-GmbH (S. 31, 4. Reihe Mitte); OBI GmbH & Co. Deutschland KG (S. 31, 4. Reihe rechts); WeiberWirtschaft eG (S. 48); KfW Bankengruppe / Jan Zappner (S. 77); Blende2.net/Harzdrenalin (S. 78); taz/ Stefan Korte (S. 81); Bonaverde Coffee AG (S. 97); BHW Bausparkasse (S. 120); Sandra Weller (S. 124); think-stock (S. 137); Deutsche Lufthansa AG (S. 143); Antonia Rieth (S. 159, rechts)

Die Stiftung Warentest wurde 1964 auf Beschluss des Deutschen Bundestages gegründet, um dem Verbraucher durch vergleichende Tests von Waren und Dienstleistungen eine unabhängige und objektive Unterstützung zu bieten.

Wir kaufen – anonym im Handel,
nehmen Dienstleistungen verdeckt in Anspruch.

Wir testen – mit wissenschaftlichen Methoden in unabhängigen Instituten nach unseren Vorgaben.

Wir bewerten – von sehr gut bis mangelhaft, ausschließlich auf Basis der objektivierten Untersuchungsergebnisse.

Wir veröffentlichen – anzeigenfrei in unseren Büchern, den Zeitschriften test und Finanztest und im Internet unter www.test.de

Der Autor: Thomas Hammer hat bereits mehrere Ratgeber zu Finanzthemen für die Stiftung Warentest und die Verbraucherzentrale Nordrhein-Westfalen verfasst. Er ist selbstständiger Wirtschafts- und Verbraucherjournalist, seine Frau betreibt erfolgreich eine Physiotherapiepraxis. Er weiß daher aus erster Hand, worauf es für Existenzgründer ankommt.

2. Auflage
© 2020 Stiftung Warentest, Berlin

Stiftung Warentest
Lützowplatz 11–13
10785 Berlin
Telefon 0 30/26 31–0
Fax 0 30/26 31–25 25
www.test.de
email@stiftung-warentest.de

USt.-IdNr.: DE 1367 25570

Vorstand: Hubertus Primus
Weitere Mitglieder der Geschäftsleitung:
Dr. Holger Brackemann, Daniel Gläser

Programmleitung: Niclas Dewitz

Autor: Thomas Hammer
Projektleitung/Lektorat: Ursula Rieth
Mitarbeit: Karsten Treber, Merit Niemeitz

Korrektorat: Christoph Nettersheim
Fachliche Unterstützung: Robert Chromow, Stade, Peter Eller, Rechtsanwalt und Fachanwalt für Steuerrecht München, Johann L. Walter, Rentenberater, München, Sabine Baierl-Johna, Beate Bextermöller, Katharina Henrich, Alrun Jappe, Annegret Jende, Michael Nischalke, Theodor Pischke, Jörg Sahr
Titelentwurf: Josephine Rank, Berlin
Layout: Büro Brendel, Berlin
Grafik, Satz: Anne-Katrin Körbi Josephine Rank, Berlin
Bildredaktion: Josephine Rank, Karsten Treber
Infografiken/Diagramme: Josephine Rank, Berlin

Produktion: Vera Göring
Verlagsherstellung: Rita Brosius (Ltg.), Romy Alig, Susanne Beeh
Litho: tiff.any, Berlin
Druck: Firmengruppe APPL, aprinta druck, Wemding

ISBN: 978-3-7471-0219-0

Wir haben für dieses Buch 100 % Recyclingpapier und mineralölfreie Druckfarben verwendet. Stiftung Warentest druckt ausschließlich in Deutschland, weil hier hohe Umweltstandards gelten und kurze Transportwege für geringe CO_2-Emissionen sorgen. Auch die Weiterverarbeitung erfolgt ausschließlich in Deutschland.